DEUTSCHE DEMOKRATISCHE REPUBLIK
DEUTSCHE AKADEMIE DER LANDWIRTSCHAFTSWISSENSCHAFTEN ZU BERLIN
INSTITUT FÜR LANDWIRTSCHAFTLICHE INFORMATION UND DOKUMENTATION

Landwirtschaftliches Zentralblatt

ABTEILUNG III

TIERZUCHT · TIERERNÄHRUNG FISCHEREI

8. JAHRGANG

1963

AKADEMIE-VERLAG · BERLIN

III TIERZUCHT · TIERERNÄHRUNG · FISCHEREI · JG. 1963 · NR. 9 · SEITE 1301—2004 · BERLIN · SEPTEMBER 1963

LANDWIRTSCHAFTLICHES ZENTRALBLATT

ABTEILUNG TIERZUCHT · TIERERNÄHRUNG · FISCHEREI

INHALTSVERZEICHNIS

Namenverzeichnis .... II—IV

Allgemeines:

Geschichte, Grundlagenwissenschaften, Jahresberichte, Statistik .... 1801—1804

Allgemeine Tierzucht:

Entwicklungslehre, Organe des Tierkörpers, Genetik, Fortpflanzung, Züchtung, Wachstum und Entwicklung, Ökologie einschließlich Haltung und Pflege, Nutzung und Qualität tierischer Erzeugnisse, Inhaltsstoffe tierischer Erzeugnisse, Tierpsychologie, Maßnahmen zur Förderung der Tierzucht .... 1804—1855

Spezielle Großtierzucht:

Pferde, Rinder, Schweine, Schafe .... 1855—1884

Spezielle Kleintierzucht:

Ziegen, Geflügel, Kaninchen, Pelztiere, Hunde, Bienen, Seidenraupen ..... 1884—1908

Tierernährung:

Chemische Bestandteile des Tierkörpers und der Futtermittel, Untersuchungs- und Versuchsmethodik, Ernährungsphysiologie, Verwertung der Nährstoffe und Futtermittel, Ernährungsstörungen und Mangelkrankheiten, Bewertung der Futterstoffe, Fütterung der landwirtschaftlichen Nutztiere .... 1908—1948

Futtermittelkunde:

Futterstoffe, ihre Beeinflussung, Konservierung und Zubereitung, die einzelnen Futterstoffe, Misch- und Zusatzfuttermittel .... 1948—1956

Fischerei:

Biologie, Lebensraum, Fischereiwirtschaft, Beeinflussung der Fischerei durch die Umwelt, Fischkrankheiten, Fischverarbeitung, Fanggeräte, Organisation und Planung, Fischereirecht, fischereiliche Wirtschaftsgeographie ... 1957—2004

Buchbesprechungen 1801, 1908, 1958, 1991, 2000

Bibliographische Angaben von Büchern und Dissertationen am Schluß eines jeden Kapitels

LZ. III/9/63

NAMENVERZEICHNIS

Seitenzahl in [Klammer] bedeutet Bibliographie, mit Stern * bedeutet Buchbesprechung

Aasted 1984.
Abakumov 1971.
Abrams 1915.
Adkins 1942.
Agababjan 1845.
Alais 1909.
Alberti 1888.
Aldrich 1852.
Ali 1911.
Aliev 1881.
Alimov 1906.
Allen 1944.
Allenspach 1809.
Almen 1809.
Altmann 1810.
Altuchov 1962.
Ammerman 1934.
Amosov 1973.
Anderson, G. C. 1925.
Anderson, L. 1850.
Anderson, W. 1914.
Ando, K. 1929.
Ando, T. 1913.
Andreev 1884.
Annau 1914.
Antonov 1962.
Anwand 2002.
Arnold 1920.
Arnreiter 1901.
Aron 1984.
Aschaffenburg 1845.
Assman 1989.
Atakulova 1889.
Auzinja 1877.
Axelrod 1917.
Azizova 1987.
Azuma 1926.

Babuškin 1894.
Băcescu 1980.
Badings 1846.
Bagirov 1872.
Baiburtzjan 1821.
Bailey 1833.
Bajburtcjan 1879.
Bajdevljatov 1832.
Bakels 1822. 1862.
Baker 1909.
Balašov 1820.
Baldwin 2003.
Ballard 1809.
Bandemer 1953.
Barkema 1864.
Barnes, H. 1983.
Barnes, M. 1983.
Barron 1926.
Barthelmes 1985. 2001.
Bartholomew 1971.
Bartsch 1857.
Batra 1866.
Bauer 1953.
Baumann 1888.
Bean 1895.
Becker 1893.
Bedö 1945.
Behnke 1970.
Beilharz 1808.
Belcher 1921.
Beljaev 1896.
Bell 1996.
Belov 1889.
Bel'skaja 1825.
Belyj 1974.
Berg 1870.
Berke 1945.
Berkeley, C. 1983.
Berkeley, E. 1983.
Berry, I. L. 1946.
Berry, R. O. 1882.
Beverton 1992.
Beyer 1849. 1850.
Bhat 1907.
Bianca 1833.
Bichtler 1900.
Biegert 1881.
Bischoff 1836.
Bishop 1992.
Blaser 1946.
Blaxter 1923.
Blrejan 1864.
Blundstone 1917.
Börger, H. 1884.
Börger, K. 1846.
Bogaevskij 1959.
Bogdanov 1872.
Boguth 1892.
Bohman 1950.
Bohne 1849.
Booth 1953.
Borchmann 1803.
Borgstrom [1958]*.
Borisov [2004].
Borodina 1902.
Boschung jun. 1969.
Botto 1838.
Bradbury, C. J. 1861.
Bradbury, R. O. 1852.
Bradford 1882.
Brawn 1959.
Bray 1982.
Brehm 1980.
Breitenbach 1813.
Briggs 1970. 1971.
Brjuzgin 1973.
Bröker 1899.
Brooksbank 1936.
Brown, A. L. 1883.
Brown, A. M. 1813.
Brown, B. E. 1967.
Brown, H. I. 1852.
Brummerstedt-Hansen 1813.
Bruni 1929.
Buch 1887.
Budd 1987.
Buerki [1854].
Bujlov 1881.
Bullock 1995.
Burns 1926.
Burroughs 1938.
Busleava 1947.
Bușniță 1958. 1980.
Butcher 1946.
Butler 1977.
Buysse 1949.
Buzas 1915.

Calbert 1848.
Caldwell 1970.
Cameron 1954.
Carter, H. 1867.
Carter, R. C. 1946.
Carufel 1984.
Castillo 1846.
Cautiș 1966.
Cavazos 1810.
Černecova 1907.
Charin 1883.
Charles 1852.
Chejsin 1996.
Chin 1991.
Chowdhury 1866.
Clegg, A. 1936.
Clegg, L. F. L. 1848.
Clegg, M. T. 1811.
Clemént 1932.
Clermont 1817.
Cochrano 1914.
Cohn 1926.
Conner 1808.
Contessa 1929.
Contopoulus 1811.
Cooper 1922.
Copenhaver 1946.
Costea 1987.
Couch 1969.
Cranz 1870.
Creek 1817.
Crisp 1957.
Cruft 1912.
Čuchrij 1825.
Cucin 1987.
Čugunova 1975.
Culpin 1949.
Čupka 1947.
Čuta 1814.
Czernicki 1892. 1893.

Dachnovskij 1832.
Dallmann 1906.
Danieljan 1905.
Dansky 1954.
Dasgupta 1806.
Daumer 1899.
Davey 1937.
Davidson 1941.
Davis 1882.
Davison 1925.
Dawson 1969.
Debecker 1823.
Demark, van 1915.
Denenberg 1855.
Denton 1808.
Deriaz 1921.
Derwalker, van 1991.
Desai 1866. 1887.
Devos 1897.
Dewitz 1839.
Deyl 1918. 1920.
Dhanda 1885.
Diamantstein 1916.
Dickson 1911.
Dilanjan 1845.
Dingman 1918.
Dinsley 1813.
Dobie 1950.
Dobrynina 1845.
Dočekal 1916.
Döcke 1819.
Doroško 1832.
Downey 1844.
Doyle 1823.
Dozsa 1925.
Drawert 1978.
Dreher 1905.
Drewes 1939.
Drobná 1894.
Drury 1809.
Dugal 1930.
Dupuis 1934.
Dussault 1999.
Duyvené de Wit 1965.
Dvihally 1958.
Džaparidze 1881.

Eckhoff 1876.
Edmunds 1871.
Edwards 1818.
Egorova 1999.
Ehrhart 1916.
Eipper 1988.
Éjdrigevič 1828.
ElKabir 1920.
Ellenbogen 1938.
Ellfolk 1913.
Ellington 1811.
Elliot 1985.
Emlen jun. 1854.
Érastova 1962.
Erhart 1851.
Ermekov 1834.
Ernst 1903.
Essapian 1977.
Evans 1953.
Evsikov 1896.
Ewald 1810.
Ezekiel 1936.

Fabro 1917.
Faegans 1810.
Fährmann 1959.
Falconer 1812.
Fanelli 1946.
Earmer 1949.
Farooq 1855.
Fedorov 1968.
Fedorova 1993.
Fehse, F. 1892.
Fehse, R. 1882.
Feist 1807.
Feller 1807.
Fildes 1921.
Fisher 1834. 1922.
Fleming 1976.
Fohrmann 1831.
Fomin 1889.
Forscher 1926.
Fortunatova 1975.
Fortušnyj 1806.
Fotiev 1997.
Fournier 1934.
Fovte 1843.
Frahm 1932.
François 1939.
Francuzov 1986.
Frank 1909.
Frankena 1838.
Franklin 1843.
Frazier 1848.
Freundlich 1926.
Frey 1985.
Frick 1885.
Fritzsimmons 1942.
Frolander 1981.
Füchsel 1902.
Fuhs 1979.
Futschik 1850.

Gal 1939.
Gallasz 1863.
Gamble jun. 1933.
Ganapati 1980.
Gandhi 1916.
Gardiner 1923.
Gardner 1805.
Garrelds 1885.
Geiger 1999.
Geiser 1975.
Genge 1954.
Gerasimov 1884.
Geraškov 1835.
Gericke 1887.
Gerking 1972.
Gerlach 1983.
Gerritsen 1839.
Gery 1971.
Geurden 1897.
Ghalioungh i1918.
Gilbert 1959.
Gilbreath 1946.
Gilkey 1984.
Gill III 1914.
Gillespie 1853. 1854.
Gladkov 1834.
Glasser 1835.
Glazrova 1814.
Godwin 1943.
Golovin 2000.
Gončarov 1998.
Good 1807.
Gordon, I. 1918.
Gordon, W. A. M. 1832.
Goregljad 1998.
Gorjunova 1963.
Gorodeckij 1953.
Goržakova 1814.
Goswami 1866.
Grabovyj 1825.
Graden 1945.
Graevskij 1815.
Grainger 1981.
Granger 1864.
Greenwood 1946.
Greggersen 1932.
Gresham 1943.
Griffin 1915.
Griminger 1834.
Grimm 1802.
Gromyko 1880.
Grudeyn 1864.
Grundey 1949.
Gruner 1857.
Gudkin 1832.
Gulland 1976.
Guseva 1995.
Gutman 1875.

Haas 1846.
Haase 1868.
Hailman 1854.
Hajdu 1873.
Hamilton 1809.
Hancock 1820.
Hanson 1895.
Harada 1911.
Harkess 1951.
Harms 1934.
Harper 1942.
Harris, L. E. 1946.
Harris jun., G. C. 1826.
Hart 1977.
Hasler 1978.
Hashmi 1911.
Hauptman 1836. 1838.

Haus 1986.
Havermann 1801.
Hawkins 1940.
Hayano 1926.
Hays 1987.
Hayton 1852.
Heinemann 1946.
Heinrich 1981.
Hemken 1844.
Henderson, C. R. 1846.
Henderson, E. W. 1890. 1892.
Henk 1803.
Hepher 1989.
Hermann 1803.
Hernandez jun. 1917.
Herrington 1846.
Hester 1984.
Hewetson 1996.
Hewson 1986.
Heyndrickx 1939.
Heywang 1948.
Hickling [1991]*.
Highley 1938.
Hill 1933.
Hironaka 1833.
Hladký 1877.
Hoch 1813.
Hodgson 1932.
Hoefer 1938.
Hoekstra 1856.
Hoffmann 1803.
Hoffmeister 2004.
Hofmann 1994.
Hofmann, F. 1879.
Hofmann, P. 1869.
Holcik 1965.
Hollands 1834.
Holzschuh 1945.
Hooper 1927.
Horn jun., van 1944.
Horning 1920.
Hosokawa 1929.
Hotchkiss 1944.
Hovell 1820.
Humbel 1919.
Hussar 1950.

Ioff 1965.
Ionescu 1966.
Ishii 1914.
Ishikawa 1911.
Ivanova, E. 1860.
Ivanova, T. G. 1871.
Iwaszkiewicz 1990.
Iya 1845.

Jacobson, D. R. 1945.
Jacobson, N. L. 1944.
Jakovac 1874.
Jankov 1883.
Jasjučenja 1953.
Jenichen 1826.
Jenness 1848.
Jensen 1925.
Jobst 1867.
Johansson 1896.
John 1880.
Johnson, H. D. 1946.
Johnson, J. H. 1968.
Johnson, M. W. 1986.
Johnston 2003.
Jollès, J. 1909.
Jollès, P. 1909.
Judanov 2001.
Jungehülsing 1871.
Jungnickel 1921.
Kabozov 1999.
Kaiser 1873.
Kalberer 1855.
Kalinina 1964.
Kalra 1885.
Kamar 1812. 1891.
Kapralova 1809.
Karaivanov 1946.
Karel'skaja 1947.
Karg 1939.
Kassir 1944.
Kasten 1860.
Kemp 1956.
Kempinski 1851.
Kentikjan 1879.
Kesner 1915.
Key 1977.
King 1844.
Kingan 1934.
Kirby 1820.
Kirchgessner 1935.
Kirk 1896.
Kirton 1872.
Kitzing 1895.
Kleinert 1901.
Klinger 1921.
Klopfer 1854.
Klust 2002.
Knape 1945.
Knauff 1909.
Kneubühler 1975.
Knjazev 1878.
Knobelsdorff, v. 1858.
Kobyljanskij 1843.
Kobylkin 1841.
König 1802.
Koh 1970.
Koller 1801.
Kon 1909. 1937.
Konstantinov 1994.
Koops 1848.
Korčagin 1920.
Korostelev 1859.
Koržuev 1830.
Koškin 1955.
Kostolanský 1894.
Kostyra 1808.
Koubek 1838.
Kovyndikov 1806.
Kraack 1955.
Kramer 1938.
Kratochvíl 1808.
Kriss 1984.
Kritzler 1959.
Krochin 1963.
Krogius 1973.
Krohn, K.-H. [2000]*.
Krohn, M. [2000]*.
Krosegk 1814.
Krüpe 1815.
Krupp 1840.
Krychtin 1965.
Kuderskij 1962.
Kudrjavcev, A. A. 1884.
Kudrjavcev, P. N. 1878.
Kudrjavcev, S. S. 1955.
Kulikov 1904.
Kunter 1851.
Kurapcev 1957.
Kuźmenko 1840.
Kuznječykov 1828.
Kvitko 1863.
Laird jun. 1950.
Lamfrom 1927.
Landau 1894.
Landis 1930.
Lange 1996.
Lapickij 1966.
Laube 1803.
Lebedev 1972.
Lecce 1925.
Lee 1908.
Legates 1866.
Legay 1906.
Lehninger 1928.
Leluc 1835.
Lembke 1932.
Lenne 1852.
Lepatina 1899.
Lepnewa 1980.
Leroux 1961.
LeRoy 1801.
Lesperance 1950.
Levin Hansen 1853.
Lewis 1931.
Lewke 1803.
Liebenberg 1839.
Lieder 2001. 2002.
Likens 1978.
Lindahl 1825.
Linden, zur 1885.
Ljubimov 1868.
Ljungberg 1996.
Lobzov 1805.
Löhle 1891.
Loginova 1919.
Lords 1911.
Loriette 1932.
Lubjanov 1993.
Luciani 1929.
Lüdecke 1803.
Lührs 1874.
Lüttge 1903.
Luick 1934.
Lukkainen 1920.
Lunaas 1934.
Lux 1894.
Luzina 1956.

McCance 1940. 1943.
McClaugherty 1946.
McCrea 1936.
McCrimmon 1982.
MacDonald 1921.
McGinley 1805.
McGinnis 1925.
Machaňko 1947.
McLaren 1925.
Maclean 1861.
Madsen 1946.
Maele, van 1823.
Maetz 1961.
Majerčiak 1947.
Makarov 1818.
Makeeva 1965.
Malorny 1928.
Mann 1973. 1992.
Marčev 1875.
Marčik 1889.
Marell 1861.
Marks 1915.
Marshall 1915.
Marx 1909.
Mašek 1940.
Masliev 1947.
Matheson 1977.
Mathieson 1941.
Matoušek 1814.
Matouškova 1814.
Matterson 1935. 1954.
Matthews 1831.
Maurice 1912.
May 1816.
Mayer 1909.
Medvedev 1869.
Mehner 1885.
Mei 1848.
Meier 1901
Meincke 1842.
Melrose 1819.
Mende 1894.
Menzies 1982.
Merilan 1946.
Merrill 1925.
Mesterjahn 1861.
Meyer, H. 1900.
Meyer, J. H. 1932.
Miček 1894.
Mičev 1869.
Mickelsen 1923.
Mielke 1821.
Miller, E. R. 1938.
Miller, J. K. 1935.
Miller, R. J. 1964.
Miller, R. R. 1959.
Miller, W. J. 1935.
Minasjan 1864.
Minckley 1959.
Minson 1950.
Mišarin 1991.
Mißler 1886.
Mitten 1852.
Mix 1978.
Mixner 1938
Möllenbrok 1837.
Mohr 2002.
Moiseev 1957.
Monnier 1918.
Montagner 1900.
Moon 1811.
Moore 1936.
Morgan, D. E. 1936.
Morgan, D. O. 1925.
Morgan, E. H. 1936.
Morris, C. H. 1920.
Morris, P. A. 1984.
Morrow 1971.
Morštyn 2000.
Moskalenko 1957.
Mosolov 1919.
Mostageer 1891.
Možarenko 1841.
Mueller 1834.
Münchberg 1846.
Muir 2004.
Mulder 1847.
Mullenax, C. H. 1829.
Mullenax, P. B. 1829.
Mulsow 1891.
Munch-Petersen 1824.
Munro 1819.
Muntwyler 1915.
Murray, J. G. 1843. 1844.
Murray, T. K. 1936.
Murtagh 1817
Murusidze 1832.

Naber 1941.
Nagaraja 1908.
Nagornyj 1947.
Nair 1845.
Narbaitz 1810
Narita 1914.
Natarajan 1988.
Navarre 1994.
Nowroth 1855.
Neame 1928.
Needham 1970.
Nehring 1803. 1944.
Nejedlý 1870.
Nestel 1817.
Neuberger 1915.
Neuhaus 1905.
Neuhold 1993.
Newell 1978.
Nielsen 1863.
Nikolaev 1859.
Nikol'skaja 1830.
Nikulina 1955.
Nkueng Tieng K'an 1981.
Noot, van der 1946.
Nord 1911.
Norel, van 1828.
Novikov 1841.

Obiger 1849.
O'Connor 1957.
O'Donnell 1854.
Oklješa 1874.
Okunuki 1929.
Oliver 1979.
Ol'šanskaja 1997.
Olympio 1887.
Ondarza 1914.
Orobinskij 1955.
Ostrowski 1913.
Otto 1842.

Pachul'skij 1995.
Pahl 1852.
Pak 1829.
Paloheimo 1992.
Panda 1816.
Panfilova 1825.
Panin 1829.
Pany 1922.
Papermaster 1807.
Papkoff 1915.
Pardue 1945.
Parisot 1997.
Park 1819.
Parker 1975.
Partl 1852.
Pateev 1998.
Patterson 1882.
Pavlov 1878.
Pedersen, A. 1976.
Pedersen, R. 1897.
Pedersen, T. A. 1916.
Pelnar 1997.
Pelt, van 1808.
Pepper 1890.
Peregončuk 1870.
Perkins 1972.
Perrault 1930.
Perry 1820.
Peršina 1864.
Peters 1803.
Petersen 1880.
Petrenko 1992.
Petrova 1893.
Pfeiffer 1971.
Pfennig 1979.
Phelps 1873.
Piel-Desruisseaux 1860.
Pike 1968.
Pillay 1967. 1992.
Pilz 1858.
Pjanamjagi 1878.
Plack 1909.
Platt 1930.
Poddubnyj 1997.

Pogodaev 1829.
Pogribna 1831.
Poljakov 1988.
Poljakova 1981.
Pomeranz 1912.
Popescu-Gorj 1987.
Popivanov 1815.
Popova 1966.
Pora 1960. 1961.
Poston 1866.
Pounds 1974.
Prekup 1960. 1961.
Price 1986.
Prinzt 1981.
Proctor 1849.
Prostjakov 1806.
Purkett jun. 1990.

Quillier 1961.

Radzinskaja 1830. 1960.
Ragim-zade 1899.
Rako 1874.
Raleigh 1946.
Rallo 1888.
Ranganathan 1988.
Rao, D. V. S. 1980.
Rao, L. S. P. 1908.
Rapacz 1814.
Raulin 1932.
Raymond 1922.
Rebbin 1826.
Reddy 1925.
Redich 1890.
Regier 1967.
Reichel 2002.
Reisch 1836.
Renold 1919.
Richter, K. 1870.
Richter, W. 1891.
Ricker 1967.
Rieck 1865.
Riedel 1974.
Rietbrock 1928.
Ritter 1872.
Robbins 1953.
Robblee 1950.
Roberts 1999.
Robertson 1950.
Robijns 1894.
Rogers 1934.
Rogova 1998.
Rohde 1958.
Rohr 1931.
Rojtman 1995.
Romanovskij 1890.
Romeu 1960.
Ronning 1950.
Ronwin 1918.
Rook 1931. 1933.
Rose, D. 1844.
Rose, S. P. R. 1910.
Rosenkranz 1857.
Rosmus 1918. 1920.
Ross 1855.
Rothe 1827.
Rotti 1802.
Rous 1948.
Rowlands 1820.
Rudofsky 1859.
Rüegsegger 1863.
Rüprich 1842.
Rumkist 1900.
Rzepishevsky 1983.

Saba 1918.
Sabatini 1810.
Sabine 1808.
Šachova 1814.
Sachslehner 1851.
Saha 1826.
Saila 1957. 1975.
Šajdorova 1902. 1904.
Sajgin 1851.
Sakala 1865.
Samojlov 1902.
Šapovalov 1841.
Sara [2004].
Savin 1825.
Sawada 1913.
Sawin 1855.
Saxena 1916.
Scattergood 1969. 1970.
Ščerbyna 1831.
Schadereit 1803.
Schäfer, H. 1856.
Schaefer, M. B. 1992.
Schaller 1854.
Schellenberger 1912.
Schels 1903. 1904.
Scheper 1853.
Schiemann 1941.
Schilling 1811.
Schirner 1807.
Schlegel 1979.
Schleger 1897.
Schmid 1815.
Schmidt 1986.
Schmidt, H. 1978.
Schmidt, K.-H. 1870.
Schmidt, W. 1945.
Schmitt 1804.
Schmock 1837.
Schober 1999.
Schønheyder 1923.
Schofield 1821.
Scholtyssek 1891.
Schotman 1815.
Schubert 1911.
Schulz, H. 1924.
Schulz, J. A. 1874.
Schumacher 1924.
Schuppenies 1803.
Schwarz 1892.
Scott 1807.
Seath 1945.
Secondat 1961.
Sedgwick 1823. 1824.
Segner 1848.
Seifert 1904.
Sekuzu 1929.
Sell 1932.
Šemenov 1871.
Semko 1966.
Sen 1845.
Serafin 1935.
Serroen 1803.
Seuster 1802.
Ševčenko 1832.
Severson 1990.
Shackelford 1814.
Shapiro 1922.
Sharma, R. M. 1885.
Sharma, S. C. 1826.
Shellenberger 1944.
Shepperson 1949.
Shupe 1946.
Shyamala 1907.
Sibbald 1890. 1944.
Siegel 1887.
Silant'eva 1907.
Simesen 1934.
Šimková 1889.
Singh, B. P. 1887.
Singh, N. 1910.
Singsen 1935.
Sinha 1987.
Sjarev 1838.
Skarżyński 1913.
Škurupij 1879.
Skvorcov 1840.
Slagsvold 1956.
Slavík 1937.
Slavin 1835.
Slen 1833.
Slinger 1890. 1944.
Sluchaj-Natal'čenko 1955.
Smaragdova 1902.
Smiley jun. 1915.
Smirnov 1832.
Smirnova, E. I. 1831.
Smirnova, M. A. 1956.
Smith jun., E. J. 2003.
Smith, G. H. 1931.
Smith, J. D. 1932.
Snetsinger 1942.
Snick, van 1823.
Snow 1989.
Sobotka 1909.
Soin 1964.
Sokolov, A. K. 1876.
Sokolov, M. P. 1953.
Sommani 1997.
Sorokin, J. I. 1981.
Sorokin, V. V. 1831. 1893.
Sorokina 1877.
Southward 1974.
Spandorf 1935.
Spasskij 1995.
Speth 1950.
Splittgerber 1801.
Spoel, van der 1976.
Sporn 1918.
Sprague 1938.
Springer 1970.
Spurlock 1882.
Squires, H. J. 1982.
Squires, R. F. 1927.
Srivastava 1987.
Staelens 1897.
Stefanov 1872.
Stehle 1903.
Steinberg 2003.
Steinhauf 1852.
Steinke 1919.
Stepanjan 1879.
Stepanov 1884.
Stepuškina 1920.
Stevenson 1937.
Stewart 1819.
Stockinger 1987.
Stöcker 1810.
Stoitscheff 1853.
Stojanov 1952.
Stolk 1997.
Storry 1931. 1933.
Stott 1865.
Strahan 1962.
Strecker 1886.
Stumpf 1926.
Stutz 1954.
Suchánek 1867.
Sullivan 1934.
Summers 1922.
Sunde 1942.
Suprunov 1902.
Surkova 1920.
Svečin 1875.
Szabo 1938.

Takanami 1927.
Takemori 1929.
Taranov 1902.
Tarr 1961.
Tarrant 1843.
Tayler, J. C. 1921.
Taylor, K. W. 1919.
Tegner 1884.
Templeman 1976.
Terry 1922.
Tesink 1894.
Teulade 1906.
Theurer 1938.
Thimotée 1816.
Thoenes 1810.
Thomas 1979.
Thompson, E. O. P. 1854.
Thompson, J. F. 1920.
Thomson 1964.
Tibbo 1968.
Tilley 1922.
Timčenko 1947.
Timofeev 1841.
Tjutjunnikov 1889.
Tlustohowicz 1935.
Tockaja 1883.
Tollersrud 1956.
Tomlinson 1999.
Torell 1950.
Touchburn 1941.
Toumanoff 1905.
Towarnicki 1960.
Travis 1897.
Treščeva 1999.
Triebel 1980.
Trimberger 1846.
Tschek 1998.
Tsubone 1926.
Turek 1830.
Turk 1846.
Turnbull-Kemp 1977.
Tweed 1978.
Tyleček 1869.

Ubbels 1849.
Uhlenbruck 1815.
Ulberg 1866.
Ulbrich 1851.
Ul'janov 1832.
Ullrey 1938.
Umar 1911.
Umbarger 1926.
Utrecht, v. 1976.
Uyeno 1959.

Vakulenko 1920.
Vall, di 1971.
Vandenheuvel 1920.
Vasilev, C. 1875.
Vasil'ev, V. G. 1835.
Vavich 1948.
Vazenmiller 1841.
Velasquez 1995.
Vel'možnyj 1827.
Vil'činskij 1872.
Vladimirov 1994.
Vladimirskaja 1963.
Völkl 1872.
Volkmann 1859.
Vorbrodt 1919.
Vorotnikov 2000.
Vulchanov 1815.

Wada 1929.
Waddill 1938.
Wade 1950.
Waibel 1942.
Waldroup 1934.
Wales 1826.
Walsh 1864.
Walstra 1847.
Ward 1946.
Warner 1988.
Warwick 1882.
Wasserman 1953.
Watson 1947.
Wayman 1946.
Webel 1850.
Wedin 1825.
Wegner 1889.
Weiser 1893.
Weiss 1834.
Welch 1946.
Wellington 1805.
Wellmann 1948.
Wendt 1898.
Weniger 1852.
Wessels 1922.
White 1826.
Wick 1874.
Widdowson 1940.
Wiegand 1804.
Wiggan 1817.
Wilcox 1826.
Wildgrube 1952.
Williams, G. 1818.
Williams, R. B. 1941.
Williams, R. J. 1865.
Williamson 1976.
Wilson 1923.
Wilt 1804.
Winnigstedt 1822.
Winzor 1912.
Witzel 1992.
Wohanka 1817.
Woodhead 1878.
Woods 1925. 1938.
Workman 1993.
Woynarovich 1988.
Wroblewski 1986.
Wujanz 1874.
Wullstein 1893.
Wunder 1989.
Wu Wang Lieu 1981.

Yamamura 1926.
Yamaoka 1812. 1813.

Zaika 1996.
Żak 1913.
Zarenkov 1981.
Zarrow 1855.
Zavjalov 1963.
Zedník 1869.
Zentner 1912.
Zickler 1802.
Ziegler, H. 1978.
Ziegler, I. 1978.
Zimmermann-Nielsen 1923.
Žoga 1841.
Zommere 1876.
Zoranjan 1864.
Zottl 1980.
Zutaut 1938.
Zvjerjeva 1825.
Forschungs- und Entwicklungsberichte: 1862. 1951.

LANDWIRTSCHAFTLICHES ZENTRALBLATT
ABT. TIERZUCHT · TIERERNÄHRUNG · FISCHEREI

1963 **NR. 9** **SEPTEMBER**

ALLGEMEINES

A. GESCHICHTE, FORSCHUNG, UNTERRICHT

Havermann, Heinrich. **Zum 100. Geburtstag des Geheimen Regierungsrates Prof. Dr. phil., Dr. agr. h. c., Dr. med. vet. h. c. Johannes Hansen.** Züchtungskunde **35** (1963) Nr. 3. S. 97. 20.

LeRoy, Henri L. **Sir Ronald A. Fisher, F. R. S., 17. Februar 1890 bis 29. Juli 1962.** Z. Tierzücht. Züchtungsbiol. **78** (1962) Nr. 1. S. 1–4. — 1 Abb.
Sir Ronald Aylmer Fisher, F. R. S., der begabteste und fähigste Biomathematiker der letzten 50 Jahre, starb im Alter von 72 Jahren in Adelaide, Australien, wohin er 1959 übergesiedelt war. Sein Entwicklungsgang und sein Lebenswerk als Begründer der praktisch orientierten Statistik werden gewürdigt. A. Schaaf. 20.

Splittgerber, H.; Unna-Königsborn, Lehr- und Versuchsanst. für Kleintierzucht. **Die Lehr- und Versuchsanstalt in der bäuerlichen Geflügelhaltung.** Kraftfutter **45** (1962) Nr. 10. S. 446–447. — 2 Abb., 1 Tab.
Vf. nennt als oberstes Ziel der Lehr- und Versuchsanstalt für Kleintierzucht, Unna-Königsborn, einer wirtschaftlichen bäuerlichen Geflügelhaltung zu dienen. Die gründliche Erlernung des Spezialbetriebszweiges Hühnerhaltung, einschließlich seiner betriebswirtschaftlichen Eingliederung, der Wirtschaftlichkeitskontrolle, aller Fragen der Erfassung und Vermarktung, müssen dem Bauern bzw. dem bäuerlichen Nachwuchs nahegebracht werden. Fortbildungslehrgänge für Wirtschaftsberater, Geflügelberater u. a. sind ergänzend durchzuführen. Um die Möglichkeit zu schaffen, aus der verwirrenden Vielzahl der angebotenen ausländischen Hybriden und denen aus dem deutschen Zuchtprogramm die besten Herkünfte auswählen zu können, müssen die Lehranstalten umfassende Leistungsprüfungen (500-Tage-Test) durchführen. U. Hofmann. 40.

Bibliographie für die sozialistische Landwirtschaft. Höhere Erträge in der Landwirtschaft durch Fachliteratur. 1. u. 2. Band. Greifswald; Rostock: Universitätsbibliothek; Schwerin: Mecklenburgische Landesbibliothek. 1961/1962. (256 S.; 261 S.) 14,5 × 20,5 cm. Die Bibliographie wendet sich in erster Linie an die Kader unserer sozialistischen Landwirtschaftsbetriebe. Sie verfolgt den Zweck, neue wiss. Erkenntnisse schnell der Praxis nutzbar zu machen. In beiden Bänden sind die Bibliographien auf annähernd gleiche Weise wie folgt geordnet: A. Grundlagen der sozialistischen Landwirtschaft; B. Gesamtdarstellungen und Zeitschriften zur sozialistischen Landwirtschaft; C. Agrarökonomik; D. Der sozialistische Landwirtschaftsbetrieb; E. Landtechnik, Bauwesen; F. Pflanzliche Produktion (eingeteilt in Ackerbau, Pflanzenbau und Pflanzenkrankheiten); G. Tierische Produktion (eingeteilt in allg. Tierzucht, spez. Tierzucht und Tierkrankheiten); H. Forst, Jagd, Fischerei und J. Das sozialistische Dorf (hierunter u. a. auch Dorfplanung, Sozialeinrichtungen, Gesundheits- und Arbeitsschutz, Kulturarbeit und Sport sowie Qualifizierung). Der Band 1 enthält Monographien aus den Jahren 1955–60 und Zeitschriftenaufsätze seit 1959. Band 2 bringt die entspr. Veröffentlichungen bis Ende 1961. Beide Bände enthalten am Schluß Autoren- und Sachregister. H. Kretschmer.

Literatur über die Ausbildung von Kadern für die sozialistische Landwirtschaft. Hrsg. Instn.: Hochschule f. LPG. Dok. Meißen. (Lit. Nr.: 1/5. Titelanzahl: 531. Ber.-Zeit: 1945–1962).

B. GRUNDLAGENWISSENSCHAFTEN UND METHODIK

Koller, S.; Wiesbaden. **Typisierung korrelativer Zusammenhänge.** Metrika [Würzburg] **6** (1963) Festschr. Hans Kellerer S. 65–75. — 3 Abb.

Vf. gibt einen Überblick über verschiedene Ursachen für das Zustandekommen eines korrelativen Zusammenhanges. 1. Kausale Korrelation, A) Einseitige Abhängigkeit (X Ursache von Y) – Beispiel: Dosis-Wirkung, B) Wechselseitige Abhängigkeit — Beispiel: Regulationsvorgänge; 2. Gemeinsamkeitskorrelation. X und Y werden gemeinsam durch dritte Größen beeinflußt — Beispiel: Körpermaße; 3. Inhomogenitätskorrelation: Sie entsteht durch Vermengen verschiedener Populationen (unterschiedliche Lage der Punktwolken führt insgesamt gesehen zu korrelativen Beziehungen). 4. Formale Korrelationen durch rechnerische Verknüpfung von Y und X — Beispiel: Prozentzahlen mit gleicher Basis oder X = Unterarmlänge, = Y Armlänge.

D. Rasch. 160.

Grimm, H.; Jena, Inst. für Mikrobiol. und Exp. Therapie der Dtsch. Akad. der Wiss. zu Berlin. **Tafeln der negativen Binomialverteilung.** Biometr. Z. **4** (1962) Nr. 4. S. 239–262.

Ist x eine Zufallsvariable, die nach einer negativen Binomialverteilung verteilt ist, so gilt für die Wahrscheinlichkeit $P(x = r)$ dafür, daß $x = r$ ist $P\,(x — r) = \binom{k+r-1}{r}\left(\frac{1}{q}\right)^k\left(\frac{p}{q}\right)^r = m\,(r, k, p)$. Die Wahrscheinlichkeit $P\,(x \leq r)$ dafür, daß $x \leq r$ ist, ist dann $P\;(x \leq r) = M\;(r, k, p) = \sum_{x=0}^{r}{}' \, m\,(x, k, p)$. Die Werte für $M\;(r, k, p)$ wurden vom Vf. für $kp = 0{,}1\;(0{,}1)\;1{,}0$; $kp = 1{,}0\;(0{,}2)\;4{,}0$; $kp = 4{,}0\;(0{,}5)\;10{,}0$; $1 + p = 1{,}2$; $1{,}5$; $2{,}0$; $3{,}0$; $4{,}0$ und $5{,}0$ und für $r = 0, \ldots, 16$ bzw. 23 tabelliert.

D. Rasch. 160.

Rotti, A.; Gent, Rijkslandbouwhogeschool, Leerstoel voor Wiskunde. **Auswahl einer Regressionsfläche zur Anpassung von Beleuchtungsstärken in einem Klima-Schrank.** Biometr. Z. 4 (1962) Nr. 4. S. 263–273. — 5 Abb., 11 Lit.

Bei biol. Versuchen in Klimaschränken ist eine genaue Kenntnis der Lichtbedingungen in diesen Schränken erforderlich. Da die Lichtverteilung nicht homogen ist, hat Vf. die Verteilung der Beleuchtungsstärken in einem spez. Klimaschrank mit Hilfe einer Regressionsfläche 2. Grades angenähert.

D. Rasch. 160

Seuster, H.; Gießen. **Betriebsorganisatorische Entscheidung mit Hilfe der parametrischen Programmierung.** Ber. Landwirtsch. [N. F.] **40** (1962) Nr. 4. S. 799–812. — 6 Tab., 9 Lit. 160.

Zickler, M. und König, I. **Möglichkeiten der Anwendung von Kerblochkarten in der tierzüchterischen Forschung und Praxis.** Tierzucht **17** (1963) Nr. 3. S. 131–134.

Vom Inst. für Tierzucht in Jena wurde durch Verwendung von Kerblochkarten ein rationelles Verfahren zur Auswertung der Prüfungsergebnisse in der Tierzucht mit gutem Erfolg angewendet. Die Kerblochkarte ist eine in genormten Größen erhältliche Karteikarte, deren äußerer Rand mit einer doppelten Lochreihe versehen ist. Die vorher verschlüsselten Erhebungsdaten oder Merkmale werden mit einer Kerbzange an den entspr. Stellen des äußeren Randes eingekerbt. Der übrige Platz auf der Karteikarte dient zur Aufnahme des Klartextes. Für die Kerbung wird der „additive" Schlüssel verwendet, der es gestattet, mit 4 Lochpaaren 10, mit 8 Lochpaaren 100 und mit 12 Lochpaaren 1000 Werte auszudrücken. Aus einem Kartenstapel kann eine Selektion nach mehreren Merkmalen gleichzeitig erfolgen, indem mehrere Selektionsnadeln in die entspr. Löcher der Kartenränder eingeführt werden. Die durch Kerbung geöffneten Ränder gewisser Karten lassen diejenigen mit den gewünschten Daten herausfallen. Die restlichen Karten bleiben auf der Nadel hängen. Neben der Befund- und Literaturdokumentation eignet sich die Anwendung von Kerblochkarten für Institutionen, wo mäßig umfangreiches Zahlenmaterial anfällt, das schnell nach mehreren Gesichtspunkten ausgewertet werden soll. Für biometrische Auswertungsverfahren haben Kerblochkarten den Vorteil, daß Urlisten und Strichlisten für Korrelationsberechnungen entfallen, weil die benötigte Klasseneinteilung des Materials mit Hilfe entspr. Nadelungen zusammenzustellen ist. R. Menzel. 170.

C. JAHRESBERICHTE UND TAGUNGEN

Serroen, F. Aperçu de l'agriculture belge en 1959–1960. **(Bericht über die belgische Landwirtschaft in den Jahren 1959/60.)** Rev. Agric. [Bruxelles] **15** (1962) Nr. 1. S. 53–90. — 34 Tab.

Die pflanzliche Produktion und in gewissem Grade auch die tierische Produktion wurde 1960 durch die Trockenheit und die Wärme des Jahres 1959 nachhaltig beeinflußt. — 1959 hat sich die Zahl der Schlachtrinder stärker als die Gesamtfleischproduktion erhöht, was mit dem geringeren Schlachtgewicht zu erklären ist. 1960 lag die Rindfleischproduktion um 1% niedriger als 1959. Der gesamte Import an Lebendvieh zeigte 1960 gegenüber 1959 nur eine Differenz von 190 Tieren. Exportiert wurden 1960 fast 8000 Tiere mehr als 1959. Der Fleischimport übertraf 1960 den Import des Vorjahres um 3709 t, der Fleischexport hatte sogar um 6415 t zugenommen. 1960 war gegenüber 1959 im Gelderlös für Fleisch und Fleischwaren eine Minderung um bfr 110018 eingetreten. Dabei hatte der Fleischverzehr der belgischen Bevölkerung 1960 gegenüber 1959, eine Steigerung um 4,16% erfahren, was, bezogen auf den Wert des Jahres 1959 einer Steigerung auf 108,9% gleichkommt. Während 1957 pro Kopf der Bevölkerung 45 kg Fleisch bzw. tägl. 124 g verbraucht wurden, waren es 1959 47 kg bei einem tägl. Verzehr von 129 g, 1960 betrug der Gesamtfleischverzehr pro Person 48 kg im Jahre, bei 133 g tägl. Verzehr. Die Milchproduktion war trotz der Trockenheit 1959 im Jahr 1960 höher als 1959 (+ 132649 l). In Anbetracht des beträchtlichen Butterüberschusses ist der gesteigerte Frischmilchverbrauch als günstiges Zeichen zu werten. Während die Produktion von Milcherzeugnissen 1960 gegenüber 1959 um knapp 17000 t angestiegen ist, wuchs der Inlandverbrauch um knapp 8000 t. — Bei gleichbleibender Hennenzahl wurden je Henne 200 Eier im Jahr (1960 gegenüber 1959 = +15) und insgesamt ca. 250000 Eier mehr produziert. Interessant ist der Aufwand an Mineraldünger zur Erzielung der wirtschaftseigenen Futtermittel und der gesamten pflanzlichen Produktion. $N:P_2O_5:K_2O$ werden im Verhältnis 1:0,92:1,65 gegeben. Das sind in Reinnährstoffen je ha LN 53,0 kg N, 48,9 kg P_2O_5 und 87,0 kg K_2O. Im Gesamtaufwand ist bei allen Düngemitteln 1960/61 gegenüber 1959/60 eine Steigerung zu verzeichnen. H. Busse. 200.

Hermann, Hans. **Bericht über die 47. Jahresversammlung des Internationalen Milchwirtschaftsverbandes 1962.** Milchwissenschaft **18** (1963) Nr. 3. S. 121 bis 130. — 4 Abb. 200.

Anonym. **Vortragstagungen 1961/1962.** Z. landwirtsch. Versuchs- u. Untersuchungswes., Vortragstag. **1962** S. 1–228.

Das Inst. für Landwirtsch. Versuchs- und Untersuchungswesen Rostock führt alljährlich im Auftrage der DAL zu Berlin in den 3 nördl. Bezirkshauptstädten Rostock, Schwerin und Neubrandenburg Vortragstagungen durch. Die Tagungen tragen dazu bei, eine enge Verbindung zwischen Wissenschaft und Praxis herzustellen. Im Gegensatz zu den früheren Tagungen, in denen jeweils ein bestimmtes Problem herausgestellt und zentral behandelt wurde, war durch das 10jährige Bestehen der DAL der Anlaß gegeben, die in diesen Jahren vom Inst. für Landwirtsch. Versuchs- und Untersuchungswesen geleistete Arbeit insgesamt zu überblicken. Neben den Begrüßungsansprachen und Diskussionsbeiträgen zu den einzelnen Vorträgen wurden folgende Vorträge gehalten: 10 Jahre wiss. Arbeit für die landwirtsch. Praxis (K. Nehring); Die Ökonomik des Feldfutterbaues auf den mittleren mecklenburgischen Böden (F. Lüdecke); Ökonomische Betrachtungen zum Anbau der Kartoffeln und Zuckerrüben für Futterzwecke (G. Schadereit und R. Schuppenies); Sortenwahl und Anbautechnik im Kartoffelbau (D. Knüppel); Versuchsergebnisse zum Zuckerrübenanbau (K. Lewke); Versuchsergebnisse aus Düngungs- und Pflegeversuchen auf dem Grünland (G. Peters); Die Einsäuerung der wichtigsten Feldfutterpflanzen in Mecklenburg (W. Laube); Versuchsergebnisse und Verfütterung von Mais unter Zusatz von Harnstoff und Ammoniumbikarbonat (G. Henk); Ergebnisse und Schlußfolgerungen aus den Heuwertprüfungen der vergangenen 6 Jahre (M. Hoffmann); Betrachtungen und Schlußfolgerungen zum Ergebnis aus dem 1. und 2. Turnus der Bodenuntersuchungen in Mecklenburg (W. Borchmann); Die Auswertung der Bodenuntersuchungsergebnisse bis zum Düngervoranschlag in der LPG Basdorf (F. Lüdecke). Abschließend werden die Veröffentlichungen des Inst. aufgeführt.

K. Schulz. 200.

ALLGEMEINE TIERZUCHT

A. ENTWICKLUNGSLEHRE

Schmitt, J.; Frankfurt/M., Zool. Garten. **Ammotragus lervia Pallas, Mähnenschaf oder Mähnenziege?** Z. Säugetierkunde 28 (1963) Nr. 1. S. 7–12. — 1 Abb., 1 Tab., 15 Lit.

Gelungene Bastardierungen zwischen Schafen und Ziegen von Seiten sowjetischer Züchter (Bratanoff, Dikoff u. a.) lassen Zweifel an dem bisher angenommenen großen systematischen Abstand zwischen den Gattungen Ovis und Capra aufkommen. Damit wird auch die Aussagekraft von ♀-Mähnenschaf-Hausziegen-Bastarden für die von verschiedenen Systematikern in jüngerer Zeit vertretene Ansicht, daß die Gattung Ammotragus den Wildziegen näherstehe als den Wildschafen, stark eingeschränkt. Die vom Vf. an 75 Individuen der Gattungen Capra, Ovis und Ammotragus erzielten Ergebnisse elektrophoretischer Serumeiweißanalysen lassen vielmehr die letzten beiden Gattungen als viel enger zusammengehörig erscheinen. Praktisch sind die Serumeiweißbilder von Ammotragus und Ovis identisch, so daß der Name „Mähnenschaf" für Ammotragus lervia durchaus am Platze ist.

H. Freye. 1015.

B. ORGANE DES TIERKÖRPERS

Wilt, Fred H.; Lafayette, Ind., Purdue Univ., Dep. of Biol. The ontogeny of chick embryo hemoglobin. **(Die Entwicklung des Hämoglobins im Hühnerembryo.)** Proc. nat. Acad. Sci. USA 48 (1962) Nr. 9. S. 1582–1590. — 7 Abb., 1 Tab., 30 Lit.

Das Hb erwachsener Hühner ist ein Gemisch zweier ähnlicher Globin-Fraktionen. Im unbebrüteten Blastoderm wurden 2 globinähnliche Komponenten nachgewiesen. Eine davon entspricht etwa der kleineren Globinkomponente erwachsener Hühner, die andere ist von beiden verschieden und verschwindet nach 36–48 Std. Bebrütung, gleichzeitig erscheint die größere Komponente der erwachsenen Tiere. Die Synthese der Hb-Bestandteile verstärkt sich rasch, wenn der Embryo das 7- bis 8-Zellenstadium erreicht hat. Vorher gab es zwar eine gewisse Globinsynthese, aber es wurde praktisch kein Häm-Fe in das Hb eingebaut. B. Busch. 1120.

Wiegand, D. **Zählung roter und weißer Blutelemente des Rindes mit einem automatischen Blutkörperzählgerät.** Berliner Münchener tierärztl. Wschr. **75** (1962) Nr. 7. S. 129–131.

Vf. berichtet über Erfahrungen mit dem Blutkörperzählgerät „Celloscope" der Firma A.B. Lars Ljungberg & Co., Stockholm. Die Arbeitsweise des

Gerätes besteht im Prinzip im Messen der Stromschwankungen, die durch die angesaugten Blutkörperchen aus einer Blutverdünnung beim Passieren einer Glaswandöffnung von ca. 30 mm Dmr. hervorgerufen werden. Für ein schnelles und genaues Abfüllen der Verdünnungslösung empfiehlt sich die Anwendung automatischer Pipetten. Mit Hilfe dieser Pipetten werden 2 Blutverdünnungen von 1:200 und 1:80000 hergestellt. Das Zählen der Erythrocyten erfolgt in der Verdünnung von 1:80000, die Leukocyten bleiben hierbei unberücksichtigt, sofern ihre Werte im normalen Bereich liegen. Die Bestimmung der Leukocytenanzahl erfolgt aus einer Blutverdünnung von 1:800, die aus der vorher bereiteten Verdünnung von 1:200 hergestellt wird. Die Erythrocytolyse wird durch Zusatz von 0,2 cm³ Saponinlösung erzeugt. Für die Zählung der Erythrocyten, die sich in der Größe von den Erythrocyten des Menschen unterscheiden, ist es erforderlich, das „Celloskop" auf die Zellgröße zu eichen. Die Streuungsbreite der Methode wird durch 10 Erythrocyten- und 10 Leukocytenzählungen aus einer Blutprobe ermittelt. Nach den Ergebnissen wird die max. Streuungsbreite für die Zählung der roten Blutkörperchen mit ± 6% und für die Zählung der Leukocyten mit ± 5% angegeben. Von einer techn. Assistentin können pro Tag 100–200 Zählungen durchgeführt werden.
W. Verter. 1120.

Wellington, J. S., Gardner, R. E. und McGinley, J. P.; San Francisco, Univ. of California, Med. Center, Dep. of Pathol., Surgery and Dermatol. Effect of repeated erythrocyte transfusions on subsequent survival of homologous erythrocytes in chickens. **(Wirkung von wiederholten Erythrocyten-Transfusionen auf das folgende Überleben von homologen Erythrocyten beim Küken.)** Proc. Soc. exp. Biol. Med. **110** (1962) Nr. 4. S. 679–681. – 1 Abb., 1 Tab., 8 Lit.
Am Schlupftag erhalten Weiße-Leghorn-Küken eine i.v. Injektion von 0,3 ml Erythrocytensuspension junger Tiere der gleichen Zucht. Die Technik wird eingehend geschildert. Die i.v. Transfusionen werden wöchentl. in gesteigerter Menge (bis zu 1 ml) wiederholt, so daß bei den Empfängern stets lebende homologe Erythrocyten vorhanden sind. 10 Wochen alte Küken werden dadurch befähigt, Antikörper als Antwort auf das Antigen zu bilden. Die Technik zur Ermittlung der Überlebenszeit der Erythrocyten wird genau angegeben. Nicht behandelte Kontroll-Küken des gleichen Schlupfes zerstören schnellstens das Blut des gleichen Spenders. E. Tempel. 1120.

Lobzov, K. I. (Lobsow, K. I.) Belki i cholesterol- i fosfatid-belkovye kompleksy v krovi korov različnoj žirnomoločnosti. **(Eiweißstoffe und Cholesterol- und Phosphatid-Eiweißkomplexe im Blut von Kühen mit unterschiedlichem Fettgehalt der Milch.)** Tr. Mosk. vet. akad. **29** (1960) S. 164–174. – Zus. in Engl. Aus: Referativnyj žurnal. Biologija, Moskva **1962** Nr. 4. L 16. S. 3.
Untersucht wurden 9 Jerseykühe und 3 Kühe der Schwarzbunten Rasse. Der Milchertrag bei den schwarzbunten Kühen war um 42% höher als bei den Jerseys, jedoch war die Fettleistung bei den Jerseys höher, da ihr Milchfettgehalt 5,63 und bei den schwarzbunten Kühen 3,41% betrug. Der Gehalt an Gesamteiweiß im Blut der Jerseykühe betrug 8,16, der der schwarzbunten Kühe 8,78%; in der 1. Laktationshälfte stieg sein Gehalt in der Hauptsache auf Kosten der Albumine, in der 2. sank er, in der Trockenstehperiode war er am niedrigsten. Dabei war bei den Jerseys der Albumingehalt um 10% und der Globulingehalt um 5% geringer als bei den schwarzbunten Tieren. An Rest-N waren bei den Jerseys zu Beginn der Laktation (in mg%) 61,43, gegen Ende 45,23 und bei den Schwarzbunten 53 und 42,56 enthalten. Die Cholesterin-Eiweißkomplexe im Blut der Jerseys sind während der gesamten Laktation sowie in der Trockenstehperiode höher als bei den Schwarzbunten. Die Menge gebundenen Cholesterins betrug im 1. Laktationsmonat (in mg%) bei den Jerseys 270,21, im 3. Mon. 263,14 und in der Trockenstehperiode 140,13,

bei den Schwarzbunten entspr. 219,66, 242,88 und 113,34. Im Blute der Jerseys und der Schwarzbunten enthielten die Albumine um 24–36% mehr gebundenes Cholesterin als die Globuline. Der Gesamtgehalt an Lipoid-P, der an Bluteiweiß gebunden ist, ist bei den Jerseys um ⌀ 31% höher als bei den Schwarzbunten. Die Menge des Lipoid-P, der an die Albumine gebunden ist, betrug bei den Jerseys (in mg%) 6,93, der an Globulin gebundene 5,41, bei den Schwarzbunten entspr. 5,37 und 4,03. Der Gehalt an Lipoid-P ist im Serumalbumin der Jerseys und der Schwarzbunten um 30% höher als der im Globulin. Das Niveau des Lipoid-P der Albumin- und Globulin-Fraktionen steigt mit zunehmendem Milchertrag, während er gegen Ende der Laktation sinkt. Die Blutuntersuchung hat gezeigt, daß der Gehalt an Cholesterineiweißen und Phosphatideiweißkomplexen im Blute von Kühen mit fettreicher Milch erhöht ist. Bei Kühen mit fettreicher Milch können Serumalbumin und -globulin mehr Lipoide binden als bei Kühen mit fettarmer Milch. übersetzt v. Th. C. Boetticher. 1120.

Kovyndikov, M. S., Prostjakov, A. P. und Fortušnyj, V. A. (Kowyndikow, M. S., Prostjakow, A. P. und Fortuschny, W. A.) Sostojanie belkovych frakcij syvorotki krovi stel'nych korov i ich teljat. **(Der Zustand der Eiweißfraktionen im Blutserum trächtiger Kühe und deren Kälber.)** Dokl. Velikoluksk. s.-ch. in-ta **1961** S. 179–185. — Aus: Referativnyj žurnal. Biologija, Moskva **1962** Nr. 23. L 26. S. 3.

Für den Versuch wurden trächtige Kühe im Alter von 4–8 Jahren ausgewählt. Die neugeborenen Kälber wurden in 2 Gruppen eingeteilt. Gr. I erhielt Colostralmilch, Gr. II Milch von Kühen, die früher gekalbt hatten. Die Gesamteiweißmenge im Blutserum war bei den Kühen in der ersten Hälfte der Trächtigkeit stabil. Vom 4.–7. Trächtigkeitsmonat wurde eine Senkung des Eiweißspiegels beobachtet. Sofort nach dem Kalben vermehrte sich das Eiweiß stark. Die Verringerung der Menge an α-Globulinen im Blut gegen Ende der Trächtigkeit erklären Vff. durch den Anteil der α-Globuline am erhöhten Stoffwechsel, die Erhöhung der Menge der β- und γ-Globuline ist mit toxischen Erscheinungen im Entwicklungsprozeß der Frucht verbunden. Im Serum der Kälber sank die Anzahl der Albumine stark nach dem 3. und 4. Tränken mit Colostralmilch. Der Spiegel der β-Globuline erhöhte sich in der Colostralperiode und sank beim Tränken mit Milch. γ-Globuline wurden im Blut der neugeborenen Kälber nicht festgestellt. Die Colostralmilch trug zu einer intensiven Eiweißbildung im Organismus der Kälber bei.

übersetzt v. Ch. Eshkowa. 1120.

Dasgupta, P. R.; Lucknow, India, Centr. Drug Res. Inst. Distribution of precorticotrophin in blood. **(Verteilung von Präcorticotropin im Blut.)** Nature [London] **197** (1963) Nr. 4865. S. 388. — 1 Tab., 5 Lit.

Vf. untersuchte die Verteilung von Präcorticotropin — einer Vorstufe des Corticotropins (ACTH), welche Vf. 1961 im Blutserum von Kaninchen nachgewiesen hatte — zwischen arteriellem und venösem Blut von Kaninchen. Serumproben aus arteriellem und venösem Blut wurden sowohl unverändert als auch nach Zusatz von Harnstoff (zwecks Aktivierung des Präcorticotropins zu Corticotropin) im Sayers-Test (Ascorbinsäureverarmung in Rattennebennieren nach ACTH) auf ihre ACTH-Aktivität testiert. Die ACTH-Aktivität des unveränderten arteriellen Serums glich der von Kochsalzkontrollen. Nach Behandlung des arteriellen Serums mit Harnstoff jedoch wurde gegenüber unbehandeltem Serum ein signifikant größerer ACTH-Gehalt gefunden. Das unveränderte venöse Serum zeigte eine mäßige, gegenüber den Kontrollen nicht signifikante Aktivität im Sayers-Test. Behandlung mit Harnstoff führte hier indessen nicht zu einer Aktivitätssteigerung. Vf. kommt zu dem Schluß, daß Präcorticotropin nur im arteriellen Blut nachweisbar ist.

H. Grychtolik. 1120.

Scott, D.; Bucksburn, Aberdeen, Rowett Res. Inst. Changes in plasma constituents fo the sheep accompanying the continuous infusion of aldosterone. **(Veränderungen der Plasmazusammensetzung im Zusammenhang mit fortgesetzter Infusion von Aldosteron.)** J. Physiol. [London] **164** (1962) Nr. 1. S. 27P–28P. — 2 Lit.

Während und nach fortgesetzter i.v. Infusion von Aldosteron in isotonischer Glucoselösung wurden im Plasma der osmotische Druck, das spez. Gew., der Zellvolumenanteil und die Konzentration von Na^+, K^+, Ca^{2+}, Mg^{2+}, ferner des gesamten und des anorg. Phosphors bestimmt. Die K^+-Konzentration erlitt einen Abfall von 4–5 mÄquiv./l auf 2 mÄquiv./l nach 3- bis 4tägiger Infusion, während der Na^+-Gehalt anstieg. Nach 2- bis 3tägiger Infusion sanken die Mg^{2+}-Konzentration, Zellvolumen und das spez. Gew. um 15–25%. Die Konzentration des anorg. P wurde herabgesetzt, der osmotische Druck, Cl^- oder Ca^{2+}-Konzentration jedoch nicht verändert. Dsgl. war der Gehalt der roten Blutkörperchen an Na^+, K^+ und Gesamt-P nicht beeinflußt. Die tägl. Verbringung von $KHCO_3$ oder $NaHCO_3$ in den Pansen führte zu Veränderungen des Plasmagehaltes an K^+, Mg^{2+} und anorg. P. Ein zusätzlicher Mg^{2+}-Verlust durch die Körperexkremente trat während der Aldosteronapplikation nicht auf. J. Bergfeld. 1120.

Schirner, H.; Oslo, Univ., Biol. Stat. Dröbak. **Unveränderter Blutzuckerspiegel nach Entfernung des Inselgewebes bei Myxine glutinosa.** Naturwissenschaften **50** (1963) Nr. 4. S. 127–128. — 4 Lit. 1120.

Papermaster, Ben W. und Good, Robert A.; Minneapolis, Univ. of Minnesota, Variety Club Heart Hospital. Relative contributions of the thymus and the bursa of Fabricius to the maturation of the lymphoreticular system and immunological potential in the chicken. **(Die relative Beteiligung des Thymus und der Bursa Fabricii an der Reifung des lymphoretikulären Systems und der immunologischen Potenzen bei Küken.)** Nature [London] **196** (1962) Nr. 4857. S. 838–840. — 2 Abb., 14 Lit.

Die Lymphocytogenese begann im Thymus (Th.) am 12. Tag der Bebrütung, vom 14. an war der Th. als ein Lymphorgan anzusehen. In der Bursa Fabricii (B.F.) fand die Lymphocytogenese nicht vor dem 15. Tag statt. Am 18. Tag waren die Lymphocyten nur auf Th. und B.F. beschränkt, denn in der Milz (M.) fand die Granulocytopoiese und in Leber und Knochenmark die Erythropoiese statt. Vor dem Schlupf kam es nicht zur signifikanten Ausbildung von Lymphfollikeln in der M. und im Darm. Es wird vermutet, daß Th. und B.F. für die immunologischen Potenzen verantwortlich sind, da diese Organe beim Küken eine ähnliche Entwicklung und Funktion haben. B. Busch. 1120.

Feller, D. D. und Feist, E.; Seattle, Univ. of Washington, Veterans Adm. Hospital; Dep. of Med., Radioisotope Serv. Conversion of glycine to fatty acids by adipose tissue. **(Umwandlung von Glycin in Fettsäuren durch Fettgewebe.)** Proc. Soc. exp. Biol. Med. **111** (1962) Nr. 1. S. 18–21. — 2 Abb., 2 Tab., 11 Lit.

Epididymales Fettgewebe von Mäusen wurde mit Glykokoll-1-^{14}C, Glykokoll-2-^{14}C, Glyoxalat-1,2-^{14}C, Sarcosin-1-^{14}C bzw. DL-Malat-3-^{14}C inkubiert und die Radioaktivität der Fettsäuren sowie des gebildeten CO_2 bestimmt. Ferner wurde eine Reihe von Zwischenprodukten des Glycinstoffwechsels nach chromatographischer Trennung radiochemisch bestimmt. Bei Inkubation mit Glykokoll-1-^{14}C war die Markierung der Fettsäuren höher als bei Inkubation mit Glykokoll-2-^{14}C. Die anderen Substrate ergaben einen noch niedrigeren Einbau von ^{14}C in Fettsäuren. Als Intermediärprodukte des Glycinstoffwechsels wurden Acetat, Propionat, Glyoxalat und Succinat gefunden. Zusatz dieser Substanzen zum Bebrütungsansatz reduzierte die Einbaurate des ^{14}C

in Fettsäuren. Demzufolge kann Glycin für die Biosynthese von Fettsäuren im Fettgewebe herangezogen werden. Mögliche Stoffwechselwege werden diskutiert. R. Schiemann. 1125.

Beilharz, Sigrid, Denton, D. A. und Sabine, J. R. The effect of concurrent deficiency of water and sodium on the sodium appetite of sheep. **(Die Auswirkung eines gleichzeitigen Wasser- und Natriummangels auf den Natriumappetit beim Schaf.)** J. Physiol. [London] **163** (1962) Nr. 3. S. 378–390. – 1 Abb., 5 Tab., 16 Lit.
Bei erwachsenen Merinoschafen mit Parotisfisteln wird der Einfluß eines gleichzeitigen Wasser- und Na-Mangels auf den Blutnatriumspiegel und den Na-Appetit untersucht. Trotz gleichbleibenden oder ansteigenden Blutnatriumspiegels zeigen die Versuchstiere großen Appetit auf Na-Lösungen. Sie nehmen freiwillig sowohl $NaHCO_3$-Lösungen als auch reines Wasser auf. Bei einfachem Wasser- oder Na-Mangel nehmen die Versuchstiere nur Wasser oder Na-Lösung auf. Die Ergebnisse werden im Zusammenhang mit der chem. und neuralen Regulierung des Na- und Wasserhaushaltes diskutiert.
H.-A. Ketz. 1175.

Kostyra, Julian; Lublin, Wyższa Szkoła Rolnicza, Wydział Weteryn., Katedra Anatom. Zwierząt. **Die Verbindung der Knochen in den Gliedmaßen des Hausschweines. 2. Mitt. Die Verbindung der Knochen der Beckengliedmaßen.** Ann. Univ. Mariae Curie-Skłodowska, Sect. DD **15** (1960, hrsg. 1962) S. 137–190. – 30 Abb., 6 Tab., 94 Lit. Zus. in Russ., Engl. 1310.

Pelt, R. W. van und Conner, G. H. Synovial fluid from the normal bovine tarsus. I. Cellular constitutents, volume, and gross appearance. **(Synovialflüssigkeit des normalen Rindertarsus. 1. Mitt. Zellgehalt, Volumen und Aussehen.)** Amer. J. veterin. Res. **24** (1963) Nr. 98. S. 112–121. – 10 Abb.
Der Zellgehalt, das Volumen und das Aussehen der Synovialflüssigkeit des normalen (gesunden) Tarsalgelenkes wurde an 77 Rindern untersucht. Dabei wurde zwischen Bullen, jüngeren Ochsen und Kühen unterschieden. – Die Synovialflüssigkeit des Tarsus ist verhältnismäßig zellarm. Im Mittel wurden pro cm^3 103,5 $\pm$ 14,23 Leukocyten gefunden, wobei bei einer Probeentnahme die Werte bei 0–725,0/cm^3 lagen. Die Differentialleukocytenzahlen wurden aus Ausstrichen gewonnen, die nach Wright gefärbt waren. Neutrophile wurden im Mittel zwischen 6,0 $\pm$ 1,24, Lymphocyten 49,08 $\pm$ 2,77%, Monocyten 38,22 $\pm$ 2,47%, Makrophagen 5,93 $\pm$ 1,38% und Eosinophile 0,77 $\pm$ 0,22% gefunden. In gefärbten Synovialausstrichen wurden niemals Basophile gefunden. Im Mittel enthielten die Gelenke 12,6 $\pm$ 0,5 ml Synovia. Die größte Menge Synovia konnte aus den Gelenken von jungen Ochsen evakuiert werden; darauf folgten die Tarsalgelenke von Bullen und Kühen. Die Synovia war farblos und klar, einige Proben waren bernsteinfarben und klar. Im Zusammenhang mit den Untersuchungen wird eine Zusammenfassung der vorhandenen Literatur gegeben. O. Dietz. 1310.

Kratochvíl, Zdeněk. Atavismus a regrese v chrupu vlků, psů a lišek. **(Atavismus und Regressionserscheinungen im Gebiß von Wölfen, Hunden und Füchsen.)** Sborník Vysoké Školy zemědelské Brně, Řada B **9(30)** (1961) Nr. 3/4. S. 183–193. – 4 Abb., 2 Tab., 23 Lit. Zus. in Russ., Dtsch.
Untersuchungen von insgesamt 25 Wolfsschädeln und je 50 Fuchs- und Hundeschädeln ergaben folgendes: In 3 von den untersuchten Hundeschädeln wurden vollentwickelte obere Backenzähne M^3 vorgefunden, wobei es sich um Angehörige langschädeliger Hunderassen (russ. Windhund, deutscher Schäferhund und Bernhardiner) handelte. Das Vorkommen von M^3 bei den Canidae wird als eine atavistische Erscheinung angesehen. Das Fehlen dieses Zahnes bei der Mehrzahl der Canidae ist nach Ansicht des Vf. die Folge der Entwick-

lung eines mächtigen Reißzahnes, der die Funktion der Molaren übernommen hat. Durch das Verschwinden des oberen Backenzahns M^3 verliert auch der untere M_3 Funktion. Das Verschwinden dieses Zahnes wird als regressives Merkmal angesehen. Die weiter festgestellte Tendenz der Verringerung der Anzahl der Praemolaren P_1, P^1, P_2 und P^2 bei Hunden, Wölfen und wildlebenden Füchsen stimmt mit der allg. gültigen Tendenz der Vereinfachung des Gebisses der Canidae überein. F. Svoboda. 1385.

Kapralova, L. T. (Kapralowa, L. T.); Moskau, Sewerzow-Inst. für Tiermorphol. der Akad. der Wiss. der UdSSR. K voprosu o piščevaritel'nych fermentach placenty i piščevaritel'nych organov plodov ovec. **(Ein Verdauungsenzym aus der Placenta und aus den Verdauungsorganen von Schafembryonen.)** Doklady Akademii nauk SSSR, Moskva **148(31)** (1963) Nr. 4. S. 985–988. – 3 Abb., 1 Tab., 19 Lit. 1385.

Allenspach, Allan L. und Hamilton, Howard L. Histochemistry of the esophagus in the developing chick. **(Die Histochemie des Ösophagus während der Entwicklung des Hühnchens.)** J. Morphol. [Philadelphia] **111** (1962) Nr. 3. S. 321–343. – 40 Abb., 22 Lit.

Während der Entwicklung des Hühnchens verschließt sich der Ösophagus im Alter von 5 Tagen vorübergehend. Schon nach 5,5–6 Tagen treten im Verschlußgebiet Bläschen auf, die nach 7,5–8 Tagen zur Wiedereröffnung des Ösophagus führen. Im Verlaufe des Verschlusses kommt es zu einer Fusion des Epithels, im Bereich der Bifurkation der Trachea. Im Gebiet der Bläschenbildung besteht eine Ähnlichkeit in der geweblichen Organisation mit dem Neuralrohr, wobei in beiden Bereichen eine hohe Zahl von Mitosen vorliegt. Die histochemische Untersuchung zeigt, daß die Basophilie im Cytoplasma und in den Kernkörperchen der Epithelzellen durch RNS bedingt ist. In den Epithelzellen, bes. in den Kernkörperchen, findet man während der Zellproliferation eine starke Aktivität der alkalischen Phosphatase, die auch in den Bläschen vorkommt. Im Bereich der hohen Aktivität von alkalischer Phosphatase findet man auch saure Mucopolysaccharide. Im dorsalen Bereich des Ösophagusepithels findet man keine scharfe Abgrenzung, so daß möglicherweise eine Wanderung von Zellen zwischen Epithel und Mesenchym stattfindet. E. Kolb. 1385.

Drury, D. R., Almen, M. C. und Ballard, K. W.; Los Angeles, Univ. of Southern California, School of Med., Dep. of Physiol. Mechanism of excretion of urea by the kidney in the rabbit. **(Mechanismus der Harnstoffexkretion durch die Niere bei Kaninchen.)** Proc. Soc. exp. Biol. Med. **111** (1962) Nr. 1. S. 123–125. – 1 Abb., 1 Tab., 6 Lit.

Kaninchen wurden Polyäthylenkanülen in die Jugularvene und die beiden Harnleiter eingesetzt, und nach Erzeugung einer osmotischen Diurese mit 10%iger Zuckerlösung wurde eine Mischung von markiertem Harnstoff und Ferrocyanid einmalig i.v. injiziert und alle 5 Sek. der Harn aus den Harnleitern zur (radio-)chem. Untersuchung entnommen. In anderen Versuchen wurde während 2 Min. nach der Injektion der Harnfluß durch einen Gegendruck von 80 mm Hg unterbunden und anschließend wie bei der ersten Technik der Harn untersucht. Bei einem Tier wurde ferner die Zeitkurve der Radioaktivität und der Ferrocyanidkonzentration im arteriellen Blutplasma nach der Injektion bestimmt. Die Harnstoff- und Ferrocyanidkonzentrationen im Blut klingen ganz analog ab, so daß der gleiche rel. Filtrationsmechanismus in den Glomeruli der Niere angenommen wird. Die Harnuntersuchung ergab eine sofortige geringfügige Ausscheidung von Harnstoff, die jedoch erst in größeren Mengen erfolgte, wenn auch das Ferrocyanid ausgeschieden wurde. Bei den Versuchen mit Unterbindung des freien Harnflusses waren die initialen

Harnstoffausscheidungen höher und gingen nicht mit der Ferrocyanidausscheidung konform. Die Ergebnisse sind hinsichtlich des Harnstoffausscheidungsmechanismus durch die Niere diskutiert. R. Schiemann. 1390.

Narbaitz, Roberto und Sabatini, Maria Teresa. Histochemical demonstration of chloesterol in differentiating chick gonads. **(Histochemischer Nachweis von Cholesterin in sich differenzierenden Hühnergonaden.)** Z. Zellforsch. mikroskop. Anatom. **59** (1963) Nr. 1. S. 1–5. – 7 Abb., 1 Tab., 13 Lit.

Bei 7–12 Tage alten Hühnerembryonen wurde histochemisch der Fett- (mit Sudanschwarz) und Cholesteringehalt (mit Hilfe der Digitoninfällung) der sich entwickelnden Gonaden bestimmt. Bei 7 Tage alten Embryonen fielen beide Nachweisreaktionen negativ aus; erst ab dem 8. Tage konnten in den Ovarien die betr. Stoffe nachgewiesen werden. Sie waren in der Markschicht lokalisiert. Im Interstitialgewebe der Testes fiel die Nachweisreaktion auf Fette vom 8. Tag an, die auf Cholesterin jedoch erst vom 10. Tag an positiv aus. Die Bedeutung dieser Befunde für die Klärung des Beginns der geschlechtlichen Differenzierung wird diskutiert. E. Grün. 1400.

Altmann, H.-W., Stöcker, E. und Thoenes, W. **Über Chromatin und DNS-Synthese im Nucleolus. Elektronenmikroskopische, autoradiographische und lichtmikroskopische Untersuchungen an Leberzellen von Ratten.** Z. Zellforsch. mikroskop. Anatom. **59** (1963) Nr. 1. S. 116–133. – 7 Abb., 92 Lit.

In den letzten Jahren ist die Frage nach der Beteiligung chromosomalen Materials am Aufbau des Nucleolus erneut strittig geworden. Elektronenmikroskopisch nach gewöhnlicher Fixierung in Osmiumtetroxydlösung sowie vor allem nach Fixierung in 10%iger Formalinlösung, autoradiographisch mit H^3 Thymidin und lichtmikroskopisch konnten Beweise dafür erbracht werden, daß in den Nucleolus der Leberzellen von Ratten DNS-haltige Chromosomenstrecken eingelagert sind, die zu einem bestimmten Zeitpunkt der prämitotischen Synthesephase in ihrer genetischen Substanz vermehrt werden. Das Chromatin ist in die zwischen den netzigen Anteilen der Nucleolarsubstanz (Nucleonema) liegenden Aufhellungen eingelagert, füllt diese aber nur unvollständig aus und erreicht normalerweise (Ausnahme: hepatozellulare Tumornucleolen) die lichtmikroskopische Sichtbarkeitsgrenze nicht. Es scheint daher nach Ansicht der Vff., daß diese Nucleolen grundsätzlich den gleichen Bauplan haben, der für die Nucleolen der polytaenen Kerne der Dipterenlarven sichergestellt ist. G. Michel. 1400.

Feagans, W. M., Cavazos, L. F. und Ewald, T.; Richmond, Va., Med. Coll., Dep. of Anatomy, Biophysics and Biometry. A morphological and histochemical study of estrogen-induced lesions in the hamster male reproductive tract. **(Eine morphologische und histochemische Studie der oestrogeninduzierten Läsionen im Genitaltrakt des männlichen Hamsters.)** Amer. J. Anatomy **108** (1961) Nr. 1. S. 31–45. – 12 Abb., 3 Tab., 24 Lit.

Geschlechtsreifen männl. Albinohamstern wurden 20 mg Oestradiol, Aethinyloestradiol, Oestron oder Stilboestrol in Kristallen s.c. implantiert. Die Tötung der Tiere erfolgte 30–240 Tage nach Versuchsbeginn. Die Menge der von den Hamstern aufgenommenen Oestrogene wurde durch Rückwaage der Restkristalle bestimmt. – Alle untersuchten Organe – Hoden, Nebenhodenschwänze, Samenblasen und Bulbourethraldrüsen – zeigten pathogene Veränderungen. – 30tägige Behandlung führte zur Atrophie der Hoden bei Reduktion des Hodengewichtes auf ca. $^1/_{15}$. Die histol. und histochemische Hodenuntersuchung ergab: Blockierung der Spermatogenese auf dem Stadium der Spermatocyten I, Verminderung der Anzahl der Spermatogonien und morphol. Veränderungen der Tubuli seminiferi, Anhäufung von Lipiden, Abnahme der RNS, Vermehrung des Glycogens in den Sertolischen Zellen („solid atrophy"). 90 Tage nach Versuchsbeginn erschienen in den Spermatogonien und bes. in den Sertolischen Zellen gelbliche, wahrscheinlich Lipofuscin enthaltende Granulationen, deren Anzahl sich bei Ausdehnung der Oestrogenbehandlung vermehrte („pigmentation atrophy"). Später bildeten sich in den Tubuli seminiferi cystisch erweiterte Segmente, deren Inhalt positive PAS-Reaktion und Alcianblaufärbung gab, sich aber mit Toluidinblau in orthochromatischem Farbton anfärbte („cystic atrophy"). Das Ausmaß der Hodenschädigung war mehr von der vom Tier aufgenommenen Hormonmenge als von der Art der verabfolgten Oestrogene abhängig. Von den Anhangsdrüsen erlitten die Bulbourethraldrüsen die stärksten degenerativen Veränderungen; nach 30tägiger Behandlung konnte völlige Atrophie des parenchymatösen Gewebes und Schwund der sekretorischen Aktivität dieser Drüsen festgestellt werden. P. Kauffold. 1410.

Schilling, E. **Untersuchungen über den Bau und die Arbeitsweise des Eileiters vom Schaf und Rind.** Zbl. Veterinärmed. **9** (1962) Nr. 8. S. 805–838. — 24 Abb., 3 Tab.

Nach der Beschreibung morphol. Untersuchungen wird über die Messungen am Eileiter berichtet. Die Länge des Schafeileiters betrug bei multiparen Schafen 11–16 cm, bei trächtigen 12–19 cm. Der Rindereileiter beträgt durchschnittlich 23,0 cm. Desweiteren wird über den inneren Aufbau des Eileiters diskutiert und die Faltenarchitektur im Isthmus des Schafes und Rindes besprochen. Beim Rind tritt eine weit kompliziertere Faltenbildung auf. Ausführlich wird weiter das Muskelgewebe als Hauptbestandteil des Eileiters analysiert und abschließend das Bindegewebe, welches als Stützapparat mit der glatten Muskulatur in naher morphol. und funktioneller Beziehung steht, behandelt. W. Richter/Kleinmachnow. 1415.

Ellington, E. F., Contopoulus, A. N. und Clegg, M. T.; Davis, Univ. of California, Dep. of Animal Husbandry; San Francisco, Univ. of California, Med. Center, Dep. of Anatomy. Pituitary gonadotrophic and growth hormone levels in sheep plasma. **(Die Konzentration von hypophysärem Gonadotropin und Wachstumshormon im Schafplasma.)** Proc. Soc. exp. Biol. Med. **110** (1962) Nr. 4. S. 704–707. — 1 Tab., 18 Lit.

Von 20 2–4 Jahre alten männl. Schafen, die im Alter von 2–6 Wochen kastriert worden waren, wurden nach einer in einer früheren Arbeit (vgl. Proc. Soc. exp. Biol. Med. **103** [1960] Nr. 3. S. 538.) beschriebenen Methodik 50–150 ml Blut aus dem Sinus cavernosus gewonnen. Gleiche Mengen wurden gleichzeitig aus den Jugular- oder Tarsalvenen entnommen. Die lyophilisiert aufbewahrten Blutproben wurden an der Ovarreaktion (FSH und ICSH) bzw. am Epiphysenknorpel der Tibia (STH) juveniler hypophysektomierter weibl. Ratten getestet. Im peripheren Blut konnte bei einer Dosierung bis zu 30 ml Plasma/Ratte weder eine signifikante Gonadotropin- noch eine STH-Aktivität ermittelt werden. Dagegen riefen bereits 20 ml Plasma vom Sinus-cavernosus-Blut sowohl eine signifikante Ovar- als auch Tibiaknorpelreaktion hervor. Das FSH-ICSH-Verhältnis war etwas größer als 1. Die Ergebnisse zeigen, daß Blut aus dem Sinus cavernosus von Schafen eine genügend hohe Konzentration an hypophysären Gonadotropinen enthält, um diese mittels biol. Methoden nachweisen zu können. F. Döcke. 1512.

Moon, Richard C.; Memphis, Univ. of Tennessee, Dep. of Physiol. Influence of graded thyroxin levels on mammary gland growth. **(Der Einfluß abgestufter Thyroxinmengen auf das Milchdrüsenwachstum.)** Amer. J. Physiol. **203** (1962) Nr. 5. S. 942–946. — 5 Abb., 1 Tab., 20 Lit.

Bei hypothyreoiden und ovariektomierten Ratten, welche mit Oestradiol und Progesteron behandelt worden waren, führte die Verabreichung von

1–2 μg/100 g Thyroxin T-4 zu einer Steigerung des Gehaltes an DNA. Keine signifikante Wirkung wurde mit 0,5 μg T-4 erzielt. Ebenso verminderte die einfache Injektion von 2,5 oder 5 μg T-4 in laktierende Ratten den Lactogengehalt des HVL. Das T-4 beeinflußt offensichtlich die Produktion und die Sekretion des lactogenen Hormons. Die Erhöhung des Milchdrüsenwachstums ergibt sich vor allem aus der T-4-Verabreichung, mag sie z. T. auch von einer Erhöhung des Lactogengehaltes herrühren. R. Neseni. 1525.

Falconer, I. R. Iodide metabolism of the thyroid and mammary glands during lactation in sheep. **(Jodstoffwechsel der Thyreoidea und der Milchdrüse während der Laktation beim Schaf.)** Z. Endocrinol. [London] **25** (1963) Nr. 4. S. 533–539. — 3 Abb., 3 Tab., 12 Lit.
Nach i. m. Injektion von freiem ^{131}J wurde bei laktierenden und nichtlaktierenden Mutterschafen im Verlaufe der folgenden 400 Std. die Menge an markiertem Jod in Thyreoidea, Blut und bei Laktation in der Milch bestimmt. Die berechnete Geschwindigkeitskonstante für die Abgabe von ^{131}J durch die Schilddrüse sowie die Menge an proteingebundenem Jod ergaben keinen Unterschied zwischen laktierenden und nichtlaktierenden Tieren. Der prozentuale Anteil des von der Schilddrüse aufgenommenen Jods, bezogen auf die verabreichte Dosis, war während der Laktation zurückgegangen, und die Milchdrüse nahm die 3fache Menge an Jod auf. Das Verhältnis von ^{131}J in der Milch zu ^{131}J im Serum (durchschnittl. 59:1) lieferte einen weiteren Beweis für die Konkurrenz zwischen Thyreoidea und Milchdrüse um das im Blut kreisende Jod. Nach Verabreichung der radioaktiven Milch war der Einbau von ^{131}J in der Schilddrüse der Lämmer geringer als auf Grund von injizierten ^{131}J-Dosen zu erwarten war. I. Müller. 1525.

Kamar, G. A. R.; Cairo, Egypt, Univ. Hyperthyroidism effects on body organs of cocks. **(Wirkung von Hyperthyreoidismus auf die Organe von Hähnen.)** Indian J. veterin. Sci. Animal Husbandry **32** (1962) Nr. 3. S. 194–197. — 1 Tab., 7 Lit.
Vf. untersuchte das Verhalten von Körpergewicht und Gewicht verschiedener Organe bei 2 Jahre alten Hähnen, die 3 Mon. lang (Juni, Juli, Aug.) verschiedene Dosen von Thyreoprotein erhielten. Die verabfolgten Thyreoproteindosen waren: 0,006% (**I**), 0,011% (**II**), 0,017% (**III**) und 0,022% (**IV**) im Futtergemisch. Am Ende der 3monatigen Behandlungszeit wurden die behandelten Hähne sowie die Kontrolltiere getötet und das Gesamtgewicht sowie das Gewicht verschiedener Organe ermittelt. Ergebnisse: Das Körpergewicht der Kontrollen und mit den Dosen **I** und **II** behandelten Hähne nahm während der Behandlungsperiode deutlich zu. Dabei war der Gewichtszuwachs bei den Kontrollen am stärksten. In den Behandlungsgruppen **III** und **IV** traten in Abhängigkeit von der Dosis starke Gewichtsverluste auf. Die Gewichte der ausgenommenen Tiere (ohne Kopf, Beine und Flügel) in Prozent des Gesamtgewichts waren in der Kontrollgruppe und der Gr. I rel. hoch. In den übrigen 3 Behandlungsgruppen erwiesen sich die Werte als erniedrigt. Das Gewicht des Fettgewebes pro 100 g Körpergewicht war in den behandelten Gruppen (bes. in Gr. IV) gegenüber den Kontrollen stark erniedrigt. Auch das Gewicht der Federn verringerte sich unter Thyreoprotein. Dagegen wurde bei Thyreoproteinfütterung ein Gewichtsanstieg (pro 100 g Körpergewicht) des Verdauungstraktes (einschließlich Leber und Pankreas) der Nieren und des Blutes beobachtet. Die rel. Gewichte von Herz und Lungen zeigten gegenüber den Kontrollen keine charakteristischen Veränderungen. H. Grychtolik. 1525.

Yamaoka, Makoto. Functional histology on the thyroid of the fowl. I. On the irregular-shaped follicles. **(Funktionelle Histologie der Hühnerschilddrüse. 1. Mitt. Über die irregulär geformten Follikel.)** Sci. Bull. Fac.

Agric., Kyushu Univ. **20** (1962) Nr. 1. S. 53–59. — 17 Abb., 2 Tab., 20 Lit. Orig.: jap., Ausz.: engl.
An Hennen wurden während des ganzen Lebens die Schilddrüsenfollikel histol. untersucht. Außer während des Brütens fand Vf. bes. anormal geformte Follikel mit flachem Epithel und durch Eosin schwach färbbarem Kolloid. Zahlreiche Übergangsformen zu normalen Follikeln traten auf. Nach Ansicht des Vf. stellen diese Follikel die verschiedenen Stadien der Abgabe des aktiven Schilddrüsenhormons in die Kapillaren dar.
F. Döcke. 1525.

Yamaoka, Makoto. Functional histology on the thyroid of the fowl. II. On the parafollicular cells. **(Funktionelle Histologie der Hühnerschilddrüse. 2. Mitt. Über die parafollikulären Zellen.)** Sci. Bull. Fac. Agric., Kyushu Univ. **20** (1962) Nr. 1. S. 95–99. — 8 Abb., 1 Tab., 15 Lit. Orig.: jap., Ausz.: engl. 1. Mitt. vgl. vorst. Ref.
In den Schilddrüsen von New Hampshire-, Weißen Leghorn-, Nagoya-, Barred Plymouth Rock- und Roten Rhodeländer-Hennen findet Vf. parafollikuläre Zellen, die Kolloid enthalten. Er hält es für möglich, daß die Anhäufungen dieser Zellen als Vorläufer der Follikel anzusehen sind.
F. Döcke. 1525.

Hoch, Frederic L.; Boston, Mass., Harvard Med. School, Peter Bent Brigham Hospital, Dep. of Med., Div. of Med. Biol., Biophysics Res. Lab. Biochemical actions of thyroid hormones. **(Biochemische Aktivität der Schilddrüsenhormone.)** Physiol. Rev. **42** (1962) Nr. 4. S. 605–673. 1525.

Breitenbach, Robert P. The effect of ACTH on adrenocortical secretion and ascorbic acid depletion in normal and testosterone treated cockerels. **(Der Einfluß des ACTH auf die Nebennierenrindensekretion und die Ascorbinsäureausbildung bei normalen und testosteronbehandelten Hähnchen.)** Poultry Sci. **41** (1962) Nr. 4. S. 1318–1324. — 2 Abb., 2 Tab., 17 Lit.
Testosteron wurde zur Verminderung des lymphoiden Gewebes bei jungen Hähnchen verwendet. Der Ascorbinsäuregehalt und der Glucocorticoidwert wurden während und nach der Testosteronbehandlung bestimmt. Die durch diese Behandlung verursachten Veränderungen im Körpergewicht, der Kammgrößen und der Tiefe der Bursa Fabricii werden dargestellt. Die Schlachtgewichte der Leber, Milzen, Bursae Fabricii sind angegeben. Bei den 4 Wochen alten, mit Testosteron behandelten Tieren wurde mit ACTH eine geringe Ascorbinsäureabgabe durch die Nebenniere beobachtet. Eine weitere Ausschüttung der Ascorbinsäure durch die Nebenniere oder die Bursa Fabricii infolge der ACTH-Wirkung war nicht festzustellen. Die Verminderung der Größe der Bursa um 14,5% im Vergleich zu den Kontrolltieren veränderte die Ascorbinsäureabgabe der Nebenniere nicht. Durch fluorometrische Analyse der Plasmanebennierencorticosteroide vor und nach der Behandlung wurde bei 4 und 8 Wochen alten Hähnchen ein signifikanter Anstieg der Corticosteroide durch die ACTH-Behandlung nachgewiesen. Die Testosteronbehandlung bewirkte bei den 4 Wochen alten Tieren keinerlei Veränderungen, aber bei den 8 Wochen alten war eine geringfügige, signifikante Zunahme zu verzeichnen.
H. Busse. 1535.

C. GENETIK

Brown, Annie M. und Dinsley, Marjorie. Homeostasis and the F_1 hybrid. **(Homeostasie und das F_1-Kreuzungsprodukt.)** Nature [London] **196** (1962) Nr. 4857. S. 910.
P. Hertwig. 1667.

Brummerstedt-Hansen, E.; Copenhagen, Denmark, Roy. Veterin. and Agric. Coll., Dep. of Physiol., Endocrinol. and Bloodgrouping. Immunological conditions of transferrin types in cattle. **(Immunologische Verhältnisse der**

Transferrintypen beim Rind.) Acta veterin. scand. **3** (1962) Nr. 3. S. 245 bis 255. — 4 Abb., 1 Tab., 29 Lit. Zus. in Dän., Dtsch.

Es wurde eine Stärkegelelektrophorese zur Auftrennung der Transferrine mit anschließender Agargel-Praecipitation bzw. Absorption durchgeführt. Dabei ergab sich, daß ein polyvalentes Kaninchen-anti-Rind-Serum Antikörper gegen alle 5 Transferrintypen besaß. Alle Typen absorbierten alle Antikörperkomponenten dieses Kaninchenserums. Somit zeigen die 5 Transferrintypen eine gewisse Verwandtschaft. Es ergibt sich zwischen den angewendeten Methoden eine Übereinstimmung von 75–80%. Vf. schlußfolgert, daß die Immunoelektrophorese zur Bestimmung der Serumtransferrintypen des Rindes weniger geeignet ist als die Stärkegelelektrophorese. B. Busch. 1690.

Matoušek, Jozef, Čuta, Ja., Glazrova, Z., Goržakova, I., Matouškova, V. und Šachova, G. (Matouschek, Josef, Tschuta, Ja., Glasrowa, S., Gorshakowa, I., Matouschkowa, W. und Schachowa, G.); Libechov, ČSSR, Tschechoslow. Akad. der Landwirtsch.-Wiss., Lab. für Vermehrungsbiol. Landwirtsch. Nutztiere. Izgotovlenie immunnych syvorotok dlja opredelenija gruppovych antigenov krovi krasno-pestrogo krupnogo rogatogo skota. **(Präparation von Immunsera zur Bestimmung der Gruppenantigene des rotbunten Rindes.)** Žurnal obščej biologii, Moskva **24** (1963) Nr. 1. S. 50–63. — 9 Tab., 5 Lit.

Mit 154 Immunisierungen und 111 Reimmunisierungen an 154 Kälbern, Kühen und Bullen im Verlauf von 3 Jahren konnten 18 spezifische Antisera gegen neue Blutfaktoren isoliert werden. Bei den ersten Isoimmunisierungen bildeten sich statt der 538 erwarteten nur 65 Antikörper (8,27 Immunisierungen/1 Antikörper), bei Reimmunisierung mit denselben Blutspendern statt 206 nur 37 (5,56 Immunisierungen/1 Antikörper) und bei Verwendung anderer Blutspender statt 230 nur 57 (4,03 Immunisierungen/1 Antikörper). Die Antikörperbildung bei Reimmunisierung negativer Rezipienten verläuft am günstigsten bei Verwendung von Blutspendern mit voll wirksamen Antigenen. Bei Reimmunisierung positiver Rezipienten mit denselben Spendern erhöht sich im Vergleich zur ersten Immunisierung der durchschnittl. Titer der Antikörper von 77,7 auf 306, während sich die Zahl der Injektionen von 4,32 auf 2,65 senkt. Bei gleicher Antikörperbildung verhindert die intramuskuläre Methode im Gegensatz zur intravenösen die Schockwirkung.
E. Rieske. 1690.

Krosegk, G. **Die Blutgruppenforschung beim Huhn.** Dtsch. Geflügelwirtsch. **13** (1962) Nr. 45. S. 573–575. — 2 Abb., 1 Tab.

Vf. gibt einen Überblick über die Entwicklung der Blutgruppenforschung und definiert eine Reihe von Fachausdrücken. Nach dem II. Weltkrieg entwickelten Briles u. a. in den USA meist aus Inzuchtlinien Testserien durch häufige Absorption mit verschiedenen Blutkörperchen, um auf diesem Wege möglichst wenige Antikörper im Serum zu behalten. Mit so entwickelten Seren wurden bisher über 20 Faktoren indentifiziert, die man nach Untersuchung der Erblichkeit in 5 Systeme — *A*, *B*, *C*, *D*, *E* — eingruppieren konnte. Gilmour in England erhielt seine Testserien durch Isoimmunisierung von 4 Inzuchtlinien und konnte 8 genetische Systeme unterscheiden, von denen 5 mit denen von Briles identisch waren. Dazu kamen das *N*- und das *L*-System sowie die Variola-Vaccina-Virus-Agglutinabilität.
U. Hofmann. 1690.

Rapacz, Jan und Shackelford, Richard M.; Krakow, Landwirtsch. Hochschule, Inst. für Tierzucht; Madison, Univ. of Wisconsin, Dep. of Genetics. Immunogenetics of the domestic mink: Blood group factors A, B_1 and B_2. **(Immunogenetik des Nerzes. Die Blutgruppenfaktoren A, B_1 und B_2.)** Nature [London] **196** (1962) Nr. 4861. S. 1340–1341. — 1 Tab., 6 Lit.

Im Serum eines Nerzes wurde als natürlich vorkommender Antikörper ein Agglutinin gegen B_2 gefunden. Agglutinine und/oder Haemolysine gegen Nerzerythrocyten wurden im Serum von Hühnern, Mardern, Kaninchen, Meerschweinchen, Rindern und Menschen, nicht jedoch von Frettchen gefunden. Durch Immunisierung von Nerzen, Kaninchen, Hühnern, Meerschweinchen und Frettchen konnten agglutinierende Seren gewonnen werden, mit deren Hilfe 7 Blutgruppenfaktoren nachgewiesen werden konnten. Jedoch waren nur von den Seren gegen die Faktoren A, B_1 und B_2 ausreichende Mengen an Testseren vorhanden. Die Untersuchung von 612 Nerzen ergab das Vorhandensein von 5 Phänogruppen (A, B_1, B_2, AB_1B_2, AB_2). Es wird vermutet, daß die 3 Faktoren zu einem einzigen System gehören und durch Allelen oder nahe verwandte Gene bestimmt werden. B. Busch. 1690.

Schotman, A. J. H.; Utrecht, Rijksuniv., Klin. voor Veterin. Inwendige Ziekten. Het serumeiwitspectrum van gezonde en zieke paarden en pony's, bepaald met behulp van de papierelektroforese. **(Das Serumeiweißspektrum bei gesunden und kranken Pferden sowie Ponys, bestimmt mit Hilfe der Papierelektrophorese.)** Tijdschr. Diergeneeskunde **88** (1963) Nr. 2. S. 67–90. — 10 Abb., 2 Tab., 13 Lit. Zus. in Engl., Franz., Dtsch.

Das durch Papierelektrophorese zu bestimmende Serumeiweißspektrum ist auch beim Pferd und Pony als wesentliche Stütze der klinischen Untersuchung einzusetzen. Die Unterschiede im Gehalt des Serums an Albumin, α-, β- und γ-Globulinen gestatten die Aufstellung von 5 verschiedenen Krankheitsgruppen. W. Kuhlmann. 1690.

Uhlenbruck, G. und Krüpe, M.; Köln, Univ., Physiol.-Chem. Inst.; Fulda, Medizinaluntersuchungsstelle der Univ. Marburg. **Isolierung eines N-blutgruppenaktiven Mucoids aus Pferde-Erythrocytenstroma.** Z. Immunitätsforsch. exp. Therap. **124** (1962) Nr. 4. S. 342–345. 1690.

Popivanov, R. und Vulchanov, V. H.; Sofia, Bulgaria, Higher Med. Inst., Chair of Gen. Biol.; Bulgarian Acad. of Sci., Inst. of Microbiol. Segregation of man's AB-group spermatozoa in A- and B-spermatozoa through agglutination with immune anti-A rabbit serum. **(Die Trennung menschlicher AB-Gruppen-Spermien in A- und B-Spermien durch Agglutination mit Immun-anti-A-Kaninchenserum.)** Z. Immunitätsforsch. exp. Therap. **124** (1962) Nr. 3. S. 206–210. 1690.

Schmid, D. **Über den Wirkungsmechanismus ionisierender Strahlung im biologischen Objekt.** Berliner Münchener tierärztl. Wschr. **76** (1963) Nr. 5. S. 84–87.

Die Arbeit ist ein Auszug aus der Probevorlesung des Vf. Sie gibt einen Überblick über die Probleme der Einwirkung ionisierender Strahlen auf ein- oder mehrzellige Organismen. Die direkte Wirkung wird mit der indirekten verglichen und die Schlußfolgerung gezogen, daß das Kasualitätsprinzip für das biol. Geschehen im atomaren Bereich nicht anwendbar ist, d. h. daß diese Vorgänge durch die in der klassischen Physik gebräuchlichen Berechnungen nicht erfaßt werden können. M. Worseck. 1695.

Graevskij, É. Ja. (Grajewski, E. Ja.) Teoretičeskie aspekty chimičeskoj zaščity mlekopitajuščich ot ionizirujuščej radiacii. **(Theoretische Aspekte des chemischen Schutzes der Säugetiere gegen ionisierende Strahlung.)** Žurnal obščej biologii, Moskva **24** (1963) Nr. 1. S. 3–22. — 131 Lit.

Es werden 2 Mechanismen unterschieden: 1. Verringerung der Strahlenempfindlichkeit durch Senkung der O_2-Spannung im Organismus, 2. Schwächung der Strahlenschädigung infolge chem. Bindung des Schutzstoffes (Protektors) mit Komponenten intrazellulärer Strukturen. In beiden Fällen kommt es zu Fehlen der Schutzwirkung, wenn die Strahlendosis einen Schwellenwert überschreitet. Die Schutzwirkung der Protektoren ist i. allg. unabhängig von ihrer chem. Struktur und wird durch die Schaffung generalisierter Hypoxien charakterisiert, die alle (Heroin, Adrenalin, Serotonin u. a.) oder nur die hypoxischen Gewebe und Organe (Tryptamin, Histamin) schützen. Blockierung des Hämoglobins, Hemmung des Atmungszentrums, Aktivierung der Gewebeatmung sowie Schaffung einer Blutstasis oder anderer Entzündungen führen als hypoxische Symptome zu verringerter Strahlenschädigung. Der Mechanismus basiert nicht in jedem Falle auf der von der Sauerstoffkonzentration unabhängigen Schutzwirkung der Monothiole und einiger abgeleiteter Thioharnstoffe. Zu erhöhter Resistenz des Organismus kann es durch Übergang der strahlenempfindlichen Elemente in resistentere Phasen des Lebenszyklus und Erhöhung der metabolischen Aktivität kommen.

E. Rieske. 1695.

Thimotée, Janine und May, Raoul, Michel. Irradiation et greffes d'ovaires. Action de diverses doses de rayons X sur la réussite des greffes bréphoplastiques interraciales d'ovaires chez la souris. **(Bestrahlung und Eierstockstransplantationen. Einfluß verschiedener Röntgendosen auf das Gelingen von frühinfantilen Eierstocks-Transplantationen zwischen verschiedenen Rassen der Hausmaus.)** Ann. d'Endocrinol. [Paris] **23** (1962) Nr. 1. S. 29–44.

Technik: Neugeborenen Hausmäusen wurden Ovarien entnommen und adulten kastrierten Tieren einer Albino-Rasse (Swiss) bzw. einer Schwarzen Rasse (C57 Schwarz) beiderlei Geschlechts in die vordere Augenkammer verpflanzt. Bestrahlte Tiere erhielten jeweils 2 Tage vor der Implantation Totalbestrahlung mit 300–1350r bei 70 kV und 3 mA in ihrem Haltungskäfig (Holz mit Gitterrost-Deckel), in dem sie 2:2 untergebracht waren. — Ergebnisse: Bei Kontrollserien interrassischer Pfropfungen entwickelten sich Ovarien in kastrierten ♂♂ bis zur Bildung von Sekundärfollikeln, in ovariektomierten ♀♀ bis zur Ausreifung von Gelbkörpern. Röntgenbestrahlungen über 1000 r sind in allen Fällen letal, unter 600 r negativ. Zwischen 600–1000 r bestrahlte und dann gepfropfte weibl. Tiere zeigten übereinstimmend vollkommene Entwicklung der Ovarien bis zur Follikelbildung, niemals aber Gelbkörper-Reifung und fehlende Wiederherstellung des Vaginalzyklus. Nach dem 35. Pfropfungstag beginnen die Ovarien bei den mit 600–1000 r Bestrahlten zu degenerieren, am 43. Tag ist der Abbau des Transplantates vollständig. Die Ganzkörperbestrahlung unterdrückt die Produktion von Antikörpern seitens des RES, die erst langsam wieder in Gang kommt und dann den Abbau der Transplantate verursacht. H. Freye. 1695.

D. FORTPFLANZUNG

Panda, B. Secretion of androgen by the ovary of the laying pullets. **(Ovarielle Androgensekretion bei Legehennen.)** Indian veterin. J. **38** (1961) Nr. 10. S. 481–487. — 3 Tab., 38 Lit.

Vf. untersuchte bei 18,5 Wochen alten Weißen Leghornhennen als Zeichen einer Androgenaktivität die Kammgröße, die Zahl der roten Blutkörperchen, die Histologie des Wolff'schen Ganges und das Gewicht der Bursa Fabricii. Diese Untersuchungen wurden sowohl bei immaturen, bei testosteronbehandelten (tägl. 0,1, 0,2 oder 0,4 mg; Applikationsart und Dauer der Behandlung nicht angegeben), als auch bei unbehandelten Kontrolltieren durchgeführt. Die Hennen der beiden letzten Gruppen wurden getötet, wenn das Kammwachstum stagnierte. Ergebnisse: Die testosteronbehandelten Tiere zeigten vermehrtes Kammwachstum (nicht signifikant im Vergleich zu Kontrollen), Vermehrung der roten Blutkörperchen (signifikant), Aktivierung des Wolff-schen Ganges bei der histologischen Untersuchung und signifikante Gewichtsabnahme der Bursa Fabricii. Ähnliche, aber nicht ganz so ausgeprägte Veränderungen wurden bei den Kontrolltieren beobachtet, wenn sie in die Legezeit kamen. Aus der Gleichartigkeit der Veränderungen bei testosteronbehandelten und sich normal entwickelnden Tieren wird vom Autor geschlossen, daß das Ovar der reifen Henne ein Androgen produziert, welches o. a. Effekte hervorruft. H. Grychtolik. 1763·

Nestel, B. L., Creek, M. J., Wiggan, L. G. S. und Murtagh, J. E. Oestrus synchronization on hybrid beef heifers following the oral use of 6-methyl-17-acetoxy progesterone. **(Oestrus-Regulierung bei Fleischvieh-Kreuzungsfärsen nach oraler Anwendung von 6-Methyl-17-Acetoxy-Progesteron.)** Brit. veterin. J. **119** (1963) Nr. 1. S. 23–29. — 4 Tab., 12 Lit.

Es wurde versucht, mit Hilfe oraler Gaben von 6-Methyl-17-Acetoxy-Progesteron (MAP) die stille Brunst bei Färsen zu beeinflussen. 34 Tiere erhielten je 208 mg MAP morgens ins Futter. Eine individuelle Zuteilung pro Tier war nicht notwendig. Bei 85% der Tiere (29) setzte eine Brunst ein. Die Konzeptionsrate betrug bei der 1. Brunst 24%, während der 2. Brunst weitere 32%. Die 5 Tiere, die keine Brunst zeigten, hatten Eierstocksanomalien. Die Konzeptionsrate bei anderen Weidetieren des gleichen Betriebes war geringgradig höher. G. Becker. 1765.

Clermont, Yves; Montreal, Canada, McGill Univ., Dep. of Anatomy. Quantitative analysis of spermatogenesis of the rat: a revised model for a renewal of spermatogonia. **(Die quantitative Analyse der Spermatogenese bei der Ratte — ein revidiertes Bild über die Erneuerung der Spermatogonien.)** Amer. J. Anatomy **111** (1962) Nr. 2. S. 111–129. — 12 Abb., 16 Lit.

Untersucht wurde der Entwicklungsmodus und die Erneuerung der Spermatogonien bei der adulten Ratte mittels analysierender Keimzellzählungen (Typ *A* und Typ *B* der Spermatogonien sowie der intermediäre Spermatogonientyp). Diese Untersuchungen wurden in den verschiedenen Zyklusstadien des seminiferen Epithels vorgenommen und Karten über ruhende und sich teilende Spermatogonien des Typs *A* angefertigt. Berücksichtigung fand auch die quantitative Untersuchung der Keimzelldegeneration, die bes. in den kritischen Phasen der Spermatogenese auftritt. 10,6% der Spermatogonien vom Typ *A* degenerieren während der Prophase der 2. Spermatogonienmitose im Stadium XII des Zyklus. Karten von den sich teilenden Typ-*A*-Stammzellen, die aus Serienschnitten der Tubuli im Stadium IX des Zyklus angefertigt wurden, zeigen, daß sich diese Zellen in Gruppen oder Inseln teilen. Zieht man die Anordnung der Typ-*A*-Stammzellen zu Paaren und das neue Verhältnis der Typ-*A*-Stammzellen zu den mehr differenzierten Keimzellen in Betracht, so bietet sich ein neues Bild der Spermatogonienentwicklung. In Übereinstimmung mit diesem neuen Bild beginnt ein Paar Typ-*A*-Stammzellen mit der Proliferation im Stadium IX des Zyklus, danach teilen sich die Tochterzellen fortschreitend im Stadium XII und XIV — I des Zyklus. Ihre Zahl nimmt in einer geometrischen Progression zu. Nach der 3. Spermatogonienmitose wird ein Paar Zellen zu neuen Typ-*A*-Stammzellen, die später für neue Spermatogoniengenerationen sorgen. Die übrigen Spermatogonienelemente, die aus der 3. Spermatogonienteilung hervorgehen, differenzieren sich in den intermediären Spermatogonientyp, aus dem dann die Typ-*B*-Spermatogonien während des Stadiums IV des Zyklus hervorgehen. Die Typ-*B*-Zellen teilen sich im Stadium VI, um eine Generation primärer Spermatocyten zu bilden. R. Berg. 1775.

Wohanka, K. **Beobachtungen bei der freien Paarung des Hausrindes.** Zuchthyg., Fortpflanzungsstör. Besam. Haustiere **6** (1962) Nr. 5. S. 315–336.

Während eines einmonatigen Zeitraumes wurden in einer auf der Weide frei mit jeweils einem von 2 verschiedenen Bullen gehaltenen Färsenherde Beobachtungen über das Paarungsverhalten angestellt. Bei der Kontaktaufnahme und Einleitung der Paarung zwischen den Partnern verhielten sich —

im Gegensatz zu bisher bestehenden Meinungen — nicht nur die Bullen, sondern auch die brünstigen weibl. Tiere aktiv. Während dabei die Handlungen der brünstigen Färsen kaum ablenkbar auf den männl. Partner gerichtet waren, ließ sich dagegen umgekehrt das Vatertier häufig von seiner Partnerin durch andere nicht brünstige Herdenmitglieder ablenken. Die gerichtete Aktivität des brünstigen Weibchens wandelte sich nach der ersten Paarung jedoch in ein mehr passives Gewähren, währenddessen der Bulle bei weiteren Deckakten kein Nachlassen seiner Aktivität erkennen ließ. Die immer wiederkehrenden charakteristischen Äußerungen des Paarungsverhaltens bei den männl. und weibl. Rindern — die ausführlich beschrieben werden — zeigten überraschenderweise eine weitgehende Übereinstimmung. Die genaue Kenntnis über das Verhalten freigehaltener brünstiger weibl. Rinder ermöglicht deren sichere Ermittlung in Laufställen, um sie rechtzeitig absondern und der Besamung oder Bedeckung zuführen zu können.
W. Schäfer. 1780.

Makarov, M. A. (Makarow, M. A.); Woronesh, Landwirtsch. Inst. Primenenie tkanevych preparatov v celjach povyšenija vosproizvoditel'noj sposobnosti životnych i sochranenija molodnjaka. **(Die Verwendung von Gewebepräparaten zur Steigerung der Fortpflanzungsfähigkeit und Senkung der Jungtierverluste.)** Veterinarija, Moskva **39** (1962) Nr. 10. S. 57–60. — 1 Abb., 1 Tab. Zus. in Engl.

Vf. beschreibt die Wirkung der Hormone der Nebennierenrinde und behandelt dann die Schutz- und Heilwirkung, die durch Einfluß von injizierten Gewebepräparaten auf die innersekretorischen Drüsen entsteht. Bes. gute Ergebnisse hat die Anwendung von Gewebepräparaten in der Schweineproduktion. Zur Heilung von Bronchopneumonie wird Ferkeln in bestimmten Zeitabständen Gewebepräparat (3–5 ml) injiziert. Die Genesung tritt nach 15–25 Tagen ein. Kümmerer wurden ebenfalls mit Gewebepräparaten behandelt. Die Verluste gingen zurück, die Tiere begannen, sich normal zu entwickeln und hatten hohe Gewichtszunahmen. Prophylaktisch wurde Kälbern und Ferkeln in den ersten Lebensstunden natives und Citrat-Blut injiziert, sie wurden gegen verschiedene Krankheiten widerstandsfähig. Bei erwachsenen Tieren führt die Behandlung mit Gewebepräparaten zu einer erhöhten Aktivität der innersekretorischen Drüsen, die Geschlechtshormone absondern. R. Filina. 1792.

Gordon, I., Williams, G. und Edwards, J.; Thames Ditton, Survey, Great Britain, Milk Marketing Board. The use of serum gonadotrophin (P.M.S.) in the induction of twin-pregnancy in the cow. **(Die Verwendung von Serumgonadotropin [PMS] für die Auslösung von Zwillingsträchtigkeit bei der Kuh.)** J. agric. Sci. **59** (1962) Nr. 2. S. 143–198. — 2 Abb., 84 Tab., ca. 190 Lit.

In einem 2jährigen Feldversuch wurden 525 weibl. Rinder verschiedenen Alters einmalig am 16. oder 17. Zyklustag mit 800; 1000; 1200; 1600 oder 2000 IE PMS zur Auslösung einer Mehrlingsträchtigkeit behandelt. 416 Tiere ovulierten, davon 41,6% mehr als 1 Eizelle. Mit ansteigender PMS-Dosis nahm die durchschnittl. Zahl der Ovulationen von 1,43 auf 3,97 zu. Nach 2000 IE wurden häufiger zystische Follikel beobachtet. Eine stille Brunst, die bei 14,4% der Rinder auftrat, wurde durch eine niedrige PMS-Dosierung, durch späte Verabreichung innerhalb des Zyklus und durch eine bestehende Laktation begünstigt. 76,2% der 416 besamten Kühe waren 6 Wochen nach der Erstbesamung tragend. Nur 23,1% davon hatten mehr als 1 Frucht, wobei der Prozentsatz dieser Tiere mit ansteigender PMS-Dosis zunahm. Mehr als 2 Feten wiesen 36,5% dieser Kühe auf. Bei 1 von 197 daraufhin untersuchten Rindern hatte eine Eiüberwanderung stattgefunden. Insgesamt wurden 35mal Zwillinge, 8mal Drillinge und 1mal Fünflinge geboren. Durch entspr. zusätzliche Fütterung während der letzten 2 Trächtigkeitsmon. konnten die sonst häufig mit Zwillingsgeburten verbundenen Nachteile (niedriges Geburtsgewicht, Konditionsverlust der Mutter, Nachgeburtsverhaltung u. ä.) größtenteils vermieden werden. Vff. kommen zu dem Schluß, daß die angewandte Methode zur Erzeugung von Rinderzwillingen z. Z. noch nicht praxisreif ist. Weitere Ergebnisse und Einzelheiten müssen dem Orig. entnommen werden. F. Döcke. 1792.

Park, R. W. A., Munro, I. B., Melrose, D. R. und Stewart, D. L. Observations on the ability of two biochemical types of Vibrio fetus to proliferate in the genital tract of cattle and their importance with respect to infertility. **(Beobachtungen über die Vermehrungsfähigkeit zweier biochemisch verschiedener Vibrio-fetus-Typen im Genitaltrakt des Rindes und ihre Bedeutung als Unfruchtbarkeitsursache.)** Brit. veterin. J. **118** (1962) Nr. 10. S. 411–420. — 2 Abb., 3 Tab., 19 Lit.

Die auf Grund ihres biochem. Verhaltens (H_2S-Bildung und Wachstum bei Zusatz von 1% Glycin) als Typ *B* (*V. fetus intestinalis*) klassifizierten katalasepositiven Vibrionen sind imstande, sich in der Vagina nichtträchtiger Färsen anzusiedeln, sie bleiben dort bis zu 12 Mon. nachweisbar. Auch zur Durchführung von Färsenpassagen ist dieser Typ geeignet. Bei Verwendung eines vom Typ *A* (*V. fetus veneralis*) stammenden Antigens zeigten mit dem Typ *B* infizierte Färsen eine positive Scheidenschleimagglutination. Einer der Intestinalis-Stämme ging auf einen durch Unfruchtbarkeit und Vibrionenabort gekennzeichneten Bullen zurück, ein anderer stammte von einem Vatertier, dessen Befruchtungsergebnisse sich nach Zusatz von Streptomycin zum Samen signifikant besserten. Es scheint daher angebracht, nicht nur den Typ *A*, sondern auch den Typ *B* als pathogen anzusehen und Bullen, bei welchen *V. fetus intestinalis* vorliegt, als Deckinfektionsträger zu betrachten und einer Behandlung zu unterziehen. J. Jürgens. 1797.

Döcke, F. **Superovulation und Eitransplantation beim Haustier.** Mh. Veterinärmed. **18** (1963) Nr. 3. S. 92–97. — 54 Lit.

Mit Hilfe der Eitransplantation (ET) ist es möglich, analog der KB auch vom Muttertier her Einfluß auf die Zucht zu nehmen. Das geschieht in der Weise, daß befruchtete Eizellen aus einem züchterisch wertvollen Muttertier in züchterisch minderwertige Artgenossinnen übertragen und von diesen ausgetragen werden. Nach einer Berechnung kann dadurch der züchterische Fortschritt auf das 2- bis 3fache erhöht werden. Außerdem ist es mit Hilfe der ET auch möglich, genetische sowie fortpflanzungsphysiol. Probleme zu lösen (Unterscheidung ererbter und intrauterin erworbener Eigenschaften, Aufklärung der Ursachen des embryonalen Fruchttodes usw.). Wenn die bisher zu verzeichnenden praktischen und wiss. Erfolge mit der ET auch zu großen Hoffnungen berechtigen, so können heute noch nicht bei allen Tierarten die 3 Grundvoraussetzungen — hohe Erfolgssicherheit, einfache Durchführbarkeit, hoher ökonomischer Nutzen — erfüllt werden. — Die Erhöhung der physiol. Ovulationsrate, d. h. eine Superovulation befruchtungsfähiger Eizellen beim Spendertier, ist mit Stutenserumgonadotropin (Follikelreifung) und Choriongonadotropin der Frau (Ovulation) bzw. mit wirkungsentsprechenden Hypophysenextrakten möglich. Der Provokation einer Superovulation muß die Synchronisation des Zyklus beim Empfängertier parallel gehen, was man durch Gelbkörperenukleation (große Haustiere) oder Progesteroninjektionen erreicht. Ca. 3–4 Tage nach der Bedeckung oder Besamung des Spendertieres werden die Eizellen (Blastozysten) auf operativem Wege aus den Eileitern herausgespült, mikroskopisch untersucht und dann aufbewahrt (noch problematisch) oder sofort in die Empfängertiere übertragen. Die Transplantation erfolgt auf operativem Wege in den

Eileiter oder Uterus. — Während die ET beim Schaf bereits erfolgreich angewendet wird, ist sie bei Rind und Schwein noch mit Schwierigkeiten verbunden. W. Rommel. 1814.

Hancock, J. L. und Hovell, G. J. R.; Edinburgh, A. R. C. Animal Breeding Res. Organization. Egg transfer in the sow. **(Eitransplantation bei der Sau.)** J. Reproduct. Fertility **4** (1962) Nr. 2. S. 195–201. – 1 Abb., 1 Tab., 14 Lit.
Nach einer beschriebenen Methodik wurden bei 8 von 9 Large White-Sauen, die am 1. oder 2. Tag der Rausche belegt worden waren, am 3.–5. Tag nach Rauschebeginn auf operativem Wege 118 Eier aus dem Uterus gewonnen. 6 Sauen mit synchroner Rausche wurden von vasektomierten, nachgewiesen sterilen Ebern belegt bzw. an der eigentlichen Paarung gehindert. Sie dienten als Empfänger für die intrauterine Transplantation von 86 Eiern, die in verschiedenen Medien (Schweineserum, Tyrode-Lösung, Hank-Lösung) aufbewahrt worden waren. 3 Sauen warfen 12; 13 und 6 Ferkel. Sie hatten 18; 14 und 10 Eier erhalten. Es ist dies der erste Versuch, bei dem nach Eitransplantation bei der Sau normale Würfe geboren wurden. Die Ergebnisse werden eingehend diskutiert. Die Tatsache, daß eine Sau ferkelte, bei der die Belegung durch den vasektomierten Eber verhindert worden war, weist darauf hin, daß eine Ausdehnung des Uterus durch große Flüssigkeitsmengen bei der Paarung oder KB für das Überleben der Feten bis zur Geburt nicht erforderlich ist. F. Döcke. 1814.

Kirby, D. R. S.; Oxford, Univ., Dep. of Zool. Development of the mouse blastocyst transplanted to the spleen. **(Die Entwicklung des in die Milz transplantierten Mäuse-Blastocysten.)** J. Reproduct. Fertility **5** (1963) Nr. 1. S. 1–12. — 13 Abb., 30 Lit. 1814.

Balašov, N. T. (Balaschow, N. T.) Itogi i perspektivy rabot po gibridizacii životnych v Ukrainskom naučno-issledovatel'skom institute životnovodstva „Askanija-Nova". **(Bilanz und Perspektive der Arbeiten über die Hybridisation der Haustiere im Ukrainischen Institut für Tierzucht Askanija-Nowa.)** Trudy soveščanija po otdelennoj gibridizacii rastenij i životnych. Sbornik dokladov. Otdalennaja gibridizacija rastenij i životnych, Moskva **1960** S. 282–290.
Im Jahre 1897 erhielt I. I. Iwanow in Askanija-Nowa die ersten Zebroiden aus Hauspferd und Zebra durch KB. Bastarde von Zebra × Esel und Zebra × Przewalski-Pferd folgten. Die Kreuzung von Wisent und Bison war ebenfalls erfolgreich. Mit dem Primigeniusrind wurden gekreuzt: Banteng, Bison, Wisent, indisches und arabisches Zebu, Yak und Gayal. Vf. gibt für alle durchgeführten Kreuzungen bei Rindern, Pferden, Schweinen, Schafen, Ziegen, Hirschen, Enten, Gänsen und Hühnern die Fruchtbarkeit der Bastarde an. Besonderes Interesse wird in Askanija-Nowa der Erhaltung im Aussterben begriffener Formen und der Wiederschaffung ausgestorbener Formen entgegengebracht. In wirtschaftlicher Hinsicht werden die Kreuzungen der Geflügelarten an Bedeutung gewinnen. W. Sommerfeld. 1820.

Perry, J. S. und Rowlands, I. W.; Babraham, Cambridge, A. R. C., Inst. of Animal Physiol. Early pregnancy in the pig. **(Die frühe Trächtigkeit beim Schwein.)** J. Reproduct. Fertility **4** (1962) Nr. 2. S. 175–188. — 7 Abb., 4 Tab., 12 Lit.
An 58 Sauen und Jungsauen (Large White), die zwischen dem 2. und 40. Tag nach der Paarung getötet worden waren, wurden Untersuchungen über die Frühgravidität und die embryonale Mortalität durchgeführt. — Mittels der Zahl der Gelbkörper ließ sich die Anzahl freigesetzter Eizellen exakt bestimmen. Während aus den Tuben alle Eizellen ohne Schwierigkeiten wiedergewonnen werden konnten, gelang dies beim Uterus nur zu 89%. Bei Tötung vor dem 10. Tag nach Rauschebeginn waren 95,5% aller gefun-

denen Eizellen befruchtet. Die Tubeneizellen wiesen eine normale Entwicklung auf; von den zwischen dem 6. und 9. Tag aus dem Uterus gewonnenen waren 22% degeneriert. Zwischen dem 13. und 18. Tag wurden 28,4%, zwischen dem 25. und 40. Tag 34,8% embryonale Mortalität festgestellt. Allerdings beruhten diese Werte zum großen Teil auf den wesentlich höheren Anteilen von jeweils 1 Tier. Der Uterus verlängerte sich während der ersten 18 Trächtigkeitstage mit dem Maximum zwischen dem 2. und 6. Tag (50%). Das Uterusgewicht stieg parallel. Um den 10. Tag wiesen zahlreiche Corpora lutea eine vorübergehende Zystenbildung auf. Z. Z. der Blastocystenbildung (6. Tag) setzte ein plötzliches Wachstum der „normalen" Gelbkörper ein.
F. Döcke. 1830.

Schofield, Brenda M. The effect of injected oestrogen on pregnancy in the rabbit. **(Die Wirkung von injiziertem Oestrogen auf die Trächtigkeit beim Kaninchen.)** J. Endocrinol. [London] **25** (1962) Nr. 1. S. 95–100. — 2 Tab., 14 Lit.

Durch i. m. Verabreichung von 15–30 μg Oestradiol-17β an 3–6 aufeinanderfolgenden Tagen wird die Trächtigkeit bei Kaninchen in verschiedenen Stadien unterbrochen. Aus den Versuchsergebnissen geht hervor, daß Oestradiol-17β in angegebenen Dosen hemmend auf die endometriale Komponente des Uterus wirkt und die Unterbrechung der Trächtigkeit nicht über einen Antagonismus zum endogenen Progesteron des Myometriums zustande kommt. Mit Fortschreiten der Trächtigkeit muß die Dosis zur Unterbrechung der Trächtigkeit erhöht werden. H.-A. Ketz. 1830.

Mielke, H. **Fraktionierte Oxytozinausschüttung und Milchejektion beim laktierenden Rind.** Arch. exp. Veterinärmed. **17** (1963) Nr. 1. S. 73–90. — 9 Tab., 30 Lit.

Es wird die im Schrifttum (vgl. Arch. exp. Veterinärmed. **15** [1961] Nr. 6. S. 1282.) wiederholt beschriebene Beobachtung bestätigt, daß mehrere zeitlich getrennte Reizungen der Zitzenrezeptoren je nach Reizintensität und Dauer zu Teilejektionen von Alveolarmilch führen. Bei einer nachfolgenden stärkeren Reizung ist dann eine max. Milchejektion nicht möglich. Es wird angenommen, daß bei der Entstehung dieses Effektes der Oxytocintransport in die Kapillaren eine Rolle spielt, aber auch die Ansprechbarkeit der Myoepithelien von Einfluß ist. Die Latenzzeit des Milchejektionsreflexes beim Schwarzbunten Niederungsrind betrug ⌀ 60,2 ± 10 Sek. Für die Praxis wird im Interesse einer optimalen Milchejektion eine pausenlose, gründliche 50–60 Sek. währende Eutervorbereitung mit anschließendem Melken empfohlen.
E. Kolb. 1866.

Baiburtzjan, A. A. A new method of increasing the productivity of livestock (by partial castration). **(Eine neue Methode zur Erhöhung der tierischen Produktion [durch Teilkastration].)** Animal Breeding Abstr. **31** (1963) Nr. 1. S. 1–21.

In der Arbeit sind Auszüge aus dem 1961 von Seljhozizdad herausgegebenen Buch „Novyĭ metod povyšenija produktivnosti skota" ins Engl. übersetzt. Nach einer Einleitung, in der darauf hingewiesen wird, daß nach Anwendung der neuen Kastrationsmethode bei Hengsten, Bullen, Schaf- und Ziegenböcken, Ebern und Kaninchenböcken 10–25% mehr Fleisch erzeugt werden können, wird die Durchführung der Methode im Prinzip und in ihrer Anwendung bei den verschiedenen Haustierarten beschrieben. Sie besteht darin, daß durch einen durch das Scrotum bis in den Hoden geführten Schnitt das Hodenparenchym herausgedrückt wird, während das Interstitium des Hodens und der Nebenhoden erhalten bleiben. Da Vf. von der Hypothese ausgeht, daß das männl. Sexualhormon Testosteron in den Leydigschen und Sertolizellen, im germinativen Hodenepithel sowie in den Nebenhoden gebildet wird, glaubt er, auf diese Weise die inkretorische Funktion des Hodens bei Hemmung der spermiogenetischen weitgehend zu erhalten. Allerdings weisen die Gewichtsangaben über die accessorischen Geschlechtsdrüsen nicht auf ein Weiterbestehen einer wesentlichen Testosteronsekretion nach erfolgter Teilkastration hin. In weiteren Abschnitten und Tab. wird auf den Einfluß des Alters der Tiere auf den Erfolg der Methode sowie auf die erzielten Fleischleistungen nach Teilkastration näher eingegangen. Angaben über die Sicherheit, mit der eine Unfruchtbarkeit bei auf diese Weise kastrierten Tieren eintritt, fehlen. Weitere Einzelheiten müssen dem Orig. entnommen werden. F. Döcke. 1870.

Bakels, F.; München, Univ., Inst. für Tierzucht, Vererbungs- und Konstitutionsforsch. **Zur Problematik der Erbfehlerbekämpfung beim Rind im Rahmen der künstlichen Besamung.** Zuchthyg., Fortpflanzungsstör. Besam. Haustiere 6 (1962) Nr. 2. S. 73–79.
Erbmängel, welche die Lebensleistung in Milch und Milchfett beeinträchtigen, können monomer und auch polymer bedingte Merkmale sein. Die Frequenz der bekannten qualitativen Erbfehler ist in den einzelnen Zuchten verschieden. Im ganzen genommen werden die Frühabgänge der Kühe jedoch nur zum geringen Teil durch diese Erbfehler bedingt. An Hand von alterskorrigierten Jahresmilchleistungen wurde eine negative Beziehung zwischen mittlerer Jahresleistung und Nutzungsdauer und zwischen der Jahresleistung der Mütter und der Nutzungsdauer der Töchter ermittelt. Die Gruppen mit längerer Nutzungsdauer haben allg. höhere korrespondierende Durchschnittsleistungen. Damit kommt zum Ausdruck, daß Kühe guter Betriebe mehr Milch geben und länger nutzbar bleiben als Kühe aus schlechten Betrieben. — Durch Verwendung des Spermas eines Bullen in der eigenen Versuchsherde, dessen Mutter, beide Großmütter und die im Pedigree doppelt vorkommende Urgroßmutter je über 90000 kg Milch erbrachten, hofft Vf. einen bes. langlebigen Rinderstamm aufbauen zu können. Es wird empfohlen, Bullenkälber zur Zucht aufzustellen, deren Mütter eine vorläufige Lebensleistung von mindestens 45000 kg Milch oder 1800 kg Fett erbrachten. Um Fehler bei der Nachkommenschaftsprüfung (TMV) zu vermeiden, die sich aus dem „nichtadditiven Zusammenwirken von Erbe und Umwelt“ ergeben, wird die Anwendung des Töchter-Populations-Vergleichs empfohlen, wobei die anzupaarenden Kühe vorher von einem Statistiker nach dem Stichprobenprinzip ermittelt und festgelegt, danach die Leistungsergebnisse der Nachkommen maschinell ausgewertet werden sollen. G. Koriath. 1881.

Winnigstedt, Robert. **Die Rinderbesamung in der Deutschen Bundesrepublik.** Zuchthyg., Fortpflanzungsstör. Besam. Haustiere 6 (1962) Nr. 5. S. 337–339.
Die Gesamtzahl der besamten Rinder betrug 1961 in Westdeutschland 2189873 Stck. Die Besamungsdichte war in den einzelnen Ländern unterschiedlich (z. B. Oldenburg 9,9%, Schleswig-Holstein 67,4%). Der Bullenbestand stieg auf 2172 Stck. mit einem Durchschnittsalter von 4 Jahren und 5 Mon. Niedersachsen hatte den geringsten Anteil junger Bullen, was auf ein frühzeitiges Erkennen unbrauchbarer Tiere durch die fahrbare Bullenprüfstation zurückzuführen war. Die Zuchtbenutzung schwankte je nach den Anforderungen in den Ländern stark (von 654–1558 EB je Bulle). Als sehr günstig wurde das Befruchtungsergebnis angesehen, das teils nach dem Non-return-Verfahren (im Saarland 69,8%, in Bayern 69,3%), teils auf rectalem Wege (Westfalen 66,0%, Nordrhein 63,6% nach EB) ermittelt wurde. 1,48–1,58 Besamungen je Trächtigkeit waren erforderlich. Die Erbwertprüfung der Besamungsbullen erstreckt sich auf die Milch- und Fettleistung der weibl. und auf die Mast- und Schlachtleistung der männl. Nachkommen. Es sollten möglichst viel besamte Tiere der Milchleistungsprüfung angeschlossen sein, um eine schnellere Beurteilung der Leistungsver-

erbung der Bullen zu ermöglichen. Die Durchführung der Besamung obliegt den Tierärzten, nur in Ausnahmefällen kommen Besamungstechniker in Frage. Auch in Westdeutschland besteht die Entwicklungstendenz zu größeren Stationen. R. Menzel. 1882.

Snick, G. van, Maele, J. van und Debecker, F. L'insémination artificielle en 1960. **(Die KB in Belgien im Jahre 1960.)** Rev. Agric. [Bruxelles] **15** (1962) Nr. 1. S. 91–114. — 1 Abb., 20 Tab.
Die erste rapide Zunahme von 43272 auf 94914 besamte Tiere war im Jahre 1951 zu beobachten. Die Beteiligung der einzelnen belgischen und ausländischen Rinderrassen am Besamungsbullenbestand wird für das Jahr 1960 tabellarisch dargestellt. Im Jahresdurchschnitt waren je trächtige Kuh 1,47 Besamungen erforderlich, 1959 betrug dieser Index noch 1,51. 1960 war das Befruchtungsergebnis das beste seit der Durchführung der KB in diesem Lande. Die Zahl der Erstbesamungen nachkommenschaftsgeprüfter Bullen hat gegenüber 1959 um 16% zugenommen. Die Zahl der Erstbesamungen je Bulle liegt im Landesdurchschnitt unter 2000 und im Stationsdurchschnitt bei 2500. Hieraus sind die Bemühungen, einer zu engen Blutführung vorzubeugen und eine genügende Befruchtung zu erreichen, ersichtlich. Die Kontrolle des Befruchtungserfolges wird im Rahmen des Non-return-Verfahrens (90 Tage), durch die Trächtigkeitsuntersuchung, die Kälberkontrolle und die Befragung der Tierhalter vorgenommen. Die Erstbefruchtungsrate liegt zwischen 64,3% im Febr. und 69,0% im Dez. und zeigt keine beträchtlichen Monatsschwankungen. Das Sperma wird im Durchschnitt auf 1:20–1:30 verdünnt. In Namur wird mit Tiefkühlsperma (—79 °C) bei einer Befruchtungsrate von 57,2% gearbeitet. Von 323 Bullen schieden 1960 30% wegen Sterilität, 22% aus züchterischen Gründen und 24% wegen Überalterung aus. Das Durchschnittsalter der Bullen beim Ausscheiden beträgt 68 Mon., beim Ankauf 40 Mon., die Nutzungsdauer 28 Mon. Am ältesten werden die Bullen der Ostflandrischen Rasse. Während der Prozentsatz der Erstbesamungen durch nachkommenschaftsgeprüfte Bullen zugenommen hat, hat sich die Zahl der in der Prüfung befindlichen Bullen 1960 gegenüber 1959 um 21 (30%) vermindert. Die Samenübertragung ist Tierärzten gesetzlich vorbehalten. H. Busse. 1882.

Sedgwick, F. J. und Doyle, B. J. Artificial breeding in Denmark. **(Die KB in Dänemark.)** Milk Board J. **13** (1962) Nr. 8. S. 21–23.
Von 1,8 Mill. Rindern wurden 1960 insgesamt 1,617 Mill. mit 1270 Bullen besamt. Die durchschnittl. Herdengröße beträgt 9,4 Kühe, jeder Bulle besamte 1273 Kühe. Die Bullen werden sehr jung angekauft und für die Kälber bereits hohe Preise bezahlt. Die Kaufsumme wird jedoch gestaffelt entrichtet. Zunächst wird eine Anzahlung und eine weitere Rate bei Beginn der Zuchtbenutzung entrichtet, die 3. Zahlung erfolgt je nach der Zuchtqualität. 50% der Bullen gehören dem Roten Dänischen Rind an, 25% sind schwarzbunte Friesen und 10–15% Jersey. Die Schwarzbunten nehmen ständig an Zahl zu. Von 1270 Bullen sind nur 261 nachkommenschaftsgeprüft. Die Besamung wird durch praktizierende Tierärzte, angestellte Besamungstierärzte und Besamungstechniker vorgenommen. Die Besamungskosten sind bei den praktizierenden Tierärzten zwar fast doppelt so hoch wie bei den Technikern, die Kosten für angestellte Tierärzte liegen zwischen denen der Techniker und denen der praktizierenden Tierärzte. Bei der tierärztlichen Samenübertragung ist jedoch die Trächtigkeitsdiagnose und die Sterilitätsbehandlung im Preise inbegriffen. Die Bullen werden auf Tbc und Brucellose vor der Einstellung kontrolliert und seit 5 Jahren im Rahmen eines freiwilligen Verfahrens auf Vibriosis getestet. Von allen Bullen liegt der Blutgruppenbefund vor, desgleichen von den nachkommenschaftsgeprüften Färsen. Bei den Färsen auf den Prüfstationen stellte sich auf

diese Weise in der ersten Zeit heraus, daß bei 10–15% die Angaben über die väterliche Abstammung nicht stimmten. Dieser Prozentsatz ist jedoch zurückgegangen. Durch strafweise Austragung aus dem Herdbuch sind die Züchter zu größerer Sorgfalt erzogen worden. Der Durchschnittspreis je Kuh beträgt für die KB 16 Kronen (1 Dollar), einschließlich einer beliebigen Anzahl von Nachbesamungen, der Trächtigkeitsdiagnose und in Einzelfällen der Sterilitätsbehandlung. 1960 lag das Erstbesamungsträchtigkeitsergebnis nach Trächtigkeitsuntersuchung 8 Wochen p. i. bei 60,1%.
H. Busse. 1882.

Sedgwick, F. J. Artificial stock breeding overseas. **(Die KB beim Rind in Übersee.)** Milk Board J. **13** (1962) Nr. 6. S. 21–24.
Nach Besprechung der bekannten Vorteile der KB kommt Vf. auf das Problem der kostenbildenden Faktoren bei dieser Züchtungsmethode zu sprechen. Trotz aller Vorteile liegen die Kosten in Frankreich, Holland und Westdeutschland noch beträchtlich hoch. In der BRD mag die Betriebsgrößenstruktur mit den kleinen Herden entscheidend dazu beitragen. Die größte Besamungsorganisation der Welt ist das Milk Marketing Board in England, das ca. 1,75 Mill. Kühe in England und Wales betreut, 20 Bullenstationen mit 735 Bullen unterhält und 610 Inseminatoren beschäftigt. In den letzten Jahren ist die Zahl der von einem Bullen inseminierten Kühe von ursprünglich 1000 bis auf 20000 in einem Jahr angestiegen. Die Methode der Auswertung der Nachkommenschaftsprüfungsergebnisse ist durch das Lochkartenverfahren automatisiert worden. Die Blutgruppenbestimmung bei den Bullen hat an Bedeutung zugenommen und trägt zur Sicherung des Identitätsnachweises der Kälber bei. Als man in Dänemark mit dieser Methode zu arbeiten begann, lagen bei 20% der Färsen über die väterliche Abstammung falsche Angaben vor. Durch die Prüfungen ist dieser Prozentsatz auf einen unbedeutenden Wert zurückgegangen. Für die überseeischen Zuchtzentren stellt der geringe Anteil leistungsgeprüfter Herden (Neusüdwales 6%, United Kingdom und Neuseeland 20%) das Haupthindernis für eine schnelle Prüfung der Bullen und damit für den züchterischen Fortschritt dar. Zur Propagierung der Milchleistungsprüfung hat man z. B. in Schweden das Prüfverfahren weitgehend automatisiert, die Berechnungen durch Elektronenverfahren erleichtert und so den Aufwand für den Tierhalter verringert. — Die KB beim Schwein hat vor allem die Methoden der Brunstfeststellung und die Befruchtung verbessert. 1959 lag Japan mit 50 000 besamten Sauen und einer Konzeptionsrate von 68% an der Spitze.
H. Busse. 1882.

Munch-Petersen, E.; Perth, Univ. of Western Australia. Artificial breeding of cattle in Australia. **(Die KB in Australien.)** Austral. J. Dairy Technol. **17** (1962) Nr. 3. S. 140–143. — 3 Tab., 2 Lit.
Nach einem kurzen geschichtlichen Überblick über die Entwicklung der KB in Australien werden die wesentlichsten Punkte zur Organisation, wie Finanzierung, Ziele, Spermagewinnung und -verteilung, Insemination, rassenmäßige Zusammensetzung der Rinder, Anteil der Besamung, Befruchtungserfolg, Zahl der Farmer, die sich der KB bedienen, Herkunft des Spermas, Propaganda und Ausbildung der Besamungstechniker, behandelt. Jerseybullen stehen mit 41%, Friesian mit 21% und Australien Illawarra Shorthorn mit 15% der insgesamt 165 Besamungs-Bullen an der Spitze. Es wird außerordentlich stark Kreuzungszucht betrieben. Man benutzt z. B. Bullen von Mastrassen zur Besamung von Milchrassenkühen, um eine verbesserte Kälbermast zu haben. Der Befruchtungserfolg wird mit 61,2–64,4% in der Prüfung nach dem Non-return-Verfahren, aber teils bis zu 120 Tagen für nur gekühltes Sperma angegeben, für tiefgefrorenes mit 50,6–59,4%. Jeder Spermaimport ist heute verboten. H. Senger. 1882.

Lindahl, P. E. und Wedin, K.; Uppsala, Sweden, Univ., Inst. of Zoophysiol. Spermicidal effects studied with a photographic method. The effect of sodium fluoride. **(Die Untersuchung spermicider Wirkungen mit einer photographischen Methode. Die Wirkung von Natriumfluorid.)** Exp. Cell Res. **29** (1963) Nr. 1/2. S. 242–260. — 7 Abb., 8 Tab., 26 Lit.

Von der Annahme ausgehend, daß die Spermienbeweglichkeit durch Fluorid über eine Enzymhemmung blockiert wird, wurden Untersuchungen an Bullen- und z. T. an menschlichem Sperma durchgeführt. Das stets von Zweitejakulaten stammende Bullensperma wurde mit gepuffertem Eidotter-Extrakt auf eine Konzentration von 20 000 Spermien/ml verdünnt. Nach Verbringen in ein Teströhrchen und Zusatz von NaF wurde es im Thermostaten einige Zeit geschüttelt. In bestimmten Intervallen wurden dann einzelne Tropfen des Gemisches auf einen Objektträger gebracht. Die Registrierung der beweglichen Spermien erfolgte mittels eines temperierten Mikroskops, das ein Photographieren bei Dunkelfeld-Beleuchtung ermöglichte. Im Abstand von 15 oder 30 Sek. wurden Aufnahmeserien mit einem Bildintervall von 1 Sek. angefertigt. Die beweglichen Spermien zeichneten auf den Bildern Spuren auf, aus denen die Art der Bewegung abgelesen werden konnte. Die Auswertung dieser Spuren erfolgte nach den Methoden von Johnson, Eyring u. Polissar (1954) und zeigte, daß die Anzahl der Moleküle des fluoridempfindlichen Enzyms pro Spermium unter verschiedenen experimentellen Bedingungen etwa gleich war. Dagegen war der Anteil dieser Moleküle, der inaktiviert werden mußte, bevor die Spermienbeweglichkeit erlosch, für jede Spermaprobe typisch und nur durch die Temperatur zu beeinflussen. Ein 3. Faktor stieg mit der Temperatur und mit der Fluoridkonzentration sowie mit der Dauer der Spermaaufbewahrung an.

F. Döcke. 1887.

Zvjerjeva, G. V., Čuchrij, B. M., Savin, P. M. und Grabovyj, M. V. (Swjerjewa, G. W., Tschuchry, B. M., Sawin, P. M. und Grabowy, M. W.) Vplyv SŽK na pokaznyky spermy bugaïv. **(Einfluß des Serums trächtiger Stuten auf das Bullensperma.)** Socialistyčne tvarynnyctvo, Kyïv **34** (1962) Nr. 8. S. 39–40. — 1 Tab. Orig.: ukrain.

Den Bullen mit geringer Spermaqualität wurden 30–50 ml Serum trächtiger Stuten (100 IE/1 ml) in Abhängigkeit von Alter und Gewicht s. c. injiziert. Dabei wurde festgestellt, daß bei Injektion dieser Dosen die Geschlechtsreflexe stärker ausgeprägt wurden sowie die Konzentration, die Resistenz und die Vitalität des Spermas und das Ejakulatsvolumen anstiegen. Die biochem. Veränderungen äußerten sich im Anstieg der Hyaluronidaseaktivität sowie des Fructosegehalts und in einer Verringerung des ATP-Anteils.

X. Abelmann. 1887.

Bel'skaja, I. P. und Panfilova, L. A. (Belskaja, I. P. und Panfilowa, L. A.) O fiziko-chimičeskich pokazateljach semeni chrjakov i izmenija ich pri chranenii. **(Die physikalisch-chemischen Eigenschaften des Eberspermas und ihre Veränderung bei Lagerung.)** V sb.: Povyšenie produktivnosti s.-ch. životnych, Moskva **1961** S. 64–72. — Aus: Referativnyj žurnal. Biologija, Moskva **1962** Nr. 13. L 180. S. 24.

Das spez. Gew. des Eberspermas ist sehr veränderlich und hängt sowohl von seinem Spermiengehalt als auch von der Menge der Feststoffe ab, die sich im Plasma befinden. Im unverdünnten Sperma schwankt der pH-Wert zwischen 7,2 und 8,08 (⌀ 7,63). Die Verdünnung des Spermas mit Eidotter-Citrat im Verhältnis 1 : 1 senkte den pH-Wert, der bei der Lagerung anstieg. Bei 24stündiger Lagerung des Spermas unter anaeroben Bedingungen bei 37 °C ist häufig keine Erhöhung des pH-Wertes, sondern ein Absinken zu beobachten. Bei Lagerung des Spermas bei 20° und 37 °C verringert sich

die Fructosekonzentration. Der Gehalt an Milchsäure im Sperma wächst in den ersten Stunden nach der Lagerung bei 20° und 37 °C und fällt dann ab.
übersetzt v. Ch. Eshkowa. 1887.

Harris jun., G. C. und Wilcox, F. H. The carbohydrate metabolism of chicken semen. **(Der Kohlenhydratstoffwechsel von Geflügelsperma.)** Poultry Sci. **41** (1962) Nr. 2. S. 409–416. — 3 Abb., 9 Tab., 18 Lit.

Die Messungen wurden zum Studium der Stoffwechselaktivität des Hahnenspermas durchgeführt (1. Austausch des pH; 2. Abnahme des Zuckergehaltes; 3. Milchsäureproduktion). Die optimale Inkubationszeit war 1 Std. und die optimale Konzentration des Zuckers 11,1 mM/l oder weniger. Alle Zucker verschwanden aus einigen Verdünnern, aber nur Fructose, Glukose, Mannose und am geringsten Maltose im Zusammenhang mit der Abnahme des pH. Die Produktion von Milchsäure war größer, wenn Fructose gewaschenen Spermien zugegeben wurde im Vergleich zur Zugabe zum Seminalplasma. Milchsäure wurde produziert, wenn Ribose dem Seminalplasma zugegeben wurde, nicht aber, wenn die Zugabe zu gewaschenen Spermien erfolgte. Die Stoffwechselaktivität war unter anaeroben Verhältnissen leicht höher als unter semi-anaeroben. Eine Reduktion der Bakterienzahl bei Zugabe von Antibiotica hatte einen kleinen Effekt auf den Stoffwechsel von Fructose und Ribose zur Folge. Diese Resultate sichern eindeutig, daß Hahnensperma einen aktiven Meyerhof-Embden-Beweis für die Glykolyse liefert.
W. Jenichen. 1887.

Jenichen, Wolfram und Rebbin, Renate; Schönow bei Bernau, Inst. für Künstl. Besam. **Ein Beitrag zur Technik der Verdünnung und Abfüllung von Bullensperma.** Zuchthyg., Fortpflanzungsstör. Besam. Haustiere **6** (1962) Nr. 4. S. 240–253. — 7 Tab., 25 Lit.

Zur Verbesserung der Arbeitsmethoden in den Besamungsstationen (bessere Arbeitsbedingungen für das Laborpersonal bei gleichzeitiger Erhaltung höchstmöglicher Befruchtungsfähigkeit der Bullenejakulate) wurden an 2565 Spermadosen aus 51 Ejakulaten von 10 Bullen die günstigste Verdünnungs- und Abfülltemperatur ermittelt. Dabei zeigte sich, daß das Verdünnen am vorteilhaftesten bei +33 °C und das Abfüllen bei +22 °C vorgenommen wird. Dieses Ergebnis stimmt mit den in der Literatur beschriebenen Resultaten von Adler (1961), Jenichen und Zeschke (1960) und Eibl (1959) überein.
M. Metze. 1891.

Wales, R. G. und White, I. G.; Sydney, Univ., Dep. of Veterin Physiol. Viability of diluted dog spermatozoa in vitro. **(Die Lebensfähigkeit verdünnten Hundespermas in vitro.)** J. Reproduct. Fertility **5** (1963) Nr. 1. S. 67–76. — 8 Tab., 17 Lit. 1891.

Sharma, S. C. und Saha, S. K.; Mathura, Livestock Res. Stat. Variation in the keeping quality of bovine semen collected in different seasons corresponding to the breeding seasons in females. **(Unterschiede in der Aufbewahrungsfähigkeit von in verschiedenen Jahreszeiten gewonnenem Bullensperma im Zusammenhang mit den Deckzeiten.)** Indian J. veterin. Sci. Animal Husbandry **32** (1962) Nr. 1. S. 50–53. — 2 Tab., 6 Lit.

273 Spermaproben von 8 Bullen der Murrah-Rasse (**I**) und 285 Proben von 8 Bullen der Hariana-Rasse (**II**) wurden im Verlaufe eines Jahres (1958) gewonnen und in Eigelb-Citrat-, Eigelb-Natriumcitrat-Glycin- bzw. Glycin-Eigelb-Verdünner aufbewahrt (Reihenfolge entspricht der steigenden Eignung der Verdünner). Die Lebensdauer der Spermien im Frühjahr, Sommer, Herbst und Winter betrug z. B. unter Verwendung des am besten wirkenden Glycin-Eigelb-Verdünners bei **I** ⌀ 7,3; 7,9; 10,7; und 9,8 Tage. Die Anzahl rindernder ♀ Büffel betrug in den entspr. Jahreszeiten 18, 7, 33 und 42%

und war damit im Frühjahr und Sommer ebenfalls deutlich geringer. Die Unterschiede bei **II** waren mit Ausnahme der Schutzwirkung der einzelnen Verdünner nicht signifikant. H. Cziharz. 1892.

Vel'možnyj, B. M. (Welmoshny, B. M.); Kiew, Ukrain. SSR, Versuchsstat. für Tierzucht „Teresino". Režym zberigannja spermy knuriv. **(Die Aufbewahrung von Ebersperma.)** Socialistyčne tvarynnyctvo, Kyïv **34** (1962) Nr. 6. S. 32–34. — 2 Tab. Orig.: ukrain.
Zur Ermittlung der günstigsten Aufbewahrungstemperatur von Ebersperma wurden Versuche an sieben 14–20 Mon. alten Ebern des Großen Weißen Schweines und der Landrasse durchgeführt. Das mit verschiedenen Verdünnern versetzte Sperma wurde bei Temperaturen von 0–20 °C (5°-Intervall) aufbewahrt. Die Abkühlung erfolgte stufenweise. Neben den Angaben über die Dauer beschreibt Vf. das genaue Verfahren der Abkühlung. Die Spermaproben wurden bei der entspr. Temperatur bis zum vollen Absterben aller Spermien aufbewahrt. Es konnte festgestellt werden, daß die optimale Temperatur bei + 15 °C liegt, wobei die Befruchtungsfähigkeit ⌀ 12 Std. erhalten bleibt. Als ungünstigste Temperatur erwies sich 0 °C, während + 20 °C weniger schädigend wirken. Weiterhin wurde der Einfluß eigelbhaltigen und eigelblosen Verdünners auf die Lebensfähigkeit bei verschiedenen Temperaturen untersucht. Vf. stellt fest, daß das Sperma in eigelbloser Verdünnung höhere Lebens- und Befruchtungsfähigkeit hat, wobei das Temperaturoptimum ebenfalls bei 15 °C liegt. Eigelbhaltige Verdünner erhöhen die Lebensfähigkeit noch mehr und verschieben das Temperaturoptimum von +15 auf +10 °C. Bei 15 °C ist der Beweglichkeitsgrad des mit eigelbhaltigen Verdünnern versetzten Spermas in den ersten 36–38 Std. höher als bei 10 °C, dann aber tritt das volle Absterben 54–96 Std. früher ein als bei 10 °C. Die Höhe des Eigelbanteils im Verdünner hat keinen Einfluß auf das Temperaturoptimum. Ferner konnte festgestellt werden, daß sowohl die Abkühlung selbst als auch die weitere Aufbewahrung bei 0 und +5 °C einen ungünstigen Einfluß auf die Lebensfähigkeit haben. Weder ein langsames Abkühlen noch ein verschieden hoher Eigelbzusatz zum Verdünner kann die negative Wirkung der Abkühlung mindern. Da noch keine Methoden zur Tiefkühlaufbewahrung des Eberspermas entwickelt wurden, wird empfohlen, unverdünntes oder mit synthetischen oder eigelblosen Verdünnern versetztes Sperma bei —15 °C, Sperma mit eigelbhaltigen Verdünnern bei +10 °C aufzubewahren.
I. Reich. 1892.

Rothe, K. **Beitrag zur Verbesserung der Konservierung und der Transportmöglichkeiten des Schweinespermas.** Zuchthyg., Fortpflanzungsstör. Besam. Haustiere **6** (1962) Nr. 5. S. 305–314.
Für die Weiterentwicklung der Schweinebesamung müssen vorrangig 2 Probleme gelöst werden: 1. die Ermittlung des günstigsten Besamungszeitpunktes, 2. die Entwicklung von Konservierungsmethoden, die in der Praxis leicht anwendbar sind und die gewünschten Erfolge zeigen. Nach Literaturangaben wurden bisher die besten Ergebnisse mit Ebersamen erzielt, der 8–10 Std. alt war und bei einer Temperatur von 10–20 °C aufbewahrt wurde. Es wird auf vermutliche Beziehungen zwischen dem Seminalplasma und der Temperatur bei der Spermakonservierung hingewiesen. Als richtig und wichtig dafür hat sich auch die Beseitigung des Bulbourethralsekretes erwiesen. Im Hinblick auf die Wirtschaftlichkeit und die züchterische Notwendigkeit ist man bestrebt, den Wirkungskreis wertvoller Zuchteber über die Besamung zu erweitern. Von bes. Bedeutung für eine längere Haltbarkeit des Ebersamens ist eine langsame und stetige Abkühlung des frisch gewonnenen Spermas. Dies wurde am besten mit Hilfe eines Isolierkastens (Füllmaterial: Holz- oder Glaswolle u. ä.), der mit den Spermaproben in einen Kühlschrank gestellt wurde, erreicht. Bei einer anfänglichen durch-

schnittl. Abkühlung von 2,3 °C/Std. hat der Samen erst nach 16 Std. die Kühlschranktemperatur. Für den Transport des verdünnten, abgekühlten Samens werden Thermosbehälter mit Kristalleisfüllung im Deckel vorgeschlagen. R. Menzel. 1892.

Kuznječykov, L. O. (Kusnjetschykow, L. O.); Kiew, Versuchsstat. für Tierzucht. Vplyv umov ocholodžennja na zamerzannja spermy plidnyka. **(Einfluß des Frierprozesses auf das Gefrieren des Bullenspermas.)** Visnyk sil'śkogospodarśkoïnauky, Kyïv **5** (1962) Nr. 3. S. 70–75. — 7 Abb., 1 Tab., 7 Lit. Orig.: ukrain., Ausz.: russ.

Vf. berichtet von Untersuchungen über die Verbesserung der Aufbewahrung von Bullensperma bei −21,5 °C, −17 bis −23 °C und −78 °C sowie bei unterschiedlicher Gefriergeschwindigkeit. Die Gesetzmäßigkeiten des Gefrierens und Auftauens von Bullensperma und verschiedenen gebräuchlichen Verdünnern (Glycerin, Wasser, Na-Citrat, Glukose, Eidotter, Gelatine u. a.) werden gezeigt. Die Aktivität der Spermien beträgt bei schneller Abkühlung nur 25% im Verhältnis zur langsamen. Kolloidale Verdünner (Hühnereidotter, Gelatine) verbessern die Überlebensfähigkeit der Spermien bei Abkühlung und langdauernder Aufbewahrung tiefgekühlten Spermas. Temperaturschwankungen gefrorenen Spermas (−17 bis −21 °C) beschleunigen die Rekristallisierung und rufen teilweises Absterben der Spermien hervor. K. Neumann. 1893.

Norel, G. J. van. In hoeverre worden de verschillen in de bevruchtingsresultaten tussen de K. I.-verenigingen bepaald door de stieren, de koeien of de stations? **(Inwieweit sind die Unterschiede in den Befruchtungsresultaten zwischen den Besamungsvereinigungen auf die Bullen, die Kühe oder die Stationen zurückzuführen?)** Tijdschr. Diergeneeskunde **87** (1962) Nr. 19. S. 1256–1261. — 2 Tab. Zus. in Engl., Franz., Dtsch.

Die Befruchtungsresultate der Besamungsvereinigungen in den Niederlanden variieren beträchtlich. Mit Hilfe von Angaben der zentralen Aufsichtsbehörde für die KB in den Niederlanden wurde durch statistische Berechnungen nachgewiesen, daß diese Unterschiede signifikant sind. Ebenfalls bestehen signifikante Unterschiede zwischen einzelnen Bullen der gleichen Station. Es wird nicht als wahrscheinlich betrachtet, daß die Unterschiede zwischen den Besamungsvereinigungen zu einem wesentlichen Teil auf die Kühe oder Besamungsbullen zurückzuführen sind; vielmehr wird in der Technik und der Organisation der Besamungsvereinigungen die wichtigste Ursache gesehen. W. Wittig. 1897.

E. ZÜCHTUNG

Ėjdrigevič, E. V. (Eidrigewitsch, Je. W.) Nekotorye voprosy teorii plemennogo dela. **(Einige Fragen der Theorie des Züchtungswesens.)** V sb.: Puti uveličenija proiz-va i sniženija sebestoimosti produktov životnovodstva, Chaŕkov **1961** S. 145–147. — Aus: Referativnyj žurnal. Biologija, Moskva **1962** Nr. 24. L 57. S. 8.

Eine der wichtigsten Aufgaben des Züchtungswesens ist die Lösung der Probleme der Vererbung wirtschaftlich wertvoller Merkmale in Zusammenhang mit der Rasse, der Konstitution und dem physiol. Zustand der Tiere sowie deren Lebensbedingungen. Eine der aussichtsreichsten Richtungen in den Interieuruntersuchungen ist die Beurteilung der Tiere nach der Funktion der inneren Organe, die die wünschenswerten Eigenschaften der Tiere kontrollieren, z. B. die Beurteilung des Fettgehaltes der Milch nach der Funktion der Schilddrüse usw. Die vom Vf. am Roten Steppenrind durchgeführten Untersuchungen haben die Ansichten anderer Autoren nicht bestätigt, daß die Inzucht ein Mittel zur Steigerung der Veränderlichkeit in der

Nachkommenschaft sei. Im Gegenteil, mit der Steigerung des Inzuchtgrades wird die Gleichartigkeit (Ausgeglichenheit) der Nachkommenschaft größer.
übersetzt v. Th. C. Boetticher. 1905.

Pak, D. N.; Alma-Ata, Kasach. Forsch.-Inst. für Tierzucht. Nasledstvennost' nekotorych priznakov i sočetaemost' porod. **(Die Vererbung einiger Merkmale und das Harmonieren der Rassen.)** Životnovodstvo, Moskva **24** (1962) Nr. 2. S. 53–58. — 1 Tab.
Vf. erhärtet an Hand zahlreicher Beispiele die Behauptungen, daß die Heterosis der äußere Ausdruck der kumulativen Wirkung der entwickelten und konsolidierten Erbanlagen ist, daß die Vererbung der sog. quantitativen Merkmale (z. B. Milchleistung und Milchfettgehalt) vom Charakter der Evolution sowie vom Stand der Entwicklung und Konsolidierung der Erbanlagen der zu kreuzenden Rassen abhängt und daß dem Harmonieren der Rassen bei der Kreuzung die gleichen Vererbungsgesetze (die kumulative Wirkung ähnlicher Erbanlagen in Richtung der Auslese) zugrunde liegen wie bei der Reinzucht. F. Schenk. 1935.

Pogodaev, S. F. (Pogodajew, S. F.) Sposob izmerenija kontura grudi skota. **(Ein Verfahren zur Messung des Brustprofils bei Rindern.)** Životnovodstvo, Moskva **24** (1962) Nr. 12. S. 51–53. — 4 Abb.
Der neue Brustprofilmesser besteht aus einem Zentimeterstab, einem Läufer, an dem 2 auswechselbare, verschieden lange Metallineale befestigt werden können, einem oberen unverschiebbaren Feststeller, einem unteren verschiebbaren Feststeller und zwei 120 cm langen Stücken Aluminiumdraht mit 2,5 mm Dmr. Mit dem Aluminiumdraht wird die Kontur der Brust und der übrigen Rumpfteile (Mitte der letzten Rippe) abgenommen, dann mit dem Profilmesser gemessen und schließlich aufgezeichnet. Die Konstruktion des Profilmessers, die Messung und die Aufzeichnung werden ausführlich beschrieben. F. Schenk. 1940.

Mullenax, C. H. und Mullenax, P. B. Congenital abnormalities of the bovine digestive tract. **(Angeborene Mißbildungen des Verdauungskanals beim Rind.)** J. Amer. veterin. med. Assoc. **141** (1962) Nr. 8. S. 950–951. — 2 Abb. 1950.

Panin, A. I. Teoretičeskie osnovy ėksterernoj ocenki sel'skochozjajstvennych životnych (Tezisy doklada). **(Die theoretischen Grundlagen der Exterieurbeurteilung landwirtschaftlicher Nutztiere [Thesen des Vortrages].)** Tr. Vses. s.-ch. in-ta zaočn. obrazovanija **1961** Nr. 4. S. 5–8. — Aus: Referativnyj žurnal. Biologija, Moskva **1962** Nr. 14. L 85. S. 14.
Die Nichtbeachtung des Exterieurs bei der Auslese führt zum Auftreten überentwickelter Individuen in der Nachkommenschaft, die an Entartung grenzt. Die Aufteilung landwirtsch. Nutztiere in Typen und Rassen erfordert, daß die Beurteilung des Exterieurs von einer Bewertung nach der Summe der inneren Eigenschaften vom Standpunkt der Produktivität und der Qualität der Nachkommen begleitet wird und daß sie sich auf richtige theoretische Grundlagen stützt. Als Ausgangspunkt für die Beurteilung des Exterieurs muß die Vorstellung von der Abhängigkeit zwischen Konstitution und Produktivität der Tiere dienen. Der Organismus muß in seiner Gesamtheit bewertet werden. Die individuelle Entwicklung aller Organismen unterliegt der Wirkung des biol. Gesetzes der Korrelation, zu deren wichtigsten Zügen u. a. die Tendenz der Organismen zur einseitigen Entwicklung gehört, was unter natürlichen Bedingungen die Anpassung der Tiere an die Umweltbedingungen gewährleistet und bei landwirtsch. Nutztieren die Bildung von Rassen und eine Spezialisierung zur Folge hat. Diese Tendenz zur einseitigen Entwicklung wird in der Natur durch die natürliche Auslese und in der Tierzucht durch eine gelenkte Reproduktion geregelt und neutralisiert.

Das Vorhandensein dieser oder jener äußeren Formen könnte auch auf eine bestimmte Leistung schließen lassen. Diese Schlußfolgerung wäre jedoch nur dann richtig, wenn jede Einzelheit der Konstitution eines Tieres im Zusammenhang mit allen Teilen des Organismus unter Berücksichtigung ihrer funktionellen Wechselbeziehungen betrachtet wird, d. h. also, wenn bei der Bewertung nicht nur das Exterieur beurteilt, sondern auch die inneren Eigenschaften des Tieres berücksichtigt werden. übersetzt v. R. Hüffer. 1974.

Turek, F. **Leistungsprüfungen als Grundlage der Qualitätssteigerung tierischer Produkte.** Österr. Hochschulztg. **14** (1962) Nr. 20. S. 11.

Jede tierische Leistung beruht auf dem Zusammenwirken von Erbanlage und Umwelt. Die Leistungsfähigkeit kann durch Eigenleistungs- und Nachkommenprüfung festgestellt werden. Zur Festellung von Milchmenge und Milchfettgehalt soll jetzt auch die Untersuchung des Eiweißgehaltes der Milch kommen sowie die Prüfung der Fleischleistung. Auf dem Bundesgut Königshof werden Bullenkälber von Spitzenbullen auf Futterverbrauch, Zuwachs und Schlachtleistung geprüft. Für die Prüfung von Schweinen stehen 4 Anstalten zur Verfügung. Die Rückenspeckdicke konnte von 1956–62 von 3,28 auf 2,78 cm verringert werden. Im „Random sample-Test" werden Eierleistung, Brutfähigkeit, Schlupffähigkeit, Aufzuchtleistung und Eiqualität von Hühnern geprüft. Das Institut für Tierproduktion und Züchtungsbiologie an der Hochschule für Bodenkultur bearbeitet Arbeitsverfahren der Leistungsprüfung, die der Verbesserung der Veredlung dienen können.
E. Höpler. 1980.

F. WACHSTUM UND ENTWICKLUNG

Koržuev, P. A., Nikol'skaja, I. S. und Radzinskaja, L. I. (Korshujew, P. A., Nikolskaja, I. S. und Radsinskaja, L. I.) Fiziologičeskie osobennosti postnatal'noge razvitija ovec porody sovetskij merinos i prekos. **(Physiologische Besonderheiten der postnatalen Entwicklung von Sowjetischen Merino- und Precos-Schafen.)** Trudy Instituta morfologii životnych im. A.N. Severcova. Akademija nauk SSSR, Moskva **35** (1961) S. 208–214. – 4 Tab., 18 Lit.

Neugeborene Lämmer der Rassen Sowjetische Merino und Precos haben einen wesentlich höheren Blutanteil am Körper im Vergleich zu allen späteren Entwicklungsstadien. Hierzu wurden an einige Tage und 5–6 Mon. alten bzw. adulten Schafen Untersuchungen durchgeführt. Der Hb-Anteil im Blut ist wesentlich höher als bei erwachsenen Schafen. Das Skelett hat nicht nur Stütz- und Schutzeigenschaften, sondern ist unmittelbar an Blutumwandlungen beteiligt. Der Anteil der Knochen am Körpergewicht der neugeborenen Lämmer beträgt 18% gegenüber 8–10% bei erwachsenen Tieren. Diese Besonderheiten des Blutes bzw. des Skelettes neugeborener Lämmer klingen in den ersten beiden Monaten nach der Geburt ab. Nach 6 Mon. erreichen z. B. die Hb- und Erythrocytenanteile sowie die Blutmenge im Körper die Anteile bzw. das Niveau, wie es durchschnittl. bei erwachsenen Tieren beobachtet wird. Von der Geburt bis zum 6. Lebensmonat erhöht sich das Körpergewicht um das 8- bis 9fache, während der Anteil des Blutes und des Skelettes nur um das 4- bis 5fache zunimmt. Vff. berichten ferner über unterschiedliche Wachstumsgeschwindigkeiten verschiedener Organe und Mengenänderungen verschiedener Körpersubstanzen vor und nach der Geburt. Während der Zeitspanne vom 5.–12. Lebensmonat verringert sich bei den Precos-Schafen der Hb-Anteil von 9,8 auf 8,7% (durchschnittl. von 272 auf 180 g), bei Sowjetischen Merinos von 10,4 auf 8% (durchschnittl. von 262 auf 230 g). Vff. widmen der Tatsache der rel. Blutanteiländerung (sowie der Änderung der Blutkomponenten) und Verschiebung der Anteile des Skelett- am Gesamtkörpergewicht bes. Aufmerksamkeit, da sie diesbezügliche Zusammenhänge vermuten. M. Achmedowa. 2110.

Matthews, C. A. und Fohrman, M. H. Beltsville growth standards for Jersey cattle. **(Beltsville-Standard für Wachstum und Entwicklung der Jerseys.)** U.S. Dep. Agric., techn. Bull. **1954** Nr. 1098. S. 1–46. 2130.

Matthews, C. A. und Fohrman, M. H. Beltsville growth standards for Holstein cattle. **(Beltsville-Standard für Wachstum und Entwicklung der Holsteins.)** U.S. Dep. Agric., techn. Bull. **1954** Nr. 1099. S. 1–50. 2130.

G. ÖKOLOGIE EINSCHLIESSLICH HALTUNG UND PFLEGE

Pogribna, N. P. Vplyv riznych svitlovych režymiv utrymannja na gazoobmin u koriv ta chimičnyj sklad moloka. **(Einfluß unterschiedlichen Lichts während der Haltung auf den Gaswechsel der Kühe und die chemische Zusammensetzung der Milch.)** V sb.: Pytannja godivli sil'skogospod. tvaryn, Kyïv **1961** S. 24–34. — Orig.: ukrain., Ausz.: russ. Aus: Referativnyj žurnal. Biologija, Moskva **1962** Nr. 15. L 75. S. 9.

Die Kühe der Gr. I wurden während der Versuchsperiode morgens und abends in der Zeit der geringsten Intensität der UV-Strahlung hinausgelassen, die Tiere der Gr. II und III jedoch gegen Mittag, während der intensivsten Strahlung. Vom 7. Jan.–15. Apr. 1959 wurden die Kühe der Gr. II außerdem nachts (tägl. zusätzlich 10–11 Std. lang) mit EUW-15-Lampen bestrahlt. Nach Abschluß des Versuchs wurde festgestellt, daß die chem. Zusammensetzung der Milch sich je nach der Jahreszeit veränderte und die Intensität des Gaswechsels im Frühjahr erheblich geringer war als zu Beginn des Winters. Auf die Herabsetzung des Gas- und Energiewechsels im Frühjahr übten die Temperatur und das Licht einen starken Einfluß aus. Die Bestrahlung der Kühe mit EUW-15-Lampen (Gr. II) trug zur Steigerung des Ca- und P-Gehaltes in der Milch bei geringer Verminderung des Gehaltes an Tr.-Subst., Eiweiß und Fett gegenüber den entspr. Kennziffern der unbestrahlten Kühe bei. übersetzt v. Th. C. Boetticher. 2170.

Ščerbyna, A. I. (Stscherbyna, A. I.) Obmin rečovyn i dejaki morfologični ta klinični pokaznyky u dijnych koriv pry riznych svitlovych režymach ïch utrymannja. **(Der Stoffwechsel und einige morphologische und klimatische Kennziffern bei Milchkühen, die unter verschiedenen Lichtbedingungen gehalten werden.)** V sb.: Pytannja godivli sil'skogospod. tvaryn, Kyïv **1961** S. 12–23. — Orig.: ukrain., Ausz.: russ. Aus: Referativnyj žurnal. Biologija, Moskva **1962** Nr. 15. L 70. S. 8.

Die Kühe der Gr. I wurden morgens und abends hinausgelassen, zu einer Zeit, da die Wirkung der UV-Strahlen am geringsten war, während die Tiere der Gr. II und III mittags hinausgelassen wurden. Von Jan.–Apr. 1950 wurden die Kühe der Gr. II während der geringsten UV-Strahlung hinausgelassen, wurden aber tägl. 10 Std. lang mit Leuchtstoffröhren EUW-15 bestrahlt. Bei den Kühen der Gr. I war bereits Ende Nov. ein Mangel an Vit. B zu beobachten, der Ca- und P-Austausch war bei ihnen gestört, und es wurde weniger N abgelagert. Wesentliche Unterschiede wurden in der Verdauung der Nährstoffe des Futters bei den Kühen der verschiedenen Gruppen nicht festgestellt. Der günstige Einfluß der Bestrahlung von Kühen während der Stallperiode mit EUW-15-Lampen auf den Ca- und P-Gehalt des Blutserums bestätigte sich. Die Körpertemperatur, die Puls- und Atemfrequenz waren direkt abhängig von der Temperatur der umgebenden Luft.
übersetzt v. Th. C. Boetticher. 2170.

Sorokin, V. V. und Smirnova, E. I. (Sorokin, W. W. und Smirnowa, Je. I.); Sagorsk, Unions-Forsch.-Inst. für Geflügelzucht, Abt. für Zoohyg. und Geflügelkrankh. Sniženie bakterial'noj obsemenennosti vozducha ptičnikov. **(Verringerung der bakteriellen Anreicherung der Luft im Geflügelstall.)** Trudy

Vsesojuznogo naučno-issledovatel'skogo instituta pticevodstva, Moskva 27 (1961) S. 173–176. — 1 Tab., 12 Lit.
Eine positive Wirkung bei der Vorbeugung gegenüber ansteckendem Schnupfen u. a. Erkrankungen der oberen Atmungswege hat neben allg. hygienischen Maßnahmen die UV-Bestrahlung, die tägl. 10 Std. durchgeführt wird. Vor Beginn der Bestrahlung befanden sich in 1 m^3 Luftraum morgens 6050 Mikroben und abends 2240. Nach 47tägiger Bestrahlung wurden die Mikroben je m^3 Luftraum auf 640 morgens und 300 abends verringert. Im Kontrollstall war die bakterielle Anreicherung der Luft 10mal höher als im Versuchsstall.
H. Pingel. 2170.

Gudkin, A. F., Murusidze, D. N. und Smirnov, I. A. (Gudkin, A. F., Murussidse, D. N. und Smirnow, I. A.) K voprosu ob ispól'zovanii iskusstvennych ul'trafioletovych lučej pri inkubacii jaic. **(Zur Frage der Anwendung künstlicher UV-Strahlen bei der Bebrütung von Eiern.)** Tr. Blagoveśč. s.-ch. in-ta 2 (1961) S. 115–117. — Aus: Referativnyj žurnal. Biologija, Moskva **1962** Nr. 17. L 209. S. 29.
Eine 2malige Bestrahlung von Enten- und Gänseeiern mit einer Quecksilberquarzlampe im Abstand von 80 cm führte zu einem wesentlich besseren Schlupfergebnis. übersetzt v. Ch. Eshkowa. 2170.

Dachnovskij, N. V., Bajdevljatov, A. B. und Doroško, I. N. (Dachnowski, N. W., Baidewljatow, A. B. und Doroschko, I. N.); Kiew, Ukrain. Forsch.-Inst. für Geflügelzucht. Ul'trafioletovoe oblučenie kur v širokogabaritnom ptičnike. **(Ultraviolettbestrahlung der Hühner in Intensivgeflügelställen.)** Pticevodstvo, Moskva **1962** Nr. 10. S. 12–13. — 2 Abb.
Die Wirkung auf den Organismus ist bei UV-Bestrahlung bedeutend vielseitiger als bei Verfütterung von Fischöl oder Vit.-D-Präparaten. Es wird die UV-Bestrahlung mit an einem Futterverteilungswagen angebrachten Quarzlampen beschrieben. Bei der Fütterung werden in 80 Min. 12000 Hennen bestrahlt, wobei bes. die unbefiederten Kopfteile betroffen werden. Außerdem wird auch das verabreichte Futter kurzfristig bestrahlt. H. Pingel. 2170.

Gordon, W. A. M.; Stormont, Belfast. Environmental studies in pighousing. I. Air velocity. **(Umweltuntersuchungen bei Schweineunterkünften. 1. Mitt. Luftbewegung.)** Brit. veterin. J. **118** (1962) Nr. 5. S. 171–205. — 35 Abb., 8 Tab., 29 Lit.
Die Umwelteinflüsse auf die Gesundheit und die Leistung sowie die verschiedenen Typen der Schweineunterkünfte mit ihren Bauplänen werden eingehend behandelt; ebenfalls die Zusammenhänge zwischen Luftbewegung, Lufttemperatur und Feuchtigkeit. Da die Schlupföffnung zwischen der Bucht und dem Freilandauslauf nicht ohne weiteres zugluftfrei abgedichtet werden kann, ist die Anlage einer engen, isolierten Schlupfbucht auf jeden Fall vorteilhaft. So kann eine sonst wenig oder gar nicht brauchbare Tierunterkunft in eine vollständig einwandfreie Behausung umgewandelt werden. Die Meßwerte der Luftbewegung sind an und für sich hoch im Verhältnis zu den vorherrschenden Lufttemperaturen, aber sie brauchen nicht als Extrem angesehen zu werden. Bes. wichtig ist die Feststellung der Luftströmung in Fußbodenhöhe. Zwischen dieser und der Luftbewegung in einer Höhe von 15 cm über dem Erdboden bestehen manchmal Differenzen von 200%.
H. Busse. 2175.

Ul'janov, P. V. und Ševčenko, B. D. (Uljanow, P. W. und Schewtschenko, B. D.) Uproščennyj metod količestvennogo opredelenija uglekisloty v vozduche životnovodčeskich pomeščenij. **(Eine vereinfachte Methode der quantitativen Bestimmung von CO_2 in der Stalluft.)** Tr. Kišinevsk. s.-ch. in-t. **25** (1961) S. 109–113. — Aus: Referativnyj žurnal. Biologija, Moskva **1962** Nr. 15. L 22. S. 3.

Die titrometrischen Methoden zur quantitativen Bestimmung von CO_2 in geschlossenen Räumen sind schwierig und erfordern bes. Geräte. Vff. schlagen eine einfachere Methode zur quantitativen CO_2-Bestimmung vor. Eine titrierte Lösung von Bariumhydroxyd absorbiert bei Berührung mit Luft das CO_2 stark und bildet unlösliches kohlensaures Barium. Dadurch verringert sich der Titer der Bariumlösung. Auf Grund der Differenz im Titer des Bariumhydroxydes vor und nach der Absorption von CO_2 wird ihre Menge in der untersuchten Luftmenge bestimmt. Die quantitative Bestimmung des CO_2-Gehaltes der Luft nach der vereinfachten Methode liefert befriedigende Ergebnisse. Der CO_2-Gehalt der Luft kann in 0,5 Std. ermittelt werden.

übersetzt v. Th. C. Boetticher. 2175.

Bailey, C. B., Hironaka, R. und Slen, S. B. Effects of the temperature of the environment and the drinking water on the body temperature and water consumption of sheep. **(Der Einfluß der Temperatur der Umgebung und des Trinkwassers auf die Körpertemperatur und den Wasserverbrauch bei Schafen.)** Canad. J. Animal Sci. **42** (1962) Nr. 1. S. 1–8. – 2 Abb., 2 Tab., 17 Lit.
Bei 4 Schafen wurden im Pansen, dem Mastdarm und dem s.c. Gewebe bei einer Fütterung von tägl. 1,5 lb. Luzerneheu je Tier und Lufttemperaturen von +15 bis −12 °C die Temperaturen gemessen. Bei einer Lufttemperatur von 15 °C hatte das Trinkwasser eine solche von 20 °C und variierte um 0, 10, 20 und 30 °C in 4 verschiedenen Versuchsperioden, wobei die Lufttemperatur −12 °C betrug. Bei jeder Lufttemperatur war die Temperatur im Pansen höher als im Mastdarm und diese wiederum größer als die Temperatur in der Subcutis. Die Futteraufnahme führte zu einem zeitweiligen Temperaturanstieg im Pansen und Mastdarm, während die Wasseraufnahme einen zeitweiligen Temperaturabfall im Pansen verursachte. Die Verringerung der Lufttemperatur von +15 auf −12 °C hatte im Pansen, Mastdarm und s. c. Gewebe eine Temperaturminderung zur Folge und verringerte die Wasseraufnahme von 1600 auf ca. 800 ml tägl. Bei −12 °C hatte die Temperatur des Trinkwassers keinen Einfluß mehr auf die aufgenommene Wassermenge. Ein Einfluß auf die Körpertemperatur bestand jedoch darin, daß die durchschnittl. Rectaltemperatur bei einer Temperatur des Trinkwassers von 0 °C geringfügig höher war als bei einer Wassertemperatur von 30 °C.

H. Busse. 2180.

Bianca, W. Relative importance of dry-and wet-bulb temperatures in causing heat stress in cattle. **(Die relative Bedeutung im Trockenen und in der Feuchte gemessener Temperaturen für die Hitzebelastung beim Rinde.)** Nature [London] **195** (1962) Nr. 4838. S. 251–252. – 2 Abb., 1 Tab., 3 Lit.
Beim Menschen sind die in der Feuchte gemessenen Temperaturen von größerer Bedeutung als die im Trockenen gemessenen. Beim Rinde ist es ebenfalls bekannt, daß hohe Temperaturen bei gleichzeitiger hoher Luftfeuchtigkeit eine stärkere Belastung bedeuten als die im Trockenen gemessenen Temperaturen. Untersuchungen an 9 Mon. alten Bullenkälbern der Ayrshirerasse ergaben, daß die rel. Bedeutung der im Trockenen gemessenen Temperaturen 15% überschreitet, der Faktor 85 für die in der Feuchte gemessenen Temperaturen also nicht stimmt (0,15 und 0,85 sind die rel. Temperaturmeßfaktoren beim Menschen). Es wurde vielmehr festgestellt, daß der Faktor 0,35 für die im Trockenen gemessene Temperatur und der Faktor 0,65 für die in der Feuchte gemessene im Hinblick auf die Rektaltemperatur brauchbarere Werte darstellen. Das bedeutet, daß der Mensch durch feuchte Wärme stärker als durch trockene belastet wird; das Rind jedoch doppelt so stark. Das hängt mit der Fähigkeit der einzelnen Species zusammen, Wasser verdunsten zu können. Während der Mensch bei einer Temperatur von 40,5 °C 190% seiner Stoffwechselwärme verdunsten kann, können europäische Rinderrassen nur 105% in Wasserdampf umsetzen. Beim Menschen läuft die Verdunstung

weitgehend über die Haut ab, während sie sich beim Rind über die Atmungsorgane und über die Haut vollzieht. Die Wasserdampfabgabe über die Atmung wird durch eine hohe Luftfeuchtigkeit weniger beeinflußt als die Verdunstung über die Haut. Die Luft in den Atmungswegen hat nämlich einen stärkeren Wasserdampfsättigungsgrad als die die Haut umgebende Luft. Durch die Atmung kann auch in einer dampfgesättigten Atmosphäre eine Verdunstung stattfinden, vorausgesetzt, die Temperatur der das Tier umgebenden Luft ist nicht höher als die der Luft in den Atmungswegen.
H. Busse. 2180.

Mueller, Werner J. Effect of environmental temperature on layers. **(Die Wirkung der Umgebungstemperatur auf Legehennen.)** Sci. for Farmer 8 (1961) Nr. 4. S. 7. — 2 Abb., 1 Tab.

In 2jährigen Versuchen wurde der Einfluß verschiedener Raumtemperaturen auf in Käfigen gehaltene Legehennen geprüft. Gr. I wurde bei konstanter Temperatur von 90 °F gehalten, Gr. II bei konstant 55 °F und Gr. III bei wechselnden Temperaturen zwischen 55 und 90 °F. Vf. schließt aus den Ergebnissen, daß zeitweise hohe Temperaturen die Leistung der Legehennen nicht ungünstig beeinflussen, wenn tägl. einige Stunden niedrige Temperaturen herrschen. Deshalb wird empfohlen, während der heißen Sommermonate die kühlen Nächte voll zur Ventilation auszunutzen. Gr. I erbrachte bei niedrigen Eigewichten und verminderter Schalenqualität 129 Eier je eingestallte Henne, Gr. II bei hohem Eigewicht und guter Schalenqualität 177 Eier, Gr. III bei schwach vermindertem Eigewicht und etwas geringerer Schalenqualität 188 Eier. W. Sommerfeld. 2180.

Fisher, Hans, Hollands, K. G. und Weiss, H. S. (unter Mitarb. von Griminger, Paul); New Brunswick, N. J., Rutgers State Univ., Nutrit. and Physiol. Lab. Environmental temperature and composition of body fat. **(Umgebungstemperatur und Zusammensetzung des Körperfettes.)** Proc. Soc. exp. Biol. Med. **110** (1962) Nr. 4. S. 832–833. — 1 Tab., 5 Lit.

3 Gruppen von Hennen wurden bei Umgebungstemperaturen von 32, 21 und 0 °C gehalten, die Körpertemperatur ca. 10 cm innerhalb der Kloake und s.c. gemessen sowie die Zusammensetzung des Körperfettes untersucht. Das Fett der bei 0 °C gehaltenen Hennen hatte eine höhere JZ (90,2 gegenüber 87,0 bzw. 86,2) hauptsächlich auf Grund eines höheren Gehaltes 2fach und 6fach ungesättigter Fettsäuren gegenüber dem Fett der Hennen der anderen beiden Gruppen. Hinsichtlich der Körpertemperatur wurde keine Korrelation zu der veränderten Fettzusammensetzung gefunden. R. Schiemann. 2180.

Ermekov, M. A. und Gladkov, P. F. (Jermekow, M. A. und Gladkow, P. F.) K voprosu i žiznennosti i prisposoblennosti životnych. **(Über die Vitalität und Anpassungsfähigkeit der Tiere.)** Vestn. s.-ch. nauki **1962** Nr. 4. S. 49–53. — Orig.: russ., Ausz.: kasach. Aus: Referativnyj žurnal. Biologija, Moskva **1962** Nr. 24. L 73. S. 11.

Bei der Auswahl der Ausgangsrassen für die Kreuzung und die darauf folgende Zucht der Kreuzungstiere ist deren Vitalität und Anpassungsfähigkeit an die örtlichen Bedingungen zu berücksichtigen. In den Jahren 1958–59 wurden im Schafzucht-Sowchos Ksyl-Tau in einem Versuch Kreuzungstiere aus grob- × feinwolligen Mutterschafen (GFMi) mit Schafböcken der Kasachischen Mittelfeinwollrasse (KFM) und der Lincolnrasse (L) gepaart. Das durchschnittl. Lgw. der GFMi-Schafe betrug 49,8 kg, der Schurertrag 2,7 kg. Das Lgw. der KFM-Schafböcke (in kg) betrug 90–91, der L 95, der Schurertrag 6,5–7,2 bzw. 4,85. Die Kreuzungslämmer aus GFMi-Mutterschafen × Lincoln-Bock übertrafen die Lämmer der KFM-Schafböcke in der Größe als Einzellämmer um 3,2 und als Zwillingslämmer um 17,9%. Die bessere Entwicklung des Nachwuchses der Lincoln-Böcke gegenüber dem Nachwuchs der KFM-Böcke, bei gleichen Fütterungsbedingungen der Mütter, weist darauf hin, daß die erhöhte Vitalität durch die inneren Eigenschaften des Organismus bestimmt wird, die bei ungünstigen Bedingungen nicht in Erscheinung treten. Lämmer verschiedener Rassen reagieren unterschiedlich auf ungünstige Bedingungen. Die Lämmer von den KFM-Böcken hatten beim Absetzen ein größeres Gewicht als die Lämmer von den Lincoln-Böcken, und zwar lag es bei den Einzellämmern durchschnittl. um 3,4 und bei den Zwillingslämmern um 3,3 kg höher. Die Lämmer von den KFM-Böcken zeigten ein besseres Akklimatisationsvermögen. In bezug auf Vitalität und Akklimatisation der Lämmer traten die verschiedenen rassebedingten Besonderheiten der Ausgangsrassen zutage. übersetzt v. E. Meyer. 2240.

Slavin, R. M., Vasil'ev, V. G. und Geraškov, N. I. (Slawin, R. M., Wassiljew, W. G. und Geraskow, N. I.); Moskau, Unions-Forsch.-Inst. für Elektrifizier. der Landwirtsch. Novaja planirovka i technologičeskoe oborudovanie mechanizirovannych ptičnikov. **(Die neue Grundrißgestaltung und technologische Ausstattung mechanisierter Geflügelställe.)** Životnovodstvo, Moskva **24** (1962) Nr. 2. S. 69–76. — 4 Abb., 7 Lit.

Vom o. g. Inst. wurden folgende Grundprinzipien festgelegt: In den großen mechanisierten Geflügelställen werden die Tiere nur auf Tiefstreu und Drahtboden gehalten. Entmistung und Streuwechsel werden vollmechanisiert. Die gesamte Stallfläche wird nur für das Geflügel genutzt, Gänge fallen weg. Technologische Ausstattung und Maschinen werden durchgehend unifiziert. Etwa $^2/_3$ der Stallfläche nimmt die Tiefstreu ein, $^1/_3$ der technol. Teil (Kotgrube mit Drahtboden, darüber Futterrinnen mit Futterverteiler, Sitzstangen, Selbsttränken, mechanisierte Nester, Bestrahlungsquellen). Der technol. Teil befindet sich je nach der Stallgröße an einer Längswand oder in der Mitte des Stalles. F. Schenk. 2265.

Anonym. **Sind klimatisierte Ställe wirtschaftlich?** Geflügelhof [Zollikofen-Bern] **26** (1963) Nr. 7. S. 99–100.

Ohne über genaue Angaben bez. Ölverbrauch, Amortisationsquote und Unterhaltskosten zu verfügen, empfiehlt Vf. den Einbau von Klimaanlagen in genügend große und ausreichend wärmeisolierte Geflügelställe. Während in einem nichtklimatisierten Stall durchschnittl. 4 Tiere/m² Bodenfläche gehalten werden können, in einem klimatisierten dagegen 6, so lassen sich die rel. hohen Einrichtungskosten einer Klimaanlage durch die geringeren Gebäudekosten pro Tier weitgehend kompensieren. Die Energiekosten dieser Anlagen, die abhängig von der Stallisolation und dem Ausmaß der Luftbefeuchtung sind, weisen dementsprechend unterschiedliche Werte auf. Unterhalt und Pflege von Klimaanlagen werden kurz erwähnt. Neben Einsparungen von Gebäudekosten wird in klimatisierten Ställen ein geringerer Futterverbrauch bei höheren Leistungen von gesünderen Tierbeständen erhofft. J. Strecke. 2265.

Glasser, Harry. Tranquillity in the hen house. **(Ruhe im Legehennenstall.)** Agriculture [London] **70** (1963) Nr. 3. S. 106–109. — 3 Abb.

Zur Erzielung hoher Legeleistungen ist in Hühnerställen ein Maximum an Ruhe unerläßlich. Dieses gewährleisten die üblichen mit Fenstern versehenen Ställe nicht, da oftmals triviale äußere Ereignisse den Legehennenbestand beunruhigen. Deshalb und infolge günstigerer Eiqualitäten wird zur Käfighaltung von Legehennen in fensterlosen Ställen geraten. Die anfänglichen Mißerfolge dieser Haltungsform beruhten auf unzureichender Belüftung und mangelhafter Isolation der fensterlosen Ställe. Als ausreichende Ventilationsrate werden 2 cu. ft. Luft je lb. Tier und Min. angesehen, als geeigneter Ventilator ein solcher von 24 in. Dmr. und 700 U/min. Um eine Anpassung an die jeweiligen Temperaturen zu ermöglichen, sollen die Ventilatoren thermostatisch regulierbar sein. Sichere Zeichen für gute Ventilation sind saubere Eier und trockener Kot. Die Beleuchtung in den fensterlosen Ställen wird durch eine Schaltuhr reguliert. J. Strecke. 2275.

Leluc, Michel; Paris. **Die Rationalisierung der Arbeit im Offenlaufstall bei kleineren und mittleren Beständen.** Bauen auf d. Lande **13** (1962) Nr. 11. S. 286–290. — 3 Abb., 5 Tab.

In Frankreich werden in ca. 3000–5000 Offenlaufställen ca. 60000–80000 Kühe gehalten, die ca. 1% des Gesamtbestandes entsprechen. Trotz zahlreicher guter Beispiele können vielfach bauliche Mängel und Fehler in der Arbeitsorganisation bei diesen Anlagen festgestellt werden. Ausgehend von dem Aufbau und der Arbeitsorganisation der Offenlaufstallanlage eines Betriebes mit einem Gesamtbestand von 43 Rindern, davon 22 Kühen, werden nach eingehender Analyse der Rinderhaltung 3 detaillierte Verbesserungsvorschläge zur stufenweisen Rationalisierung der Gesamtorganisation dieses Betriebszweiges aufgezeigt. Gegenüber der ursprünglichen Betriebsweise ließ sich durch die Verbesserungsvorschläge der Arbeitszeitaufwand bei gleichzeitiger Leistungssteigerung des Melkers auf das 2- bis 3fache von 146 h/Kuh/Jahr um 91 h/Kuh/Jahr auf 55 h/Kuh/Jahr senken. Bei Färsen und Jungrindern sowie bei Kälbern sank der Arbeitsaufwand von jährl. 25 h/Färsen auf 4 h, bzw. 27 h/Kälbern auf 9 h. Die Kosten für die erforderlichen Umbauten werden durch die Rationalisierung ausgeglichen und sind nach 2–5 Jahren amortisiert. Es wird betont, daß bei der Vorplanung landwirtsch. Betriebsgebäude die Zusammenarbeit entspr. Fachkräfte erforderlich ist, um zu optimalen Betriebsbedingungen zu kommen. J. Strecke. 2320.

Hauptman, Jaroslav. Volné ustájení dojnic. **(Offenaufstallung der Milchkühe.)** Studijní Inform., zivočišná Výroba **1962** Nr. 5. S. 1–77. — 5 Abb., 139 Lit.

Aus einem zusammenfassenden Studium der ausländischen und einheimischen Erfahrungen mit der Aufstallung von Milchkühen in Offenställen ergibt sich folgendes: Offenställe für Milchkühe sind für Niederungs- und geschützte Höhenlagen dort zu empfehlen, wo laufend für das ganze Jahr Streustrohvorräte von 5–6 kg/Kuh/Tag zur Verfügung stehen. Die optimale Konzentration in Offenställen beträgt 180–300 Kühe. Als weitere Voraussetzung einer erfolgreichen Offenstallhaltung wird die Arbeitsspezialisierung und Schichtarbeit von geschultem Stallpersonal bezeichnet. In Offenställen sind die Kühe gruppenweise zu 30–40 Stck. je nach dem Laktationsstadium aufzustallen. Bei der eingehenden Beschreibung der Fütterungs- und Melktechnik wird u. a. die Bedeutung eines separaten Melkraumes hervorgehoben. Schließlich werden die Möglichkeiten einer durchdringenden Mechanisierung und Steigerung der Arbeitsproduktivität behandelt. F. Svoboda. 2320.

Reisch, E. und Bischoff, T.; Stuttgart-Hohenheim. **Eine neue Stallform: Laufstall mit Einzelliegeplätzen.** Mitt. dtsch. Landwirtsch.-Ges. **77** (1962) Nr. 48. S. 1563–1566. — 5 Abb.

Auf Grund seines hohen Einstreubedarfs hat der offene Laufstall in Deutschland bisher nicht die Verbreitung wie in anderen Ländern gefunden. Daher ist der in den USA als „free-stall-housing" bekannte Laufstall mit Einzelliegeplätzen von Interesse. In diesem können sich die Tiere frei bewegen, während zum Liegen eine Art in Einzelliegeplätze unterteilter Mittellangstand zur Verfügung steht. Futterkrippe und Tränken befinden sich in gesonderten Freßplätzen oder -ställen. Liegestall, Melkstandanlage und Freßstall sind zweckmäßig in U-Form zueinanderzuordnen. Die Maße für die Liegeboxen betragen 2,10–2,30 × 1,10–1,20 m (in den USA 2,40 m × 1,10 m); die Trennwände sind 1,40 m hoch. Es wird über die bisherigen Erfahrungen im Versuchsbetrieb Karlshof berichtet. Als Einstreu sind Kurzhäcksel, Sägemehl oder Torfmull (nicht Langstroh) geeignet. Die Liegematratze wird 1- bis 2mal wöchentl. ergänzt. (Strohbedarf 1 kg/Kuh/Tag; in den USA erneuerte man die Einstreu ca. aller 6 Wochen). Vff. schlagen für je 8–10 Kühe einen zusätzlichen Liegeplatz vor, damit beim Aufsuchen der Liegeplätze bereits ruhende Tiere nicht belästigt werden; Enthornung ist auch hier vorteilhaft. Durch diese Einzelliegeplätze verringert sich der Liegeflächenbedarf von 6–8 m² auf knapp 5 m² (einschließlich Kotganganteil). Bes. sensiblen Kühen mit hoher Milchleistung gibt diese Form des Laufstalles die „Ruhe des Anbindestalles". Hinsichtlich einer besseren Umstellung wird empfohlen, bereits die Jungtiere an derartige Einzelliegeplätze zu gewöhnen.

E. Kulpe. 2320.

Schmock, Friedrich. **Ein Zweiraum-Laufstall mit Spaltenboden.** Dtsch. landwirtsch. Presse **85** (1962) Nr. 41. S. 419–420.
Um Arbeitszeit und Stroh einzusparen, wurde auf dem Esso-Hof Dethlingen ein vorhandener Laufstall für Jungvieh durch Umbau in einen offenen Zweiraum-Laufstall mit Spaltenboden umgewandelt. Die Verbindung zwischen Liegeplatz mit Tiefstreuverfahren und dem 1 m höher liegenden Freßplatz mit Spaltenboden bildet eine 50 cm breite wie hohe Trittstufe. Gegenüber befindet sich die durchgehende Krippe, die eine Tagesration aufnehmen kann, sowie in jedem Abteil ein beheizbares Selbsttränkebecken. Der Spaltenboden besteht aus Eichenbohlen, die nach unten etwas konisch zulaufen. Die obere Bohlenbreite beträgt 10–12 cm. Die Spaltenbreite beträgt für Tiere bis zu 1 Jahr 3,5 cm, bis zu 2 Jahren 4 cm und über 2 Jahre 4,5 cm. Zum Ausmisten werden die mit Querhölzern zu 2 m breiten Tafeln zusammengefaßten Bohlen mit dem Frontlader angehoben, so daß der gesamte Spaltenboden, der mit Scharnieren an der Krippenseite verankert ist, aufgeklappt wird. Das Entmisten erfolgt mit dem Frontlader. Bei Fütterung mit angewelkter Grassilage wurde etwa die Hälfte des Kotes und Harns auf dem Spaltenboden abgesetzt. Bei einer Liegefläche von 5,5–6,25 m²/GV wurden nur 2,16–3,96 kg Stroh/GV und Tag benötigt. Bei Rübenblattsilage ist der Bedarf an Streustroh höher.

W. Gratz. 2320.

Möllenbrok, H. G.; Schmachthagen. **Neu aus den USA: Der Boxen-Laufstall.** Mitt. dtsch. Landwirtsch.-Ges. **78** (1963) Nr. 9. S. 280–282. — 7 Abb.,
Die Hauptnachteile des alten Laufstalles waren die größere Unruhe der Kühe beim Rindern und der hohe Einstreubedarf. Diese Gründe führten Adolph Oien, East Stawood, Washington, zum Einbau von Liegeboxen (1,20 m × 2,35 m). Die größte Herde in Liegeboxen-Haltung besteht aus 1040 Kühen. Durch die Boxen wurden Behinderungen durch rindernde Kühe ausgeschaltet. Da ältere Kühe gewisse Stammplätze einnehmen, sollten einige Boxen zusätzlich errichtet werden (was auch das Eingewöhnen erleichtert). Die unterschiedliche Größe der Kühe kann durch vordere Begrenzungsbalken ausgeglichen werden. Die Gangbreite zwischen den Boxenreihen sollte das Durchfahren mit Traktor und Häckselwagen ermöglichen. Ein Querbalken am Gang verhindert das Hinausschleppen von Einstreu. Liegeboxen können sowohl in Kaltställe als auch in Warmställe (evtl. in Verbindung mit Spaltenböden) eingebaut werden. Die Boxen werden als genormte Fertigteile geliefert. Dazu stehen stationäre bzw. fahrbare 2mal 4er-Fischgrätenmelkstände zur Verfügung. Während in der BRD je Kuh und Jahr noch 130 bis 150 AKh erforderlich sind, liegt der Durchschnitt der kontrollierten Milchviehbestände im Staate Indiana bei 110 AKh. Wie Untersuchungen der Purdue-Univ. vom 1. 7. 1961–1. 1. 1962 zeigten, konnte durch Umstellung auf Liegeboxen-Haltung 1 AK 113 Milchkühe (⌀ 90 melkende und 23 trockenstehende) betreuen; d. h. für 1 Kuh waren 34,5 AKh/Jahr bzw. für 100 kg Milch 42,6 AKmin erforderlich. Erste (west-)deutsche Versuche bestätigen diese Erfahrungen.

E. Kulpe. 2320.

Botto, Vladimír; Nitra, Katedra Špeciálnej Zootechn. Vysokej Školy Pol'nohospodárskej. Zhodnotenie vol'ného ustajnenia kráv na školskom majetku VŠP Nitra. **(Die Auswertung der Unterbringung von Kühen im Laufstall des Staatsgutes der Landwirtschaftlichen Hochschule in Nitra.)** Živočišná Výroba **7(35)** (1962) Nr. 10. S. 675–694. — 2 Abb., 17 Tab., 29 Lit. Zus. in Russ., Dtsch.
Dreijährige Untersuchungen der Offenaufstallung von Versuchskühen in einem an einen traditionellen Anbindestall angebauten Holzschuppen ergaben folgendes: Die durchschnittl. Temperatur im Offenstall betrug 9,29 °C, im Anbindestall 14,51 °C bei einer Außenlufttemperatur von durchschnittl. 9,42 °C. Die rel. Luftfeuchtigkeit betrug in gleicher Reihenfolge 82,33%, 83,39% und 76,9%. Die Gesamtmilchleistung im Offenstall war um 1,84% höher als im Anbindestall. Bei Abfall der Lufttemperatur auf −4 °C verringerte sich im Offenstall die Milchleistung. Der Milchfettgehalt betrug bei den Kühen im Offenstall 4%, bei den Kühen im Anbindestall 3,97%. Die Gesamtproduktion von Fett war je Kuh im Offenstall um 4,77 kg höher. Im Nährstoffverbrauch je kg Milch bestanden zwischen beiden Kuhgruppen keine wesentlichen Unterschiede. F. Svoboda. 2320.

Koubek, Karel und Hauptman, Jaroslav; Uhříněves, Ústřední Výzkumný Ústav Živočišné Výrobé. Závěrečné sdělení za I. úsek výzkumu volného ustájení dojnic. **(Schlußbericht über den 1. Forschungsabschnitt betreffs der Unterbringung von Milchkühen in Laufställen.)** Živočišná Výroba **7(35)** (1962) Nr. 10. S. 627–652. — 6 Abb., 10 Tab., 97 Lit. Zus. in Russ., Dtsch.
Der Vergleich der Erfahrungen mit der Aufstallung von Milchkühen in einem Offenstall (Gr. A) und in einem traditionellen Anbindestall (Gr. B) in der Zeit vom 2. Mai 1958 bis 31. Okt. 1960 — bei je 50 Kühen in jedem dieser beiden Ställe—ergab folgendes: Die Milchleistung je Kuh und Tag betrug bei Gr. A-8,05 kg, bei Gr. B-8,78 kg bei ca. gleichem Fettgehalt der Milch (4%). In 300 Laktationstagen gaben die Kühe der Gr. A durchschnittl. 2721 kg Milch mit 114,34 kg Fett, die der Gr. B — 3160 kg Milch mit 129,50 kg Fett. Niedrige Wintertemperaturen verursachten im Offenstall einen Abfall der Milchleistung. Je 1 kg Milch wurde verbraucht: im Offenstall 0,114 kg verd. E. und 0,726 kg StW, im Anbindestall 0,112 verd. E. und 0,700 kg StW. Das Enthornen der Kühe im Offenstall wirkte sich günstig auf die Aufrechterhaltung der Ruhe im Stall aus. Im Gesundheitszustand der Kühe beider Gruppen konnten keine wesentlichen Unterschiede festgestellt werden. F. Svoboda. 2320.

Sjarev, M. (Sjarew, M.) Osnovnye ėlementy racional'nogo ispol'zovanija kul'turnych pastbišč. **(Die Hauptelemente der rationellen Nutzung von Kulturweiden.)** V sb.: Vopr. dolgoletn. kul'turn. pastbišč, Tallin **1961** S. 161 bis 171. — Aus: Referativnyj žurnal. Biologija, Moskva **1962** Nr. 17. L 157. S. S. 23.
Die zweckmäßigste Art der Nutzung von Kulturweiden ist die ganztägige Umtriebsweide. Zuerst wird das Milchvieh aufgetrieben, anschließend weiden die trockenstehenden Kühe und Färsen und zuletzt die Pferde. Jede Tiergruppe wurde 1 Tag in einer Koppel geweidet. Die zweckmäßigste Koppelgröße für 100 Rinder ist 1,5–2,0 ha, aber nur, wenn auf 1 ha 2500–3000 FE geerntet werden. Ein Teil des überschüssigen Grases wird im Frühjahr und Frühsommer zu Heu gemacht. Für Kälber bis zu 7-8 Mon. werden Koppeln in der Höhe des Kälberstalles angelegt. Für 100 Kälber sind 15–20 Koppeln mit einer Durchschnittsgröße von 0,4–0,5 ha erforderlich. übersetzt v. Ch. Eshkowa. 2355.

Frankena, H. J. De weidebouw in de Sowjet-Unie. **(Die Weidewirtschaft in der Sowjetunion.)** Landbouwkund. Tijdschr. **74** (1962) Nr. 19. S. 809 bis 815. — 1 Lit.

Der Bericht basiert auf einem Buch von Andreev aus dem Jahre 1961. In der UdSSR kommen 65,3% des Futters vom Grünland, davon 29,8% als Heu und 35,5% als Weidefutter. 60–70% der Mähflächen und 80–90% der Weiden sind abs. Grünland. Der Durchschnittsertrag der Weiden ist sehr gering, erklärt sich aber z. T. dadurch, daß Tundra und Bergweiden mit erfaßt sind. Man unterscheidet Tundra, Waldzone, Weidesteppenzone, Steppenzone, Halbwüstenzone und Wüstenzone. Verbesserungsmöglichkeiten bestehen einerseits in kulturtechnischen Maßnahmen, andererseits in Düngung und Pflege. Das beste Weideland liegt an einigen Flußläufen. Je GV werden 0,3 - 0,5 ha Weide gerechnet; es bestehen aber große Unterschiede zwischen den einzelnen Klima- und Bodenzonen. Zum Ausgleich werden Futterpflanzen herangezogen. Das Grünland wird z. T. in 12jährigem Zyklus in der Weise genutzt, daß es 8 Jahre als Weide und 3 Jahre als Mähweide genutzt wird, wozu noch 1 Jahr der Neueinsaat kommt. In Trockengebieten findet man einen 6jährigen Zyklus mit 1 Ruhejahr und 1jähriger Mähnutzung. Die Mechanisierung der Heugewinnung wird vorangetrieben. Neben der Feststellung der Heuerträge steht die Anwendung eines Bewertungsschemas hinsichtlich der Qualität. J. K. Hinrichsen. 2355.

Liebenberg, O.; Leipzig, Karl-Marx-Univ., Inst. für Tierzucht und Milchwirtsch. **Möglichkeiten zur Steigerung der Produktion und der Arbeitsproduktivität in der Viehwirtschaft.** Wiss.-techn. Fortschr. Landwirtsch. **3** (1962) Nr. 10. S. 433–435. 2425.

Gerritsen, J. G. C.; Wageningen, Holland. **Arbeitszeitaufwand und -bedarf im Anbindestall.** Bauen auf d. Lande **13** (1962) Nr. 11. S. 279 - 281. — 4 Tab.
Der in der Landwirtschaft zunehmende Arbeitskräftemangel erfordert immer dringender, bes. in der Veredlungswirtschaft, die Durchführung von Rationalisierungsmaßnahmen. Da das Füttern, Ausmisten, Einstreuen, Melken und die Pflegearbeiten im Anbindestall ca. 60% des Gesamtarbeitsaufwandes betragen, werden hierfür am Typ eines holländischen Anbindestalles Rationalisierungsmaßnahmen aufgezeigt. Ein lohnender Einsatz der Melkmaschine wird bereits bei über 7 Kühen angegeben. Während je AK beim Handmelken nur 7 Kühe/h gemolken werden, kann beim Maschinenmelken die Zahl auf 36 Kühe/h gesteigert werden. Eine Rationalisierung der Entmistungsarbeiten ist mit Hilfe von Seilzuganlagen, Schwemmentmistung, Kettenförderern oder Schubstangenanlagen möglich. Für die beiden letzten Verfahren werden ein Arbeitsbedarf von 0,05–0,1 AKmin/GV/Tag, für die Schwemmentmistung von 0,3 AKmin/GV/Tag angegeben. Für die Fütterungsverfahren wird die Entwicklung arbeitssparender Fütterungsmethoden angeregt. Doch läßt sich die Fütterung bereits durch Einsatz geeigneter Transportmittel rationeller gestalten. Alle übrigen Stallarbeiten können durch zweckmäßige Wahl der Arbeitsgeräte und Transportmittel wie auch durch entspr. Gebäudegestaltung rationalisiert werden. Letztlich übt die Bestandesgröße einen Einfluß auf den Arbeitsbedarf aus, wobei sich kleinere Bestände ungünstiger als größere erweisen. J. Strecke. 2425.

Dewitz, F.; Berlin. **Die Industrialisierung landwirtschaftlicher Produktionsprozesse.** Wiss.-techn. Fortschr. Landwirtsch. **4** (1963) Nr. 1. S. 11–13. — 6 Abb.
Im Zuge des Überganges der LPG vom Typ I bzw. II zum Typ III, der Intensivierung und schrittweisen Industrialisierung der landwirtsch. Produktion ist eine standortgerechte Konzentration und schrittweise Spezialisierung in Verbindung mit der Vollmechanisierung und Teilautomatisierung der einzelnen Arbeitsprozesse der Feld-, Vieh- und Vorratswirtschaft anzustreben. Dabei spielt die Entwicklung geeigneter Maschinensysteme und der dazugehörigen energetischen Basis eine wesentliche Rolle. Zu den Merkmalen industriemäßiger Produktionsmethoden gehören entspr. Leitungs-

tätigkeit, ökonomische Entwicklung, inner- und außerbetriebliche technol. Beziehungen, ein gewisser Entwicklungsstand der Technik und der Bauten sowie ein hohes Qualifikationsniveau der produzierenden Menschen. Auf die Forderungen der Praktiker ist bes. Augenmerk zu legen. Die Aufgaben der Landtechnik sind in der 1. Periode (1962–63): Volle Ausnutzung und sinnvolle Ergänzung bzw. Rekonstruktion der vorhandenen Maschinensysteme; in der 2. Periode (1963–68): Verbesserung und Vervollständigung der vorhandenen Maschinensysteme durch Neuentwicklungen (z. B. Schaffung techn. Einrichtungen für Futteraufbereiten und -verteilen in der Schweinemast); in der 3. Periode (1968–75): Entwicklung neuer Maschinensysteme für die industrielle Produktionsweise in den sozialistischen Landwirtschaftsbetrieben (z. B. vollmechanisierte Konservierungsmethoden für Saftfutter, vollmechanisierte automatisch arbeitende Anlagen für Schweinemastanlagen). Die Voraussetzungen dafür werden durch das Programm für die landtechnische Forschung und Entwicklung bis zum Jahre 1968 geschaffen. E. Kulpe. 2425.

Krupp, G.; Berlin. **Gedanken zur Industrialisierung der landwirtschaftlichen Produktion.** Wiss.-techn. Fortschr. Landwirtsch. 4 (1963) Nr. 1. S. 14–17. — 1 Abb., 30 Lit.
Ausgehend von den Forderungen des Programms der KPdSU hinsichtlich der „Industrialisierung der landwirtschaftlichen Produktion“ geht Vf. auf die Notwendigkeit und die Möglichkeiten ein, das Zurückbleiben der landwirtsch. Produktion gegenüber der industriellen zu überwinden. Für die Feldwirtschaft werden zu diesem Zwecke in der SU z. B. Traktoren von 130–360 PS entwickelt, die es gestatten, mit großen Arbeitsbreiten unter weitgehender Ausnutzung der Gerätekopplung zu arbeiten. Für kleinere Schläge werden Traktoren mit größeren Arbeitsgeschwindigkeiten (15–20 km/h) gefordert. Weitere Aufgaben liegen in der automatischen Feinsteuerung von Geräten und in der Ausschaltung des Menschen als Energiequelle (z. B. bei Be- und Entladearbeiten; lose, granulierte statt gesackte Düngemittel usw.). In der Viehwirtschaft ist durch gut durchdachte Organisation eine kontinuierliche Produktion zu sichern. Hinsichtlich der Feldwirtschaft sollten die Arbeitsprozesse der beweglichen Maschinen auf dem Feld immer mehr durch stationäre Anlagen am Hof (witterungsunabhängiges, zuverlässigeres Arbeiten bei besseren Automatisierungsmöglichkeiten) ersetzt werden. Für die Transportarbeiten sind gute Wirtschaftswege und hohe Fahrgeschwindigkeiten zu fordern. Eine weitere Möglichkeit bietet die Ausgliederung möglichst vieler Produktionsvorgänge aus der Landwirtschaft im Zuge der gesellschaftlichen Arbeitsteilung (z. B. des Instandhaltungswesens). Im weiteren wird auf die Bedeutung der chem. Industrie und die zunehmende Rolle der Elektroenergie (bes. direkte Umwandlung von chem. in Elektroenergie) hingewiesen. Eine der Hauptvoraussetzungen bei der allmählichen Industrialisierung der landwirtsch. Produktion ist die techn.-biol. Qualifizierung der landwirtsch. Fachkräfte. E. Kulpe. 2425.

Kuźmenko, V. P. und Skvorcov, S. I. (Kusmenko, V. P. und Skworzow, S. I.); Region Krasnodar, Sowjet. Regionskomitee der KPdSU. Avtomatizirovannyj svinarnik. **(Ein automatisierter Schweinemaststall.)** Životnovodstvo, Moskva 24 (1962) Nr. 2. S. 76–78. — 1 Abb.
Der 80 m lange und 9 m breite Stall hat auf einer Längsseite einen 7 m breiten Auslauf, der in 3 Sektionen eingeteilt ist und an dessen Längsseite sich ein Futtertrog mit einem Schutzdach befindet. Er wird in 3 Min. mit einem Futterverteiler, der auf einem Schmalspurgleis läuft, mit 1,5 t Futter beschickt. Der Verteiler wird automatisch aus einem Mischbunker gefüllt. Entmistet wird mit einer Schleppschaufel. In diesem Stall können nach Entfernung der Buchten 1200 Schweine statt 600 gehalten und von nur 1 AK betreut werden. F. Schenk. 2425.

Kobylkin, V. und Timofeev, L. (Kobylkin, W. und Timofejew, L.) Soveršenstvuem otkorm svinej. **(Die Vervollkommnung der Schweinemast.)** Svinovodstvo, Moskva **16** (1962) Nr. 7. S. 23–24. — 1 Abb.
Durch Entfernung von 24 Buchten aus einem Schweinestall und dessen Einteilung in 2 Sektionen (Jungtiere bis zu 4 Mon. und Schweine ab 4 Mon.) können statt 300 Schweine 500 gehalten werden. In der anderen Hälfte des Stalles wurden je 4 Futterautomaten aufgestellt. Die aus Maissilage, Zuckerrüben und Kartoffeln zubereitete Paste gelangt auf einem Förderer mit dem Kraftfutter und dem Heumehl in den Futtermischer, in dem es auch gedämpft wird. Von dort wird das halbflüssige Futter durch Rohre in die Futtertröge verteilt. Im Sommer werden die Schweine im Sommerlager gehalten und auf den umliegenden Feldern mit Kartoffeln, Zuckerrüben und Wicken-Hafer-Gemenge geweidet. F. Schenk. 2425.

Novikov, Ju. N. (Nowikow, Ju. N.) Mechanizacija ptičnikov v Leningradskoj oblasti. **(Die Mechanisierung von Geflügelställen im Leningrader Gebiet.)** Pticevodstvo, Moskva **1962** Nr. 10. S. 28–30. — 2 Abb., 3 Tab.
In letzter Zeit wurde mit dem Bau von Geflügelställen ohne Bedienungsgang begonnen, um die Stallfläche rationeller auszunutzen. Der Vergleich unterschiedlicher mechanisierter Legehennenhaltungen ergab für die komplexe Mechanisierung der Bodenhaltung (mechanischer Futterverteiler, Schleppschaufelentmistung, Eiersammlung mit Transportband, Selbsttränke und Anwendung der Tiefstreu) und der Käfighaltung (Mechanisierung der Fütterung, Tränke und Eiersammlung nach dem Prinzip Jushni) neben der Steigerung der Arbeitsproduktivität auch eine bessere Ausnutzung des Gesamtaufwandes. H. Pingel. 2425.

Šapovalov, K. S. und Vazenmiller, N. K. (Schapowalow, K. S. und Wasenmiller, N. K.) Doil'nyj konvejer-karusel'. **(Ein Melkkarussel.)** Živtnovodstvo, Moskva **24** (1962) Nr. 9. S. 79–85. — 4 Abb., 1 Tab.
Im Melkkarussell KDU-16 (16 Plätze) stehen die Tiere wie im Tandemmelkstand, im KDUE-24 (24 Plätze) wie im Fischgrätenmelkstand. Eine Umdrehung des Melkkarussells dauert optimal 6-8 Min., und bei 3 AK ist eine Leistung von 160 bzw. 240 Kühen/h vorgesehen. Die mit der Melkmaschine DA-3M ermolkene Milch gelangt zur Erstbearbeitung in den vertieften Melkstand. Die Kraftfuttertröge an den Melkplätzen werden automatisch beschickt. Bei KDU-16 ist das Transportband mit einem Außendurchmesser von 13,45 m 0,7 m breit, bei KDUE-24 1,4 m. Die Melkplätze werden durch automatisch gesteuerte 2flügelige Türen getrennt. Das transportable Melkkarussell KDUE-12 wird von einer Zapfwelle oder von einem E-Motor angetrieben. F. Schenk. 2425.

Možarenko, V. I. (Mosharenko, W. I.) Somodvižuščajasja kormorazdatočnaja teležka. **(Ein selbstfahrender Futterverteilungswagen.)** Krolikovodstvo i zverovodstvo, Moskva **5** (1962) Nr. 10. S. 27–28. — 4 Abb.
Auf einem 3rädrigen Chassis befinden sich der Eisenrahmen mit dem E-Motor von 100-150 kW und der 130-150 kg fassende Stahlbunker, in dessen unterem kegelförmigen Teil die Förderschnecke liegt. Sie wird über Riemen oder Ketten vom E-Motor angetrieben und endet in einem Stutzen, über den ein Gummischlauch von 35-40 mm Dmr. gezogen wird. Die Futterportionen werden mit Hilfe des am Schlauch befindlichen Verteilerhahnes verteilt. B. Schenk. 2425.

Žoga, V. V. (Shoga, W. W.) Bunker-dozator dlja zagruzki kormorazdatčikov — kormorazdatčiki dlja kletočnogo soderžanija cypljat i utjat. **(Vorratsbunker für die Beschickung von Futterverteilern — Futterverteiler für die Käfighaltung von Hühner- und Entenküken.)** Pticevodstvo, Moskva **1962** Nr. 10. S. 31–34. — 5 Abb.

Der Vorratsbunker besteht aus mehreren Behältern. Daher können die einzelnen Behälter des unter dem Vorratsbunker stehenden Futterverteilers mit verschiedenem Futter gefüllt werden. Für den Futterverteiler werden über Kreuz liegende Schnecken empfohlen, so daß von einem Punkt des Rührstocks 4 Schnecken angetrieben werden können. Bei einem anderen Prinzip wird das Futter mit einem Rührwerk durch schneckenförmige Öffnungen in die Tröge der Käfigbatterien befördert. H. Pingel. 2425.

Meincke, K.; Weihenstephan. **Zur Frage der wirtschaftlichen Stallentmistung.** Mitt. dtsch. Landwirtsch.-Ges. **77** (1962) Nr. 48. S. 1574-1578. — 3 Abb.
Auch bei der vollmechanischen (im Vergleich zu den halbmechanischen) Entmistungsverfahren muß das Trennen vom Stroh und das Zurückräumen des Kotes von Hand durchgeführt werden. Kotbrett-, Mistraupe- und Schubstangenanlagen stellen keine Bedingungen an Einstreumenge und Art. Diese Anlagen räumen jeweils eine Standreihe, während für den Ringkreisförderer 2 Standreihen notwendig sind. Im Hinblick auf eine Rationalisierung sollte die Dungstätte in Verlängerung der Kotrinne liegen und die Entfernung zu dieser kurz sein. Zusatzgeräte, z. B. zum Stapeln, sind für unsere Ställe zu nutzen. Es folgen Angaben über Kosten verschiedener Anlagen und Zusatzgeräte. Die Schwemmistverfahren (Umpumpverfahren nach Schmidt-Eggersglüss, Staurinne mit Gitterrost) haben bes. in unwegsamem Gelände und bei wenig Einstreu Bedeutung. Der Arbeitsaufwand liegt bei den halbmechanischen zwischen 1,0-1,3, bei den vollmechanischen zwischen 1,0 bis 1,2 und bei den Flüssigmist-Verfahren zwischen 0,5-0,9 AKmin/Tier/Tag. Von den halbmechanischen Verfahren sind Frontlader- und Seilzugentmistung die betriebswirtschaftlich günstigsten. E. Kulpe. 2425.

Otto, Friedrich-Karl; Frankfurt/M. **Das Entmisten von Anbindeställen mit dem Frontlader.** Bauen auf d. Lande **13** (1962) Nr. 11. S. 281–286. — 7 Abb., 4 Tab.
In Anbindeställen von 16 Betrieben der Größenklassen zwischen 18 — 300 ha LN wurden Beobachtungen über die Funktion, den Arbeitszeitbedarf und den Kapitalaufwand 2er verschiedener Entmistungsverfahren mit dem Frontlader durchgeführt und in 4 Betrieben die baulichen Gegebenheiten untersucht. Es wird festgestellt, daß sich in der Regel die im Handel befindlichen Traktoren für den Frontladerbetrieb eignen. Jedoch sind für den Einsatz in Anbindeställen das Stallprofil und die Durchlässe den Traktorenmaßen anzupassen. Die hierfür erforderlichen baulichen Besonderheiten werden erörtert. Die Arbeitszeitermittlungen ergaben, daß bei zweckmäßiger Organisation und entspr. baulichen Einrichtungen tägl. 0,4 AKmin/GV zu erreichen sind. Gegenüber anderen Entmistungsverfahren ist der Kapitalbedarf für eine Frontlader-Entmistungseinrichtung gering, so daß diese Entmistungsart von Anbindeställen durchaus von Bedeutung ist.
J. Strecke. 2425.

Rüprich, Walter. **Welches Schwemmentmistungs-System?** Mitt. dtsch. Landwirtsch.-Ges. **78** (1963) Nr. 8. S. 226. 228–230. — 7 Abb., 2 Tab.
Vf. behandelt Gesichtspunkte, die für den Bau von Schwemmentmistungsanlagen von Bedeutung sind. Nach Art des Dungabflusses werden 3 Systeme unterschieden: das Spülsystem Schmidt-Eggersglüss mit Einwurfschacht und dann nach Baham mit Einwurfschlitz über die gesamte Länge der Kotrinne und die Stauentmistung nach Hölz mit Rosten über der Schwemmrinne. Zeichnungen geben Vorschläge für Kuh- und Schweinemastställe. Wichtig ist die Be- und Entlüftung der Ställe. Die gewünschte Speicherkapazität für Lagerung erfordert den höchsten Anteil des Kapitalaufwandes, bei 3monatiger Lagerung 50%. Je GV/Tag ist mit 50–70 l Flüssigkeit zu rechnen. Zur Ausbringung hat sich die vorherige Durchmischung des Speicher-

inhalts mittels Druckluft als am intensivsten erwiesen. Eine Stückliste gibt Angaben zur Berechnung des benötigten Kapitalaufwandes. H. Senger. 2425.

Kobyljanskij, A. D. (Kobyljanski, A. D.); Charkow, Zootechn. und Veterinärmed. Inst. Usoveršenstvovannye avtopoilki i èlektroizgorod' pri besprivjaznom soderžanii molodnjaka. **(Eine verbesserte Selbsttränke und ein Elektrozaun für die Laufstallhaltung von Jungrindern.)** Životnovodstvo, Moskva **24** (1962) Nr. 2. S. 80–81. — 1 Abb.
Die nichteinfrierende Selbsttränke besteht aus einem in die Erde eingelassenen Stahlblechbecken, das von unten und an den Seiten in Pferdemist eingebettet ist. Sie hat einen Holzdeckel mit 4 Öffnungen (⌀ 30–35 cm) zum Saufen, der auch ein niedriges Schutzgitter trägt. Der Wasserstand wird von einem Schwimmer gehalten, der mit der am Boden des Beckens liegenden Heizvorrichtung verbunden ist. Der E-Zaun wird von einer Lichtmaschine gespeist, die von einem E-Motor angetrieben wird. Der 3 mm- Stahldraht wird 0,6-0,7 m und 1,3 cm von der Erde aus auf Holzpfähle aufgehängt; die beiden Leitungen werden getrennt angeschlossen. F. Schenk. 2425.

H. NUTZUNG UND QUALITÄT TIERISCHER ERZEUGNISSE

Tarrant, J. C. Tankers, farm access and facilities. **(Tankwagen, die neue Arbeitserleichterung für die Farmen.)** Austral. Soc. Dairy Technol., techn. Publ. **11** (1962) S. 28-31.
Der wirtschaftliche Erfolg der Milcheinsammlung aus spez. Sammeltanks in den Farmen beruht im wesentlichen auf der verwendeten Art der Ausrüstung, des Einbaus derselben und der Arbeit mit ihr. Die Tankausrüstung, bes. mit Tiefkühltanks ist ziemlich teuer, weswegen dafür bes. Standards entwickelt wurden, um möglichst zweckdienlich zu bauen. Die damit im Zusammenhang stehenden Fragen werden kurz behandelt. Um für den Einsammler das Erkennen antibioticahaltiger Milch zu erleichtern, wird den Mastitisbekämpfungsmitteln jetzt blaue Farbe zugesetzt. Für die Milchübernahme aus den Betriebstanks bestehen 2 Probleme: leistungsfähige Zentrifugalpumpen und Keimfreihaltung der Übernahmeschläuche, bes. der Verbindungsstücke. H. Senger. 2511.

Franklin, J. R. Cleaning of tanks and tankers. **(Die Reinigung von Tanks und Tankwagen.)** Austral. Soc. Dairy Technol., techn. Publ. **11** (1962) S. 36–37.
Die einwandfreie Reinigung der großen Sammel- und Transporttanks ist außerordentlich wichtig, da durch sie tausende von gal. Milch verunreinigt werden können. Alle schriftlichen Anleitungen dazu sind sehr gut, man achtet aber noch viel zu wenig auf die techn. Ausführung. Deshalb muß viel mehr Gewicht auf eine praktische gute Belehrung in der Reinigungstechnik gelegt werden. Die Lösungen sollten eigentlich 180 °F heiß sein, man denkt aber zu wenig an den Wärmeschwund in großen Tanks, man könnte äußerstenfalls auf 145 °F zurückgehen. Zum Nachspülen kann man auch gut gechlortes kaltes Leitungswasser nehmen. Eine gute äußere Reinigung der Tankwagen läßt auch auf gute Sauberkeit im Inneren schließen, sie dauert ca. 40 Min. H. Senger. 2511.

Murray, J. G. und Fovte, A. G. Sterilising milking parlour pipe-line systems. **(Die Sterilisation von Melkständen mit Milchabsaugvorrichtung.)** Res. exp. Rec. Ministry Agric. Northern Ireland **11** (1961) S. 101–106. — 5 Tab., 8 Lit.
Bisherige Untersuchungen ergaben, daß die chem. Sterilisationsmethoden im Durchschnitt billiger sind als die Verwendung von Dampf. Deshalb wurde dies in 7 Farmen nochmals geprüft. 3 Farmen sterilisierten in der Prüfzeit von März–Okt. immer chem., 3 benutzten anfangs Dampf und gingen dann

zur chem. Methode über, eine Farm verwendete als Vergleichsbetrieb durchweg Dampf. Zur Milchkühlung wurde in allen Betrieben gekühltes Wasser verwendet, die Euter wurden mit verdünnter Hypochlorit- oder anderer Lösung gewaschen. Die Zirkulationszeit schwankte von 10–20 Min., meist von 10-15 Min. Die Spültemperatur betrug immer 160 °F. Zur Güteermittlung wurden Spül- und Tupferproben bestimmter Stellen untersucht. Die chem. Methode erwies sich um ein geringes besser als die Dampfverwendung. Für die Keimfreimachung der Zentralen' war Dampf überlegen. Die Art der Verlegung der Rohre gibt zu ernsten Schwierigkeiten Anlaß.

H. Senger. 2511.

Murray, J. G. und Downey, G. Sterilising farm dairy equipment. **(Die Sterilisation von Milchgeräten in den Farmen.)** Res. exp. Rec. Ministry Agric. Northern Ireland **11** (1961) S. 91–100. — 9 Tab., 23 Lit.

Nach eingehender Literaturauswertung wird über das Ergebnis verschiedener Sterilisationsmethoden, wie die feuchte Aufbewahrung der Zentralstücke, das Einweichen der Melkgeräte, die Anwendung von chem. Mitteln zur Sterilisierung von Eimermelkanlagen berichtet. In einem Betrieb konnte auch ein Vergleich zur Dampfsterilisation durchgeführt werden. Nach vorheriger gründlicher Reinigung ergab die Dampfsterilisation hervorragende Ergebnisse, ebenso wurden gute Resultate bei der chem. Sterilisation erzielt. Bedingung war aber, daß das Wasser zum Reinigen und Spülen ca. 50 °C hat. Die Sterilisation durch Eintauchen in eine 3%ige kaustische Sodalösung brachte ebenfalls hervorragende Ergebnisse. Auch das Aufbewahren der Zentralstücke in chlorhaltiger Lösung war zufriedenstellend und ist gleichzeitig billig.

H. Senger. 2511.

Rose, Dyson; Ottawa, Canada, Nat. Res. Council, Div. of Appl. Biol. Factors affecting the heat stability of milk. **(Über Faktoren, die die Hitzestabilität der Milch beeinflussen.)** J. Dairy Sci. **45** (1962) Nr. 11. S. 1305—1311. — 6 Abb., 3 Tab., 15 Lit.

Das in der Milch kolloidal gelöste Calciumsphophat wurde durch Säurezusatz und anschließende Dialyse aus der Milch entfernt. Durch diese Methode konnte eine Steigerung der Hitzestabilität der Milch erreicht werden. Diese Vorgänge sind irreversibel. Das Verhalten jeder einzelnen Milch nach der Erwärmung hängt von dem Verhältnis des ursprünglichen pH-Wertes zum pH-Wert des Maximums der Hitzestabilität ab. Bei den Milchproben von 20 einzeln untersuchten Kühen stimmten das Maximum und Minimum der Hitzestabilität signifikant mit dem β-Milchglobulingehalt überein. Anorg. Verbindungen korrelierten nicht mit der höchsten Hitzestabilität.

H. Hauke. 2512.

King, R. L. und Hemken, R. W.; College Park, Univ. of Maryland, Dep. of Dairy Sci. Composition of milk produced on pelleted hay and heated corn. **(Die Zusammensetzung von Milch, die auf der Basis von pelletiertem Heu und erhitztem Korn erzeugt worden ist.)** J. Dairy Sci. **45** (1962) Nr. 11. S. 1336–1342. — 1 Abb., 4 Tab., 29 Lit.

Von bes. Interesse sind die Futtermittel, die den Fettgehalt der Milch negativ beeinflussen. An 8 Milchkühe wurden über einen Zeitraum von je 5 Wochen folgende Futterkombinationen verabreicht: a) normales Heu und erhitztes Korn. b) normales Heu und Korn, c) pelletiertes Heu und erhitztes Korn, d) pelletiertes Heu und normales Korn. Bei der Verabreichung des pelletierten Heus trat eine charakteristische Verminderung des Fettgehaltes der Milch auf, bei der unter c) aufgeführten Ration trat diese Wirkung am deutlichsten in Erscheinung. Es wurde beobachtet, daß bei einer Senkung des Fetgehaltes der Milch um ca. 33% der Proteingehalt um 5% anstieg. Die Menge der erzeugten Milch blieb unverändert. Es erfolgte weiterhin eine chem. Untersuchung des Pansensaftes. Dabei ergab sich bei der Verminderung des Fettgehaltes in der Milch ein Anstieg von Propionsäure und ein Absinken der Essigsäure. Bei der Analyse des Milchfettes wurde in Abhängigkeit von der Verminderung seines prozentualen Anteils ein Absinken der gesättigten und ein Anstieg der ungesättigten Fettsäuren festgestellt. Die oxydativen Veränderungen des Milchfettes stehen wahrscheinlich nicht mit der unterschiedlichen Zusammensetzung im Zusammenhang.

H. Hauke. 2512.

Dilanjan, Z. Ch. und Agababjan, A. A. (Dilanjan, S. Ch. und Agababjan, A. A.) Issledovanie belkov korovego moloka i moloziva. **(Untersuchung der Kuhmilch und des Colostrums.)** Izv. M-vo s. ch. ArmSSR. S.-ch. n. **1961** Nr. 6. S. 95–106. – Orig.: armen., Ausz.: russ. Aus: Referativnyj žurnal. Biologija, Moskva **1962** Nr. 3. L 117. S. 18.
Papierelektrophoretisch wurde ermittelt, daß die Braune Kaukasische Rasse 1,4% mehr β-Lactoglobulin aufweist als die Rote Steppenrasse; der Gehalt an α-Lactalbumin ist bei der Braunen Kaukasischen Rasse um 0,7% geringer als bei der Simmentaler Rasse und um 0,9% geringer als bei der Roten Steppenrasse. In bezug auf den Gehalt an Immunoglobulinen ist der Unterschied zwischen den Rassen kleiner (0,3-0,4%), während er bei Serumalbumin größer ist (0,2-0,8%). Colostrum enthält die meisten Immunoglobuline (82,1–87,2%), bes. sind sie im Colostrum der Kühe der Simmentaler Rasse vertreten, weniger bei der Braunen Kaukasischen Rasse und noch weniger bei der Roten Steppenrasse. An 2. Stelle steht α-Lactalbumin (7,2-9,1%), an 3. Stelle β-Lactoglobulin (4,9–7,0%) und an letzter Stelle Serumalbumin (0,6–1,8%). übersetzt v. S. Thienel. 2512.

Aschaffenburg, R. und Sen, A.; Shinfield, Nat. Inst. for Res. in Dairying, Chem. Dep.; Calcutta, Bose Inst., Chem. Dep. Comparison of the caseins of buffalo's and cow's milk. **(Vergleich der Caseine in Büffel- und Kuhmilch.)** Nature [London] **197** (1963) Nr. 4869. S. 797. – 1 Abb., 7 Lit. 2512.

Dobrynina, A. F. Veličina žirovych šarikov, A-vitaminnaja i technologičeskaja cennost' moloka u korov džerzejskoj, černopestroj porod i ich pomesej. **(Die Größe der Fettkügelchen, der Vitamin-A-Wert und der technologische Wert der Milch von Kühen der Jerseyrasse, der Schwarzbunten Rasse und deren Kreuzungsprodukten.)** Tr. Mosk. vet. Akad. **39** (1961) S. 42–48. – Aus: Referativnyj žurnal. Biologija, Moskva **1962** Nr. 17. L 140. S. 21.
Die Milch von Jersey-Kühen weist größere Fettkügelchen auf als die der Schwarzbunten Rasse. Demzufolge ist auch der Buttererertrag höher; auch kann Käse höherer Qualität hergestellt werden. Der Carotingehalt ist im Vergleich zur Vit.-A-Menge ebenfalls hoch, deshalb ist die Milch der Jerseys wie auch die daraus hergestellte Butter intensiver gefärbt als die Milch anderer Rassen. Bei den Kreuzungstieren aus Jerseys × Schwarzbunte Rasse nimmt die Milch bez. der aufgezählten Eigenschaften eine Zwischenstellung ein.

übersetzt v. Ch. Eshkowa. 2512.

Nair, P. G. und Iya, K. K.; Karnal, India, Nat. Dairy Res. Inst. Detection of buffalo milk as an adulterant in cow milk by serological methods. **(Die Bestimmung von Büffelmilch als Verfälschungsmittel in Kuhmilch durch serologische Methoden.)** Milchwissenschaft **17** (1962) Nr. 9. S. 477-479. – 2 Tab., 6 Lit.
Da Büffelmilch mehr Inhaltsstoffe aufweist als Kuhmilch, sie aber mit Wasser leicht verdünnt werden kann, ist es nicht immer leicht, mit rein phys. Methoden eine Milchfälschung festzustellen. Durch Antikörperreaktion mit eingestelltem Kaninchenserum lassen sich innerhalb von 10 Min. bei 32 °C genaue Ergebnisse über den Grad der Milchverfälschung ermitteln. Es können Verdünnungen bis 1/64 bzw. 2% erfaßt werden. Weitere Anwendungsmöglichkeiten werden diskutiert. W. Zeller. 2512.

Münchberg, F. und Haas, J. **Beitrag zur Bestimmung der Gesamtkeimzahl und des Titers coliformer Keime in der Milch.** Wiener tierärztl. Mschr. **50** (1963) Nr. 1. S. 86–93.

Folgende Nährmedien wurden mit dem von Frost und Clarenburg entwickelten Objektträgerkulturverfahren zur Bestimmung des Gesamtkeimgehalts und des Titers coliformer Keime vergleichend untersucht: 1. 2,5% Normal-Agar mit 0,5% Lactose, 2. derselbe Agar mit Zusatz von 11 ml einer 2%igen sterilen wäßrigen TTC-Lösung auf 100 ml Agar, 3. BTL-Agar nach Klimmer, Haupt und Borchers, 4. Azolitmin-Agar wie 3., doch zur Überdeckung der Fluoreszens des Nährbodens bei der Untersuchung im Fluoreszensmikroskop Azolitmin an Stelle des Bromthymolblau, 5. TTL-Agar. – Mit Hilfe der Objektträgerkulturmethode ist es möglich, Milch mit bis zu ca. 500000 Keimen/ml unverdünnt zu untersuchen. Als Milch wurde die rohe Anlieferungsmilch aus Kannen einer Wiener Molkerei verwendet. Die Berechnung des Streuungsbereiches der Keimzahlen erfolgte nach Angaben von Lorenz. Es ergab sich, daß mit dem TTC-Agar nur 8,8% Kolonien mehr als auf dem BTL-Agar bzw. Azolitmin-Trypaflavin-Lactose-Agar ermittelt werden konnten. Das Azolitmin dämpfte zwar die Fluoreszens des Nährmediums, erhöhte aber die Titerwerte um 2%. Chr. Dietz. 2512.

Börger, Klaus. **Untersuchungen über den Nitratreduktionstest.** Milchwissenschaft **17** (1962) Nr. 12. S. 668–972.

An Hand von 200 Kannenmilchproben wurden vergleichende Untersuchungen angestellt, ob mit Hilfe der Nitratreduktionsprobe, die gut auf Colibakterien, Mikrokokken und einige andere Keimarten ansprechen soll, die hygienische Beschaffenheit der Milch besser angezeigt wird als mit der Methylenblau- oder Resazurinreduktaseprobe. Dabei ergab sich, daß der Nitratreduktionstest keine genaueren Rückschlüsse auf die Beschaffenheit von roher Anlieferungsmilch zuläßt als die Methylenblau- oder Resazurinprobe. Sie ist zudem umständlicher in der Durchführung. Außerdem stellte sich heraus, daß die für die Beurteilung von Milchproben vorgeschlagenen 1–2 Std. als Reduktionszeit nicht ausreichen. Es ist auch nicht möglich, aus dem Ausfall der Reaktion genauere Rückschlüsse auf den Coli- bzw. Schmutzbakteriengehalt der Rohmilch zu ziehen als mit den üblichen Reduktaseproben. Chr. Dietz. 2512.

Castillo, L. S., Trimberger, G. W., Henderson, C. R., Herrington, B. L. und Turk, K. L.; New York, Ithaca, Cornell Univ., Dep. of Animal Husbandry. Comparison of orange G dye, formol titration, and Kjeldahl methods for milk protein determinations. **(Vergleich von Orange G-Farbstoff, Formoltitration und Kjeldahlmethoden für Milchproteinbestimmungen.)** J. Dairy Sci. **45** (1962) Nr. 9. S. 1079–1082. – 4 Tab., 26 Lit.

Nach Beschreibung der 3 Methoden erfolgt die Bestimmung des Caseins (vgl. J. Dairy Res. **9** [1938] S. 30.) und der Molkenproteine (Differenz zwischen Gesamt-Protein und Casein). Die Bestimmung einer großen Anzahl von Proben ergibt, daß zwischen der Orange G-Farbmethode (**I**) und der Kjeldahlmethode (**II**) eine hochsignifikante Korrelation von + 0,975 besteht und daß für die meisten praktischen Zwecke der Proteingehalt der Milch vorteilhafter nach der schnellen (**I**) bestimmt werden kann als nach der zeitaufwendigeren (**II**). Die Korrelation zwischen der Formoltitrations-Methode und **II** beträgt nur + 0,839. Abschließend wird der Einfluß des Laktationsstadiums auf das Verhältnis von Casein zum Gesamtprotein sowie des Monats auf den „Formol-Faktor" für Protein und Casein bestimmt. I. Schröder. 2512.

Badings, H. T.; Ede, Netherlands, Inst. for Dairy Res. Fatty acid composition of cow's milk phospholipids as determined by gas chromatography and thin-loyer chromatography. **(Durch Gas- und Dünnschicht-Chromato-**

graphie ermittelte Fettsäurezusammensetzung der Kuhmilchphospholipoide.) Nederl. Melk-en Zuiveltijdschr. **16** (1962) Nr. 3. S. 217–225.
Mit Hilfe der Gas- und Dünnschicht-Chromatographie wurden Untersuchungen angestellt über die Fettsäurezusammensetzung der gesamten Milchphospholipoide und ihrer Bestandteile, das Lezithin, Kephalin und Sphingomyelin. Im Gegensatz zum Milchfett enthalten die Phospholipoide keine niederen Fettsäuren. Die Fettsäuren besitzen eine Kettenlänge von 12 und mehr C-Atomen. Ölsäure (40,3%), Stearinsäure (16,3%) und Palmitinsäure (15,9%) sind die Hauptbestandteile. Der Gehalt ungesättigter Fettsäuren wie auch die Menge an langkettigen Fettsäuren mit mehr als 18 C-Atomen ist höher als im Milchfett. Bemerkenswert ist der rel. hohe Tricosanoinsäuregehalt. Die Untersuchung der analytischen Phospholipoidfraktion brachte merkliche Unterschiede ihrer Fettsäurezusammensetzung zutage. So ist die Kephalin-Fraktion die am meisten ungesättigte Fraktion, deren Hauptfettsäurebestandteile eine Kettenlänge von 18 C-Atomen aufweisen (Ölsäure 48,0%, Stearinsäure 19,1%). Die Lezithinfraktion enthält Ölsäure (35,9%), Palmitinsäure (30,2%) und Stearinsäure (11,6%) als Hauptkomponenten. In dieser Fraktion sind nur geringe Mengen Fettsäuren mit einer Kettenlänge von mehr als 18 C-Atomen vorhanden. Die Sphingomyelin-Fraktion baut sich hauptsächlich aus gesättigten Fettsäuren auf. Hier sind mengenmäßig mit rel. hohem Anteil die Behensäure, die Tricosanoinsäure und die Lignocerinsäure (insgesamt 30%) vorhanden. W. Gimmler. 2512.

Walstra, P. und Mulder, H.; Wageningen, Netherlands, Agric. Univ., Dairying Lab. Gravimetric methods for the determination of the fat content of milk and milk products. I. General considerations. **(Gravimetrische Methoden zur Bestimmung des Fettgehaltes von Milch und Milchprodukten. 1. Mitt. Allgemeine Betrachtungen.)** Nederl. Melk-en Zuiveltijdschr. **16** (1962) Nr. 3. S. 165–171.
In diesem Bericht werden die Ergebnisse einer Untersuchung über unterschiedliche Bestimmungsmethoden zur Ermittlung des Fettgehaltes von Milch und Milchprodukten wiedergegeben. Insbesondere interessierten hier die Röse-Gottlieb- und die Schmid-Bondzynski-Ratzlaff-Methoden und schließlich eine Modifikation der letzteren. Es werden die Erfordernisse, die eine Vergleichsmethode erfüllen soll, im einzelnen umrissen. Als geeignete Extraktionsvorrichtung erwies sich ein geringfügig modifiziertes Mojonnierröhrchen, da beide Methoden auf der Extraktion des freigelegten Fettes beruhen. Die Untersuchung und deren Ergebnis beeinflussende Faktoren werden besprochen. Schließlich werden die besten Bedingungen für die Verdunstung des Lösungsmittels und die Trocknung des Fettes angegeben und auf bes. Schwierigkeiten hingewiesen, bei deren Außerachtlassen fehlerhafte Bestimmungswerte im Fettgehalt auftreten. W. Gimmler. 2512.

Walstra, P. und Mulder, H.; Wageningen, Netherlands, Agric. Univ., Dairying Lab. Gravimetric methods for the determination of the fat content of milk and milk products. II. The Röse-Gottlieb method. **(Gravimetrische Methoden zur Bestimmung des Fettgehaltes von Milch und Milchprodukten. 2. Mitt. Die Röse-Gottlieb-Methode.)** Nederl. Melk-en Zuiveltijdschr. **16** (1962) Nr. 3. S. 172–184. — 1. Mitt. vgl. vorst. Ref.
Vff. geben eine kurze Aufzählung der umfangreichen Untersuchungen über die Röse-Gottlieb-Methode einschließlich der Beschreibung der Versuchstechnik. Bei dieser Fettbestimmung werden reines Fett und Cholesterin vollständig erfaßt, ca. $^1/_3$ der freien Fettsäuren und 85–90% der Phospholipoide. Eine 100%ige Erfassung der Phospholipoide läßt sich durch Zugabe von 1,5% NaCl zur Probe erreichen. Mit Ausnahme einer geringen Menge der Fettkügelchenmembran wird fettfreies Material kaum extrahiert. Die Extraktion dieser Substanzen ist darauf zurückzuführen, daß die Membranen

lipoidähnliche Substanzen enthalten. Abgesehen bei Produkten mit einem hohen Gehalt an freien Fettsäuren gibt die RG-Methode i. allg. bei exakter Ausführung sehr verläßliche Werte an. Die Methode ist jedoch nicht für die Käsefettbestimmung brauchbar. Es werden einige Untersuchungsfälle erörtert. Bei der Rahmuntersuchung, bei der die Probemenge unter 1,5 g liegt und mit Wasser verdünnt wird, können niedrigere Ergebnisse erzielt werden, wenn nicht für die Verdünnung an Stelle von Wasser eine verdünnte Salzlösung verwendet wird. W. Gimmler. 2512.

Jenness, R. und Koops, J.; Ede, Netherlands Inst. for Dairy Res. Preparation and properties of a salt solution which simulates milk ultrafiltrate. **(Zubereitung und Eigenschaften einer Salzlösung, die das Milchultrafiltrat stimuliert.)** Nederl. Melk-en Zuiveltijdschr. **16** (1962) Nr. 3. S. 153–164.

Es wird die Zusammensetzung einer Salzlösung beschrieben, die bestimmungsmäßig die Salzkomponenten von Milchultrafiltraten haben sollen. Diese Lösung kann leicht aus den verschiedenen Reagenzien entweder als Stammlösung oder als trockene Mischung der Salze hergestellt werden. Sie ähnelt dem Milchultrafiltrat im pH-Wert mit 6,6, in der elektrischen Leitfähigkeit mit 0,005 $Ohm^{-1}cm^{-1}$, in der Ca-Ionenkonzentration und der Titrationskurve. Ihr Gefrierpunkt liegt ohne Lactose bei $-0,193$ °C. Entspr. Zugabe des Lactose-Äquivalents bringt den Gefrierpunkt der Lösung dem des Ultrafiltrates mit $-0,45$ °C nahe. Der Ca-Phosphatniederschlag der Lösung verhält sich wie im Ultrafiltrat im Verhältnis von Ca/P = 1:50 bei Erhitzung auf 100 oder 120 °C. Nach dem Erhitzen mit anschließender Kühlung zeigt dieser Niederschlag Lösungserscheinungen. Diese Lösung ist ein geeignetes Medium zur Untersuchung der Eigenschaften der Milchproteine und deren Veränderungen. Sie ist aber auch von medizinischem Interesse als Mineralquelle für flüssige Diäten. W. Gimmler. 2512.

Segner, W. P., Frazier, W. C. und Calbert, H. E.; Madison, Univ. of Wisconsin, Dep. of Dairy and Food Ind. and Bacteriol. Method for the determination or rates of spore inactivation at ultra-high temperatures. **(Eine Methode zur Bestimmung des Anteils von Sporen, die durch die Ultra-Hocherhitzung inaktiviert worden sind.)** J. Dairy Sci. **45** (1962) Nr. 11. S. 1392-1393. — 2 Abb., 2 Lit.

Eingedickte Vollmilch oder Phosphatpufferlösung werden mit Sporen so beimpft, daß 1 ml 10^6 Sporen enthält. Die Sporensuspension wird in Spezialglasröhrchen verbracht und darin eingeschmolzen. Je 4 zugeschmolzene Röhrchen werden für eine bestimmte Zeit in ein Ölbad von 100 °C und anschließend von 150 °C eingestellt und danach gekühlt. Eine bes. entwickelte Technik erlaubt die sterile Entnahme des Röhrcheninhalts. Der Inhalt wird verdünnt einem spez. Nährboden zugefügt. Bebrütungszustand und Temperaturen sind nicht vorgeschrieben. Die Auswertung der gewachsenen Kolonien auf den Nährböden zeigt die Überlebensrate der nicht abgetöteten Sporen an. H. Hauke. 2512.

Mei, H. M. und Clegg, L. F. L.; Edmonton, Univ. of Alberta, Dep. of Dairy Sci. An increase in sensitivity for the assay of penicillin in milk. **(Eine zunehmende Empfindlichkeit bei der Feststellung von Penicillin in Milch.)** Nature [London] **196** (1962) Nr. 4855. S. 691–693. — 3 Abb., 6 Lit.

Die beschriebene Methode schließt sowohl die Separation von Labmolke wie auch die Konzentration in rotierendem Dünnschicht-Evaporator ein. Eine Evaporation von 10:1 kann in 7–10 Min. je nach Vakuum erreicht werden. Als Testorganismus wurde *Bac. subtilis* A. T. C. C. 6633 benutzt. 2 Filterpapiertestscheiben ⌀ 13 mm (Difco), die mit konzentrierter Molke getränkt wurden, werden auf erstarrtem Testagar gedrückt, 2 weitere wurden in Difco-Penicillinase-Lösung getaucht und dann 2 mm von den zu untersuchenden

Scheiben plaziert. Die Platten werden umgekehrt bei 37 °C 2,5-3 Std. bebrütet. Die beschriebene Methode ist 10mal genauer als die Standardmethode, obgleich 30-40 Min. benötigt werden zur Vorbereitung der Testproben. Die höhere Konzentration der Testmolke ermöglicht die Bestimmung von Penicillin bis zur Konzentration von 0,0015 IE/ml. Durch Erhitzung auf 55 °C für 20 Min. wird eine Ausgangskonzentration von 0,015 IE Penicillin/ml um 3% verringert. W. Zeller. 2512.

Obiger, G.; Kiel, Bundesforsch.-Anst. für Milchwirtsch., Inst. für Milchhyg. **Mastitisdiagnose.** Kieler milchwirtsch. Forsch.-Ber. **14** (1962) Nr. 4. S. 307 bis 325. – 3 Abb., 5 Tab.
Wichtig für eine genaue Erfassung von Mastitiden ist eine hygienisch einwandfreie Probenahme. Die Schnellmethoden bringen alle nicht die erhoffte Genauigkeit (Whiteside-, Schalm-Test). Die Zellgehaltsbestimmung des mit Toluidinblau gefärbten Sediments ist hinlänglich genau. Die Katalaseprobe und die Chloridbestimmung sind brauchbare Hilfsmethoden. Die bakterielle Untersuchung erfolgt am besten mit selektiven spez. Nährböden, wobei eine Groborientierung bei unbekannten Erregertypen angebracht erscheint. W. Zeller. 2512.

Bohne, H.; Weimar. **Die mechanisierte Milchgewinnung in der SU.** Dtsch. Milchwirtsch. **10** (1963) Nr. 3. S. 66–67.
Vf. berichtet über einen Karussell-Melkstand mit 22 Melkständen, der seit 1961 im Gebiet von Cherson in Betrieb ist. Die Melkstände sind auf einem drehbaren Ring in Tandemform angeordnet. Im Zentrum des Melkkarussells befinden sich das Bedienungspult, eine Waschanlage und eine automatische Milchwaage. Während des Melkens wird Kraftfutter über eine Rohranlage mit automatischer Dosiervorrichtung verabreicht. Die Anlage wird von Personen bedient, die sowohl als Melker als auch als Techniker ausgebildet sind. H. Hauke. 2516.

Proctor, S. J. Measurement of milk. **(Das Messen der Milch.)** Austral. Soc. Dairy Technol., techn. Publ. **11** (1962) S. 31–33.
Zum Messen der zu übernehmenden Milch werden volumen- und gewichtsmäßige Meßinstrumente benutzt, deren Brauchbarkeit aber noch stark umstritten ist; auch bietet die Keimfreihaltung Schwierigkeiten. Am beliebtesten ist z. Z. immer noch der Meßstock, wenngleich er eine Anzahl Fehlerquellen hat, die sich aber bei geübter Benutzung auf 0,08% einschränken lassen. Fehler ergeben sich durch 1. Schwankungen im spez. Gew. der Milch von 1,028-1,036; 2. veränderte Meßtemperatur der Milch (sie soll 62 °F betragen); 3. zu schnelles Eintauchen des Stabes (die dadurch erzeugte Wellenbildung verursacht Fehler bis 6%); 4. Staub am Meßstock; 5. Feuchtigkeit am Meßstock; 6. schlechter Stand des Tanks; 7. veränderter Stand. H. Senger. 2516.

Beyer, H. **Aufgaben und Probleme der Milchkühlung.** Dtsch. Milchwirtsch. **10** (1963) Nr. 3. S. 68–72.
Vortrag auf der IV. Polytechnischen Tagung vom 7.–9. Nov. 1962 der TU Dresden. 2516.

Ubbels, J. Het koelen van melk in dubbelwandige melktanks. Koeltijd, koelwaterverbruik, warmtedoorgangscoefficient en koelkosten. **(Das Kühlen von Milch in doppelwandigen Milchtanks. Kühlzeit, Kühlwasserverbrauch, Wärmeleitungskoeffizient und Kühlkosten.)** Nederl. Melk-en Zuiveltijdschr. **16** (1962) Nr. 3. S. 185–209. – 12 Abb., 3 Tab. Zus. in Engl.
Vollmilch, Magermilch und Molke werden meist in Metalltanks gelagert, nachdem sie einen Durchlaufkühler passiert haben. Die vorliegenden Untersuchungen erstrecken sich auf die Kühlung doppelwandiger Tanks, wobei die Schnelligkeit der Kühlung und der Verbrauch an Kühlwasser von bes.

Interesse sind. Als zu kühlende Flüssigkeit wurde Wasser verwendet, das in einem 9000 l großen Tank enthalten war, der aus Innen- und Außentank bestand. Außerdem wurden Versuche an einem Modelltank mit 23 l Inhalt ausgeführt. Kühlwasser von 11 °C oder von 2 °C wurde von unten eingeleitet und floß oben ab. Kühlzeit, Kühlwasserverbrauch, Wärmedurchgangskoeffizienten und Kühlkosten werden berechnet. Wichtig für die Berechnung sind die Werte der Zeitkonstanten, die aus einer kurvenmäßigen Darstellung der Beziehungen zwischen Temperatur und Kühlzeit abgelesen oder aus der Höhe des spez. Kühlwasserverbrauchs berechnet werden kann. Die Berechnungen haben nur für die Versuchstanks Gültigkeit, da Konvektionserscheinungen im Kühlmantel auftreten. J.K. Hinrichsen. 2516.

Beyer, H. und Webel, L.; Oranienburg, Inst. für Milchforsch. **Temperaturausgleich in Milchlagerbehältern.** Dtsch. Milchwirtsch. **10** (1963) Nr. 3. S. 72–75.
Für die Kühllagerung von Milch im Erzeugerbetrieb müssen von der Industrie geeignete Milchstapelbehälter zur Verfügung gestellt werden. Zur Untersuchung gelangten 2 doppelwandige Milchbehälter in Wannenform. Ein Behälter war mit dem Schaumstoff „Piatherm" isoliert, beim zweiten Behälter war nur eine Luftisolierschicht vorhanden. Der Temperaturanstieg im luftisolierten Milchbehälter lag bis über 100% höher als im piathermisolierten Behälter. Der piathermisolierte Milchbehälter entsprach den Anforderungen zur Temperaturerhaltung gekühlter Milch im landwirtsch. Betrieb auch bei hohen Außentemperaturen. Vff. schlußfolgern, daß auch an heißen Hochsommertagen bei 1maliger Abholung je Tag die Aufwärmung der Milch in den piathermisolierten Milchbehältern nur selten 2 °C übersteigen wird.
H. Hauke. 2516.

Futschik, Johann; Wolfpassing, Bundes-Lehr- und Versuchsanst. für Milchwirtsch. **Vergleichende Haltbarkeitsversuche mit kurzzeit- bzw. hocherhitzter Milch.** Milchwiss. Ber. [Wien] **12** (1962) Nr. 3/4. S. 335–351. – 4 Tab. 2516.

Whittlestone, W. G. und Lascelles, A. K. Hydrolytic rancidity in milk and agitation in the milking machine. **(Der Säuerungsprozeß in der Milch und seine Förderung durch die Melkmaschine.)** Austral. J. Dairy Technol. **17** (1962) Nr. 3. S. 131-134. – 3 Abb., 2 Tab., 9 Lit.
Das Durchmischen der Milch mit Luft bei ihrem Fluß durch die Melkmaschine führt zur Zersetzung des Milchfettes. Um den Vakuumwechsel an der Zitze weicher zu gestalten, wurde eine feine Durchbohrung des Melkbechers an seinem Boden versucht. Der Einfluß dieser Luft auf eine evtl. Säuerung der Milch wurde untersucht, und zwar nach dem Verfahren von Perrin & Perrin (1958). Der Anstieg des Gehalts freier Fettsäuren ergab sich am stärksten nach 5–10 Min. langer Durchlüftung, dann langsamer ansteigend. Diese Steigung nahm mehr oder weniger stark zu, wenn die Milch auch bei 4 °C 18 Std. später erneut untersucht wurde. Jede Vergrößerung der Durchlüftung der Milch beim Maschinenmelken ist also qualitätsmindernd.
H. Senger. 2516.

Anderson, Leo; Stockholm, Schweden, Milchzentrale, Zentrallab. **Jodophore als Desinfektionsmittel in der Milchwirtschaft.** Milchwissenschaft **17** (1962) Nr. 9. S. 513–517. – 9 Tab., 6 Lit.
Die unterschiedliche Wirkung der bisher in der Milchwirtschaft gebräuchlichen Desinfektionsmittel wird besprochen. Während chlorhaltige Präparate u. U. starke Korrosionen verursachen – auch bei rostfreien Legierungen –, wirken quartäre Ammoniumverbindungen z. T. selektiv, bes. für grampositive Keime, die stärker angegriffen werden als gramnegative. Jodophor-Desinfektionsmittel wirken bei pH 2,8, Natriumhypochlorit bei pH > 10, Chloramin bei pH 8,6. – Hierin liegt ihr großer Nachteil, da sie schnell durch alkalische Reinigungsmittelreste ihre Aktivität verlieren. Gegen Eiweiß sind sie emp-

findlicher als z. B. Natriumhypochlorit. Kupferhaltige Legierungen können stark angegriffen werden und so zu Geschmacksfehlern führen. In Gebrauchslösungen mit 24 mg/l J_2 — die Lösung hat geringe Haltbarkeit — werden Bakteriensporen, Schimmel und Hefen besser abgetötet als mit Natriumhypochlorit 200 mg/l Cl_2. W. Zeller. 2516.

Sajgin, P. (Saigin, P.) Suška kobyl'ego moloka. **(Das Trocknen der Stutenmilch.)** Konnevodstvo i konnyj sport, Moskva **32(107)** (1962) Nr. 9. S. 17–18. — 1 Abb.

Stutenmilch mit einem Säuregrad von 11, 1,65% Fettgehalt und einem spez. Gew. von 1,0316 wurde in einem Vakuumapparat bei 60 °C bis auf 1,094 eingedickt und danach in einem Turm-Zerstäubungstrockner bei 170 °C Eintritts- und 70 °C Austrittstemperatur getrocknet. Das Milchpulver (Feuchtigkeitsgehalt 6,85%; Fettgehalt 15%; Säuregrad 9) wurde in Glas- und Metallgefäße gefüllt und bei Zimmertemperatur bzw. im Kühlschrank aufbewahrt. Durch das Trocknen und die 3monatige Aufbewahrung entstanden folgende Verluste (bei Zimmertemperatur höher): 0,02% Fett; 0,11% Eiweiß; 0,71% Lactose. Der nach 6monatiger Lagerung aus diesem Pulver hergestellte Kumys unterschied sich nicht von Kumys aus frischer Milch. F. Schenk. 2516.

Erhart, Georg. **Einige grundsätzliche Bemerkungen zur Qualitätsbezahlung der Rohmilch.** Österr. Milchwirtsch. **18** (1963) Nr. 1. S. 1–2.

Die Bedeutung der Verbesserung von Rohmilch ist Voraussetzung für Konkurrenzfähigkeit auf dem internationalen Markt, insbesondere auch für die Konsumsteigerung im Inland. Es werden die bestehenden gesetzlichen Möglichkeiten diskutiert und Vorschläge unterbreitet, einen Qualitätsaufschlag für Milch aus tbc- und bangfreien Beständen und für Milch, die der Reduktaseprobe standhält, zu gewähren. Bei der Reduktaseprobe werden 3 Klassen vorgeschlagen, die entweder halb- oder ganzjährig finanziell bewertet werden. Das arithmetische Mittel ist entscheidend für die Einstufung. Für die Klasse schlecht (3) sollte ein Abzug und für die Klasse gut (1) ein Zuschlag erfolgen. Den Kleinstbeständen wird empfohlen, über den Genossenschaftsverband Gemeinschaftsställe einzurichten, den Molkereien, kurzfristig die techn. Ausrüstungen den neuesten wiss. -techn. Anforderungen anzupassen. W. Zeller. 2516.

Kunter, E. und Ulbrich, F.; Dresden, Veterinäruntersuchungs- und Tiergesundheitsamt. **Milchhygienische Untersuchungen in Fischgrätenmelkständen.** Mh. Veterinärmed. **17** (1962) Nr. 9/10. S. 398–404. — 3 Abb., 2 Tab., 8 Lit.

Im Rahmen eines milchhygienischen Untersuchungs- und Beratungsdienstes wurden 36 landwirtsch. Betriebe mit Fischgrätenmelkständen überprüft. Die stall-, melk- und milchhygienischen Verhältnisse entsprachen nicht den hygienischen Erfordernissen bei der Milcherzeugung und -gewinnung. Es besteht die dringende Notwendigkeit zur Einführung einer wirksamen Qualitätsbezahlung der Milch und zur Schaffung eines auf gesetzlicher Grundlage arbeitenden Milcherzeugerberatungs- und Eutergesundheitsdienstes. Einzelheiten sind dem Orig. zu entnehmen. F. Ulbrich. 2516.

Sachslehner, Leopold; Wien, Milchind. und Agrarges. mbH. **Wege zur Verbesserung der Trinkmilchqualität.** Milchwiss. Ber. [Wien] **12** (1962) Nr. 3/4. S. 317–334. 2516.

Kempinski, Cäsar; Hamburg, Groß-Hamburger Milcheinfuhrgenossenschaft eGmbH, Milchwirtsch. Lab. **Qualitätskontrolle und Qualitätsstand der Trinkmilch in Hamburg.** Milchwiss. Ber. [Wien] **12** (1962) Nr. 3/4. S. 294–316. — 12 Tab. 2516.

Mitten, H. L. Bulk collection in USA. **(Die Tankmilcheinsammlung in den USA.)** Austral. Soc. Dairy Technol., techn. Publ. **11** (1962) S. 42–45.
1940 wurde der 1. Milchkühltank im Gebiet Bakersfield aufgestellt, und trotz aller anfänglichen Einwendungen gegen dieses System haben heute von 430000 Farmen 160835 = 37,4% solche Tanks. Der Standard verlangt eine Kühlhaltung bei 40 °F, die Temperatur darf nicht höher als 50 °F ansteigen. Untersuchungen ergaben, daß bei vorübergehendem Anstieg auf 70 °F ein Sauerwerden der Milch einsetzt. Man geht heute aus arbeitswirtschaftlichen Gründen dazu über, die Milch jeden 2. Tag abzuholen. Zwischen dem Abholgewicht und dem bei der Anlieferung an die Molkerei darf keine höhere Differenz als 0,25–0,5% bestehen. Die Banken geben Ankaufsbeihilfen zum Aufstellen solcher Kühltanks. H. Senger. 2518.

Lenne, H. A. Bulk milk collection — the farmer's viewpoint. **(Tankmilcheinsammlung vom Standpunkt des Farmers.)** Milk Board J. **13** (1962) Nr. 11. S. 17–19. 2518.

Bradbury, R. O. Financing bulk collection. **(Die Finanzierung der Tankmilcheinsammlung.)** Austral. Soc. Dairy Technol., techn. Publ. **11** (1962) S. 40–41.
Die australische Commonwealth Development Bank stellt der Industrie, den Molkereien, Milcheinsammlern und Milcherzeugern für die Einrichtung der Tankmilcheinsammlung Beihilfen zur Verfügung. Diese betragen in der Regel 33,3% des Wertes und sind mit 4,5% zu verzinsen bei einer Laufzeit bis zu 3 Jahren, auch mit einer früheren Tilgung. Seit 1960 sind von der Bank für austral. £ 1 Mill. Beihilfen ausgegeben worden. Andere Banken gestatten auch eine 7jährige Laufzeit. H. Senger. 2518.

Anonym. **Zur Zeit zugelassene Reinigungs- und Desinfektionsmittel für die Milchwirtschaft.** Dtsch. Milchwirtsch. **10** (1963) Nr. 3. S. 82. 2518.

Partl, Alois; Wien, Landwirtschaftskammer Österreichs. **Die österreichische Milchwirtschaft in der europäischen Integration.** Milchwiss. Ber. [Wien] **12** (1962) Nr. 3/4. S. 222–241. 2518.

Weniger, J. H., Steinhauf, D. und Pahl, G.; Göttingen, Univ., Inst. für Tierzucht und Haustiergenetik. **Untersuchungen über Fleischeigenschaften an wachsenden Mastrindern deutscher Zweinutzungsrassen.** Fleischwirtschaft **14** (1962) Nr. 12. S. 1143–1150. — 2 Abb., 12 Tab., 5 Lit.
Die Untersuchungen wurden an 141 Mastbullen der Rassen Deutsche Schwarzbunte und Deutsches Gelbvieh, die in 9 Gewichtsklassen 80, 100, 120, 140, 160, 180, 200, 350, 430 kg geschlachtet wurden, durchgeführt. Festgestellt wurden vom M. long. dorsi der Gehalt an Tr.-Subst., Rohfett, Asche und Eisen sowie die Wasserbindung, von den Mm. extensor carpi radialis, pectoralis profundus, long. dorsi und iliopsoas die Stärke der Muskelfasern und der Bindegewebestränge, die Größe der Primärbündel, die Dichte der Muskelfaserlagerung und die Ausprägung der Myofibrillen. Tr.-Subst. und Fettgehalt nehmen mit steigendem Gewicht zu, der Aschegehalt ab. Von den 3 untersuchten Methoden der Wasserbindung, die Zentrifugier-, die Quell- und die Preßmethode, ergibt letztere die brauchbarsten Werte. Zahlreiche Korrelationen zwischen den untersuchten Faktoren wurden berechnet.
E. Otto. 2524.

Aldrich, P. J., Brown, H. I., Hayton, M. J. und Charles, V. The yield of boneless meat from U.S.D.A. choice, good, and commercial beef carcasses and primal cuts. **(Der Gehalt an knochenlosem Fleisch bei Rinder-Schlachtkörpern und Teilstücken in den Fleischklassen choice, good und commercial.)** Michigan State Univ., agric. Exp. Stat., quart. Bull. **45** (1962) Nr. 1. S. 55 bis 66. — 1 Abb., 2 Tab.

Die Trennung von Vorder- und Hinterviertel erfolgt zwischen der 12. und 13. Rippe. 1 Abb. zeigt die Zerlegung in die Teilstücke. Die Zerlegung wird beschrieben. In jeder der 3 Klassen wurden 9 Tiere geschlachtet. Es wurden keine signifikanten Unterschiede für den Anteil an knochenlosem Fleisch für die 3 Klassen gefunden. E. Otto. 2524.

Scheper, J.; Kulmbach, Bundesanst. für Fleischforsch. **Über Merkmale der Fleischbeschaffenheit und die Möglichkeit ihrer Beeinflussung vor der Schlachtung. 2. Mitt. Organoleptische Merkmale, damit im Zusammenhang stehende Faktoren und Beziehungen der Merkmale zueinander.** Z. Tierzücht. Züchtungsbiol. 77 (1962) Nr. 4. S. 420–460. – 484 Lit. 1. Mitt. vgl. LZ. Abt. III 8 (1963) Nr. 4. S. 710.

In einem Sammelreferat wird über die bekannten Faktoren der Fleischbeschaffenheit und ihre Beziehung untereinander berichtet. Der Fleischfarbe wird eine große Bedeutung beigemessen. Die Farbe wird bes. beeinflußt durch Alter und Fütterung. Die Zartheit des Fleisches beruht auf einer Kombination zahlreicher Faktoren. Eine Rolle spielt das Bindegewebe, das Alter, die Muskelfaserstärke. Die Muskelfaserstärke ist nicht an den verschiedenen Stücken des Schlachtkörpers gleich. Die Saftigkeit des Fleisches ist eine Funktion des Verhältnisses der Menge des chem. und hydratisch gebundenen Wassers. Geschmack und Geruch sind wichtige Komponenten bei der organoleptischen Beurteilung. Die Beziehungen, die zwischen den einzelnen Merkmalen der Fleischqualität bestehen, werden zum Abschluß besprochen. E. Otto. 2524.

Levin Hansen, Hans; Roskilde. On the nitrogen content of beef. **(Über den Stickstoffgehalt von Rindfleisch.)** Acta Agric. scand. 12 (1962) Nr. 3. S. 227 bis 233. – 4 Tab., 7 Lit.

8 männl. und 2 weibl. Rinder wurden in die Teilstücke zerlegt und davon jeweils der N-, Fett-, Asche-, Tr.-Subst.-Gehalt bestimmt. Der N-Gehalt wurde nach Kjeldahl, der Fettgehalt nach einer modifizierten Gerber-Methode bestimmt. Es sollte die Übereinstimmung mit dem SM-Faktor (Stubbs-More) überprüft werden. Die Berechnung von 3,42 ergab eine sehr gute Übereinstimmung zu 3,4, wie es für das Rind vorgeschrieben ist. E. Otto. 2524.

Stoitscheff, M. **Fälle später Isolierung von Salmonellen bei der bakteriologischen Fleischbeschau von kranken, mit großen Dosen Penizillin behandelten Schweinen.** Mh. Veterinärmed. 17 (1962) Nr. 18. S. 750–754.

Bei Schweinen einer Mastanstalt wurde gehäuft *S. cholerae suis*, var. Kunzendorf festgestellt. Die erkrankten Tiere erhielten im Laufe von 2-3 Tagen 3mal tägl. i.m. je 500000 IE Penicillin; danach besserte sich das Befinden. Nach Abbruch der Behandlung mußten aber wegen Wiederverschlimmerung des Zustandes mehrere Tiere geschlachtet werden. 30 Tiere wurden durch Plattenverfahren, Anreicherung, Bunte Reihe usw. probenweise untersucht. Bei 26 Tieren konnte *S. cholerae suis* ermittelt werden, jedoch im Direktverfahren waren nur 11 davon positiv, bei den anderen zeigte sich mehr oder weniger verzögertes Wachstum, was sicherlich auf die Penicillinbehandlung zurückzuführen ist. In-vitro-Versuche bestätigten dies, wobei aber ein Abhängigkeitsverhältnis zwischen Penicillindosis und Verzögerung des Salm-Wachstums nicht ermittelt werden konnte. Um Fehler im Ablesen der Resultate der bakteriologischen Untersuchung zu vermeiden, ist es erforderlich, in den Begleitpapieren zu den eingereichten Proben anzugeben, ob die betr. Tiere in vivo mit Penicillin oder anderen Antibiotica behandelt wurden, die Frist für den Abschluß der bakteriellen Untersuchung ist in solchen Fällen zu verlängern. W. Mathieu. 2524.

Gillespie, J. M.; Parkville, Victoria, C.S.I.R.O., Div. of Protein Chem. Wool Res. Lab. The isolation and properties of some soluble proteins from wool. II. The preferential extraction of high-sulphur proteins. **(Isolierung und Besonderheiten einiger löslicher Proteine in der Wolle. 2. Mitt. Die bevorzugte Extraktion schwefelreicher Proteine.)** Austral. J. biol. Sci. **15** (1962) Nr. 1. S. 262–277. — 9 Abb., 2 Tab., 25 Lit. 2540.

Gillespie, J. M.; Parkville, Victoria, C.S.I.R.O., Div. of Protein Chem., Wool Res. Lab. The isolation and properties of some soluble proteins from wool. III. The heterogeneity of the low-sulphur wool protein SCMKA2. **(Isolierung und Besonderheiten einiger löslicher Proteine in der Wolle. 3. Mitt. Die Heterogenität des schwefelarmen Wollproteins SCMKA2.)** Austral. J. biol. Sci. **15** (1962) Nr. 3. S. 564–571. — 2. Mitt. vgl. vorst. Titel. 2540.

Thompson, E. O. P. und O'Donnell, I. J.; Parkville, Victoria, C.S.I.R.O., Wool Res. Lab., Div. of Protein Chem. Studies on reduced wool. I. The extent of reduction of wool with increasing concentrations of thiol, and the extraction of proteins from reduced and alkylated wool. **(Untersuchungen an reduzierter Wolle. 1. Mitt. Die Ausdehnung von reduzierter Wolle mit zunehmender Konzentration an Thiol und die Extraktion von Eiweiß aus reduzierter und alkylierter Wolle.)** Austral. J. biol. Sci. **15** (1962) Nr. 4. S. 757 bis 768. 2540.

Buerki, Fritz Martin. **Die Schweizerische Eierordnung.** Diss., Rechts- u. Wirtschaftswiss. Fak. Bern. 1961. (77 S.) 8°. (Diss. 8920)

K. TIERPSYCHOLOGIE

Hailman, Jack P. und Klopfer, Peter H.; Durham, N.C., Duke Univ. On measuring „critical learning periods" in birds. **(Über das Bestimmen der „kritischen Lernperioden" bei Vögeln.)** Animal Behaviour **10** (1962) Nr. 3/4. S. 233–234. — 1 Tab., 3 Lit.

Die bisher übliche Methode, Zeitbestimmungen wie den Beginn der kritischen Periode für „Prägung" oder „Lernen" auf den Schlupf zu beziehen, wird kritisiert und der Vorschlag gemacht, statt dessen den Brutbeginn als Bezugspunkt zu wählen. Durch Kälteschocks nach Brutbeginn lassen sich im übrigen alle Embryonen, die das frühe Blastula-Stadium überschritten haben, eliminieren. Versuche mit Enten- und Hühnereiern werden beschrieben, die Vff. 3 bzw. 7 Tage bei +4 °C aufbewahrten, nachdem die Eier 0; 12 oder 24 Std. bereits im Brutschrank gelegen hatten. Zwischen dem Kälteschock und der Eiereinlage in den Brutapparat war eine 6stündige Übergangszeit bei Zimmertemperatur eingeschaltet. Sämtliche Hühnerembryonen starben ab, wenn sie der 7tägige Schock 24 Std. nach Brutbeginn traf. Nach 12 Std. Bebrütung machte er ihnen nichts aus. Die Entenembryonen überstanden, wohl auf Grund ihrer langsameren Entwicklung, nach 24stündiger Bebrütung die 3 Tage Kältelagerung ohne weiteres, die 7tägige schädigte sie geringfügig. Nach noch unveröffentlichten Ergebnissen sind Kälteschocks nach 32 Std. Bebrütung für Entenembryonen ebenfalls tödlich. Diese Schockmethode ermöglicht es, Eier von Wildgeflügelarten zu derartigen Studien heranzuziehen und die bereits bebrüteten Eier auszusondern. C. Engelmann. 2610.

Schaller, George B. und Emlen jun., John T.; Madson, Univ. of Wisconsin, Zool. Dep. The ontogeny of avoidance behaviour in some precocial birds. **(Die Ontogenie des Ausweichverhaltens bei einigen frühreifen Vögeln.)** Animal Behaviour **10** (1962) Nr. 3/4. S. 370–381. — 11 Abb., 2 Tab., 22 Lit.

Zu den Untersuchungen dienten 5 Hühner- und Zwerghühnerrassen, 3 Fasanenarten, Japanische Wachteln, Wilde Puten und 3 Wassergeflügelarten. Die Küken kamen unmittelbar nach dem Schlupf in Versuchskäfige (36 × 18 × 23 Zoll), in denen sie allein oder zu zweit so gehalten wurden, daß sie entweder ihre Umgebung sehen konnten (Laboratorium) oder von ihr völlig isoliert lebten. Als Reizgeber dienten rechteckige Figuren in Schwarz, Weiß, Grün, Rot und Blau, die, auf einem Stab befestigt, auf die Küken zu oder rückläufig bewegt wurden, sowie eine lebende Ratte, ein Eulenmodell und lebende Hühner, die kurzfristig in den Käfig gesetzt wurden (1 Min.). Das Ausweichverhalten bestand 1. im Sichzurückziehen bis zur Flucht unter Schreien, 2. im erstarrten, stillen Sichducken. Die Küken der Wildarten (Stockente, Fasan, Pute) neigten mehr zu 2; bereits frisch geschlüpfte Küken achteten auf optische Reize, und 3 Std. alte waren bereits zu geordneter Fortbewegung imstande. Das Ausweichverhalten trat frühestens 5 Std., stets bis zur 10. Std. nach dem Schlupf auf. Zwischen der 50.–80. Std. war die Reaktion am stärksten, nach der 100. blieb sie etwa gleich. Unter den Hühnern waren die Bantams bes. reizbar, die „Buttercubs" anfangs (bis zur 100. Std.) träge, dann gleich sensibel. Alle Wildvogelarten reagierten von Anfang an stärker als das Hausgeflügel; allein die China-Gänse reagierten nur schwach und erst nach 140 Std. Unter den Hühnerküken waren die Hennen sensibler als die Hähne. Dabei war die Haltung (abs. Dunkelheit bis zum 3. Tag) ohne Belang, während Gruppen zu 2 Tieren stets stärker auf die Reize ansprachen. Bei wiederholter Darbietung auch verschiedener Objekte nahm die Reaktionsbereitschaft ab. In einigen Fällen zeigten die zunächst davongelaufenen Küken allen Reizquellen gegenüber die Nachfolgereaktion, bei den Stockenten z. B. 30% der Küken. Angriffsverhalten ließ sich bei allen Arten in höherem Alter (20–50 Std.) beobachten. Farbliche Besonderheiten der Signale (Rechteck) wurden nicht unterschieden, ungleiche Größen nur von älteren Hühnerküken. Natürliche „Feinde" (Eule und erwachsene Hühner) wirkten auf die Küken bis zum 10. Lebenstag nicht stärker als die künstlichen Reizgeber, wie überhaupt bei einmaliger Darbietung zu keinem Reizauslöser eine bes. („angeborene") Beziehung bestand. C. Engelmann. 2610.

Denenberg, Victor H., Zarrow, M. X., Kalberer, William D., Farooq, A., Ross, S. und Sawin, P. B.; Lafayette, Ind., Purdue Univ., Dep of Psychol. and Biol Sci. Maternal behaviour in the rabbit: effects of environmental variation. **(Mütterliches Verhalten beim Kaninchen: Der Einfluß der Umweltveränderung.)** Nature [London] **197** (1963) Nr. 4863. S. 161–162. — 3 Abb., 1 Tab., 9 Lit.

An Mäusen sind Störungen der Fortpflanzung durch äußere Einflüsse bekannt (vgl. Science [Washington] **137** [1962] S. 764.). An Kaninchen prüften Vff. den Einfluß a) des Umsetzens in eine andere Umgebung, d. h. aus Einzel- oder Zuchtkäfigen in einen 4mal so großen Aufzuchtkäfig, b) der Menge an Nistmaterial; während der Kontrolle (**I**) reichlich Stroh zur Verfügung stand, mußte sich die Versuchsgruppe (**II**) mit wenig „Excelsior" (weiche Hobelspäne) begnügen, die in Streifen („wads") vorlag, die leicht zu zählen waren. Futter und Wasser stand beiden Gruppen ad libitum zur Verfügung. Die Trächtigkeitsdauer war bei **I** und **II** gleich; bei **II** bauten nur 48% der Tiere ein Nest, 98% bei **I**, und weit mehr Häsinnen warfen hier ihre Jungen außerhalb des Nestes (67%:6%), verfielen häufig in Kannibalismus (An- und Auffressen der Jungen = 22%:3%), so daß nur 26% der lebend Geborenen das Absatzalter erreichten (in **I** dagegen 87%). Insgesamt haben die Umwelteinflüsse eine stark dynamische, nicht nur ergänzende Wirkung auf das mütterliche Verhalten. C. Engelmann. 2610.

SPEZIELLE GROSSTIERZUCHT

A. ALLGEMEINES

Nawroth, Chr. **Der Aufbau leistungsfähiger Viehbestände in der Sowjetunion.** Tierzucht **16** (1962) Nr. 12. S. 524–531. — 18 Abb.

Vf. berichtet über Ergebnisse einer Studienreise in die UdSSR. Auf dem Gebiet der Rinderzucht werden in den besuchten Gebieten der Ukraine Zweinutzungsrassen sowie spez. Milch- und Fleischrassen gezüchtet. Die züchterischen Arbeiten konzentrieren sich bes. auf die Erhöhung des Fett- und Eiweißgehaltes der Milch durch Selektion und Jerseyeinkreuzung. Der dabei entstehende Fleischverlust ist in der R_1 nahezu aufgehoben. Anpaarungen von Hereford, Aberdeen und Charollais führen zur Verbesserung der Fleischleistung verbunden mit großer Frühreife und guter Futterverwertung. Bei der züchterischen Verbesserung der Nutztierbestände spielt die Besamung eine überragende Rolle. 80% des deckfähigen Rinderbestandes werden besamt, wobei bei grundsätzlich 2maliger Besamung pro Brunst im Abstand von 8–12 Std. Befruchtungsergebnisse von 60–65%/EB erreicht werden (1961: Gesamtbefruchtungsergebnis 92%). Tägl. 1–2 Std. Bewegung am elektrisch getriebenen Göpel und beste Haltung, Fütterung, Pflege (1 Pfleger: ⌀ 6–9 Bullen!) werden als wichtige Voraussetzung einwandfreier Ejakulate angesehen. — Die Haltung der Kühe erfolgt oft in Winter- und Sommerställen, wobei die Sommerställe häufig weitab vom Betrieb in der Grünfutterrotation stehen, um teure Futtertransporte zu vermeiden. Gefüttert wird stets in Gruppen, gemolken mit Maschine. Allergrößte Aufmerksamkeit wird der sorgfältigen Kälber- und Jungviehaufzucht gewidmet. Vf. betont, daß hierin neben der züchterischen Arbeit die Ursache für hohe Durchschnittsleistungen großer Herden (bis 400 Kühe, 4000–5000 kg Milch) zu sehen ist. — In der Schweinezucht wird bes. intensiv an der Züchtung von Fleischschweinen gearbeitet. Man bedient sich dabei importierter, rein weitergezüchteter Fleischschweine aus Schweden, England, Kanada sowie des einheimischen Großen Weißen Schweines, die an Speckschweine angepaart werden. Für die Einführung industriemäßiger Produktionsmethoden in die Schweinemast spielt die Großgruppenhaltung eine erhebliche Rolle. W. Häckert. 3001.

Schäfer, H. **Tierzucht und Tierhaltung in Steppengebieten.** Mitt. dtsch. Landwirtsch.-Ges. 78 (1963) Nr. 10. S. 318–321.
Die Rinderhaltung ist in Steppengebieten auf Grund der geringen Niederschlagsmenge (180 mm) nur als Nebenzweig der Tierhaltung anzusehen. Sie dient vorwiegend zur Fleischerzeugung, Milch wird höchstens für den Eigenbedarf gewonnen. Seit Jahrhunderten werden europäische Milch- und Fleischrinder der verschiedensten Rassen eingeführt. Diese werden entweder rein weitergezüchtet oder in die einheimischen Rassen eingekreuzt. Auf der Farm Haribes wurde der aus den verschiedensten Rassenkreuzungen und Typen bestehende Rinderbestand auf die konstitutionsstarke Rasse „Red Poll" umgestellt (hitzetolerant, genügsam, marschfähig, hornlos und nicht wild). 6 Großkampe in einer Größe von 5000–19000 ha dienen hier als Weide für ca. 400 Stck. Rindvieh (200 ha je Rind). Die einzelnen Kampe erhalten im Wechsel Ruhe. Die für die eigene Milch- und Butterversorgung benötigte Milchviehherde wird in der Nähe der Farm gehalten. Nur in Jahren mit günstiger Regenzeit läßt sich der üppige Graswuchs durch zusätzliche Ochsenmast ausnutzen. Ein finanzieller Gewinn ist hierbei vorhanden. H. Winkler. 3001.

Hoekstra, P. Veehouderijproblemen in ontwikkelingsgebieden. **(Probleme der Tierhaltung in den Entwicklungsländern.)** Tijdschr. Diergeneeskunde 88 (1963) Nr. 7. S. 397–410.
Wenn man als Eiweißminimum für den Menschen tägl. 70 g zugrunde legt, wovon $^1/_3$ tierischerHerkunft sein sollte, so wird laut Ausweis der FAO dieser Bedarf in vielen Ländern nicht gedeckt (z. B. Indien 52 g, davon 5 g tierisches Eiweiß; Indonesien 45 bzw. 7 g). Aber auch in Kenia, Peru, Brasilien, Japan und einigen anderen Ländern liegen die Verhältnisse ähnlich schlecht. Hier überall gilt es, die Produktion von Fleisch und Fisch zu steigern, wobei jedoch bes. die Viehhaltung durch Krankheiten, Futter- und Wassermangel u. a. Probleme behindert wird. Es wird aufgezeigt, wie die einzelnen Tierarten zur Verbesserung der Ernährungslage der Weltbevölkerung eingesetzt werden

könnten. Dazu gehört u. a. eine „Entwicklungshilfe" durch Entsendung von Tierärzten und Tierzüchtern sowie die entspr. Ausbildung der einheimischen Bevölkerung. E. Wiesner. 3001.

Rosenkranz, O. **Der Übergang zu industriemäßiger Produktion in der Landwirtschaft.** Z. Agrarökon. **6** (1963) Nr. 2. S. 53–56.

Ausgehend von den Merkmalen der Produktion in der Industrie und die geschichtliche Entwicklung berücksichtigend nennt Vf. 6 Teilgebiete des Übergangs zu industriemäßigen Formen der Produktion in der Landwirtschaft: Entwicklung der Werktätigen in der sozialistischen Landwirtschaft, Großproduktion, Spezialisierung, Konzentration und Kooperation, Technisierung bis zur Automation, Erschließen neuer Rohstoff- und Energiequellen. Zu diesen Merkmalen bringt Vf. einige Einzelheiten und Ausblicke: Mit den sozialistischen Produktionsverhältnissen entwickeln sich die Produktivkräfte rasch, Spezialisierung und Konzentration schreiten fort; aber es ist leichter, in der Nutzviehhaltung zu konzentrieren als in der Feldwirtschaft. Viele der vom Vf. genannten Merkmale sind möglich „ohne Mechanisierung oder verstärkten Einsatz von Produktionsinstrumenten". Trotzdem spielt der Ersatz der lebendigen Arbeit durch vergegenständlichte eine große Rolle. Vf. behandelt diese Aufgabe in Verbindung mit einigen praktischen Fragen der Betriebsorganisation. A. Bail. 3001.

Gruner, W. **Zum Problem der industriemäßigen Produktion in der Landwirtschaft.** Z. Agrarökon. **6** (1963) Nr. 2. S. 56–59.

Nach kurzer Begründung der industriemäßigen Produktion in der Landwirtschaft nennt Vf. 4 Merkmale dafür: 1. Arbeitsteilung und Spezialisierung der Fachkräfte, 2. Spezialisierung der Betriebe, 3. Anwendung feststehender Produktionsverfahren, Einsatz von Maschinensystemen, 4. das sozialistische Leistungsprinzip. Die Auswirkung dieser Gesichtspunkte für Theorie und Praxis erörternd bezieht Vf. die Betriebsgröße, die Ausgliederung bestimmter Verarbeitungsprozesse bzw. den überbetrieblichen Maschineneinsatz ein, er behandelt die entsprechend zu verändernde Agrarplanung, die Nutzung ungünstiger Standorte, die Verbesserung der Leitungstätigkeit und geht recht ausführlich ein auf die Aspekte des Maschinenbesatzes und -einsatzes. Die Umgestaltung der sozialistischen Landwirtschaft zur industriemäßigen Produktion ist ein technisch-ökonomischer Prozeß, der jetzt eingeleitet werden muß, an dem auch alle Disziplinen mitzuwirken haben. A. Bail. 3001.

Bartsch, K.-H. **Für eine kontinuierliche Entwicklung unserer Viehwirtschaft.** Tierzucht **16** (1962) Nr. 11. S. 465–472.

Die nach der Vergenossenschaftung gekennzeichnete Entwicklung der planmäßigen Steigerung der landwirtsch. Produktion erfordert die wiss. Durchdringung der Leitung der Landwirtschaft. Die Ergebnisse der besten VEG und LPG zeigen: 1. Die Erhaltung und Mehrung der Bodenfruchtbarkeit ist Voraussetzung für die Sicherung der Futtergrundlage und damit für den planmäßigen Aufbau der Viehbestände. 2. Diese Betriebe betreiben eine vielseitige und intensive Veredlungswirtschaft, wobei die Milch- und Schweinefleischerzeugung im Mittelpunkt der gesamten Betriebsorganisation stehen. 3. Die Produktionsprozesse sind vom Gesichtspunkt der höchstmöglichen Arbeitsproduktivität organisiert. Für die Landwirtschaft ist das Ziel gestellt, hohe Nährstoff- und Futtermassenerträge je ha Hauptfutterfläche zu erreichen. Vom Standpunkt der rationellen Verwertung des wirtschaftseigenen Futters bietet die Rinderhaltung, bes. die Milchproduktion, die besten Voraussetzungen. Die Bemessung des Umfanges der Rinderhaltung unter den verschiedenen Standortbedingungen wird mit ca. 35–45 Kühen je 100 ha LN und einer Jahresmilchleistung von ca. 3500 kg angegeben. Die Rindfleischerzeugung sollte in stärkerem Maße über die normale Selektionsmerzung unter den wachsenden

Kuhbeständen erfolgen, während die Bullenmast zur Produktion von Qualitätsfleisch nur vom Standpunkt der wirtschaftseigenen Futterproduktion nach Deckung des Bedarfs der Jungrinderaufzucht und der Milchproduktion entschieden werden kann. Steigende Milchleistungen je ha LN helfen mit, die vorhandene Lücke an Eiweiß tierischer Herkunft für die Schweinefleischerzeugung zu schließen. Der erforderliche Schweinebestand von 130 Stck. je 100 ha LN ist schnell zu erreichen. Durch die Beschleunigung der Wurffolge auf 1,5 Würfe je Sau und Jahr im Durchschnitt der DDR können bei gleichem Sauenbestand 1 Mill. Ferkel mehr erzeugt werden. Auch die Verkürzung der Mastzeit auf 7–8 Mon. für 100 kg Lgw. ermöglicht bei gleichem Schweinebestand eine um ca. 30% höhere Schweineproduktion. In der Schafhaltung können bei ca. 240 tägiger Weidehaltung in allen sozialistischen Landwirtschaftsbetrieben die Futteransprüche der Schafhaltung weitgehend gedeckt werden. Die rückläufige Tendenz in der Entwicklung der Schafbestände ist auf die ungünstige Preisrelation zwischen Wolle und Fleisch, auf eine falsche Produktionspropaganda seitens der Industrie und auf eine Unterschätzung der Schafhaltung durch die staatlichen Organe zurückzuführen. Bes. in den nördlichen Bezirken sowie in den LPG Typ I ist der Herdenaufbau in der Schafhaltung zu intensivieren. Die Geflügelproduktion ist in hohem Maße von der Bereitstellung nährstoffmäßig ausgeglichener Futterrationen abhängig. Die Herstellung industrieller Mischfuttermittel hat daher bes. für die Geflügelhaltung Bedeutung. Unsere Wirtschaftsgeflügelrassen können bei guter Haltung jährlich 180–200 Eier liefern und bei einjährigem Umtrieb noch qualitätsvolles Geflügelfleisch. Die Planung der landwirtsch. Produktion muß auf wiss. Grundlage erfolgen. H. Kleiber. 3001.

Pilz, K. **Neue Standards in der Tierzucht.** Tierzucht **16** (1962) Nr. 11. S. 476 bis 478.

Während im Tierzuchtgesetz und den Durchführungsbestimmungen die administrativen Fragen zur Herstellung einer straffen Leitung und Organisation der Tierzucht geregelt werden, werden zur Festlegung weiterer Einzelheiten Standards ausgearbeitet. In ihnen werden die Zuchtziele der einzelnen Tierarten und -rassen, die Methodik der Herdbuchaufnahmen, die Anforderungen an die Herdbuchtiere, die Körbedingungen, die Methoden für Zuchtwert- und Leistungsprüfungen u. a. festgelegt. Insgesamt sollen 65 Standards zum Tierzuchtgesetz ausgearbeitet werden. Die Entwürfe der Standards werden zur Diskussion gestellt. Die Anwendung von Standards führt zu einer höheren Arbeitsproduktivität, zur Senkung der Kosten und zur Qualitätsverbesserung. Die verschiedenen Arten der Standards (Beschaffenheitsstandards, Verfahrensstandards, Verständigungsstandards) werden erläutert. Nach dem Geltungsbereich unterscheiden wir DDR-Standards, Fachbereichsstandards und Werkstandards. H. Kleiber. 3001.

B. PFERDE

Knobelsdorff, K. v. **Das Spanische Pferd und seine Bedeutung in der Geschichte.** Sankt Georg, Z. Pferdesport u. Pferdezucht **63** (1962) Nr. 24. S. 3–5. — 3 Abb.

Es wird die Zuchtgeschichte des Spanischen Pferdes an Hand z. T. nur wenig bekannter Tatsachen geschildert. Das Spanische Pferd ist das Produkt einer über Jahrtausende verlaufenden Entwicklung, die hinsichtlich spez. Merkmale sehr wesentlich durch das orientalische Pferd bestimmt ist. Bes. seit der Zeit der maurischen Eroberungen in Südwesteuropa wurde dessen Einfluß durch zahlreiche Berberhengste bedeutend verstärkt. — Im 8. Jh. u. Z. entstanden die spanischen Geneten, die durch Ankäufe schnell in Mittel- und Westeuropa verbreitet wurden. Ihre Anpaarung und die orientalischer Hengste an die dortigen schweren Warmblutrassen schufen das Ritterpferd des Mittelalters und mit diesem auch die Reitkunst im Sinne zweckdienlicher Dressur bis zur Hohen Schule, die seit Totilas in Vergessenheit geraten war (522 u. Z.). In diese Zeit fällt die Gründung der großen Hofgestüte, z. B. Kladrub 1562, Lipizza 1580, und die Entwicklung großer Reitschulen mit berühmten Reitmeistern, die auch die grundlegende Fachliteratur schufen. In der Spanischen Reitschule in Wien wird heute das Erbe mittelalterlicher Reitkunst weiterhin gehütet und gepflegt. — Im späten Mittelalter wurden spanische Hengste in großem Umfang zur Zucht in den landesherrlichen Gestüten stationiert, z. B. Celle, Oldenburg, Frederiksborg. Auch über den Orlow-Traber (Stammhengst „Bars I") wurde spanisches Blut in großem Umfange verbreitet. Mit Recht stellt Vf. fest, daß das Spanische Pferd über 300 Jahre lang die europäische Pferdezucht unmittelbar und viel stärker beeinflußt hat, als das durch das Englische Vollblutpferd seit 1825 geschehen ist. Noch heute ist dieser Einfluß sichtbar, vor allem bei den schweren Warmblutschlägen, z. B. Kladruber, Lipizzaner, Oldenburger, Ostfriesen, Groninger, Frederiksborger. J. E. Flade. 3010.

Volkmann, K. **Das vorläufige Ergebnis der Pferdezählung vom 3. Dez. 62.** Sankt Georg, Z. Pferdesport u. Pferdezucht **64** (1963) Nr. 3. S. 4.
Am 3.12.62 wurden in der BRD 559100 Pferde gezählt. Der Bestand weist eine weiterhin stark rückläufige Tendenz (11,8%) auf. Die Bedeckungen haben gegenüber 1960/61 um 5000 Stuten (17,9%) zugenommen. In gleicher Weise ist der Bestand an Fohlen um 2000 Stück angestiegen. Trotzdem reicht die Verjüngung nur für einen Bestand von 250000–300000 Pferden aus. Erstmalig ist seit 1957 ein stärkerer Rückgang der Altersgruppe über 14 Jahre zu verzeichnen. Die aufgezeigte Entwicklung in den Bundesländern läßt große Unterschiede erkennen. Innerhalb der Rassen ist eine maßgebliche Verschiebung zum Warmblut zu beobachten. H. J. Schwark. 3015.

Rudofsky, H. **Polen immer noch führend in der europäischen Vollblut-Araberzucht.** Sankt Georg, Z. Pferdesport u. Pferdezucht **64** (1963) Nr. 6. S. 12–15. — 7 Abb. 3170.

Nikolaev, Ju. (Nikolajew, Ju.); Prilepy, RSFSR, Pferdegestüt. Prilepy. **(Das Gestüt Prilepy.)** Konevodstvo i konnyj sport, Moskva **32(107)** (1962) Nr. 11. S. 15–17. — 3 Abb.
Bis 1907 wurden in Prilepy vorwiegend Orlow-Traber gezüchtet; 1927 überführte man die Tiere nach Chrenowoje. Das heutige Gestüt wurde 1960 auf der Grundlage der Zuchtabteilung des Tulaer Staatlichen Hengstdepots aufgebaut; ihm sind eine Station für KB und die Gebietsstation für Zuchtarbeit angegliedert. Die Traber- und Vollblutabteilung umfaßt je 25 Stuten, die ziemlich groß und schnell sind. Die genealogische Grundlage des Traberstutenbestandes bilden die aus dem Smolensker Gestüt stammende „Larotschka", „Turtschanka" und „Tschepornaja". Als Zuchthengste werden z. Z. „Tannhäuser", „Ornament" und „Samorskoje Tschudo" verwendet. Die gesamte Zuchtarbeit ist gegenwärtig auf eine Erhöhung des Blutanteils der Familienbegründerinnen gerichtet; der 1959 geborene Fuchshengst „Goalkeeper" hat z. B. 5 solcher Stuten unter seinen Vorfahren. F. Schenk. 3235.

Korostelev, V. (Korostelew, W.) Trenirovka rysistych lošadej interval'nym metodom. **(Das Intervalltraining von Trabern.)** Konevodstvo i konnyj sport, Moskva **32(107)** (1962) Nr. 10. S. 32–33. — 1 Tab.
Beim Intervalltraining auf der Moskauer Rennbahn wird das Training in 2 Läufe eingeteilt. 1. Lauf: 1600 m leichter Trab — 8 Min.; 400 m Renntrab — 37–38 Sek.; 800 m leichter Trab — 3,5 Min.; 400 m Renntrab — 36–37 Sek.; 800 m leichter Trab — 3,5 Min.; 400 m Renntrab — 35–36 Sek.; 800 m leichter Trab — 3 Min.; 400 m Renntrab — 35–36 Sek.; 800 m Renntrab —

3,5 Min.; 1600 m Schritt — 13 Min. — 2. Lauf: 800 m leichter Trab — 4 Min.; 800 m langer Trab — 2 Min.; 1600 m Renntrab — 2,27–2,30 Min.; 800 m leichter Trab — 3,5 Min.; 1600 m Schritt — 13 Min. Die Schnelligkeit des Renntrabs soll den Rekord des betreffenden Pferdes erreichen bzw. überschreiten. Bei den Versuchspferden ist die Schnelligkeit gleichmäßig gestiegen, und die klinischen und physiol. Kennziffern haben sich verbessert.

F. Schenk. 3360.

C. RINDER

Piel-Desruisseaux, Jean. **Entwicklung und Aussichten der Milchviehhaltung.** Bauen auf d. Lande **13** (1962) Nr. 11. S. 274–276.

Die Milchviehhaltung ist dem Gesamtwert nach die wichtigste Einnahmequelle für den franz. Landwirt. Im Gegensatz zum Getreidebau hat sie bei etwa gleich hohen Brutto-Einnahmen einen ständigen Arbeitszeitbedarf. Die nur in geringem Maße mögliche Mechanisierung der Stallarbeiten führt zu einem Mangel an Stallpersonal, der bei der großen wirtschaftlichen Bedeutung der Milchwirtschaft nicht tragbar ist. Bei der Entwicklung der Technik der Milchviehhaltung wurden 3 Perioden untersucht. Die 1. Periode vor 1950 zeichnet sich durch die züchterische Verbesserung der einzelnen Rassen, durch die Verbesserung der Fütterungs- und Haltungsbedingungen und durch die Einführung des Maschinenmelkens aus. Die Zeit von 1950–62 wird von der Entwicklung der Offenlaufställe und der Einführung der automatischen Fütterung gekennzeichnet, es ist die Periode der Arbeitsorganisation. Für die Zukunft kann angenommen werden, daß sich die Betriebe nicht nur für den Absatz, sondern auch bei der Erzeugung zusammenschließen werden. Die Herden auf den Alpenweiden, die Walker-Gordon-Company und die dänischen Genossenschaften werden als Beispiele genossenschaftlicher Rinderhaltung angeführt.

H. Winkler. 3415.

Kasten, A. **Ökonomische Maßstäbe für den Wettbewerb zwischen Rinderzuchtbrigaden.** Tierzucht **16** (1962) Nr. 12. S. 521–524.

Am Beispiel von 105 Brigadeabschlüssen von VEG aus den Jahren 1960 und 1961 wird nachgewiesen, daß mit 9 Kennzahlen eine ökonomische Einschätzung von Rinderherdbuchzuchtbrigaden vorgenommen werden kann. Aus den Streuungsbereichen der einzelnen Kennzahlen und der durchschnittl. Änderung des Reineinkommens bei schrittweiser Veränderung der Kennzahlen wurde ein Punktsystem entwickelt, welches das höchste Produktionsniveau mit 100 Punkten bewertet. Aus der erreichten Punktzahl läßt sich das Reineinkommen in DM/GV errechnen.

H. Winkler. 3415.

Ivanova, Emilija. (Iwanowa, Emilija.) Plemennite kačestva na červenoto sadovsko govedo. **(Die Zuchteigenschaften des Roten Sadowoer Rindes.)** Životnovǔdstvo, Sofija **16** (1962) Nr. 9/10. S. 33–38. — 1 Abb., 3 Tab., 3 Lit.

Es wird kurz dargelegt, wie das Rote Sadowoer Rind, unter stärkster Beteiligung des Angler Rindes, geschaffen worden ist. Von 1919–39 zählte die Rote Sadowoer Herde 15–30 Kühe, und die Zucht wurde nur innerhalb dieser Herde, ohne Einfuhr von Tieren von außerhalb, betrieben. Darum konnten mäßige Inzucht und sogar Inzestzucht nicht vermieden werden. Negative Erscheinungen dieser Verwandtschaftszucht wurden nicht beobachtet. Die Kühe hatten verhältnismäßig gute Körperformen und waren von kräftiger Konstitution. Ihre Milchleistung nahm allmählich zu und betrug 1935 ⌀ 4524 kg. Die Milchleistung von 24 Töchtern aus Inzucht (II — III und III — II) war durchschnittl. um 438 kg höher als die ihrer Mütter und die Fettprozente ihrer Milch um 0,24 höher; 27 ingezüchtete Kühe übertrafen in der Milchleistung ihre nicht ingezüchteten Altersgenossinnen aus der Herde um 280 kg. Der Artikel enthält ferner die Ergebnisse aus der Verwendung von 2 importierten

Angler Bullen in dieser Herde sowie die Ergebnisse aus der Kreuzung von Kühen verschiedener Rassen und auch des Roten Sadowoer Rindes mit Bullen des Roten Dänischen Milchviehs. Diese Resultate zeugen von den wertvollen Zuchteigenschaften des Roten Sadowoer Rindes.

N. Platikanow. 3480.

Mesterjahn, H.; Paretz, VVB Tierzucht. **Hinweise zur Neuregelung der Milchleistungsprüfung in der Deutschen Demokratischen Republik.** Tierzucht **17** (1963) Nr. 3. S. 108.

Der Beschluß des Ministerrates vom 3.1. 1963 über die Neuregelung der Milchleistungsprüfung hat den Zweck, die Grundlage für die Entwicklung einer hochleistungsfähigen Herdbuchzucht zu schaffen und gleichzeitig die Wirtschaftlichkeit der Milchviehzucht durch die Eingliederung der Milchleistungsprüfung in den zootechnischen Dienst zu verbessern. Ab 1.4. 1963 wird die Milchleistungsprüfung in den bes. entwicklungsfähigen Herdbuchbeständen weiter auf staatlicher Basis durchgeführt. Den Räten der Bezirke obliegt die Auswahl dieser Bestände. Die restlichen Betriebe führen die Milchleistungsprüfung vom selben Zeitpunkt ab selbständig durch. In Zusammenarbeit mit den örtlichen Räten wird der Aufbau der betrieblichen Prüfung von den staatlichen Prüfern organisiert und kontrolliert. Eine sog. Leit-LPG stellt den Leistungsprüfer, der für weitere LPG, die sich der Leit-LPG angeschlossen haben, die Milchleistungsprüfung und die Kostenabrechnung übernimmt.

R. Menzel. 3520.

Marell, Gösta; Stockholm. Kontrollföreningsverksamheten 1961–62. **(Die Tätigkeit der Kontrollvereine 1961–62.)** Svensk Husdjursskötsel **1963** Nr. 3. S. 76–78. 81. — 3 Abb., 6 Tab.

Im Kontrolljahr 1961/62 stieg die Zahl der Kontrollkühe um ca. 1% auf 360000 Tiere. Bei gleichzeitigem Rückgang der Gesamtkuhzahl erhöhte sich der Anteil der von den 3 Kontrollarten erfaßten Kühe auf 27,5%. Die Zahl der Kontrollbetriebe war 2,6% niedriger als im Vorjahr. Der Anteil der Kontrollkühe am Gesamtkuhbestand schwankt zwischen den einzelnen Landesteilen erheblich (Norrbotten 6,9%, Södermanland 64,6%). Der Leistungsanstieg in Milch und Fett setzte sich bei allen Rassen fort. Die durchschnittl. Fettmengenleistung erreichte 189 kg. In Halland wurde eine mittlere Leistung von 210,8 kg Fett erreicht, unter den schwierigen Bedingungen des am weitesten nördlich gelegenen Norrbotten 147,0 kg. Die einzelnen Rassen haben folg. Durchschnittsleistungen erreicht: Rotbunte (SRB) 4508 kg Milch mit 4,15% Fett und 187 kg Fett; Schwarzbunte (SLB) 5114 — 4,00 — 206; Hornlose (SKB) 3408 — 4,38 — 149; Jerseys (SJB) 3601 — 6,01 — 217.

J. K. Hinrichsen. 3520.

Bradbury, C. J. und Maclean, T. N. Standard herd test for pure-bred dairy cows. **(Standard-Herdenmilchleistungsprüfungen für reinrassige Milchkühe 1960/61 in Victoria/Australien.)** J. Agric. **60** (1962) Nr. 12. S. 559–570. — 8 Abb., 16 Tab.

Es werden die Kontrollergebnisse bei den Rassen Jersey, Guernsey, Ayrshire, Australian Illawarra-Shorthorn (AIS), Dairy Shorthorn, Red Poll und Friesian mitgeteilt. Der Bericht umfaßt diejenigen Kühe der kontrollierten Herden, welche in der Zeit vom 30.8.60–29.8.61 gekalbt haben. Die Leistungen von 12462 Kühen wurden ermittelt, davon wurden aus 11593 Leistungen die Durchschnitte errechnet. Die Rassedurchschnitte waren in der obigen Reihenfolge: 349; 319; 308; 336; 307; 292 und 360 kg Butterfett. Die Spitzenleistung erbrachte die 6,10 Jahre alte Guernsey-Kuh „Willandra Dilly 3“ mit 955 kg. Den höchsten Herdendurchschnitt erbrachten 22 Guernsey-Kühe mit 575 kg. Neben den direkten Leistungszahlen werden Angaben über Laktationsdauer, die Verteilung der Laktationsdauer bei den Rassen und Altersgruppen und über die entspr. direkten Leistungen gemacht. Der Einfluß der Zwischenkalbezeit wird dargestellt. Ebenfalls werden Angaben über die Eintragungen in Eliteleistungsbücher gemacht. K. Damm. 3520.

Anonym. **Hollerithverfahren bei anderen.** Tierzüchter **14** (1962) Nr. 15. S. 554–555.
Über die Anwendung des Hollerithverfahrens zur Berechnung und statistischen Auswertung der Ergebnisse der Milchleistungsprüfung wurde auf der Tagung des Europäischen Komitees berichtet. In Belgien wurde 1958 mit der Anwendung des Hollerithverfahrens begonnen. Die Arbeiten werden nach Auftrag von der IBM-Gesellschaft durchgeführt. Pro Kuh werden 3 Lochkarten benötigt. Eine eigene Hollerithanlage ist erst bei 250000 Kühen rentabel. In Finnland wurde 1950 begonnen, die Nachkommenprüfung mit Hilfe von Lochkarten auszuwerten. Den Anstoß gab die schnelle Entwicklung der KB. Die Milchleistungsergebnisse werden jährl. an eine zentrale Stelle zur Auswertung eingereicht. In Italien besteht seit 1.1.61 eine Hollerithzentrale bei der Zuchtvereinigung. Die monatl. Probemelkergebnisse werden auf Hollerithkarten übertragen. 45000 Kühe waren 1961 dem Verfahren angeschlossen. In Österreich wurde 1959 das Lochkartenverfahren erstmals zur Auswertung der Milchkontrollergebnisse angewandt. Das Ablochen erfolgt zentral mit eigenen Kräften, die Auswertung der Ergebnisse erfolgt im Auftrage bei der Lochkartenfirma. In der Schweiz wird das Lochkartenverfahren schon seit 1951 beim Schweizerischen Braunvieh eingesetzt. Erst 1959 konnte mit der Ausdehnung der Leistungsprüfung eine weitere Mechanisierung erfolgen.
H. Kleiber. 3520.

Bakels, F. **Untersuchungsergebnisse und Empfehlungen zur Lebensleistung und Nutzungsdauer des Rindes aus dem Tierzucht-Institut in München.** Arb. Inst. Tierzucht, Vererb.- u. Konstitutionsforsch. Univ. München **1962** Nr. 4. S. 8–43. — 125 Lit.
Die Lebensleistung ist von der Nutzungsdauer stärker abhängig als von der Leistung pro Zeiteinheit. Die Aufzuchtkosten eines weibl. Rindes belasten die Milcherzeugungskosten in Abhängigkeit von der Lebensleistung. Bioenergetische Untersuchungen ergeben zwischen Milchbildung und Erhaltung ein Verhältnis von 1:50,5 und zeigen, daß die Fleischleistung über das Körpergewicht der Kuh für die Nutzungsdauer von Bedeutung sein kann. Bei Vermehrung der Fleischleistung durch Vergrößerung des Muskelvolumens bei sonst gleichbleibendem Körperbau ergibt sich folgendes: Die Milcherzeugung ist rentabel infolge hoher Milchleistung bis zum Alter von 7 Jahren, dann übersteigen die Mehrkosten für die Erhaltung von 50 kg höherem Körpergewicht den Mehrerlös, wenn die Kuh während der Hälfte des Jahres Kraftfutter erhält. Die Mehrkosten übersteigen den Mehrerlös bereits im Alter von 5 Jahren, wenn die Kuh während des ganzen Jahres Kraftfutter erhält. Die Alternative zur züchterischen Steigerung der Fleischleistung je Rind ist die Vergrößerung des ausgewachsenen Rindes unter Beibehaltung von Körperproportionen, die optimal sind für hohe Milchleistungen. Vf. schlägt im Zusammenhang mit der Bewertung des Merkmals Zwischenkalbezeit vor, die Bedingungen für die Eintragungen in das Rinderleistungsbuch zu ändern und nur die gesamtermolkene FCM- (z. B. Eintragungen bei 40000, 60000, 80000 und 100000 kg FCM) oder Fettmenge zu berücksichtigen.
H. Tschirschwitz. 3532.

Die Variabilität der Eutereigenschaften und deren Ursachen unter besonderer Berücksichtigung der Melkbarkeit unter den Bedingungen des Melkmaschineneinsatzes. Clausberg, Inst. Tierzucht u. Tierhalt. Dtsch. Akad. Landwirtsch.-Wiss. Berlin Plan-Nr.: 170 116/01 i-2-02. Abschlußber. (21/3. 1963).
An 67 Kühen des Gelbviehzuchtgebietes wurden Melkbarkeitsuntersuchungen angestellt. Bei einer Gemelkshöhe von 5,97 kg wurde 1,71 kg/Min. als höch-

stes und 1,14 kg/Min. als durchschnittl. Minutengemelk ermittelt. Das Nachgemelk betrug 373 cm³. Für IvH wurden 44,54 festgestellt. Die Veränderung der Melkbarkeit im Laktationsverlauf und eine Gegenüberstellung von Gelbvieh-, Roten Dänen-, F_1- und R_1-Kühen wurde vorgenommen. Zwischen Milchmenge und den Minutengemelken sowie zwischen durchschnittl. Minutengemelk und Melkdauer wurden Korrelationen zwischen $r = 0,66$ und $r = 0,40$ errechnet, während zum Nachgemelk nur geringe Bindungen bestanden. 3546.

Nielsen, Ejner. Afkomsprøver med tyre 1945–60. **(Nachkommenschaftsprüfungen an Bullen 1945–60.)** Beretn. Forsøgslab. [Statens Husdyrbrugsudvalg] **1962** Nr. 333. S. 1–194. – 1 Abb., 22 Tab., 4 Lit.

Vf. berichtet über Methodik und Ergebnisse der Nachkommenprüfungen an Bullen aus den Jahren 1945–60. Der Bericht umfaßt 838 Töchtergruppen, davon 597 Rote Dänen-, 135 Schwarzbunte Dänen-, 101 Jersey- und 5 Shorthorngruppen aus 47 Prüfstationen. Die detaillierten Leistungsergebnisse (Milchmenge, Fettgehalt, Fettmenge) sind auf 304 bzw. 250 Tage bezogen. Auch Angaben über Melkbarkeitsprüfungen, Alter, Gewicht, Zahl der Besamungen je Trächtigkeit und Kälbergewicht sind angeführt. Bullen mit mindestens 3 bzw. 5 nachkommengeprüften Söhnen sind bes. vermerkt. Untersuchungen über Beziehungen zwischen Leistung und Alter, Gewicht und Kalbezeit, über Viertelgemelksverteilung und Körpermaße sowie Angaben über Zunahme und Futterverwertung von Jungbullen beenden den Bericht. A. Schaaf. 3550.

Rüegsegger, A. und Gallasz, E. **Untersuchungsergebnisse der Milchleistungs-Nachkommenprüfung 1962.** Mitt. schweiz. Fleckviehzuchtverb. **1962** Nr. 5. S. 93–100.

Für die lochkartenmäßige Auswertung standen 66060 Töchterleistungen aus der 1.–4. Laktation zur Verfügung. Da 16943 Erstlingskühe von 8890 Vätern abstammten, konnte nur eine kleine Zahl von Stieren für einen Altersgefährtinnenvergleich herangezogen werden. Pro Stier wurden am 1.1. 62 nur 26 weibl. Tiere gezählt. Die 110 nachzuchtgeprüften Stiere stammen von 75 Vätern ab. Bez. der Milchmengenvererbung wurden 26% als M+, 59% als M± und 15% als M– eingruppiert, während hinsichtlich der Fettprozentvererbung 29% als F+, 55% als F± und 16% als F– eingeordnet wurden. 5% der Bullen haben gleichzeitig die Milchmenge und den Fettgehalt verbessert. Die Ergebnisse der Nachkommenprüfungen werden in die Abstammungsnachweise eingetragen. Die nachzuchtgeprüften Stiere sind einzeln angeführt. Die Angaben werden ausführlich erläutert. H. Kleiber. 3550.

Kvitko, A. (Kwitko, A.) O nasledovanii obil'nomoločnosti pri čistoporodnom razvedenii. **(Über die Vererbung einer hohen Milchleistung bei der Reinzucht.)** S. ch. Kirgizii **1961** Nr. 11. S. 26–28. – Aus: Referativnyj žurnal. Biologija, Moskva **1962** Nr. 15. L 112. S. 13.

Die Bedeutung der Entwicklungsbedingungen des Embryos bei der Züchtung von Rekordkühen wurde im Zuchtbetrieb Strelnikowa untersucht. Rekordkühe gehen aus hochleistungsfähigen Kühen hervor, wenn ihre embryonale Entwicklung nicht mit der Periode der höchsten Milchleistung der Mütter (6552 kg in der 6. Laktation) zusammenfällt, sondern in der Laktation mit mittlerer Leistung (4457 kg) liegt. Die Leistung der Schwestern von Rekordkühen ist gleichfalls nicht hoch, wenn ihre Entwicklung im Jahre der höchsten Laktation der Mutter erfolgt. Bullen, die von reinrassigen, hochleistungsfähigen Kühen stammen, vererben die Fähigkeit einer hohen Milchleistung, wenn die Zeit ihrer Entwicklung im Mutterleib gleichfalls nicht mit der Periode der Höchstleistung der betr. Kuh zusammenfällt. Es eröffnet sich somit nach

Vf. die Möglichkeit, durch die Beeinflussung der Bedingungen der Embryonalentwicklung die Erbeigenschaften eines Tieres zu verändern.
übersetzt v. Th. C. Boetticher. 3578.

Barkema, R. M. Driekleurigheid bij het Nederlandse rund en de verklaring ervan. **(Dreifarbigkeit beim holländischen Rind und ihre Erklärung.)** Tijdschr. Diergeneeskunde **88** (1963) Nr. 4. S. 195–204. — 6 Abb., 27 Lit.
Es wird einleitend auf die Chemie der Pigmentbildung eingegangen, die wie folgt vermutet wird: Tyrosin $\xrightarrow{\text{Tyrosinase}}$ 3,4-Dioxyphenylalanin $\xrightarrow{\text{„Dopa"-Oxydasen}}$ Melanin. In Holland hat man vereinzelt dreifarbige Kälber beobachtet, und zwar unter den Rotbunten einige Tiere mit schwarzen Flecken innerhalb der weißen oder roten Farbe und unter den Schwarzbunten und den Rindern der Groninger Rasse (Lokalrasse, schwarz mit weißer Bauchlinie und weißem Kopf) solche mit roter Farbe innerhalb der schwarzen bzw. weißen Farbe. Entstehung und Erbgang sind bisher noch völlig unklar. Die Frage der angeblichen Unfruchtbarkeit dreifarbiger Tiere wird am bekannten Beispiel der Dreifarbigkeit der Katze diskutiert. Die Arbeit soll den Züchter anregen, mit evtl. anfallenden Probanden zur Klärung dieser Fragen weiter zu züchten. E. Wiesner. 3580.

Granger, W. und Walsh, J. D. Equations for determining the components of beef cattle populations with special reference to fluctuations in the number of breeders. **(Die Bestimmung der Zusammensetzung von Fleischrinder-Populationen unter besonderer Berücksichtigung der Fluktuation in der Anzahl der Züchter.)** Austral. veterin. J. **36** (1960) Nr. 10. S. 398–402. 3602.

Peršina, S. N. und Grudcyn, G. N. (Perschina, S. N. und Grudzyn, G. N.) Iz opyta sostavlenija planov plemennoj raboty s krupnym rogatym skotom v plemennych chozjajstvach. **(Erfahrungen bei der Aufstellung von Zuchtplänen für Rinder in Zuchtbetrieben.)** Životnovodstvo, Moskva **24** (1962) Nr. 12. S. 48–51.
Nach den im Gebiet Kirow gemachten Erfahrungen soll ein Zuchtplan wie folgt gegliedert werden: 1. Kurze Charakteristik des Betriebes; 2. Geschichte der Aufstellung der Rinderherde; 3. Haltungs- und Fütterungsbedingungen; 4. Charakteristik des gegenwärtigen Rinderbestandes; 5. Genealogie der Herde; 6. Planaufgaben in bezug auf Wachstum der Herde und Erhöhung der Leistung; 7. Zuchtarbeit in den nächsten 5–7 Jahren; 8. Festigung der Futterbasis, Organisation einer vollwertigen Fütterung und guten Haltung; 9. organisatorische Maßnahmen und 10. prophylaktische veterinärhygienische Maßnahmen. F. Schenk. 3602.

Blrcjan, A. A., Minasjan, R. O. und Zoranjan, V. A. (Blrzjan, A. A., Minasjan, R. O. und Soranjan, W. A.) Produktivnost' korov v zavisimosti ot ich živogo vesa pri roždenii, dal'nejšego razvitija i vozrasta pervoj slučki. **(Die Leistungsfähigkeit von Kühen in Abhängigkeit von ihrem Geburtsgewicht, der weiteren Entwicklung und dem Erstzulassungsalter.)** M-vo s. ch. ArmSSR. S.-ch. n. **1961** Nr. 10. S. 77–84. — Orig.: armen., Ausz.: russ. Aus: Referativnyj žurnal. Biologija, Moskva **1962** Nr. 10. L 64. S. 9.
Es werden Angaben über die Entwicklung und Zulassung von Färsen des Kaukasischen Braunviehs in der Zeit von 1948–51 sowie ihre Leistung in der Zeit von 1951–56 gemacht. Das optimale Lgw. der Kälber bei der Geburt ist nach Ansicht des Vf. 30–32 kg, da die Kühe, die aus Kälbern mit einem Geburtsgewicht von 38–40 kg aufgezogen worden sind, keine Vorzüge in der Leistung gegenüber den erstgenannten aufweisen. Bei der Geburt von Kälbern mit einem Lgw. von 45 kg und darüber gibt es in der Regel Komplikationen, was sich negativ auf Kalb und Kuh auswirkt. Die weitere Entwicklung der Kälber hängt wesentlich von den Haltungs- und Fütterungsbedingungen ab.

Bei gleichem Termin der Erstbedeckung stehen die Tiere mit einem verhältnismäßig geringeren Lgw. im Alter von 6; 12 und 18 Mon. später in ihrer Leistung nicht hinter den Kühen mit höherem Lgw. in den erwähnten Altersstadien zurück. Als optimales Lgw. kann man im Alter von 6 Mon. 135–150 kg, im Alter von 12 Mon. 290–330 kg ansehen. Vom biol. und ökonomischen Standpunkt aus ist das geeignetste Alter für die Erstzulassung der Färsen 18–20 Mon. (Lgw. 320–350 kg), bei gutem Wachstum und guter Entwicklung der Tiere kann das Alter auch noch geringer sein.
übersetzt v. Th. C. Boetticher. 3608.

Sakala, Ján; Ivanka pri Dunaji, Pracovisko; Bratislava, Krajská Plemenárska Správa. Vztah neurokonštitučného typu plemenníkov k fertilite. **(Beziehung des Neurokonstitutionstyps von Bullen zur Fertilität.)** Pol'nohospodarstvo **9** (1962) Nr. 10. S. 737–746. — 6 Tab., 12 Lit. Zus. in Russ., Engl.

Nach den klinischen Äußerungen der Realisationsintensität unbedingter sexueller Reflexe wurden insgesamt 529 Bullen in einzelne Neurokonstitutionstypen eingeteilt. Im Verlaufe eines Jahres wurde die Fruchtbarkeit dieser Bullen durch Aufzeichnung des Trächtigkeitsprozentsatzes der Kühe nach der 1. Besamung verfolgt. Es wurde festgestellt, daß die Zuchtbullen mit einem lebhaften oder mäßigen Neurokonstitutionstyp sich zur Zucht am besten eignen. Bullen des schwachen Typs sind ungeeignet, da sie eine geringere Lebensdauer, einen raschen Schwund des sexuellen Dimorphismus und den höchsten Prozentsatz einer zeitweiligen oder dauernden Störung der Spermiogenese und der Fertilität aufweisen. F. Svoboda. 3610.

Rieck, G. W. **Die Frühdiagnose der Fortpflanzungsfähigkeit der weiblichen Partner verschiedengeschlechtlicher Rinderzwillinge.** Prakt. Tierarzt **40** (1963) Nr. 3. S. 89–92.

Zwicken, die weibl. Partner der zweigeschlechtlichen Zwillinge beim Rind, gelten gemeinhin als unfruchtbar. Aus diesem Grunde sollten solche Kälber baldmöglich geschlachtet werden. Statistische Untersuchungen aber ergeben, daß nur 92% unfruchtbar, also ca. 8% für die Fortpflanzung geeignet sind. Man kann demnach in bestimmten Fällen auf solche Kälber zurückgreifen, wenn man frühzeitig genug die Feststellung der Zuchttauglichkeit zu treffen imstande ist. Die bislang dafür genannten Zeichen (allg. Unterentwicklung, kastratenhaftes Exterieur, kleine Vulva, große Clitoris etc.) treten unregelmäßig, undeutlich und oft auch sehr spät in Erscheinung. Es ist aber, abgesehen von der Zuhilfenahme der Blutgruppendiagnostik, möglich, die in jedem Falle bei einer Zwicke auftretende und feststellbare Längenreduktion des cranialen Abschnittes der Scheide und das Fehlen der Portio vaginalis uteri durch einfache Längenmessungen festzustellen. Dazu dient ein ca. 15 cm langes und nur 1 cm im Durchmesser messendes Spekulum. Beim 12–28 Tage alten, normalen und fortpflanzungsfähigen Kalb beträgt die Länge der Scheide um 12–15 cm, während bei den unfruchtbaren Zwicken davon nur etwa $^1/_3$ (4–5 cm) gemessen wird, da der den Müllerschen Gängen entstammende craniale Scheidenabschnitt nicht oder nur reduziert entwickelt ist. Diese Methode ist einfach durchführbar und für die Praxis uneingeschränkt zu empfehlen. F. Schaetz. 3610.

Stott, G. H. und Williams, R. J.; Tucson, Univ. of Arizona, Dep. of Dairy Sci. Causes of low breeding efficiency in dairy cattle associated with seasonal high temperatures. **(Mit jahreszeitlich bedingten hohen Temperaturen verbundene Ursachen einer niedrigen Fruchtbarkeit beim Milchvieh.)** J. Dairy Sci. **45** (1962) Nr. 11. S. 1369–1375. — 1 Abb., 2 Tab., 21 Lit.

Für die Untersuchungen fand eine Herde von 260 zweijährigen Holstein-Kühen Verwendung, die von März–Okt. abkalbte. 52–59 Tage p.p. wurden die Genitalorgane rectal untersucht. Tiere mit unvollständiger Uterusinvolution wurden ausgeschlossen. In der darauffolgenden Brunst erfolgte die KB mit Tiefkühlsperma von Bullen mit hoher Fruchtbarkeit. Zwischen dem 35. und 41. und dem 65. und 72. Tag wurden Trächtigkeitsuntersuchungen durchgeführt. Es zeigte sich, daß eine niedrige Befruchtungsrate und eine hohe embryonale Mortalität die Hauptfaktoren sind, die die jahreszeitlich bedingte, mit einer hohen Außentemperatur und Feuchtigkeit verbundene geringe Fruchtbarkeit bei laktierenden Milchkühen verursachen. Für einen Einfluß erfolgloser Besamungen bei hohen Temperaturen auf das Ergebnis der nachfolgenden Belegungen bestand kein Anhaltspunkt. Während der heißen Mon. traten nicht nur mehr verlängerte Brunstzyklen (über 26 Tage) nach erfolglosen Besamungen auf, sondern diese Zyklen waren auch signifikant länger als die parallelen während der übrigen Mon. F. Döcke. 3610.

Poston, H. A., Ulberg, L. C. und Legates, J. E.; Raleigh, North Carolina State Coll., Dep. of Animal Sci. Analysis of seasonal fluctuations of reproductive performance in dairy cows. **(Analyse der jahreszeitlichen Schwankungen in der Fortpflanzungsleistung von Milchkühen.)** J. Dairy Sci. **45** (1962) Nr. 11. S. 1376–1379. – 1 Abb., 1 Tab., 12 Lit.
Innerhalb von 10 Jahren wurden von 6 Holstein-Herden 2514 Abkalbungen registriert, um den Einfluß des Kalbemonats auf die nachfolgende Zwischenkalbezeit zu analysieren. Diese stieg bei Tieren, die von Okt. bis Mai kalbten, von 397 auf 422 Tage an. Zwischen den Mon. innerhalb der Jahre und Herden und zwischen den Herden bestanden signifikante Unterschiede, nicht aber zwischen den Jahren innerhalb der einzelnen Herden. Innerhalb der Herden wurde eine signifikante Beziehung zwischen den monatl. Schwankungen in der Zwischenkalbezeit und den während 60–120 Tagen p.p. vorherrschenden Lufttemperaturen ermittelt. Bei eingehenderen Untersuchungen an 391 Kühen von 3 Herden, die in der auf den 70. Tag post partum folgenden Brunst besamt wurden, zeigte sich, daß das Intervall zwischen dem Abkalben und der erfolgreichen Besamung mit dem Zeitraum zwischen dem 70. Tag p.p. und dem nachfolgenden Oestrus, mit der Länge des Brunstzyklus vor der erfolgreichen Besamung und mit dem Besamungsindex korrelierte ($r = 0{,}18$; 0,81; 0,26). 76 (innerhalb der Herde-Jahr-Monat-Basis) bzw. 90% (zwischen den Herden-Jahren-Monaten-Basis) der Gesamtvariation dieses Intervalls waren auf die genannten unabhängigen Variablen zurückzuführen. Es wird angenommen, daß ein Teil der Variation durch unphysiol. Faktoren (z. B. Haltung) und Jahreszeit-Herden-Einflüsse verursacht wird. F. Döcke. 3610.

Goswami, S. K. und Chowdhury, T. M. The nature of reproductive failure in local cows as observed from a study of the genitalia of animals slaughtered in the city (Calcutta) abattoir. **(Die Unfruchtbarkeitsursachen bei einheimischen Kühen auf Grund der Untersuchung von Schlachttieren in Kalkutta.)** Indian veterin. J. **40** (1963) Nr. 2. S. 108–110.
Eierstöcke, Uterus und Cervix von insgesamt 77 Kühen wurden untersucht. Bei anatomischer Betrachtung erwies sich der linke Eierstock geringfügig größer als der rechte. 35% der rechten und 20,8% der linken Eierstöcke besaßen normale Corpora lutea, 6,5 bzw. 3,9% Graafsche Follikel. 13,0 bzw. 11,7% der Ovarien zeigten keine Funktion und waren hart, während Follikelcysten und Eierstocksabszesse nur je einmal vorkamen. 2 Tiere waren tragend. Uterus und Cervix zeigten in keinem Falle einen Befund, der als Ursache der schlechten Fruchtbarkeit hätte angesehen werden können. Die hier gefundenen Veränderungen waren im wesentlichen unbedeutender Art. Das rel. kleine Material scheint jedoch für grundsätzliche Aussagen nicht geeignet zu sein.
E. Wiesner. 3610.

Batra, T. R. und Desai, R. N.; Mathura, Coll. of Veterin. Sci. and Animal Husbandry. A genetic study of birth weight in Sahiwal cattle. **(Eine genetische Studie des Geburtsgewichtes beim Sahiwal-Rind.)** Indian J. veterin.

Sci. Animal Husbandry **32** (1962) Nr. 3. S. 198–204. — 1 Abb., 5 Tab., 24 Lit.
Die Geburtsgewichte von 557 Sahiwal-Kälbern, geboren von Apr. 1948–Apr. 1960, wurden analysiert. Das Lgw. bei der Geburt betrug 48,2 ± 0,41 lb., das der männl. Tiere 50,4 ± 0,56, das der weibl. 45,6 ± 0,45 lb. Die Heritabilität, errechnet nach der Halbgeschwister-Korrelations-Methode, betrug 0,2345 ± 0,152, die Wiederholbarkeit 0,369 ± 0,0588. Die Beziehungen des Geburtsgewichtes zum 19-Wochengewicht, zum Gewicht beim 1. Abkalben, dem Alter beim 1. Kalben, dem Alter beim Erreichen von 600 lb. Körpergewicht und dem Milchertrag der 1. Laktation und die Beziehungen dieser Daten untereinander wurden errechnet. Diese Korrelationen beweisen, daß Selektion auf höhere Geburtsgewichte zwangsläufig eine Selektion auf höhere Gewichte bei 19 Wochen und beim 1. Abkalben bedeutet (Frühreife).
K. Damm. 3614.

Jobst, D. Effect of frequency of calving on ranch-bred cows and calves. **(Der Einfluß der Kalbehäufigkeit auf Kühe und Kälber, die auf der Weide gehalten werden.)** Rhodesia agric. J. **59** (1962) Nr. 3. S. 123–127. — 5 Abb., 4 Tab.
Ganzjährig auf der Weide gehaltene Kühe neigen bei aufeinanderfolgenden Abkalbungen zu Gewichtsverlusten. Die Ursache wird in einer späten Belegung gesehen, die das Absetzgewicht der Kälber deutlich beeinflußt. Da diese Faktoren in allen Herden auftreten, wird vorgeschlagen, die Kalbezeit in einem Zuchtprogramm für Weidetiere mit aufzunehmen, das eine größere Wirtschaftlichkeit hinsichtlich des Gewichtes der Kuh und des abgesetzten Kalbes sowie bez. der Kalbehäufigkeit zum Ziel hat.
K.-H. Voigtländer. 3614.

Suchánek, Bohumil; Rapotín u Šumperka, Výzkumný Ústav pro Chov Skotu. Hodnocení a význam tvaru laktačních křivek dojnic. **(Die Bewertung und Bedeutung des Laktationskurvenverlaufes bei Milchkühen.)** Živočišná Výroba **7(35)** (1962) Nr. 9. S. 549–562. — 3 Abb., 8 Tab., 19 Lit. Zus. in Russ., Dtsch.
Die Bearbeitung von insgesamt 960 korrigierten Laktationen von Kühen aus 4 Zuchtherden mit einer durchschnittl. Leistung von 3581–4069 kg Milch brachte folgende Ergebnisse: Die Phase der ansteigenden Milchleistung nach dem Abkalben der Kühe dauerte ⌀ 28,6 Tage. Zwischen der tägl. Höchstmilchleistung und der Leistung je normierter Laktation wurde der Korrelationskoeffizient zu $r = 0{,}750$ und der Regressionskoeffizient zu 154,2 ermittelt. Der zur Beurteilung der Laktationskurven geeignetste Maßstab, der sog. Persistenz-Index (Verhältnis des prozentischen Anteils der Milchproduktion für die zweiten 100 Laktationstage zur Milchproduktion in den ersten 100 Tagen) betrug ⌀ 75,17%; bei den Kühen in der 1. Laktation war er höher als in den weiteren Laktationen. Am höchsten war dieser Index bei den im Jan. und Febr. abgekalbten (79,33%), am niedrigsten bei den im Juli und Aug. abgekalbten Kühen (68,55%). F. Svoboda. 3616.

Carter, H. Wilmot; Ithaca, N. Y., Cornell Univ., Dep. of Animal Husbandry. Effectiveness of artificial insemination in dairy cattle improvement. **(Die Wirksamkeit der KB hinsichtlich der züchterischen Verbesserung des Milchviehs.)** J. Dairy Sci. **45** (1962) Nr. 2. S. 276–281. — 3 Tab., 40 Lit.
Ein Drittel aller Milchkühe der USA entstammt der KB, damit übt diese Methode entscheidenden Einfluß auf die Gesamtpopulation aus. Vf. diskutiert an Hand der vorliegenden Literatur die Auswirkungen der Anwendung der KB in den zurückliegenden 23 Jahren. Konzentrierte sich in der ersten Zeit die Forschung auf technische Fragen, wie Samengewinnung und -konservierung, Insemination und Gesundheitskontrolle, so rückten später die genetischen Probleme in den Vordergrund. Zahlreiche Arbeiten wiesen nach, daß

die KB kaum und in weit geringerem Maße als das von ihren Begründern vorausgesagt wurde, höhere Milch- und Fettleistungen bewirkte. Die Ergebnisse der Anwendung des CC-Tests werden besprochen, bes. hinsichtlich der gleichzeitigen Prüfung von Bullen in 3 Herden mit unterschiedlicher Leistungshöhe. Folgende Gründe erschweren die Erkennung wirklicher Spitzenvererber: Schwierigkeiten bei der Eliminierung von Umwelteinflüssen; infolge der großen genetischen Variabilität dokumentiert sich die tatsächliche Vererbungsleistung nur in geringem Umfang; frühzeitige Merzung; Schwierigkeiten bei der Erfassung genetischer Unterschiede zwischen einzelnen Herden. Untersuchungen in mehreren Bundesstaaten hinsichtlich der meßbaren Einwirkung der KB-Bullen auf die Leistungen werden dargestellt. Die Verwendung der 1. Laktation zur raschen Erbwertschätzung bringt gesicherte Aussagen. Verschiedene Verfahren zur Überprüfung junger Bullen werden mit ihren Ergebnissen dargestellt. Werden diese Möglichkeiten der Jungbullentestung richtig genutzt, so erreicht man durch die KB einen jährlichen Produktionszuwachs, der bis 1,0% (Lush) bzw. 1,7% (Specht und MC Gilliard) betragen kann. Genügend große Testherden und eine hohe Zahl von Probebesamungen sind erforderlich. Große Rassen sind im Vorteil! Um den genetischen Fortschritt in den Testherden zu sichern, sollten 50% der Kühe stets mit Sperma geprüfter Bullen besamt werden. Positive Vererber werden am besten durch Vergrößerung der Besamungsbereiche einer Station und durch Spermaaustausch (Tiefkühlsperma) zwischen den Stationen genutzt. K. Damm. 3618.

Haase, H. **Untersuchungsergebnisse bei Ankaufsbullen der sächsischen Besamungsstationen.** Mh. Veterinärmed. **18** (1963) Nr. 2. S. 52–55.
334 Jungbullen werden bei Ankaufsuntersuchungen auf Zuchttauglichkeit untersucht. Von diesen werden 5 (1,5%) als zuchtuntauglich, 15 (4,5%) als nicht für die Besamung geeignet und 23 (6,9%) als bedingt für die Besamung verwendbar beurteilt. Dazu kommen weitere 25 Bullen (7,5%), die wegen Absamschwierigkeiten, mangelnder Decklust, unterschiedlicher Hodengröße, Spermamängeln, rel. kleiner Hoden, ungenügend entwickelter Nebenhoden und accessorischer Geschlechtsdrüsen, Vorfall der Praeputialschleimhaut und positiver Tuberkulinisierungsergebnisse gleich nach der 1. Ankaufsuntersuchung aus der Besamungsstation herausgenommen und in den natürlichen Deckbetrieb umgesetzt werden. Die Zuchtuntauglichkeitserklärung ist bei rel. kleinen, knolligen Hoden mit unterschiedlichem Turgor, Unterentwicklung der Nebenhoden und Samenblasen, ungenügender Spermaleistung, Reflexstörungen u. a. gerechtfertigt. Bullen, die nur geringgradige Abweichungen von der Norm erkennen lassen, werden als bedingt tauglich für die Besamung beurteilt. Die Untersuchungsergebnisse gaben also bei 68 (20,4%) der Bullen Anlaß zu Beanstandungen. Eine strenge Vorselektierung vor der Körung wird gefordert. K. Rothe. 3618.

Ljubimov, L. T. (Ljubimow, L. T.) Teoretičeskie obosnovanija vyraščivanija vysokoproduktivnogo i dolgoletnego moločnogo skota. **(Die theoretischen Grundlagen der Aufzucht von hochleistungsfähigem und langlebigem Milchvieh.)** Životnovodstvo, Moskva **24** (1962) Nr. 12. S. 11–18. – 1 Abb., 7 Tab.
Hochleistungsfähige und langlebige Kühe erhält man, wenn folgendes beachtet wird: In der Aufzuchtperiode werden bei mäßiger Milch- und Kraftfutterverabreichung und ad-libitum-Fütterung von gutem Leguminosen- und Wiesenheu in der Milchperiode, nachfolgender reichlicher Fütterung von Rauh-, Saft- und Weidefutter und min. Verabreichung von Kraftfutter (nur in der Stallperiode) bei ständiger Eutermassage Langlebigkeit und hohe Milchleistung entwickelt. In der Produktionsphase führen reichliche und vollwertige Fütterung zusammen mit intensiver Eutermassage zur Erhöhung des Lgw., zu guter Futterverwertung und zu hoher Milchleistung. Diese Beeinflussung ist bis zur 10. Laktation und später möglich. F. Schenk. 3634.

Medvedev, L. (Medwedew, L.) Vysokaja sochrannost' teljat. **(Bessere Kälberaufzucht.)** Moločnoe i mjasnoe skotovodstvo, Moskva 7 (1962) Nr. 12. S. 27–29. — 2 Abb.

Die Kühe kommen 10–15 Tage vor dem Abkalben in den Abkalbestall und bleiben ca. 3 Wochen darin. 1,5–2 Std. nach dem Abkalben werden die Kühe gemolken und die Kälber getränkt. Bis zum 10. Lebenstag erhalten die Kälber nur Vollmilch, danach werden die Vollmilchgaben gesenkt und entspr. Magermilch zugegeben. Ab 10. Tag erhalten die Kälber gesiebte und leicht angefeuchtete Hafergrütze mit Kreide. Ab 1,5 Mon. wird Silage und werden zerkleinerte Hackfrüchte verfüttert. Warmes, abgekochtes Wasser steht ihnen immer zur Verfügung, ab 2. Mon. wird ungekochtes Wasser verabreicht. R. Ihssen. 3634.

Zedník, M. und Tyleček, J.; Brno, Katedra pro Biotechnol. Živočišné Výroby VŠZ. Částečná náhrada plnotučného mléka v krmných dávkách telat speciální směsí jadrných krmiv. **(Teilweiser Ersatz der Vollmilch in Futterrationen der Kälber durch spezielles Kraftfuttergemisch.)** Sborník Vysoké Školy zemědělské Brně, Řada A **1962** Nr. 2. S. 147–152. — 2 Tab., 5 Lit. Zus. in Russ., Dtsch.

Das im Versuch verabreichte Kraftfuttergemisch setzte sich aus 51% Getreide und Müllereirückständen, 16% Eiweißfutter tierischer Herkunft und 3% eines Mineralstoff-Vitaminkonzentrates zusammen. Die Kälber der Versuchsgruppe, denen anstatt eines Teiles der Voll- und Magermilch höhere Mengen von Kraftfutter verabreicht wurden, verbrauchten in 141 Tagen 141,25 kg Voll- und 204,62 kg Magermilch je Kalb weniger als die Kontrollgruppe. Dabei wiesen die Versuchskälber durchschnittl. tägl. Zunahmen von 0,880 kg, die Kontrollkälber Zunahmen von 0,792 kg auf. Die Versuchsergebnisse beweisen, daß durch Verfütterung höherer Mengen eines geeigneten Kraftfuttergemisches wesentliche Mengen Milch eingespart werden können. F. Svoboda. 3634.

Mičev, M. (Mitschew, M.); Tolbuchin, Bulgarien, Forsch.-Inst. für Landwirtsch. der Dobrudsha. Ogleždane na teletata za ugojavane pod kravi-kŭrmački. **(Mastkälberaufzucht mit Ammenkühen.)** Izvestija na Dobrudžanskija selskostopanski naučnoizsledovatelski institut — Tolbuchin, Sofija **3** (1962) S. 131–147. — 7 Tab., 23 Lit. Zus. in Russ., Engl.

13 nicht in die Herde passenden Milchkühen (für Maschinenmelken usw. ungeeignet) wurden je 1–4 Bullenkälber zugeteilt, so daß jedes Kalb tägl. 3–4 kg und bis zum Absetzen mit 110 Tagen im ganzen 300–320 kg Milch saugte. Als Beifutter bekamen die Tiere Heu, Gär- und Kraftfutter. Der tägl. Gewichtszuwachs der Kälber bis zum Absetzen belief sich auf 697 g bei einem Milchaufwand je kg Zuwachs von 4,35 kg (8,55 kg bei Tränkkälbern). 1 AK versorgte 14 Kühe und 25–30 Kälber. Diese Art der Mastkälberaufzucht hat sich wirtschaftlicher als das Tränken der Tiere erwiesen. N. Platikanow. 3634.

Hofmann, P. **Der Einfluß von Maissilage- und Futterrübenfütterung auf die Milchleistung von Kühen.** Bayer. landwirtsch. Jb. **39** (1962) Nr. 5. S. 561 bis 568. — 2 Abb., 9 Tab.

An 2 Gruppen zu je 9 Milchkühen der Fleckviehherde der Landesanstalt Grub wurde der Wechsel im Saftfutter von Gehaltsrüben auf Maissilage auf die Futter- und Nährstoffaufnahme sowie auf die Milchleistung untersucht. Die Rauhfutteraufnahme war bei hohen Rübengaben höher als bei hohen Silagegaben, so daß auch die Nährstoffaufnahme aus dem Grundfutter bei Heu- und Rübenfütterung am höchsten war. Da bei beiden Gruppen der Nährstoffbedarf für die erzielten Leistungen gedeckt war, zeigten sich keine

Auswirkungen auf die Milchleistung und den Fettgehalt. Die höhere Nährstoffzufuhr bei Rübenfütterung hat eine etwas bessere Gewichtsentwicklung bewirkt. H. Kleiber. 3638.

Nejedlá, Helena; ÚVTI MZLVH. Některé otázky produkce jatečných telat v zahraničí. **(Einige Fragen der Produktion von Schlachtkälbern im Ausland.)** Studijní Inform., živočišná Výroba **1962** Nr. 6. S. 1–53. — 2 Tab., 83 Lit.
Aus eingehenden Studien der Fachliteratur geht hervor, daß zur Kälbermast vorwiegend Rinderrassen des Zweinutzungstyps, aber auch frühreife Milchviehrassen herangezogen werden. Zur Mast werden mindestens 7 Tage alte Kälber mit Merkmalen der Masteignung ausgewählt. Die Tiere werden am besten in geschlossenen LKW transportiert, wobei man mit einer Bodenfläche von 0,5 m² je Kalb rechnet. Von einem Pfleger können 100 Kälber betreut werden. In den ersten Lebenstagen soll das Kalb Kolostralmilch erhalten, durch die es mit Antikörpern zum Schutz gegen Infektionen versorgt wird. Allg. werden verschiedene Vollmilchersatzmittel zur Milcheinsparung verwendet. Wichtig ist die Einhaltung einer entspr. Hygiene, einschließlich Lüftung, Desinfektion u. a. im Maststall. F. Svoboda. 3652.

Richter, K., Cranz, K. L. und Schmidt, K.-H. **Mastversuche mit weiblichen Jungtieren des Deutschen Schwarzbunten Rindes. 1. Mitt. Untersuchungen über die Mastleistung und die Ergebnisse der Schlachttierbeurteilung, Ausschlachtung und Schlachtkörperbewertung von Färsen verschiedenen Alters.** Züchtungskunde **35** (1963) Nr. 1. S. 12–23. — 3 Abb., 8 Tab.
In 2 Versuchen wurden 23 Färsen des Deutschen Schwarzbunten Rindes gemästet. Im Versuch I wurden die weibl. Jungrinder mit 1,5 Jahren, im Versuch II mit 1 Jahr zur Mast aufgestellt. Die durchschnittl. Tageszunahmen lagen in beiden Versuchen unter 800 g. Im Versuch I wurde ein sehr hoher Nährstoffaufwand je Einheit Gewichtszunahme festgestellt. Der Mehraufwand an verd. E. betrug 32%, an StE 44%. Die Beschaffenheit des Fleisches in beiden Versuchen entsprach höchsten Qualitätsanforderungen. Aus dem Vergleich der Ergebnisse der Schlachttierbeurteilung und der Schlachtkörperbewertung wird festgestellt, daß eine zuverlässige Schätzung des Fleisch:Fett-Verhältnisses am lebenden Rind kaum möglich ist. Der Nährstoffbedarf der Mastfärsen ist wesentlich niedriger als der von Jungmastbullen gleichen Alters und gleicher Rasse. H. Kleiber. 3652.

Peregončuk, S. T. (Peregontschuk, S. T.) Intensivnyj otkorm nekastrirovannych byčkov. **(Die Intensivmast von unkastrierten Jungbullen.)** Životnovodstvo, Moskva **24** (1962) Nr. 10. S. 58–63. — 4 Abb., 3 Tab.
In der Ukraine brachten unkastrierte Jungbullen, deren Intensivmast bei reichlicher Verfütterung von Silage und Grünfutter mit 3–4 Mon. begann, in 191 Masttagen Tagesdurchschnittszunahmen von 700–1000 g; der Futteraufwand betrug 8,9 FE/kg Zunahme. Im Sowchos „Karpowzy“ wurden bei der Intensivmast von 6–7 Mon. alten unkastrierten Jungbullen in 101 Tagen 142 kg Zunahme/Tier erzielt, so daß sie mit 9–10 Mon. 300–385 kg wogen. Es wurden pro Tag 2 kg Kraftfutter, 6 kg Magermilch und 20–25 kg Grünmasse verfüttert; der Futteraufwand betrug 5,7 FE/kg Zunahme. Bei Anwendung von Gewebepräparaten und Harnstoff stiegen die Zunahmen noch um ca. 120 g/Tier/Tag. Die Fleischausbeute betrug bei kastrierten Jungbullen 48,4%, bei unkastrierten 50,4%. F. Schenk. 3652.

Berg, F. **Erfahrungen bei der Weidemast mit Jungbullen.** Dtsch. Landwirtsch. **14** (1963) Nr. 3. S. 147–151. — 5 Abb., 3 Tab., 11 Lit.
Das Gelingen der Bullenweidemast wird in erster Linie davon bestimmt, inwieweit es den Betrieben gelingt, den parasitären Befall der Tiere und der Weide so gering wie möglich zu halten. Als gefährlichster Parasit ist der Lungenwurm

anzusehen. Herbstbullenkälber, die mit einem Gewicht von ca. 160 kg aufgetrieben und in Herden bis zu 80 Stck. gehalten werden können, brauchen nicht sterilisiert zu werden. Winter- und Frühjahrsbullenkälber mit einem Weideauftriebsgewicht von 220–300 kg sollten nach der Methode Rosenberger sterilisiert werden. Die Außenumzäunung der Weide soll stationär und mit 4 festen und einem vorgesetzten E-Draht versehen sein. Die tägl. Zuteilung der Weidefläche kann durch einen Elektro-Weidezaun geschehen. Der Weidegrasbedarf von 2 Winter- und Frühjahrsbullen bzw. von 3–4 Herbstbullenkälbern entspricht etwa dem einer Kuh. An 2 Beispielen werden die Erfahrungen der Weide-Jungbullenmast in LPG aufgezeigt.

E. Winkler. 3652.

Jungehülsing, H. **Weidemast mit jungen Bullen.** Tierzüchter **13** (1961) Nr. 18. S. 456–458.

Mit steigendem Rindfleischverzehr hat sich die Art der Erzeugung geändert. Der Markt wird nicht mehr von 3- bis 4jährigen Ochsen bestimmt, sondern von Bullen zwischen 18–24 Mon. Viele dieser Bullen stammen aus Weidebetrieben und befriedigen aus folgenden Gründen nicht in der Fleischqualität: Schlechtes Wetter verringert die Futteraufnahme und damit die Zunahme. Die Tiere werden nicht schlachtreif abgegeben, sondern bei Futtermangel auf der Weide. Die Intensivmast junger Tiere erfordert ein E.-StE-Verhältnis von 1:5, das bei Weidemast nur bis Juli gewährleistet ist. Die beste Wirtschaftlichkeit der Weidemast ist mit einem Endgewicht von 400–430 kg und 15–20 Mon. gegeben, während im Stall länger und bis 550 kg gemästet werden kann. Anfälligkeit gegen tierische Schädlinge beeinträchtigt den Masterfolg. Die Umstellung von Winterfutter auf Weidegras verursacht häufig Gewichtsverluste. Trotz dieser Schwierigkeiten ist es möglich, Tageszunahmen von 1000 g bei reiner Weidemast zu erreichen, wenn folgendes beachtet wird: eigene Kälberweide, um Übertragung von Schädlingen zu mindern; reichlich Magermilch bis zu einem Gewicht von 160 kg; Übergangsfütterung und Temperaturanpassung vor dem Austrieb; ausreichende Wasserversorgung auf der Weide; Schädlingsbekämpfung; gleichmäßige Futterversorgung durch Umtriebs- oder Portionsweide und gute Weidepflege und -düngung (180 bis 210 kg N in 4–5 Gaben). Unfertige Tiere sollten im Herbst im Stall ausgemästet werden.

I. Morgenstern. 3652.

Edmunds, Henry. Selling beef stores by weight. **(Verkauf von Mastrindern nach Gewicht.)** Agriculture [London] **70** (1963) Nr. 1. S. 21–24. — 3 Tab.

Die in den USA übliche Praxis der Rindfleischproduktion unterscheidet sich in zahlreichen Punkten sehr wesentlich von der britischen. Für die kommende britische Entwicklung empfiehlt Vf. folgendes: Der Ankauf von Mastrinderpartien sollte nach Gewicht erfolgen; der Kaufpreis je Gewichtseinheit sollte den zu erwartenden Verkaufspreis nicht überschreiten; die Lebenstagzunahmen und die Futterkosten müssen ständig beobachtete Kriterien der Entwicklung sein; die Beziehung zwischen diesen beiden Faktoren wird ausgedrückt als Kosten je Gewichtseinheit Zunahme, diese sollten unter den augenblicklichen Verhältnissen nicht höher als 12 Schilling je lb. sein.

K. Damm. 3652.

Šemenov, V. A. und Ivanova, T. G. (Schemenow, W. A. und Iwanowa, T. G.) K voprosu o živom vese moločnych korov dlja chozjajstv podmoskovnoj zony. **(Zur Frage des Lebendgewichts der Milchkühe in der Umgebung Moskaus.)** Tr. Vses. s.-ch. in-ta zaočn. obrazovanija **1961** Nr. 4. S. 9–12. — Aus: Referativnyj žurnal. Biologija, Moskva **1962** Nr. 11. L 125. S. 20.

Man hat festgestellt, daß bei den ausgewachsenen Kühen der Kostromaer Rasse mit der Erhöhung des Lgw. auch die Milchleistung und die Nutzungsdauer stiegen; bei den Ostfriesen war es genau umgekehrt. So betrug z. B.

die Jahresleistung der Kostromaer Kühe bei einem Gewicht von 500–599 kg ∅ 4664,4 kg, bei 600–699 kg Lgw. ∅ 5067,5 und bei 700–799 kg Lgw. 5228 kg, die Nutzungsdauer erreichte entspr. 6,1; 6,1 und 6,5 Jahre, der Verbrauch an Futtereinheiten je 5000 kg Milch lag bei 4200; 4130 und 4385 FE. Ostfriesenkühe in den gleichen Gewichtsklassen wiesen dagegen folgende Leistungen auf: 5420; 5131,5 und 4970,9 kg Milch; 9,9; 9,2 und 8,5 Jahre; 3935; 4165 und 4350 FE. Eine derartige Abweichung liegt anscheinend in dem unterschiedlichen biol. Typ dieser Rassen begründet, die sich unter verschiedenen Bedingungen herausgebildet haben. Vff. sind der Ansicht, daß für Betriebe, bes. in der Nähe der Städte, das Lgw. der Kühe eine wesentliche Bedeutung besitzt. übersetzt v. Th. C. Boetticher. 3662.

Bagirov, N. (Bagirow, N.) Želatel'nyj ves švickich korov. **(Gewicht und Milchleistung bei Schweizer Braunvieh-Kühen.)** Moločnoe i mjasnoe skotovodstvo, Moskva 7 (1962) Nr. 12. S. 36–37. — 3 Tab.
Die Braunvieh-Kühe der sowjetischen Sowchosen haben die höchste Milchleistung bei einem Gewicht von 550–600 kg. Bei höherem Gewicht war ein Rückgang der Leistungen zu verzeichnen. Die höchste Leistung bezogen auf 100 kg Lgw. liegt bei 450–500 kg Milch. R. Ihssen. 3662.

Vil'činskij, A. (Wiltschinski, A.) Povyšenie žirnomoločnosti. **(Erhöhung des Milchfettgehaltes.)** Moločnoe i mjasnoe skotovodstvo, Moskva 7 (1962) Nr. 12. S. 35.
Beste Ergebnisse bei der Erhöhung des Milchfettgehaltes werden erreicht durch Kreuzung milchfettarmer Kühe mit Jersey. Die F_1-Kühe weisen nach der 1. Abkalbung einen Fettgehalt der Milch von 4,2–5,2% auf. Auch der richtige Einsatz milchfettreicher Vatertiere der einheimischen Rassen führt zur schnellen Erhöhung des Milchfettgehaltes der Herden.
R. Ihssen. 3662.

Ritter, H. Ch. und Völkl, H. **Einiges über den Schlachtwert von Jungbullen aus der Kreuzung Aberdeen-Angus × Zweinutzungsrassen.** Tierzüchter 14 (1962) Nr. 18. S. 662–663.
10 Jungmastbullen, davon 9 Aberdeen-Angus × Fleckvieh-Tiere und 1 Aberdeen-Angus × Schwarzbunt-Rind wurden in ihrem Schlachtwert mit Gelbvieh- und Fleckvieh-Jungmastbullen der Nachkommenschaftsprüfungsanstalt Grub verglichen. Es bestand im Ergebnis kein wesentlicher Unterschied zwischen dem F_1-Schwarzbunt- und den F_1-Fleckviehbullen, so daß keine Trennung der Ergebnisse erfolgte. Von den 10 F_1-Bullen wurden 2 nach Weideabtrieb geschlachtet und 8 bis Ende der Winterfütterungsperiode weiter gemästet. Die Weidemastbullen entsprachen in erster Linie wegen ihres geringen Gewichtes nicht den Ansprüchen. Die nach der Weideperiode im Stall ausgemästeten F_1-Bullen präsentierten sich zwar äußerlich als Mastbullen gut, hatten aber bei der Ausschlachtung einen doppelt so hohen Fettanteil und ein doppelt so hohes Fleisch:Fett-Verhältnis wie die Bullen des Gelb- und Fleckviehs. Ihr gelbes Depotfett entspricht nicht den Ansprüchen der Konsumenten. K. Pilz. 3664.

Stefanov, Ivan und Bogdanov, Metodi. (Stefanow, Iwan und Bogdanow, Metodi.) Otgleždane na kravi v otdelni grupi prez suchostojnija period. **(Haltung der Kühe in einzelnen Gruppen während der Trockenperiode.)** Životnovŭdstvo, Sofija 16 (1962) Nr. 11. S. 14–17.
Durch Absonderung der trockengestellten Kühe und trächtigen Färsen in einzelnen Gruppen 2 Mon. vor dem Kalben sowie durch verbesserte Ernährung wurde das Verkalben verhütet und die Kälber vor Krankheiten (bes. konstitutioneller Dyspepsie) und Todesfällen bewahrt. N. Platikanow. 3672.

Kirton, R. H. W. Aids to wintering of dairy cattle on heavy wet soils. **(Hilfsmittel zur Winteraufstallung von Milchvieh auf schwerem, feuchtem**

Boden.) New Zealand J. Agric. **105** (1962) Nr. 5. S. 441. 443. 445. 447. — 4 Abb.
Zur bestmöglichen Arbeitseinteilung und ökonomischen Haltung von Milchvieh in Gegenden mit schwerem, feuchtem Boden über die Wintermonate werden Fragen der Organisation der Fütterung, Futterbevorratung, Selbstfütterung, Anlage von bodenbefestigten und überdachten Futterständen und Gruppenhaltung unter Anwendung der in den USA üblichen Offenstallanlagen besprochen. Die Arbeit ist die Wiedergabe eines Vortrages auf einer Farmer-Tagung in Ruakura. H. Senger. 3672.

Kaiser, R. **Erfahrungen über die Kennzeichnung von Rindern mit Halsriemen.** Tierzucht **17** (1963) Nr. 3. S. 116–119.
Als vorteilhaft, weil wirtschaftlich und dauerhaft, hat sich die Kennzeichnung durch Halsriemen erwiesen. Aus igelitierten Treibriemen hergestellte Bänder (für Kühe von 40–50 cm Breite und 110–115 cm Länge; für Jungtiere von 30–35 cm Breite und entsprechender Länge) werden durch Klemmbügel und Schraubenverschluß zusammengehalten. Bei einer gleichzeitigen Kombination von Verschluß- und Anbindevorrichtung für die Ställe könnten bis zu $^2/_3$ der üblichen Kuhkettenlänge eingespart werden. Die Markierung der hellfarbigen Halsbänder erfolgt mittels Brenneisen, deren Zahlenausmaße 5 cm Höhe und 2 cm Breite betragen. R. Menzel. 3674.

Phelps, Anthony. Stimulated cows give more milk. **(Angerüstete Kühe geben mehr Milch.)** Farmer's weekly [Bloemfontein, South Africa] **104** (27/2. 1963) S. 21. — 2 Abb., 1 Tab.
In Ruakura wurden mit Zwillingskühen verschiedene Versuche durchgeführt, die einen deutlichen Einfluß auf die Verbesserung der Milchhergabe durch die Eutermassage vor dem Melken erbrachten. Ein Anrüsten von 0,5 Min. brachte 32,8% mehr Milch, 32% mehr Fett und eine Verringerung der Melkzeit um 20 Sek. Ein längeres Warten zwischen der Euterwaschung und dem Ansetzen der Melkbecher verringert die Anrüstwirkung, ebenso führt eine Verringerung der Anrüstezeit unter 0,5 Min. zu einem Nachlassen derselben. Ein anderer Versuch ergab, daß die Stärke des Milchhergabereflexes 2 Mon. nach Beginn der Laktation nachläßt. Die Euterwaschung mit kaltem Wasser und gründlicher Abreibung ergab genügende Ergebnisse. Das Abmelken der ersten Strahlen wirkt neben der Mastitiskontrolle auch stimulierend auf die Milchhergabe. Zum Nachmelken in Melkständen hat sich in Ruakura nach dem Aufhören des Milchflusses ein Anhängen eines Gewichtes von 1,5 lb. bewährt, weil sich der Melker weiter um die anderen Kühe kümmern kann. Das Melken einer Jersey-Herde um 8 Uhr morgens und 16 Uhr nachmittags hatte keinen nachteiligen Einfluß auf die Höhe der Milchleistung.
H. Senger. 3677.

Hajdu, Š. **Die Liquidierung der Brucellose bei den Rindern im Mittelslowakischen Bezirk.** Arch. exp. Veterinärmed. **17** (1963) Nr. 1. S. 11–34. — 10 Abb., 9 Tab., 30 Lit.
Es wird die Bekämpfung und Tilgung der Rinderbrucellose in einem größeren Gebiet der CSSR, in dem insgesamt 26 Kreise mit 140 Gemeinden verseucht waren, beschrieben. Durch eine wirkungsvolle Ausmerzung von Reagenten aus verseuchten Gebieten auf der Basis serologischer Untersuchungen (Langsamagglutination, Komplementbindungsreaktion und Coombs-Test) und in begründeten Fällen durch Beseitigung des gesamten Rinderbestandes ist es möglich, die Rinderbrucellose in einem ausgedehnten Gebiet planmäßig und mit dauerhaftem Erfolg zu tilgen. Die Hauptseuchenquelle ist das brucelloseinfizierte Rind. Naturseuchenherde spielen bei der Verbreitung der Rinderbrucellose in der CSSR keine Rolle. Bei der Schweinebrucellose dagegen muß mit Neuinfektionen durch Feldhasen gerechnet werden. Durch die brucellosefreie Kälberaufzucht — auch von infizierten Rindern — in einer brucellose-

freien Umwelt können verseuchte Bestände allmählich saniert werden. Schafe besitzen eine große Widerstandsfähigkeit gegen Infektionen mit *B. abortus* und *B. suis*. Sie bilden unter den gegebenen Verhältnissen keine Gefahr für die Brucellosesanierung der Rinderbestände. Nach der planmäßigen Untersuchung aller Rinder in der Mittelslowakei wurde die Brucellosetilgung 1958 begonnen und 1959 abgeschlossen. Die Bekämpfung der Brucellose und Tbc der Rinder kann gleichzeitig erfolgen, wobei die Sanierung der Bestände durch eigene Nachzucht größte Bedeutung besitzt. E. Kunter. 3680.

Lührs, E. **Beitrag zur Bekämpfung der Dasselplage.** Prakt. Tierarzt **40** (1963) Nr. 3. S. 84-86. 88. — 5 Abb., 4 Tab.
Die seit Jahrzehnten in Oldenburg mit Hilfe des Rückenwaschverfahrens (ab 1934 mit Derriswurzelpräparaten und ab 1956 mit Neguvon/Bayer) durchgeführten Dasselbekämpfungsaktionen blieben trotz der angewendeten Mühen und Kosten bisher erfolglos; im Gegenteil, der Befall hat stetig zugenommen. Die Hauptursache für das Versagen der Dasselbekämpfung wird in der Technik des Vorgehens gesehen: Beim Abdasseln im März oder Apr., also vor Weideaustrieb werden lediglich die unter der Rückenhaut befindlichen Larven restlos abgetötet; es wird nachgewiesen, daß jedoch bis zum Aug. noch ca. 4mal soviel Larven „nachströmen". Am Beispiel mehrjähriger, ab März in monatl. Abständen 4- bis 5mal durchgeführter planmäßiger Abdasselungen (Rückenwaschverfahren mit 2%iger Neguvon-Lösung) auf den Inseln Norderney und Borkum wird gezeigt, daß erst ab dem 4. Jahre ein abs. Rückgang zu verzeichnen ist. Ein Abdasseln während der Weideperiode wird solange notwendig sein, bis ein Mittel vorhanden ist, welches die im Körper wandernden Larven sicher abzutöten vermag. Th. Hiepe. 3680.

Schulz, J. A., Wujanz, G. und Wick, R. **Vergleichende Untersuchungen über die Wirksamkeit der ein- und zweimaligen präventiven parenteralen Bubulin-Applikation gegenüber dem Dassellarvenbefall der Jungrinder.** Mh. Veterinärmed. **18** (1963) Nr. 5. S. 163–167. — 3 Abb., 2 Tab., 15 Lit.
Jungrinder, die während der Sommermonate auf dasselverdächtigen Weiden gehalten wurden, erhielten präventiv 1- bzw. 2mal das Phosphorsäureesterkombinationspräparat „Bubulin" (Dosis: 25 mg Wirkstoff/kg Lgw.; i.m.). März–Mai des folgenden Jahres erfolgte die Kontrolle des Behandlungserfolgs. Gegenüber den unbehandelten Kontrolltieren ergab sich ein deutlicher Minderbefall, der bei den 2mal behandelten Tieren jeweils die günstigsten Werte aufwies. Es fiel auf, daß bei einzelnen, schlechtgenährten Jungrindern und ausgesprochenen Kümmerern die Wirksamkeit nicht so günstig war. Auf Grund der Untersuchungsergebnisse wird empfohlen, im Spätherbst alle auf der Weide oder in gefährdeten Offenställen gehaltenen Jungrinder bis zum 4. Trächtigkeitsmonat einer 2maligen i.m. Bubulin-Behandlung zu unterziehen; diese Tiere erhalten im Frühjahr vor Weideaustrieb außerdem eine Waschbehandlung mit einer 2%igen wäßrigen Trichlorphonlösung. Milchkühe sind bei Auftreten von Hautlarven ebenfalls mit Trichlorphon-Lösung zu waschen, und zwar morgens unmittelbar nach dem Melken.
Th. Hiepe. 3680.

Rako, A., Oklješa, B. und Jakovac, M. **Mastitiden als wirtschaftliches Problem in der Rinder-Zucht.** Züchtungskunde **34** (1962) Nr. 8. S. 367–374.
Verringerte Milchproduktion, Ausschluß von Kühen aus der Zucht wegen Vertrocknung einzelner Viertel, schlechte Qualität der Milch und negative Beeinflussung der Kälber während der Säugezeit sind wirtschaftliche Schäden, die durch chronische katarrhalische Mastitis auftreten können. An 1003 Kühen wurden Untersuchungen über Milchverluste in Mastitis-Vierteln durchgeführt. 14,3% der Viertel waren infiziert. Je nach dem Grad der Erkrankung schwanken die Milchverluste in den Vierteln zwischen 15,23% und 83,88%. Atrophische Viertel treten jährl. bei 7% der Kühe auf, weitere

3% zeigen eine Resistenz gegenüber Behandlungen. Bei geheilten Mastitis-Vierteln steigt die Milchproduktion allmählich bis zur Höhe der gesunden Viertel an. In nicht ausgeheilten Vierteln steigen hingegen die Milchverluste. Die auftretenden Verluste infolge verringerter Milchproduktion und der Verkauf unökonomischer Kühe infolge Mastitis-Infektion belasten einen Liter Milch mit ca. 11%. Stall- und Euterhygiene sowie systematische Kontrolle, Behandlung und Entfernung der Infektionsquellen aus dem Stall bestimmen den Erfolg der Bekämpfung von chronischen katarrhalischen Mastitiden.
H. Winkler. 3680.

D. SCHWEINE

Marčev, B. und Vasilev, C. (Martschew, B. und Wassilew, Z.); Widin, Bulgarien, Landwirtsch. Versuchsstat. Izsledvanija vŭrchu dochodnostta na svinevŭdnite fermi na TKZS ot rajona na Orjachovo. **(Untersuchungen über die Rentabilität der Schweinezucht in den LPG im Gebiet von Orjachowo.)** Izvestija na Selskostopanskija naučnoizsledovatelski institut — Kneža, Sofija **4** (1962) S. 245–275. — 1 Abb., 9 Tab., 21 Lit. Zus. in Russ., Engl.
Vff. haben eine Wirtschaftsanalyse von 36 LPG-Schweinefarmen im Gebiet von Orjachowo vorgenommen und festgestellt, daß die Rentabilität der Schweinezucht in diesem Gebiet trotz der gleichartigen natürlichen und wirtschaftlichen Bedingungen in sehr weiten Grenzen schwankt. Der Gesamtertrag je 1 AK-Tag beläuft sich für 1957 durchschnittl. auf 14,80 (3,81–29,15) Lewa, umgerechnet je Muttersau auf 1287 (326–2746) Lewa. Es wird der Einfluß von Fütterung, Pflege, System der Bestandsergänzung, Zuchtverbesserungsarbeit, Arbeitsorganisation, Mechanisierung der Arbeit usw. auf die Rentabilität untersucht sowie auf ihre Abhängigkeit von diesen Faktoren hingewiesen.
N. Platikanow. 3715.

Gutman, K. Ja. Kak snizit' sebestoimost' svininy. **(Die Senkung der Selbstkosten für Schweinefleisch.)** Svinovodstvo, Moskva **17** (1963) Nr. 1. S. 12–15. — 3 Tab.
Wichtigste Faktoren zur Steigerung und Verbilligung der Schweinefleischproduktion sind die Konzentration und Spezialisierung der Schweinezucht mit umfassender Anwendung von Maschinen; die Senkung der Futterkosten durch Veränderung des Verhältnisses der Futtermittel in den Rationen und Anwendung ertragreicher Kulturen (25–35% Zuckerrüben in der Ration); die Senkung der Selbstkosten für die Ferkel durch Senkung der Kosten für die Zuchtherde, Ferkelaufzucht in Spezialbetrieben, Erzielung von 2 Würfen und mindestens 16–18 Ferkeln pro Sau im Jahr, Hinzuziehung von Hilfssauen zur Nachzucht und zielgerichtete Selektionsarbeit; die Intensivierung der Mast mit Tagesdurchschnittszunahmen von 500–600 g.
F. Schenk. 3715.

Svečin, K. (Swetschin, K.) Skorospelost' svinej i faktory, ee obuslovlivajuščie. **(Die Frühreife der Schweine und die Faktoren, die sie bedingen.)** Sb. naučn. tr. Ést. n.-i. in-t životnovodstva i veterinarii **1961** Nr. 5. S. 29–44. — Orig.: russ., Ausz.: engl., estn. Aus: Referativnyj žurnal. Biologija, Moskva **1962** Nr. 2. L 106. S. 15.
Unter Frühreife versteht man die Entwicklungsintensität eines Tieres, die durch Erbanlage und Aufzuchtbedingungen bestimmt wird. Die Frühreife ist abhängig von der Intensität und dem Charakter des Stoffwechsels und dem Energieaustausch zwischen Organismus und Umwelt. Die Besonderheiten des Wachstums, der Entwicklung und des Stoffwechsels wurden an Schweinen der Berkshire- und der Mangalica-Rasse untersucht. Die Berkshire besaßen eine größere Wachstumsenergie als die Mangalica-Schweine. Im Alter von 8 Mon. hatten die Mangalica-Läufer nur 70% des Gewichtes der Berkshire. Bei ihnen waren auch Stoffwechselintensität und -typ unterschiedlich. Bei den frühreifen Tieren tritt der Reifezustand früher ein. Der Versuch zeigte,

daß auf den zeitigen Fleischansatz und die Zuchteigenschaften von Schweinen der Großen Weißen Rasse die unterschiedliche Fütterung als Ferkel Einfluß hatte. Schlechte Fütterung der Tiere im Alter von 3–5 Mon. verzögerte ihr Wachstum bis zu 100 kg Lgw. um 11 - 38 Tage. Schlechte Fütterung verringerte die Schlachtausbeute und den Kaloriengehalt des Fleisches. Eine vorübergehende Verschlechterung der Ernährung der Läufer hemmte ihre Geschlechtsreife. Die Kraftfutterernährung hingegen förderte die Fruchtbarkeit der Tiere. Das Verfüttern eines Futterbiomycinpräparats mit Vitaminzusatz an die Ferkel im Laufe von 32 Tagen hatte eine positive Wirkung auf das Wachstum. Tageslicht verstärkt die Intensität der Stoffwechselprozesse. Die Frühreife verbessert man durch die Gebrauchskreuzung. Bei der Kreuzung von Sauen der Großen Weißen Rasse mit Ebern der Großen Schwarzen Rasse tritt Heterosis auf. übersetzt v. Ch. Eshkowa. 3740.

Sokolov, A. K. (Sokolow, A. K.) O napravlenii plemennogo svinovodstva v zonach krupnych promyšlennych centrov. **(Die Richtung der Schweinezucht in den Zonen der großen Industriezentren.)** Tr. Mosk. vet. akad. **40** (1961) Nr. 108–110. — Aus: Referativnyj žurnal. Biologija, Moskva **1962** Nr. 12. L 66. S. 10.

Zur Klärung der Rassen- und Typunterschiede der Schweine hinsichtlich Wachstumsgeschwindigkeit, Futterverwertung und Schlachtleistung wurden 3 Versuchsgruppen zu je 25 Schweinen der Großen Weißen (Fleisch-Fett-Typ), der Großen Schwarzen und der Liwnyer Rasse (Fett-Typ) aufgestellt. Die 4 Mon. alten Läufer hatten ein Lgw. von 35–40 kg. Die Futterrationen bestanden zu 25 - 50% aus Abfällen der Gemeinschaftsküchen und Haushalte. Unter gleichen Fütterungs- und Haltungsbedingungen war die Wachstumsgeschwindigkeit bei den verschiedenen Rassen und Typen unterschiedlich. Bis zum Gewicht von 100 kg benötigten die Großen Weißen 124 Tage, die Liwnyer 130 Tage und die Großen Schwarzen 140 Tage bei einem Futteraufwand von 5,33; 5,68 bzw. 5,76 FE pro 1 kg Gewichtszunahme. Mit 100 kg Lgw. zeigten die Vertreter der 3 Rassen folgendes Fett: Fleisch-Verhältnis: 1:2,70; 1:2,3 bzw. 1:2,01. Die Selbstkosten pro 1 kg Gewichtszunahme waren im Vergleich zur Großen Weißen bei der Großen Schwarzen Rasse 17% höher. übersetzt v. Ch. Eshkowa. 3740.

Eckhoff, Heinrich; Bonn. **Große Fortschritte in der Fleischschwein-Züchtung.** Dtsch. landwirtsch. Presse **86** (1963) Nr. 7. S. 63–64. — 5 Abb., 3 Tab. 3740.

Makoveckas, R. (Makowezkas, R.) Plemennaja rabota s litovskimi belymi svińjami. **(Die züchterische Arbeit am Litauischen Weißen Schwein.)** Sb. naučn. tr. Est. n.-i. in-t životnovodstva i veterinarii **1961** Nr. 5. S. 104–112. — Orig.: russ., Ausz.: engl., estn. Aus: Referativnyj žurnal. Biologija, Moskva **1962** Nr. 11. L 117. S. 18.

Die einheimischen Kurzohrschweine wiesen eine kräftige Konstitution, Spätreife und schlechte Futterverwertung auf. Die Schaffung der Litauischen Weißen Schweine erfolgte durch komplizierte und lang andauernde Kreuzung der einheimischen Schweine mit verschiedenen Rassen, bes. dem Großen Yorkshire-Schwein. Gegenwärtig wird an den Schweinen züchterisch intensiv gearbeitet. Es wurde u. a. eine Mastprüfungsanstalt eingerichtet. Durch konsequente Selektion wurde die Rasse auf einen Fleischtyp und einen Fleischfetttyp umgestellt. Die voll ausgewachsenen Eber haben ein Lgw. von 278,3 kg, eine Rumpflänge von 170,7 cm, die Sauen entspr. 227,3 und 154,5. Die durchschnittl. Fruchtbarkeit der Sauen beträgt 10,8 Ferkel, die Milchleistung 67,4 kg. übersetzt v. Th. C. Boetticher. 3770.

Zommere, A. (Sommere, A.) Sostojanie plemennoj raboty s latvijskoj beloj porodoj svinej. **(Stand der züchterischen Arbeit an der Litauischen Weißen Rasse.)** Sb. naučn. tr. Est. n.-i. in-t životnovodstva i veterinarii **1961** Nr. 5.

S. 76–90. — Orig.: russ., Ausz.: engl., estn. Aus: Referativnyj žurnal. Biologija, Moskva **1962** Nr. 11. L 118. S. 18.
Durch Selektion und Verbesserung der Fütterungs- und Haltungsbedingungen vor allem für die jungen Tiere auf den Zuchtfarmen konnten Wachstum und Entwicklung der Schweine verbessert werden. Bei den Ebern im Alter von 12–17 Mon. erhöhte sich das Lgw. im Durchschnitt um 48,3 kg, die Rumpflänge um 11,1 cm, bei den Sauen entspr. um 38,7 kg und 6,9 cm. Die Fruchtbarkeit der ausgewachsenen Sauen stieg um 1,8 Ferkel je Wurf, die Milchleistung um 9,3 kg. — Die Organisation der züchterischen Arbeit wird beschrieben. übersetzt v. Th. C. Boetticher. 3770.

Sorokina, V. I. (Sorokina, W. I.); Askanija-Nowa, Gebiet Cherson, Ukrain. Forsch.-Inst. für Tierzucht der Steppengebiete. Rabota nad porodoj prodolžaetsja. **(Die Fortsetzung der Arbeit an der Ukrainischen Bunten Steppenrasse.)** Svinovodstvo, Moskva **16** (1962) Nr. 10. S. 37–38. — 2 Abb.
Die neue, für die Trockenzone im Süden der Ukraine bestimmte Rasse zeichnet sich durch gute Hitzeanpassungsfähigkeit, hohe Fruchtbarkeit und Größe aus. Die Eber (3 Jahre und älter) wiegen 297 kg, haben eine Rumpflänge von 172 cm und einen Brustumfang von 165 cm; bei den Sauen sind es entspr. 248 kg, 161 cm und 149 cm. Ihre Wurfzahl beträgt 10,6 Ferkel, die Milchleistung 62,5 kg und das Absatzgewicht der Ferkel 17 kg. Die Läufer erreichen bei Fleischmast das Gewicht von 100 kg in 219 Tagen bei einem Futterverbrauch von 4,5 FE/kg Zunahme. — Gegenwärtig gibt es 6 Blutlinien und 19 Familien. Es wird auf eine dunklere Färbung selektiert. Reinzucht und Gebrauchszucht werden durchgeführt; die weitere Zuchtarbeit ist auf die Erhöhung der Schnellwüchsigkeit, Wurfgröße und Milchleistung gerichtet. Es werden neue Blutlinien und Familien sowie Inzucht- und Hybrideber gezüchtet, die sowohl in der Reinzucht als auch in der Gebrauchszucht geprüft werden. F. Schenk. 3770.

Auzinja, Z. (Ausinja, S.) Akklimatizacija svinej porody švedskij landras v Latvijskoj SSR. **(Die Akklimatisierung von Schweinen der Schwedischen Landrasse in der Lettischen SSR.)** Sb. naučn. tr. Ėst. n.-i. in-t životnovodstva i veterinarii **1961** Nr. 5. S. 113–126. — Orig.: russ., Ausz.: engl., estn. Aus: Referativnyj žurnal. Biologija, Moskva **1962** Nr. 12. L 105. S. 15.
Für die Erzeugung von qualitativ hochwertigem Bacon wird in der Lettischen SSR die Züchtung der Schwedischen Landrasse beabsichtigt, die 1958 eingeführt wurde. Die Eltern der Importtiere zeichneten sich durch gute Frühreife, Futterverwertung und Baconqualität aus. Die Anpassung der Landschweine an die örtlichen Haltungsbedingungen erfolgt nicht ohne Schwierigkeiten. Die eingeführten Sauen brachten im 1. Wurf ⌀ 7,8 Ferkel (20,4% weniger als ihre Mütter in Schweden). Die Töchter der Importsauen erzielten im 1. Wurf 8,7 Ferkel. Fruchtbarkeit und Milchleistung der Sauen verbesserten sich bei den folgenden Würfen. Die Ferkelverluste bis zum Alter von 4 Wochen betrugen 15%, bis zum Alter von 8 Wochen 25%. Das Durchschnittsalter der Schweine zu Mastende betrug 195 Tage, die tägl. durchschnittl. Gewichtszunahme 707 g. Für 1 kg Gewichtszunahme wurden ⌀ 4,52 FE verbraucht. Der Versuch zeigt, daß die Schwedischen Landschweine bei gleichen Fütterungs- und Haltungsbedingungen bessere Gewichtszunahmen und eine bessere Baconqualität aufweisen als die übrigen in der Lettischen SSR gezüchteten Rassen, jedoch anspruchsvoller im Futter sind.
übersetzt v. Ch. Eshkowa. 3770.

Hladký, Vladimír; Nitra, Vysoká Škola Pol'nohospodárska. Príspevok k štúdiu premenlivosti živej váhy a rozmerov tela bielych ušl'achtilých plemenných prasníc. **(Beitrag zum Studium der Veränderlichkeit des Lebendgewichtes und der Körpermaße von Zuchtsauen des Weißen Edelschweins.)** Pol'nohos-

podárstvo **9** (1962) Nr. 11. S. 793–804. – 3 Abb., 5 Tab., 24 Lit. Zus. in Russ., Engl.
Auf Grund einer variationsstatistischen Bearbeitung von Angaben über das Lgw. und die Körpermaße von insgesamt 2014 slowakischen Edelschweinsauen im Alter von 8–14 Mon. wurde festgestellt, daß sich der Rahmen der Sauen in den letzten 4 Jahren unter dem Einfluß von Ebern tschechischer und deutscher Herkunft bedeutend vergrößerte und verlängerte bei gleichzeitiger Erhaltung der wertvollen Mastfähigkeit und des Schlachtwertes der Rasse. Gegenüber dem Jahre 1957 erhöhten sich bis 1960: das durchschnittl. Lgw. o. a. Tiere um 14,4 kg (9,48%), ihre Körperlänge um 12,74 cm (9,32%), die Widerristhöhe um 3,20 cm (4,76%), die Brusttiefe um 1,60 cm (3,91%), die Brustbreite um 0,80 cm (3,06%), die Beckenbreite um 1,30 cm (3,78%) usw.
F. Svoboda. 3770.

Pjanamjagi, Ch. O nasledovanii produktivnych kačestv ėstonskich krupnych belych svinej na plemennych fermach i ee primenenie v proizvodstve. **(Über die Vererbung der Leistungseigenschaften der Estnischen Großen Weißen Schweine auf den Zuchtfarmen und ihre Anwendung in der Praxis.)** Sb. naučn. tr. Ėst. n.-i. in-t životnovodstva i veterinarii **1961** Nr. 5. S. 57–75. – Orig.: russ., Auszug.: engl., estn. Aus: Referativnyj žurnal. Biologija, Moskva **1962** Nr. 11. L 116. S. 18.
In den vergangenen 10 Jahren hat sich die durchschnittl. Fruchtbarkeit der Sauen der Großen Weißen Rasse auf den Zuchtfarmen von 7,2 auf 12 Ferkel, die Milchleistung von 51,2 auf 80,0 kg, das Achtwochengewicht der Ferkel von 13,7 auf 17,2 kg erhöht. Der Bestand an Elite-Ebern und -Sauen hat sich bedeutend erweitert (um 91,3 bzw. 68,2%). Die Leistung der Schweine der Estnischen Großen Weißen Rasse schwankt in Abhängigkeit von den Eberlinien und Sauenfamilien: Die Wurfgröße schwankt nach den Linien zwischen 9,83 und 11,40, nach den Familien zwischen 9,72 und 11,56 Ferkeln, die Milchleistung entspr. zwischen 60,13 und 73,66 sowie 55,67 und 80,46 kg, das Vierwocheneinzelgewicht der Ferkel zwischen 6,26 und 7,30 sowie 5,73 und 8,22 kg. Die Futterverwertung variiert zwischen 3,62 und 4,10 sowie zwischen 3,74 und 4,29 FE, die tägl. Gewichtszunahme zwischen 660 und 877 sowie 558 und 766 g. Die Leistungshöhe hängt davon ab, wie Linien und Familien zueinander passen. übersetzt v. Th. C. Boetticher. 3770.

Pavlov, M. K. (Pawlow, M. K.) Otnositel'naja skorost' rosta i oplata korma u mjasnych životnych. **(Die relative Wachstumsgeschwindigkeit und die Futterverwertung durch Fleischtiere.)** Tr. Vses. s.-ch. in-ta zaočn. obrazovanija **1961** (Nr. 4. S. 33–38. – Aus: Referativnyj žurnal. Biologija, Moskva **1962** Nr. 11. L 21. S. 4.
Auf Grund einer Analyse der Berichte der dänischen Kontrollstation für Schweinezucht und der sowjetischen Zuchtbetriebe wurde die Korrelation zwischen der durchschnittl. Tageszunahme und dem Futterverbrauch je kg Gewichtszunahme bei wachsenden Läufern ermittelt. In den meisten Betrieben wurde ein hoher Korrelationskoeffizient zwischen Gewichtszuwachs und Futterverwertung festgestellt. In manchen Fällen kann bei gleichen durchschnittl. Tageszunahmen eine verschiedene Futterverwertung vorhanden sein. Die rel. Wachstumsgeschwindigkeit ist eine Kennzahl für die Futterverwertung, die durchschnittl. Tagesgewichtszunahme junger Schweine und Kaninchen kann dagegen nicht immer als solche dienen. Hohe Wachstumsgeschwindigkeit ist ein Beweis für einen guten Stand des Züchtungswesens und eine vollwertige Fütterung der Tiere. übersetzt v. Th. C. Boetticher. 3820.

Kudrjavcev, P. N. und Knjazev, K. I. (Kudrjawzew, P. N. und Knjasew, K. I.); Dubrowizy, Gebiet Moskau, Unions-Inst. für Tierzuchtforsch. Kontrol'noe delo v svinovodstve, kak odno iz važnych sredstv umen'šenija zatrat korma (itogi 1956/57 i. 1960/61 g.). **(Die Kontrollarbeit in der Schweinezucht als eines der wichtigsten Mittel zur Verringerung des Futterverbrauchs [Ergebnisse von 1956/57 bis 1960/61].)** Živótnovodstvo, Moskva **24** (1962) Nr. 7. S. 45–51. — 8 Abb., 4 Tab.

Die Methodik der Kontrollschlachtung und der Feststellung der verschiedenen Kennziffern in der UdSSR und in Dänemark wird ausführlich erläutert. Von 1956/57–1960/61 wurde in 31 Betrieben eine Kontrollmast durchgeführt, die zu einer besseren Futterverwertung in den betreffenden Herden führte. Während z. B. 1957 im Zuchtbetrieb „Wenzy-Sarja" für 1 kg Zunahme 4,72 FE verbraucht wurden, waren es 1961 nur noch 4,28 FE. Äußerst wichtig ist die Erweiterung des Umfangs der Kontrollmast, damit in den nächsten 3–4 Jahren die Herden der Zuchtbetriebe durch die besten Sauen und Eber ergänzt werden können. 1962/63 soll in jedem Schweinezuchtbetrieb die Kontrollmast eingeführt und mit einem ökonomischen Anreiz verbunden werden. F. Schenk. 3820.

Bajburtcjan, A. A., Kentikjan, M. L. und Stepanjan, A. A. (Baiburtzjan, A. A., Kentikjan, M. L. und Stepanjan, A. A.) Piščevaja cennost' svininy, polučennoj ot životnych, kastrirovannych po novomu metodu **(Der Nahrungswert des Fleisches von Schweinen, die nach dem neuen Verfahren kastriert worden sind.)** Svinovodstvo, Moskva **16** (1962) Nr. 9. S. 32–33. — 2 Tab.

Die nach dem Verfahren von Baiburtzjan kastrierten Schweine (Erhaltung der Nebenhoden und des Interstitiums der Hoden — I) wogen mit 9 Mon. 15 kg mehr als die nach dem gewöhnlichen Verfahren kastrierten Tiere (II). Die chem. Analyse des Fleisches ergab einen Fettgehalt von 13,02 (I); 15,58 (II) und 6,15% (III — unkastriert), einen Eiweißgehalt von 19,22 (I); 18,82 (II) und 21,04% (III) und einen Wassergehalt von 66,84 (I); 64,72 (II) und 71,53% (III). Auch JZ und Schmelzpunkt des Fettes sowie der Geschmack des Fleisches waren bei III und I besser. F. Schenk. 3825.

Hofmann, F.; Jena, Inst. für Tierzucht. **Zum Wettbewerb um den höchsten Nutzeffekt der Schweinehaltung.** Dtsch. Landwirtsch. **14** (1963) Nr. 4. S. 190–192.

Der Wettbewerb soll nicht allein dem Tierpfleger oder der LPG nützen, sondern auch der Wirtschaft der DDR. Deshalb müssen Kennziffern gefunden werden, die den ökonomischen Nutzen am besten widerspiegeln. In der Schweinemast ist das die Zunahme je Lebenstag, nicht die Zunahme bei der Endmast. Im Jahr 1961 betrug die Zunahme je Lebenstag nur 280 g im Durchschnitt, mehr als 500 g jedoch in den Staatlichen Mastleistungsprüfungsanstalten. Große Reserven sind noch vorhanden, wenn eine Reihe zootechnischer Maßnahmen beachtet werden. Wichtig sind eine genaue Produktionsplanung, die Spezialisierung der Produktionsabschnitte, eine richtige Bewertung der Aufzuchtleistung durch Anwendung der Wurfbonitur und eine richtige Bewertung der Zunahmen in der Läufer- bzw. Mastperiode durch Anwendung von Leistungsklassen. Werner Schlegel. 3902.

Škurupij, P. Ja. (Schkurupi, P. Ja.); Poltawa, Inst. für Schweinezuchtforsch. Skreščivanie svinej krupnoj beloj, ukrainskoj stepnoj beloj i mirgorodskoj porod. **(Die Kreuzung von Schweinen der Großen Weißen Rasse, der Ukrainischen Weißen Steppenrasse und der Mirgoroder Rasse.)** Svinovodstvo, Moskva **17** (1963) Nr. 1. S. 38–39. — 4 Tab.

Bei der Paarung von Sauen und Ebern der Großen Weißen Rasse (I) und der Kreuzung von Sauen der Großen Weißen Rasse mit Ebern des Ukrainischen Weißen Steppenschweins (II) bzw. der Mirgoroder Rasse (III) betrug die Wurfgröße 9,5 (I), 10,4 (II) und 9,6 (III) Ferkel. Die Kontrollmast der reinrassigen Tiere und der Kreuzungstiere brachte folgende Ergebnisse: Das

Gewicht von 100 kg wurde mit 216 (I), 198 (II) und 200 Tagen (III) erreicht, wobei die Tagesdurchschnittszunahmen bei einem Futterverbrauch von 4,46; 4,08 und 4,07 FE/kg Zunahme entspr. 552; 650 und 633 g betrugen.
F. Schenk. 3906.

Petersen, W. **Voraussetzungen rentabler Ferkelaufzucht.** Dtsch. landwirtsch. Presse **85** (1962) Nr. 42. S. 430–431. — 2 Abb.
Die Forderung nach 10 bis höchstens 14 ausgeglichenen Ferkeln je Wurf bei der Geburt und einer Aufzuchtleistung von 9 Ferkeln mit 60 kg Achtwochengewicht ist nach Ansicht des Vf. nur zu erreichen, wenn eine hochwertige Veranlagung des Muttertieres, optimale Haltungsbedingungen und eine vollwertige Ernährung vorhanden sind. Auf hohe Geburtsgewichte ist größter Wert zu legen, da davon die tägl. Zunahmen in der Mastzeit und somit die Mastdauer abhängen. Durch hohe Eiweißgaben, ausreichende Mengen von Vit. und Spurenelementen ist die Leistungsfähigkeit der Tiere zu beeinflussen. Der Erhaltungsbedarf an Eiweiß wird mit 1 g je kg Lgw. angenommen. Säugende Sauen sollten bei 10 Ferkeln ca. 700–800 g Eiweiß, Kraftfutter insgesamt 6 kg erhalten. Den Saugferkeln sollte neben dem DLG-Mineralstoffgemisch Erde verabreicht werden, da in dem genannten Präparat zu wenig Eisen und Zink vorhanden ist. Werner Schlegel. 3934.

Gromyko, V. K. (Gromyko, W. K.); Minsk, Beloruss. Forsch.-Inst. für Tierzucht. Gruppovoe soderžanie podsosnych matok s porosjatami. **(Die Gruppenhaltung von säugenden Sauen und Ferkeln.)** Svinovodstvo, Moskva **16** (1962) Nr. 9. S. 16–17. — 1 Tab.
Säugende Zuchtsauen wurden 2 Wochen nach dem Abferkeln in Einzelbuchten (I), Fünferbuchten (II), Zehnerbuchten (III) und Fünfzehnerbuchten (IV) gehalten. Die Fütterung erfolgte auf Freßplätzen, die Gruppenbuchten hatten Kotplätze. Das Lgw. der Ferkel betrug nach 1 Mon. 6 (I); 9,7 (II); 6,5 (III) und 7,2 kg (IV), nach 2 Mon. entspr. 12,5; 15; 15,3 und 14,7 kg und nach 4 Mon. 30,8; 36,6; 35,8 und 34,9 kg. Ähnliche Ergebnisse brachten Versuche mit Hilfssauen. Während der Stall bei Einzelhaltung Platz für 48 säugende Sauen bot, faßte er bei Gruppenhaltung 206 Sauen. F. Schenk. 3978.

E. SCHAFE

John, M. **Betriebsweise und Produktion in LPG-Schafherden nach den Ergebnissen des sozialistischen Wettbewerbes 1961 im Bezirk Halle.** Tierzucht **17** (1963) Nr. 3. S. 134–137. — 6 Abb., 2 Tab.
Es wird über die Auswertung der umfangreichen Ergebnisse des im Jahre 1961 in 13 Kreisen des Bezirks Halle durchgeführten sozialistischen Wettbewerbs berichtet, bei dem 226 Mutter- bzw. gemischte Herden und 56 reine Hammelherden erfaßt wurden. Schwerpunkt der Betrachtung sind die erreichten Produktionsergebnisse der Schäfereien, die in Form der Wolleistung und Aufzuchtergebnisse ermittelt wurden. Die durchschnittl. abs. Aufzuchtergebnisse in 226 Herden lagen bei 90%. Bei Herden mit Winterlammung wurden durchweg schlechtere Aufzuchtleistungen festgestellt. Mit steigenden abs. Aufzuchtergebnissen erfolgte ein Anstieg der Wolleistung. Herden mit Winterlammzeit hatten größtenteils geringere Schurerträge aufzuweisen als diejenigen mit Weidelammzeit. Die 56 untersuchten reinen Hammelherden brachten 52 kg Schweißwolle je GV als Durchschnittsleistung. Mit steigendem Hammelanteil wurde bei der Auswertung von 216 gemischten Herden eine wesentliche Steigerung der Wollerträge ermittelt. Hierbei sind die Herden mit Weidelammzeit gegenüber denen mit Winterlammzeit klar überlegen. Die Herden hatten einen durchschnittl. Hammelanteil von 41%. Im Interesse der notwendigen Selektion sollte bei einem gewöhnlichen Aufzuchtergebnis der Anteil an über 1 Jahr alten Hammeln am Schafbestand 50% nicht wesentlich überschreiten. Der Winterweidegang spart Grundfutter und fördert die Brunst der Mutterschafe

im Frühjahr, so daß höhere Befruchtungsergebnisse erreicht werden als bei Fehlen von Winterhutung. Die Herden mit den besten Leistungen werden namentlich aufgeführt. E. Brauns. 4010.

Biegert, K. **Schaffleischabsatz im EWG-Raum.** Tierzüchter **14** (1962) Nr. 16. S. 588–589. — 2 Abb., 2 Tab.

Die Schafbestände der EWG-Länder im Wirtschaftsjahr 1959/60 werden in abs. Zahlen angegeben. Frankreich und Italien haben die höchsten Bestände aufzuweisen. Frankreich hat die intensivste Schaffleischproduktion, der Schaffleischverzehr pro Kopf der Bevölkerung ist 10mal so hoch wie in der BRD. Der Anteil der 5 Fleischarten am Gesamtfleischverzehr pro Kopf der Bevölkerung wird angeführt. Die französische Schaffleischproduktion hat sich rechtzeitig auf die Ansprüche des Marktes eingestellt, der ein leichtes Lamm in bes. augenfälliger Form verlangt. Hierdurch wurde eine außerordentliche Konsumsteigerung geschaffen. Der deutsche Markt hat sich noch nicht in der gleichen Richtung entwickelt. Die stark unterschiedlichen Preistendenzen in Frankreich und der BRD bei den Fleischpreisen allg. und bei Schaffleisch insbesondere werden erörtert. Im sog. „Gemeinsamen Markt" werden die einzelnen Fleischqualitäten differenzierter beurteilt und bezahlt werden als man es bisher in der BRD gewohnt war. Hierdurch wird ein preislicher Anreiz für eine verstärkte Qualitätserzeugung geboten. Eine Überproduktion an Schaffleisch innerhalb der EWG ist vorerst nicht zu erwarten, vor allem wenn sich die Prognosen bez. des künftig steigenden Konsums bewahrheiten. E. Brauns. 4015.

Aliev, G. A. (Alijew, G. A.); Akad. der Wiss. der Tadshik.SSR. Novaja tadžikskaja porodnaja gruppa mjaso-sal'nošerstnych ovec. **(Die neue Tadshikische Untergruppe von Fettschwanzschafen mit Wolleistung.)** Ovcevodstvo, Moskva **9** (1963) Nr. 1. S. 6–12. — 6 Abb., 5 Tab.

Unter den Fettschwanzrassen tritt das Gissar-Schaf infolge seiner Körpergröße, Frühreife und großen Fettleistung bes. hervor; die Wolleistung von nur 1–1,5 kg ist jedoch als sehr gering anzusprechen. Um die Schurerträge zu erhöhen, wurden zunächst Kreuzungen mit englischen Langwollschafen vorgenommen, die insofern negativ ausfielen, als die Nachkommenschaft ihre Anpassungsfähigkeit an die örtlichen Verhältnisse verlor. Daraufhin wählte man zur Veredelungskreuzung halbrauhwollige Rassen mit dem Ziel, eine Rassengruppe mit Teppichwolle und großem Fettschwanz zu schaffen. Von 1948–52 wurden die Gissar-Mutterschafe mit Saradshaer Böcken gekreuzt. Nach 1952 begann dann sowohl eine Kreuzung der Bastarde des gewünschten Typs untereinander als auch der Lincoln-Gissar-Mutterschafe mit Saradshaer-Gissar-Böcken. Durch wiederholte Kreuzung dieser Bastarde mit Böcken der F_1 und F_2 aus der Kombination Saradshaer-Gissar erzielte man Tiere mit langer weißer Teppichwolle und gut entwickeltem Fettschwanz. Die Schurerträge der Tiere der neu geschaffenen Rasse betragen bei den Böcken 3,3–7,4 kg und bei den Zibben 1,3–5,5 kg. E. Kahn. 4090.

Bujlov, S. V. und Džaparidze, T. G. (Builow, S. W. und Dshaparidse, T. G.) Otbor proizvoditelej po ispol'zovaniju korma ich potomstvom v mjaso-šerstnom ovcevodstve. **(Selektion der Vatertiere nach der Futterverwertung ihrer Nachkommenschaft in der Schafhaltung bei Fleisch- und Wollnutzung.)** Ovcevodstvo, Moskva 8 (1962) Nr. 8. S. 31–33. — 3 Tab.

Schafe unterschiedlicher Nutzungsrichtung und verschiedener Altersstufen weisen bekanntlich auch eine unterschiedliche Futterverwertung auf. Durch Fütterungsversuche konnte festgestellt werden, daß Lämmer von Landrassen (5–7 Mon. alt) je 1 kg Fleischansatz 5,5–5,6 FE verbrauchen und Zigaja-Lämmer 7,4 FE. Die Auslese in den Gebrauchs- und Zuchtfarmen hat daher sowohl nach den besten Fleischleistungen als auch nach der Futterverwertung zu erfolgen. Die bisherige Methodik der Nachkommenbeurteilung der Vatertiere muß somit durch Kontrollfütterungen oder -mast der Jungtiere ergänzt werden. E. Kahn. 4117.

Warwick, B. L., Davis, S. P., Berry, R. O. und Patterson, R. E. „Silky", a dominant mutation in sheep. **(„Silky", eine dominante Mutation bei Schafen.)** J. Heredity **51** (1960) Nr. 1. S. 39–42. — 3 Abb., 1 Tab., 11 Lit.
Das Auftreten eines faltenlosen Delaine-Merino-Bockes mit mohairartiger Vliesbildung auf einer Farm in West-Texas in den 30er Jahren gab zunächst zu der Vermutung Anlaß, daß es sich um einen Schaf-Angoraziegen-Bastard handele. Von seinen ca. 70 Nachkommen aus Merinomuttern ähnelten ca. 50 in ihrem Habitus dem Vater und zeigten folgende charakteristische Eigenschaften: a) mohairartige Wellung des Vlieses anstelle der spez. Kräuselung der Merinowollen, b) extremer Wollschweiß, c) Tendenz zu partiellem Haarausfall als Folge starken Verfilzens, d) Fehlen von Gruppenhaaren im Vlies der neugeborenen Lämmer, e) Degeneration der Primärfollikel, f) Fehlen von Hautfalten, g) geringe Vitalität. Auf Grund der stark glänzenden Vliese der neugeborenen Lämmer erhielten diese Varianten die Bezeichnung „silky". Versuche, Silkies an Ziegenböcke anzupaaren, scheiterten. Daraus schlossen die Autoren, daß es sich bei dem Vater nicht um einen Schaf-Ziegenbastard handelte, sondern um das Auftreten einer dominanten Mutation. Die F_1 ist demnach heterozygot (Ss); das beweist auch das Zahlenverhältnis der F_2 bzw. R_2 (Silky × Merino) von 3:1 bzw. 1:1. Infolge der geringen Vitalität der Mutanten gelang es nicht, einen Stamm von Silkies zu züchten.
A. Glemann. 4154.

Fehse, R. **Ergebnisse eines Lämmermastversuches.** Schweiz. landwirtsch. Mh. **41** (1963) Nr. 2. S. 50–58. — 2 Abb., 8 Tab.
Es wird über Zweck, Anlage, Durchführung sowie über die Ergebnisse eines im Jahre 1962 auf dem Versuchsgut für Tierzucht der ETH, Chamau, mit 15 Lämmern durchgeführten Mastversuches berichtet. Die nach dem verschieden hohen Anfangsgewicht in 3 Gruppen eingeteilten Versuchstiere erhielten gleiches Futter. Geburtsgewicht, Alter sowie Gewicht bei Versuchsbeginn werden ebenso wie die verwendeten Futtermittel und ihre Zusammensetzung angegeben. Die Fütterung erfolgte rationiert und nach Lgw. Die durchschnittl. tägl. Zunahme aller Tiere betrug 250,4 g. Futterverzehr je kg Zuwachs sowie Futterverzehr und Verwertung in den verschiedenen Gewichtsabschnitten werden für 2 Gruppen angegeben. Die durchschnittl. Tageszunahmen der Merinolandschafgruppen in der Mastprüfungsanstalt Kassel-Wilhelmshöhe werden als Vergleich angeführt. Es werden Angaben über die Schlachtausbeute und den Anteil der verschiedenen Fleischstücke gemacht. Die Lämmer wurden sowohl lebend als auch tot subjektiv auf ihre Schlachtqualität hin beurteilt. Die Versuchstiere, die einem spätreifen Schlag angehörten, erreichten die Schlachtreife erst mit ca. 40 kg Lgw. Abschließend wird in Anbetracht der Bevorzugung leichter Lämmer mit einem Schlachtgewicht zwischen 16 und 18 kg durch die Verbraucher betont, daß der Zucht auf Frühreife größte Bedeutung beizumessen ist. E. Brauns. 4198.

Spurlock, G. M., Davis, Stanley P. und Bradford, G. E. Methods of estimating clean-fleece production. **(Methoden zur Schätzung der Reinwollproduktion.)** Hilgardia [Berkeley, Calif.] **32** (1962) Nr. 5. S. 267–273. — 3 Tab., 5 Lit.
Insgesamt 728 Vliese aus 12 Herden und 7 Betrieben in Kalifornien und Texas wurden zur Schätzung des Reinwollgehaltes herangezogen. Die Methoden bezogen sich auf das tatsächliche Reinwollgewicht, einschließlich der Seitenprobenschätzung, das Schmutzwollgewicht, die Preßmaschinenprobenablesung und das geschätzte Gewicht der gepreßten Probe. Die Seitenprobenschätzung

war die genaueste der angewandten Methoden. Sie ist aber auch die aufwendigste. Die Preßmaschinenprobe und das geschätzte Gewicht dieser Probe waren genauer als die Schmutzwollprobe bei niedrigem Reinwollgehalt. Die Preßmaschine ist ein praktisches Hilfsmittel, um die Tiere entspr. ihrer Reinwollproduktion einzuordnen. Nur bei sehr dichten Wollen wird die Maschine in der Genauigkeit durch die Schmutzwollprobe erreicht oder übertroffen. Im Pressen bestanden zwischen frisch geschorenen und gelagerten Wollen oder zwischen verschiedenen Maschinen oder deren Bedienungen in der Genauigkeit nur geringe Unterschiede. Zur Bestimmung des Reinwollgewichtes aus der Preßprobe bei frisch geschorenen Wollen diente die Gleichung: $Y = 16{,}23 - 0{,}153\,X$, wobei X die Preßprobe und Y das geschätzte Reinwollgewicht in lb. darstellen, als guter Schätzungsmaßstab. Von bes. Interesse in der Arbeit ist die Tab. 1, die Angaben über die Wachstumsdauer der Wolle und die jeweiligen meteorologischen Verhältnisse enthält.

H. Busse. 4222.

Tockaja, L. Ja. (Tozkaja, L. Ja.) Kačestvo smuški sokol'skich jagnjat v svjazi s živym vesom ich pri roždenii i nekotorymi drugimi pokazateljami. **(Die Qualität des Fellchens der Sokolkier Lämmer in Beziehung zum Geburtsgewicht und zu einigen anderen Kennziffern.)** Tr. Chaŕkovsk. s.-ich. in-ta **34(81)** (1961) S. 53–56. — Aus: Referativnyj žurnal. Biologija, Moskva **1962** Nr. 5. L 158. S. 21.

Es steht fest, daß die Sokolkier Lämmer mit einem durchschnittl. Geburtsgewicht von 4 kg Fellchen bester Qualität besitzen. Die optimale Zeitspanne der embryonalen Entwicklung der Sokolkier Lämmer beträgt nicht mehr als 148 Tage. Ein kräftiger Konstitutionstyp des Lammes fällt mit der besten Qualität des Fellchens zusammen. übersetzt v. Th. C. Boetticher. 4222.

Brown, A. L. Planned preparation for shearing pays. **(Geplante Vorbereitung der Schafschur.)** J. Dep. Agric. South Australia **65** (1962) Nr. 12. S. 524–531. — 6 Abb., 3 Lit.

Die Durchsicht der Schuraggregate, das Abschmieren, die Bereitstellung von Ölkannen, der Ölwechsel, die Bereitstellung von Bürsten und Schraubenziehern, von Feuerungsmaterial und die Durchsicht der Wollpresse gehören zu der technischen Phase der Vorbereitung. Zur hygienischen Vorbereitung gehören die Reinigung und Desinfektion der Wände und Böden, ihre Trocknung, die Säuberung der Wollspeicher und als wichtige zusätzliche Maßnahme technischer Art die Bereitstellung und Kontrolle der ausreichenden Beleuchtung. Luftzufuhr durch Ventilatoren ist bes. in gemauerten Scherschuppen dienlich, um die Schafe nicht zu stark in Dunst und Schweiß zu bringen. Derartige unerwünschte Kondensationsvorgänge können Anlaß einer Unterbrechung der Schur werden. Die frischgeschorenen Schafe sollten in einen überdachten Schuppen gebracht und zugefüttert werden, um sie vor den Unbilden der Witterung zu schützen. Je nach der Größe der Herde sollten die Tiere vorher nach Altersgruppen eingeteilt werden. Die Schafe, die zur Vollschur anstehen, müssen zuerst geschoren werden, während halbschürige Tiere und Lämmer mit ihrer kürzeren Wolle auch nach einem Regen schneller abtrocknen und alsbald in den Schurprozeß eingeordnet werden können. Die schlechte Behandlung hochtragender Mutterschafe führt zur Schwangerschaftstoxaemie oder zum Milchfieber. Die Schur in einem kürzeren Zeitraum als 6 Wochen vor dem Ablammen ist als gefährlich anzusehen.

H. Busse. 4237.

Charin, A. und Jankov, A. P. (Charin, A. und Jankow, A. P.) Mechanizacija profilaktičeskoj kupki ovec. **(Mechanisierung des prophylaktischen Badens der Schafe.)** Ovcevodstvo, Moskva 8 (1962) Nr. 10. S. 30–32. — 2 Abb.

Die bisherige Leistung der Badeanlagen für Schafe betrug 1100–1300 Tiere im Laufe von 7 Std. Zu ihrer Bedienung wurden 8–10 AK benötigt. Von einem Werk in Orenburg ist nunmehr eine stationäre Anlage entwickelt worden, die aus einer großen runden Boxe, montiert auf einem viereckigen Betonfundament, besteht. In Fußboden und Seitenwänden dieser Boxe befinden sich Düsen, mit denen die Schafe von allen Seiten aus mit der Lösung besprengt werden. Die Leistung dieser Anlage beträgt 700–800 Schafe in der Std., und für die Bedienung sind nur noch 2 AK erforderlich. Nach dem gleichen Prinzip entwickelte das Konstruktionsbüro eine fahrbare Badeanlage für 25 Schafe, die im Laufe von 5 Min. behandelt (gespritzt) werden können. Die Spritzdüsen sind oben und an den Seitenwänden angebracht. E. Kahn. 4276.

Kudrjavcev, A. A., Andreev, M. N., Stepanov, E. M. und Gerasimov, S. N. (Kudrjawzew, A. A., Andrejew, M. N., Stepanow, Je. M. und Gerassimow, S. N.) Belomyšečnaja bolezń jagnjat. **(Die Lämmerlähme.)** Ovcevodstvo, Moskva **9** (1963) Nr. 1. S. 36–38. – 2 Abb.
Zwecks Prophylaxe und Heilung der Lämmerlähme wurden verschiedene Spurenelemente und Vitamine versuchsweise geprüft, wobei nur Vitamin E positive Ergebnisse zeigte. Ein wirkungsvolles Mittel gegen die Lämmerlähme wurde im Natriumselenit gefunden, das in destilliertem oder gekochtem Wasser im Verhältnis 1:200 gelöst wird (0,5%ige Lösung). Trächtigen Schafen werden davon 5–6 mg 1–2 Mon. vor dem Lammen 1- bis 2mal injiziert; Lämmer im Alter von 1–3 Wochen erhalten eine Injektion von 1–2 mg. Treten nach Ablauf von 1 Mon. erneut Krankheitserscheinungen auf, so ist eine 2. Injektion von 2–3 mg vorzunehmen. Das Se wird mit dem Harn rasch aus dem Körper entfernt; 7–8 Wochen nach erfolgter Injektion sind nur noch Spuren von Se im Körper der Tiere nachweisbar. E. Kahn. 4280.

SPEZIELLE KLEINTIERZUCHT

B. ZIEGEN

Tegner, Henry. The wild goats of the British Isles. **(Die Wildziegen der Britischen Inseln.)** Z. Säugetierkunde **28** (1963) Nr. 1. S. 15–19. – 5 Abb.
In vielen Teilen der Britischen Inseln leben Herden von wilden Ziegen (*Capra hircus*), die – wie *Capra ibex* in den Alpen – sehr geschickte Kletterer sind; die Herden bestehen selten aus mehr als 20 Tieren. Die Paarung dieser sehr abgehärteten Wildziegen liegt im Okt., die Wurfzeit fällt in den unwirtlichen, strengen Febr., wodurch eine natürliche Auslese gegeben ist. Die britischen Wildziegen stammen von domestizierten Stammformen ab, die entweder von den Römern oder – was wahrscheinlicher sein soll – von den Phöniziern eingeführt wurden. Bisher konnten jedenfalls keine fossilen Knochen oder Hörner von *C. hircus* in England gefunden werden.
H. Freye. 4506.

Börger, H. **Aufgaben der deutschen Ziegenzüchter.** Tierzüchter **14** (1962) Nr. 13. S. 488–489. – 1 Abb., 1 Tab.
Im Dez. 1961 wurden in der BRD nur noch 290000 Ziegen gehalten, das sind 60000 Tiere weniger als im Vorjahr. Obwohl die Bedeutung der Ziegen regional sehr unterschiedlich ist, sollte ihre Zucht gefördert und der Rückgang des Ziegenbestandes aufgehalten werden. Dazu sind folgende Maßnahmen notwendig: Sicherung der Bockhaltung, finanzielle Unterstützung der Milchleistungsprüfung, Errichtung von Lämmeraufzuchtstationen, sachgemäße Beratung, Haltungs- und Aufzuchtprämien sowie verbilligte veterinärmedizinische Betreuung. Es müssen mehr Lämmer aufgezogen werden als bisher, wobei die nicht zur Bestandserhaltung notwendigen Tiere exportiert werden können. Der Weltziegenbestand kann durch das deutsche Zuchtmaterial eine wesentliche Bereicherung erfahren. K. Löhle. 4508.

Kalra, D. S., Sharma, R. M. und Dhanda, M. R. Mastitis in goats. **(Mastitis bei Ziegen.)** Indian J. veterin. Sci. Animal Husbandry **32** (1962) Nr. 3. S. 181–189. – 3 Abb., 6 Tab., 14 Lit.

Von 1953–57 wurden von allen Tieren einer aus 148 Tieren, später aus 212 Tieren bestehenden Ziegenherde Milchproben genommen. Anfangs litten 14 Ziegen (9,5%) klinisch an Mastitis, später 52. Latente Euterinfektion bestand bei 66 Tieren (45,5%) der klinisch gesunden Tiere. Bes. oft wurden Staphylokokken isoliert, in abfallender Häufigkeit weiter *Str. agalactiae*, *Str. dysgalactiae*; *C. pyogenes* und coliforme Keime waren selten. Es sind in der Hauptsache ähnliche Bakterientypen wie bei Rindern und Büffeln. Eine Kontaktinfektion ist möglich. Aus diesem Grunde und zum Schutze der menschlichen Gesundheit ist eine Euterkontrolle bei Ziegen zu empfehlen. Das Alter und die Zahl der Laktationen scheinen bei *Str. agalactiae* von Einfluß zu sein. Vor allem in den ersten Monaten nach dem Lammen, also in den Sommermonaten, war die Zahl der klinischen Mastitiden hoch. Im Apr. und Mai war ein starker Anstieg, im Sept. und Okt. ein rapider Abfall zu verzeichnen. Zitzenschäden scheinen eine Prädisposition für Euterentzündungen zu schaffen. G. Becker. 4596.

C. GEFLÜGEL

Linden, O. zur; Hannover. **Hannoversche Geflügelwirtschaft — gestern und heute.** Dtsch. Geflügelwirtsch. **15** (1963) Nr. 3. S. 31–34. – 6 Abb.

Der Geflügelbestand betrug 1961 in Hannover 9 Mill. und lag damit um 2,5 Mill. höher als 1937. Es wurden 8,34 Mill. Hühner, 200200 Gänse, 420500 Enten und 54000 Truthühner gezählt. Der Junghennenanteil am Gesamthennenbestand hat sich von 34% im Jahre 1937 auf 61% im Jahre 1961 erhöht. In den letzten Jahren vollzog sich eine stärkere Konzentration der Hennenhaltung in größeren Beständen. Die Legeleistung erhöhte sich in Hannover von 100 Eiern/Henne 1937 auf 171 Eier/Henne 1961. Von den anerkannten Tieren entfielen 1961 = 15% auf Weiße Leghorn, 36% auf Lege- und 25% auf Masthybriden. 1961 gehörten dem Geflügelherdbuch 20 Herdbuchbetriebe der Zuchtrichtung Legehuhn mit insgesamt 285 Stämmen an. Am deutschen Zuchtprojekt sind 9 Zuchten Hannovers und Schleswig-Holsteins beteiligt. 1961 wurden 14 gewerbliche und 35 landwirtsch. Geflügelschlachtereien anerkannt. Seit 1954 werden Wirtschaftlichkeitsberechnungen in bäuerlichen Betrieben durchgeführt. U. Hofmann. 4601.

Frick, H. **Die Kosten- und Ertragsverhältnisse in Geflügelhaltungsbetrieben in den drei Jahren 1960 bis 1962.** Geflügelhof [Zollikofen-Bern] **26** (1963) Nr. 11. S. 172–179. 4601.

Garrelds, H. H.; Zeist, Niederlande. **Die künftige Entwicklung der Eier- und Schlachtgeflügelerzeugung im EWG-Raum aus niederländischer Sicht.** Dtsch. Geflügelwirtsch. **15** (1963) Nr. 8. S. 91–98. 4601.

Mehner, A.; Celle. **Der 12. Weltgeflügelkongreß in Sydney.** Dtsch. Geflügelwirtsch. **14** (1962) Nr. 48. S. 613–614. 616–617.

An dem 12. World's Poultry Congress in Sydney, der vom 10.–18. Aug. 1962 stattfand, nahmen 1545 Mitglieder aus 35 außeraustralischen Ländern teil. Der Kongreß war so organisiert, daß in 5 Sektionen gearbeitet wurde, die gleichzeitig tagten: A) Genetik und Züchtung, B) Physiologie und Ernährung, C) Krankheiten und ihre Bekämpfung, D) Betriebslehre und Marktwirtschaft, E) Haltung und Verschiedenes. An jedem Vormittag wurde ein sog. Symposium abgehalten, in denen einige Leitthemen der entspr. Sektion durch Vorträge von führenden Fachleuten abgehandelt wurden. Die wiss. Sektionssitzungen des Kongresses fanden jeweils von 14^{00}–18^{00} Uhr statt. Vf. berichtet über eine Reihe von Vorträgen, über Exkursionen vor und während des Kongresses, über die mit dem Kongreß verbundene Ausstellung und schließlich über die Councilsitzung der WPSA. U. Hofmann. 4601.

Hühner

Mißler, H. **Geflügelherdbuchzuchten im Umbruch.** Tierzüchter **14** (1962) Nr. 13. S. 487–488.

Die von der Großtierzucht übernommene Individualauslese — ergänzt durch die Geschwister- und Töchterbewertung — hat Jahrzehnte hindurch die Deutsche Geflügelzucht bestimmt, wobei der Vorteil großer Nachkommenzahlen gewisse Berücksichtigung fand. Daß diese Arbeit zu Erfolgen geführt hat, beweisen die Ergebnisse der Hühnerleistungsprüfungen. Der Einfluß auf die breite Landesgeflügelhaltung ist jedoch verbesserungsbedürftig gewesen. Die Gründe dafür sind zahlreich. Zum Nachteil der deutschen Zuchten war die Tatsache, daß die Struktur kaum verändert wurde und die Kleinheit der Betriebe moderne Zuchtverfahren nicht ermöglichte. Die amer. Zuchtbetriebe haben in rel. kurzer Zeit durch systematische Anwendung der Erkenntnisse moderner Genetik beispielhafte Erfolge zu verzeichnen. Für die deutschen Züchter gilt es, durch radikale Umorganisation mit strikter Aufgabenstellung das Versäumte nachzuholen. Da ihre Zuchten nicht sprunghaft zu vergrößern sind, sollten sie Zuchtgemeinschaften bilden.
K. Löhle. 4608.

Anonym. **Die Struktur der Hühnerhaltung im Bundesgebiet.** Dtsch. Geflügelwirtsch. **15** (1963) Nr. 1. S. 1–2. 4608.

Strecker, O. **Vertikale Integration in der britischen Geflügelwirtschaft.** Ber. Landwirtsch. [N. F.] **39** (1961) Nr. 3. S. 515–532. — 4 Tab., 16 Lit.

In Großbritannien findet die vertikale Integration ständig größeren Einfluß in der Geflügelwirtschaft. Sie bewirkte eine große Entfaltung der Eier- und Schlachtgeflügelerzeugung, so daß Großbritannien heute kaum noch Geflügelerzeugnisse einführt. Ihr Wesenszug besteht in den Absatzbindungen zwischen den Erzeugungs- und Verarbeitungsbetrieben. Die vertikale Integration fand zuerst Eingang in die Junggeflügelmast. Mast- und Schlachtbetriebe arbeiten vertraglich miteinander. Die Mastbetriebe umfassen durchschnittl. 7000 bis 10000 Tiere/Mastperiode. Die Absatzbindungen für Eier bestehen zwischen Farmer und Eierpackstation, der Hennenbestand der Farmen soll 2000–3000 Stck. betragen. Den Farmern wird von den Eierpackstationen ein zusätzlicher Preis geboten, wenn eine spürbare Rationalisierung des Absatzweges durch die vertikale Integration gewährleistet wird. Vf. nennt Beispiele, wo die vertikale Integration in der Mast und Legehennenhaltung eingeführt wurde. Die genossenschaftliche Zusammenarbeit wird z. Z. noch durch die geringen Hennenbestände von 100–250 Tieren/Betrieb gehemmt. Andere Farmer übergehen die Genossenschaft und bauen gemeinsam eigene Eierpackstationen auf, „private limited company". Sie verpflichten sich gegenseitig, die vereinbarte Hennenzahl zu halten und bekommen dafür Vergünstigungen in Form von Produktionsmittelrabatten. Ausführlich beschreibt Vf. die Auswirkungen der vertikalen Integration in der Auslastung der Erfassungsbetriebe und deren Absatzsicherung sowie über Veränderungen der Erzeugerpreise, die Verbilligung der Produktionsmittel, die Hennenvermarktung und die Zusammenarbeit zwischen Zucht- und Brutbetrieben. 1960 bestanden in Großbritannien 593 Eierpackstationen, 65% der Inlanderzeugung wird von diesen erfaßt, das sind jährl. 8,2 Md. Eier, ⌀ 13,8 Mill. Eier/Packstation. Der Umsatz liegt aber bei vielen Packstationen darunter, so daß die Sortier- und Verpackungsmaschine (12,5 Mill. Eier/Jahr ist deren Kapazität) nicht ausgelastet wird. H. Sommerfeld. 4608.

Olympio, Constant Cesar; Lome, Republic Togo, West Africa. The poultry industry in the Republic of Togoland. **(Die Geflügelindustrie in der Republik Togo.)** Wld. Poultry Sci. J. **18** (1962) Nr. 4. S. 384–385.
Die Produktion von Eiern und Geflügelfleisch wurde in den letzten 3 Jahrzehnten durch den Import ausländischer Rassen beträchtlich gesteigert. In den Jahren 1960/61 entstanden 20 größere Geflügelfarmen. In einem Betrieb werden max. 3000 Hennen gehalten. Die Verbesserung der Legeleistung und der Fleischproduktion stehen im Vordergrund züchterischer Arbeiten. Schwierigkeiten bestehen z. Z. auf dem Gebiete der Fütterung, da eine eigene Mischfutterindustrie fehlt und nur geringe Kenntnisse in der Geflügelernährung vorhanden sind. Zur Unterstützung der Geflügelzucht wurde ein Verband der Geflügelzüchter gegründet. Man rechnet mit einem Aufschwung der Geflügelwirtschaft. W. Rudolph. 4608.

Buch, W.; Alsleben. **Rassemerkmale und Wirtschaftlichkeit der Deutschen Langschan.** Garten u. Kleintierzucht, Ausg. B **2** (1963) Nr. 6. S. 7. — 1 Abb., 1 Tab. 4624.

Gericke, A. M. The Australorp in South Africa. **(Die Australorps in Südafrika.)** Wld. Poultry Sci. J. **18** (1962) Nr. 2. S. 133-136 — 1 Tab., 15 Lit.
Die Australorps wurden aus den schwarzen Orpington herausgezüchtet, die ihrerseits aus den Minorkas, Plymouth Rocks und Langschan entstanden. Die hohe Legeleistung der Australorps ist ihr großer Vorzug. Masttypen der Australorps eignen sich gut für die Broilerzucht, jedoch bereitet die schwarze Farbe Schwierigkeiten. Als Mutation entstanden rezessiv weiße Australorps, außerdem gibt es neben gold- auch weizenfarbene. Die beiden letztgenannten zeichnen sich aus durch Kennfarbigkeit. Die schwarzen wie die weißen Australorps haben die größte Bedeutung. In der Leistungsprüfung 1960/61 wurden Durchschnittsleistungen von 245,6 Eiern in 48 Wochen erreicht.
E. Urban. 4640.

Siegel, P. B.; Blacksburg, Va., Virginia Polytechn. Inst., Poultry Dep. A double selection experiment for body weight and breast angle at eight weeks of age in chickens. **(Ein Doppelselektionsversuch nach Körpergewicht und Brustwinkel bei 8 Wochen alten Küken.)** Genetics **47** (1962) Nr. 10. S. 1313-1319. — 2 Abb., 2 Tab., 14 Lit.
Vf. berichtet über einen vergleichenden Versuch der Selektion in entgegengesetzte Richtungen, der eine Beurteilung der genetischen Korrelation zwischen Körpergewicht und Brustwinkel im 8-Wochen-Alter ermöglicht. Vollgeschwister aus einer Kreuzungspopulation von 7 Inzuchtlinien wurden gleichmäßig in 2 Gruppen aufgeteilt und die eine nach dem Brustwinkel, die andere nach dem Körpergewicht bei 8 Wochen jeweils in beide Richtungen selektiert. Die Reaktion des jeweils unselektierten Merkmals in beiden Untergruppenpaaren war einander nicht ähnlich. Die Selektion nach dem Körpergewicht bewirkte eine größere Veränderung im Brustwinkel als die Selektion nach dem Brustwinkel im Körpergewicht. Es wird vermutet, daß diese Unterschiede auf Differenzen in der Erblichkeit der untersuchten Merkmale zurückzuführen sind. Die Zuverlässigkeit der Theorie für die Schätzung genetischer Korrelationen wird gestützt. A. Schaaf. 4655.

Singh, B. P. und Desai, R. N.; Mathura, Veterin. Coll., Dep. of Animal Genetics and Breeding. Genetic studies on hatchability and its causes in White Leghorn. **(Genetische Untersuchungen über die Schlupffähigkeit und ihre Ursachen bei Weißen Leghorn.)** Indian J. veterin. Sci. Animal Husbandry **32** (1962) Nr. 3. S. 171–180. — 9 Tab., 20 Lit.
Vff. untersuchten den Einfluß von 6 Faktoren (Elternalter, Legeleistung, Eigewicht, Eiform, Schalendicke und Gelegegröße) auf die Schlupffähigkeit (S) der Eier. Vom 1.–3. Legejahr der Hennen ging S stetig zurück, während

die gleiche Tendenz bei den angepaarten Hähnen nicht signifikant war. Mit der Legeleistung stieg S signifikant. Bez. des Eigewichts lag die optimale S unter 56 g. Lange, schmale Eier hatten sehr niedrige S, der optimale Formindex fiel in die Klasse 72-76. Dicke Eischalen, gemessen an geringer Wasserverdunstung (< 7% in 14 Bruttagen), verminderten S. Hennen mit Gelegen von 1–2 Eiern hatten signifikant geringere S als solche mit 3 und mehr. Bei einem Gesamtschlupf von 57,6% der eingelegten und 61,3% der befruchteten Eier schwankten die Heritabilität zwischen 0,037 und 0,094, die mütterlichen Effekte zwischen 0,041 und 0,049. A. Schaaf. 4660.

Baumann, Hans. **Die Farbvererbung bei den Rhode Islands.** Geflügelhof [Zollikofen-Bern] **26** (1963) Nr. 6. S. 87–88. – 2 Abb.

Nach den Erfahrungen des Vf. dürfen nur solche Tiere miteinander verpaart werden, deren Farbe nicht stark voneinander abweicht. Weisen Küken eine starke Streifung auf dem Rücken auf, so bilden sich in der Regel später plötzlich Schilf, weiße Federn, fleckige Federn und vor allem auch lehmiges Untergefieder. Tiere mit schmalen Federn und stark bauschigem Gefieder sind nach Möglichkeit nicht zur Zucht zu verwenden. Es hat sich gezeigt, daß bei der Paarung von Tieren mit einwandfreier Farbe doch wieder ein gewisser Prozentsatz fehlfarbig ausfallen wird. U. Hofmann. 4660.

Alberti, F.; Oldenburg. **Der Zehntel-Pfennig entscheidet in der Geflügelwirtschaft.** Tierzüchter **14** (1962) Nr. 17. S. 628.

Die Senkung der Produktionskosten ist für die Rentabilität der Geflügelhaltung von großer Wichtigkeit. Je höher die Tierzahl ist, desto leichter bieten sich Rationalisierungsmöglichkeiten an. Käfighaltung hat i. allg. einen wirtschaftlichen Sinn nur bei der Haltung größerer und großer Tierzahlen, je nach der Tierzahl werden je Henne einschließlich Siloraum DM 14–20 (ohne Tierkapital) festgelegt. In Betrieben mit 2000 Hennen und mehr können durch Zuführung des Futters über Tankwagen, Silo und Futterkette Arbeits- und Futterkosten gespart werden. In kleineren Betrieben kann die Wirtschaftlichkeit durch Anwendung richtiger Tröge verbessert werden. Aus falschen oder überfüllten Trögen können bis 30% des Futters in die Einstreu gelangen. Eine Erhöhung der Freßtroglängen von 7 auf 12 cm dürfte i. allg. schon eine Erhöhung des Eieranfalls von 10-15% herbeiführen. Legeleistung, Gesundheit und Durchhaltevermögen werden durch gleichmäßige Wasserversorgung, Beleuchtung, pünktliche Fütterung usw., günstig gestaltet.
U. Hofmann. 4667.

Rallo, L. K. Opyt specializirovannogo pticevodčeskogo chozjajstva Zavolž'ja. **(Erfahrungen in einem Geflügelzuchtbetrieb des Wolgagebietes.)** Živonovodstvo, Moskva **24** (1962) Nr. 9. S. 13–20.

Im Sowchos „Krasny Kut", Gebiet Saratow, werden 40000 Russische Weiße Hühner zur Erzeugung von Bruteiern und Fleisch gehalten. Im Durchschnitt werden 213 Eier/Legehenne/Jahr mit einem Aufwand von 2,2 FE/10 Eier erzeugt. In mit Kontrollnestern ausgestatteten Ställen werden die beringten Kontroll-Zuchttiere (Junghennen im 1. Legejahr) gehalten, von denen die besten in die Vermehrungszuchtgruppe kommen. Die eigentliche Zuchtherde wird nur durch Nachkommen dieser Gruppe aufgefüllt. Die Zuchtjungtiere werden bis zu 60 Tagen in Käfigbatterien, danach in Auslaufhütten (Hütten in großen Ausläufen) oder Akklimatisierungsställen (Winter) und als ausgewachsene Hennen auf Dauerstreu in Schlackenbetonställen für 3000 Hühner gehalten. Im Winter wird der Lichttag auf 13 Std. verlängert. Das Futter enthält sehr viel Grünfutter, Saftfutter und Heumehl sowie 50–55 g Getreide/Tier/Tag im Sommer und 75 g im Winter (z. T. vorgekeimt). Es werden 2 mal jährl. (Febr.-Juni, Sept.-Okt.) Küken ausgebrütet, und aus der Zuchtherde werden ständig die schlechten Hennen ausgemerzt. F. Schenk. 4667.

Belov, L. M., Marčik, V. F. und Tjutjunnikov, V. N. (Below, L. M., Martschik, W. F. und Tjutjunnikow, W. N.) Pervye brojlery sovchoza „Krasnyj". **(Die ersten Broiler des Sowchos „Krasny".)** Pticevodstvo, Moskva **1962** Nr. 10. S. 16–18. – 1 Abb., 2 Tab.
Im Apr. dieses Jahres wurden in einem Spezialstall die ersten Broiler der Kreuzung Sussex × New Hampshire auf Tiefstreu aus zerkleinerten Maisspindeln aufgezogen. Als Wärmequelle dienten 20 elektrische Schirmglucken, die in den ersten Tagen mit 30 cm hohen Pappringen umstellt waren. Tränke und Fütterung waren mechanisiert. Mit 82 Tagen wogen die Tiere 1260 g bei einem Verbrauch von 4,29 FE/kg Zuwachs. Die Überlebensrate betrug 97,6%, und die Selbstkosten beliefen sich auf Rbl. 107/dt Lgw.
H. Pingel. 4667.

Wegner, R.-M. **Moderne Aufzucht der Junghennen.** Tierzüchter **14** (1962) Nr. 2. S. 61–62. – 2 Abb.
Vf. stellt die beiden Aufzuchtmethoden — extensiv und intensiv — gegenüber. Obwohl in der Freilandhaltung der Junghennen einige Neuerungen — Elektrozaun, Mechanisierung der Fütterung und Tränkung — festzustellen sind, muß die intensive Junghennenaufzucht als die modernere, jahreszeitlich unabhängige Methode bezeichnet werden. Über die Beleuchtung ist bei reiner Stallhaltung u. U. ein nachhaltigerer Einfluß auf die Geschlechtsreife auszuüben als über die Fütterung. R. Doehl. 4667.

Šimková, Alexandra; Ivanka pri Dunaji, Výzkumný Ústav pro Chov Drůbeže; Kostelec nad Orlicí, Pracoviště. Vliv stáří slepic na kvalitu násadových vajec, výsledky líhnutí a na životnost a užitkovost potomstva. **(Einfluß des Alters bei Hennen auf Qualität der Legeeier, Schlupfergebnisse und Lebens- sowie Leistungsfähigkeit der Nachkommenschaft.)** Živočišná Výroba **7(35)** (1962) Nr. 9. S. 591–604. – 9 Abb., 8 Tab., 42 Lit. Zus. in Russ., Engl.
Versuche mit Rebhuhnfarbigen-Italiener-Hennen erbrachten den Beweis, daß die 1- und 2jährigen Hennen bessere Legeleistungen, Schlupfergebnisse und eine größere Kükenproduktion je Henne im Vergleich mit älteren Hennen aufweisen. Im Vergleich mit 2jährigen Hennen hatten die 1jährigen eine bessere Qualität der Bruteier und bessere Schlupfergebnisse. Mit dem Alter fällt die Intensität der Legeleistung und die durchschnittl. Eierproduktion je Henne ab. In den ersten 2 Lebensjahren kann dieser Abfall nicht wesentlich sein. Aus ökonomischen Gründen wird zur Bruteierproduktion die Benutzung von 1jährigen und auch 2jährigen Hennen empfohlen. F. Svoboda. 4668.

Atakulova, R. (Atakulowa, R.) Ėffektivnost' različnych struktur stada v pticevodstve. **(Die Wirksamkeit unterschiedlicher Herdenstrukturen in der Geflügelzucht.)** S. ch. Uzbekistana **1962** Nr. 1. S. 63-64. – Aus: Referativnyj zurnal. Biologija, Moskva **1962** Nr. 15. L 212. S. 27.
In den Herden mit überwiegender Anzahl von Junghennen ist die Legeleistung größer. Die Junghennen verbrauchen je kg Eimasse 3,45 kg und die einjährigen Hennen 4,56 kg (um 31,8% mehr). Für Farmen, die für die Marktproduktion von Eiern gedacht sind, wird ein 100%iger Junghennenbestand empfohlen. übersetzt v. I. Posdirca. 4668.

Fomin, A. I. Ob ėffektivnosti otkorma mjasnych cypljat. **(Über die Wirksamkeit der Mast von Fleischküken.)** V sb.: Povyšenie produktivnosti s.-ch. životnych, Moskva **1961** S. 115–130. – Aus: Referativnyj žurnal. Biologija, Moskva **1962** Nr. 15. L 150. S. 19.
In der Fleischgeflügelzucht führt die Heterosis zu Frühreife, Schnellwüchsigkeit, besserer Futterverwertung und besserer Mastfähigkeit. Die Kreuzung von Hennen der Russischen Weißen Rasse mit Hähnen der Fleisch- und Legerassen (Australorp, Rhodeländer, New Hampshire, Pervojemaja-Rasse) bedingte eine Steigerung des Schlupfergebnisses um durchschnittl. 2–5%, des Lgw.

der auf Mast gestellten 3 Mon. alten Hähnchen um 19–26%, des Lgw. der ausgewachsenen Hühner um 23–40%, der Legeleistung und des Eigewichts bis auf 10%. Die Kreuzungshähnchen aus Hennen der Perwojemaja-Rasse mit an deren Fleisch- und Legerassen (New Hampshire und Australorp) übertrafen am Ende der Mast die Hähnchen der Russischen Weißen Rasse im Lgw. um 13–20% und in der Futterverwertung um 22%. Das Lgw. der Hähnchen, die 20 Tage (von 66-86 Tagen) mechanisch gefüttert wurden, erhöhte sich um 15%, die Futterverwertung stieg um 5%, und es wurden 42% Schlachtkörper der Klasse I mehr als durch natürliche Futteraufnahme erhalten. Es wird empfohlen, Mastrationen mit einem Eiweißgehalt von 20–22%, den üblichen Vitaminnormen und 3–5% Rohfaser zu verwenden. Für eine bessere Mast und um die Tiere vor Krankheiten zu schützen, sollte in die Futterrationen neben Cholinchlorid (vom 50.-70. Tag tägl. 20–30 mg/100 g Futter) auch natives Terramycin (tägl. 1–5 g/Hähnchen) aufgenommen werden.

übersetzt v. I. Posdirca. 4669.

Romanovskij, D. M. und Redich, V. K. (Romanowski, D. M. und Redich, W. K.) K itogam raboty po vnedreniju mežporodnych skreščivanij v pticevodstve. **(Zu den Ergebnissen der Einführung von Rassenkreuzungen in die Geflügelzucht.)** Tr. In-ta genet. AN SSSR **1961** Nr. 28. S. 346–349. — Aus: Referativnyj žurnal. Biologija, Moskva **1962** Nr. 24. L 105. S. 16.

Bei richtiger Organisation der Aufzucht erreichen Kreuzungsbroiler mit 70–75 Tagen ein Lgw. von 1,3 kg bei einem Verbrauch von 2,6–2,8 kg Kraftfutter je 1 kg Gewichtszunahme. Gegenwärtig arbeiten die Geflügelzuchtbetriebe an der Verbesserung von 14 Fleisch- und Legerassen.

übersetzt v. Ch. Eshkowa. 4669.

Henderson, Earl W. Hatching power of eggs unaffected by shell color. **(Brutkraft von Eiern unbeeinflußt durch die Schalenfarbe.)** Michigan State Univ., agric. Exp. Stat., quart. Bull. **45** (1962) Nr. 1. S. 148-150. — 1 Tab., Lit.

Zunächst setzt sich Vf. mit Ansichten anderer Züchter auseinander, die er zumeist als falsch ablehnt. Vf. stellte seinerseits Versuche mit Silver-Cornish-Hühnern an, die aus einer Kreuzung von Leghorn und Cornish entstanden sind, also aus Rassen, die einmal rein weiße bzw. nur braune Eier legen. Es wurden Eier der 352 Hennen ausgewählt, die mindestens 5, zumeist aber durchschnittl. 16 Eier während der Frühjahrsbrutperiode legten. In 1 Tab. ordnete Vf. die Eier der 352 Hennen in eine Farbskala (1–10) ein und setzte die von ihnen gelegtenbe fruchteten Eier zum Brutergebnis in Beziehung. Er kam zu dem Ergebnis, daß keine signifikanten Beziehungen zwischen der Brutkraft und der Eischalenfarbe bestehen. B. Rempel. **4674.**

Slinger, S. J., Pepper, W. F. und Sibbald, I. R.; Guelph, Ontario, Canada, Agric. Coll., Dep. of Poultry Sci. and Nutrit. The effects of debeaking at eight weeks of age on the grit consumption, weight gains and feed efficiencies of growing pullets. **(Einfluß des Schnabelstutzens in der 8. Woche auf den Gritverbrauch, die Gewichtszunahme und die Futterverwertung bei heranwachsenden Junghe nnen.)** Poultry Sci. **41** (1962) Nr. 5. S. 1614-1615.

Zum Verglei ch standen 12 Gruppen zu je 60 Kükenhennen bei üblicher Bodenhaltung; in 6 Gruppen wurde den Hennen in der 8. Woche der Schnabel gestutzt. Bald nach der Behandlung ging die Gritaufnahme stark zurück. Die unbehandelten Küken verzehrten bis zur 20. Woche 0,70 lb. Grit je Tier, die behandelten 0,04 lb. In der 14. Woche blieben die Küken mit gestutztem Schnabel um 74 g bzw. 83 g zurück (1214:1140 bzw. 1132 g), je nachdem, ob sie Grit aufnehmen konnten oder nicht. Die Futterverwertung war bei der Gruppe mit Grit besser. C. Engelmann. 4681.

Löhle, K. und Richter, W.; Jena, Friedrich-Schiller-Univ., Inst. für Tierzucht. **Mastversuch mit geschorenen Broilern.** Garten u. Kleintierzucht, Ausg. B 1 (1962) Nr. 5. S. 4.

Die Untersuchungen dienten der Feststellung, ob die Broiler durch Federschur auf Grund der vermutlich besseren Hautatmung usw. günstigere Mastergebnisse aufweisen. 108 Mastküken wurden von der 5. Woche an in 2 gewichtsmäßig und in bezug auf das Geschlecht ausgeglichene Gruppen aufgeteilt. Mit einer scharfen Schere wurden den Tieren der Versuchsgruppe Schwanz-, Deck- und Schwungfedern sowie die Federn der Befiederungsfelder im Bereich des Rückens, der Brust und der Schenkel abgeschnitten. Die geschorenen Tiere wiesen ein durchschnittl. um 58,6 g niedrigeres 10-Wochen-Gewicht auf als die Vergleichsgruppe. Auch die Rohverwertung war mit 4,50 kg ungünstiger als die in der Kontrollgruppe mit 4,08 kg. Geschorene Broiler erreichen demzufolge keine besseren Mastergebnisse. U. Hofmann. 4690.

Kamar, Gamal A. R. und Mostageer, A.; Giza, Egypt, Cairo Univ., Fac. of Agric., Animal Product. Dep. Efficiency of food utilization by pure-bred and cross-bred broilers in the subtropics. **(Futterverwertung bei reinrassigen und aus Kreuzungen hervorgegangenen Broilern in den Subtropen.)** Empire J. exp. Agric. 31 (1963) Nr. 121. S. 19–26. — 7 Tab., 23 Lit.

Wachstum und Futterverwertung wurden bei Fayomi (F), Rhodeländern (R), Weißen Leghorn (L) und deren Kreuzungen untersucht. Die leichten Rassen (F und L) und deren Kreuzungen (FL und LF) benötigten mehr Futter je Einheit Gewichtszunahme als R, RF oder FR. Die beste Futterverwertung erreichte die R-Gruppe (1:2,34), während die RF und FR zwischen den bei den Ausgangsrassen erzielten Werten lagen. Es wird angenommen, daß die unterschiedliche Gewichtsentwicklung der Hahnen- und Hennenküken auf ein geschlechtsgebundenes Gen zurückzuführen ist. Die Kreuzung einer lokalen Rasse (F) mit R scheint für eine rentable Broilermast unter subtropischen Bedingungen günstig zu sein. W. Rudolph. 4690.

Mulsow; Jena, Friedrich-Schiller-Univ., Inst. für Tierzucht. **Die Trocken- und Feuchtfütterung und ihr Einfluß auf die Mastergebnisse aus Winterbruten.** Garten u. Kleintierzucht, Ausg. B 1 (1962) Nr. 6. S. 8.

1000 Küken der Rasse Rebhuhnfarbige Italiener erhielten ein Mischfutter mit einem Nährstoffverhältnis von 1:2,47. Von der 2. Lebenswoche an erhielten die Tiere der Gr. I das Futter weiterhin in trockener Form aus Automaten verabreicht, während die Tiere der Gr. II das Mischfutter 5mal tägl. in Abschnitten von 2-3 Std. feuchtkrümelig erhielten, wobei sie zusätzlich noch die Mischung in trockener Form aus Automaten aufnehmen konnten. Von der 4. Woche an wurde beiden Gruppen zusätzlich Hafer und Buchweizen gereicht. Das durchschnittl. Mastendgewicht sowohl der Hähne als auch der Hennen aus der Versuchsgruppe mit kombinierter Trockenfütterung war dem der Tiere aus der Gruppe mit Alleintrockenfutter überlegen. In Zukunft wird sich aber aus arbeitswirtschaftlichen Gründen die Alleintrockenfütterung in den Produktionsbetrieben durchsetzen. U. Hofmann. 4690.

Scholtyssek, S.; Hohenheim. **Stand der Qualitätsforschung bei Geflügelzuchtprodukten.** Dtsch. Geflügelwirtsch. 14 (1962) Nr. 48. S. 617–620.; Nr. 49. S. 631-634. — 6 Abb., 3 Tab., 39 Lit.

Bei der Eiqualität ist die äußere Qualität aufzugliedern in Form, Aussehen und Haltbarkeit des Eies, die innere in Zusammensetzung, Farbe und Geschmack. Vf. hält folgende Meßmethoden zur Beurteilung der Eiqualität für ausreichend: das Eierwiegen zur Festlegung des Eigewichts, das Abmessen der Eier nach Länge und Breite zur Formbestimmung, das Zerbrechen mit Druckmessern als Belastungsprobe, das Messen der Eidotterform und der Eiklarfraktionen eines aufgeschlagenen Eies als Hinweis auf den Frischegrad, das Schaumschlagen des Eiklars mit anschließender Aufbereitung zur Abschätzung der Backqualität, das Messen der Remission der Dotterfarbe bei einer Wellenlänge von 530 mμ auf elektro-photometrischem Wege. Die Beeinflussung der Eiqualität durch Haltung und Fütterung wird ausführlich besprochen. Hinsichtlich der Fleischqualität werden primäre und sekundäre Qualitätsmerkmale unterschieden. Zu ersteren gehören die Fleischmenge, Körperproportionierung, das Aussehen der Schlachtware, das Fleisch: Knochen-Verhältnis und die Schlachtausbeute. Bei den sekundären Gütemerkmalen handelt es sich um die eigentliche Fleischqualität. Vf. behandelt ausführlich die Probleme] und die Untersuchungsmethoden. U. Hofmann. 4700.

Schwarz, Leopold und Fehse, Friedrich. **Beobachtungen an Eischalen und Eiern. 9. Mitt. Über Auflagerungen auf Eiern von Land- und Wassergeflügel. II.** Zool. Anz. **168** (1962) Nr. 11/12. S. 442–449. — 14 Abb. 8. Mitt. vgl. LZ. Abt. III 8 (1963) Nr. 6. S. 1217.

Als Nachtrag zu früheren Arbeiten werden Untersuchungsergebnisse von Eischalen-Auflagerungen in Dünnschliffpräparaten aufgeführt. Vff. untersuchten Präparate von Hühnereiern (Araukanahuhn, Kreuzungshuhn, New Hampshire), Eiern einer „Empire-White"-Pute, einer Pekingente und eines Säbelschnäblers. An Hand von Abb. von Radialschliffen und Oberflächenvergrößerungen in normalem und polarisiertem Licht werden Art der Auflagerungen, Lage der Cuticula, Basalkalottenschicht und Prismenzone besprochen. H. Heimbürge. 4700.

Henderson, Earl W. Egg weight and shell color not correlated. **(Zwischen Eigewicht und Schalenfarbe besteht kein Zusammenhang.)** Michigan State Univ., agric. Exp. Stat., quart. Bull. **45** (1962) Nr. 1. S. 151–153. — 1 Tab.

Vf. berichtet über die früher angenommene genetische Bedingtheit der Schalenfarbe. In neueren statistischen Berichten gibt es nur sehr wenige experimentelle Studien über die Beziehungen zwischen Schalenfarbe und Eigewicht. Seit 1934 wurden derartige Berichte mit einer Ausnahme nicht gefunden. Die vom Vf. angewandte Versuchsmethode beruhte darauf, 405 Silver-Cornish-Hühner der Jahrgänge 59, 60 und 61 auszuwählen. Die von diesen Hühnern im 1. Legejahr jeweils im März und Apr. gelegten Eier wurden nach Schalenfarbe und Eigewicht tabellarisch erfaßt und in Korrelation gesetzt. Der Durchschnitt der Punkte für Eischalenfarbe pro Huhn lag bei 4, das durchschnittl. Eigewicht betrug 55 g. Eigewicht und Schalenfarbe standen in keinem signifikanten Zusammenhang. B. Rempel. 4700.

Boguth, W. und Czernicki, B. **Farbmetrische Untersuchungen an Eidottern nach Verfütterung verschiedener Carotinoide.** Zbl. Veterinärmed. **9** (1962) Nr. 8. S. 779-786. — 4 Abb., 8 Lit. Zus. in Engl.

Vorliegende Untersuchungen haben zum Inhalt, auf Grund exakter Farbmessungen an Eidottern, Hinweise auf das Färbevermögen von Carotinoiden zu erhalten. Von den 3 bekannten Farbmessungsmethoden wurde das Spektralverfahren angewandt, da es die größtmögliche Genauigkeit gewährleistet. Neben Dottern von Hühnern, denen handelsübliches Futter mit einem natürlichen Carotinoidgehalt verabreicht wurde, wurden nach vorheriger Herbeiführung völliger Carotinoidarmut Dotter nach Zufütterung von β-Apo-8'-carotinal (C30) und β-Apo-8'-carotinsäure (C30)-äthylester auf die Dotterfarbe untersucht. An Hand einer Farbnormtafel wurden die „farbtongleichen Wellenlängen γf" sowie der „spektrale Farbanteil p_e" für die Sättigung ermittelt. Aus den Ergebnissen ist ersichtlich, daß durch Zugabe synthetisch hergestellter (C30)-Carotinoide eine stärkere Orangeverschiebung eintritt als das bei der Verabreichung normalen Futters mit natürlichem Carotinoidgehalt der Fall ist. W. Richter. 4700.

Czernicki, Brigitte und Weiser, Harald. **Zur Beeinflussung der Dotterfarbe durch einige reine Carotinoide sowie durch Paprika.** Zbl. Veterinärmed. **9** (1962) Nr. 9. S. 899–904. — 4 Tab. Zus. in Engl.

An verschiedene Gruppen von Hühnern, die zuvor mit einem pigmentfreien, pigmentarmen oder pigmentreichen Futter ernährt worden waren, wurden verschiedene Carotinoide, wie β-Apo-8'-carotinal (C 30), β-Apo-8'-Carotinsäure (C30)-äthylester, Canthaxanthin und Paprika verabreicht, um deren Einfluß auf die Dotterfarbe nachzuweisen. Bei Zufütterung von Canthaxanthin sowie Paprika wurde eine unnatürliche, ungesättigte Farbverschiebung erreicht, ohne nennenswerte Provitaminwirkung. Von allen 4 Zusätzen ist lediglich das β-Apo-8'-Carotinal (C 30) zu empfehlen, da es neben der Färbkraft gleichzeitig eine Qualitätsverbesserung gewährleistet.

M. Richter. 4700.

Wullstein, R.; Lewitz, VEG Tierzucht. **Sitzstangenlose Hühnerhaltung im VEG (Tierzucht) „Lewitz".** Tierzucht **16** (1962) Nr. 11. S. 497-500. — 7 Abb., 4 Lit.

10000 Küken in Gruppen zu 500 Tieren wurden bis zur 8. Woche intensiv auf Tiefstreu aufgezogen. 3000 Leghorn-Junghennen wurden in 20 einwandigen Stallungen (3 × 5 m) ohne jede Inneneinrichtung aufgestallt und 3 Mon. darin bei Auslauf in unbegrenztem lichten Kiefernwald gehalten. Ende Aug. erfolgte die Umstallung in 8 Legehallen vom Typ H 3, von denen 2 ohne Sitzstangen waren. 4 Wochen vorher waren in allen Ställen Tiefstreustapel angelegt worden. Zur Erhaltung des gewünschten Garezustandes wurden die Ställe bei der Aufstallung mit je 2 Dunstschächten (40 × 40 cm) versehen. Während an den Stellen, die vom Bedienungspersonal häufiger begangen wurden, Verdichtungen auftraten, wies die Tiefstreu dort die beste Beschaffenheit auf, wo die Tiere nachts dicht beieinander lagen. Legeleistung, Gesundheit und Brutfähigkeit wurden bisher nicht negativ beeinflußt. Die Steigerung der Arbeitsproduktivität betrug 22,4%. Das Aussehen der Tiere wird in Mitleidenschaft gezogen. U. Hofmann. 4707.

Becker, Klaus; Krefeld-Großhüttenhof, Lehr- und Versuchsanst. **Ein Ja zur Vollintensivhaltung — Bestätigung durch mehrjährige exakte Untersuchungen.** Dtsch. Geflügelwirtsch. **14** (1962) Nr. 49. S. 627-631. — 4 Tab., 9 Lit.

In 2 Versuchen mit Leghorn-Linienhybriden wurden intensive und extensive Haltung sowie kombinierte Fütterung und Alleinfütterung gegenübergestellt. Die Küken wurden in der Vorversuchsperiode bis zur 10. Woche intensiv mit Aufzuchtmehl bei einem 14-Std.-Lichttag aufgezogen. Während der Junghennenperiode erfolgte o.a. Gruppierung, wobei die Durchschnittszahlenwerte ergaben, daß mit der Alleinfütterung als solcher und getrennt nach den beiden Haltungsformen im Endeffekt günstigere Ergebnisse zu erzielen sind als mit der kombinierten Fütterung. Der tägl. Arbeitsaufwand war bei den Intensiv-Gruppen um ca. 25–30% geringer als bei der Weidehaltung. Aus den Gesamtdurchschnittswerten der Jahre 1960/61 und 1961/62 wird ersichtlich, daß die während der Junghennenperiode intensiv gehaltenen Tiere bez. des Eier- und Fleisch-Erlöses abzüglich Futterkosten DM 1,68 im Durchschnitt je Henne am Ende der Legeperiode mehr erzielten als die Extensiv-Gruppen. Durch den Mehrverbrauch an Futter und die höheren Futtermittelkosten bei der kombinierten Fütterung gestaltete sich die Alleinfütterung bez. des Eier- und Fleischerlöses minus Futterkosten um DM 2,08 je Henne während der Legeperiode günstiger. U. Hofmann. 4707.

Sorokin, V. V. und Petrova, A. F. (Sorokin, W. W. und Petrowa, A. F.); Sagorsk, Gebiet Moskau, Unions-Forsch.-Inst. für Geflügelzucht, Abt. für Zoohyg. und Geflügelkrankh. Issledovanie fauny glubokoj nesmenjaemoj podstilki. **(Untersuchung der Fauna in Dauerstreu.)** Trudy Vsesojuznogo

naučno-issledovatel'skogo instituta pticevodstva, Moskva **27** (1961) S. 165 bis 172. — 5 Tab., 4 Lit.
Bei mikroskopischen Untersuchungen wurden in den verschiedenen Schichten der Tiefstreu Eier von Askariden und Heterakiden, ferner Coccidien, freilebende Nematoden und deren Eier, Milben und Hefezellen gefunden. Die Temperatur der Tiefstreu schwankte in 6-10 cm Tiefe von 20–30 °C und in noch tieferen Schichten von 26–42 °C. Die rel. Feuchtigkeit lag zwischen 33 und 52%. Diese Bedingungen gestatten eine Entwicklung der Askarideneier. Vor der Einstallung mit Hühnern in Tiefstreuställe ist eine Wurmkur vorzunehmen und der Stall gründlich zu desinfizieren. Das Streumaterial muß trocken sein. H. Pingel. 4707.

Mende, Gunther und Lux, Georg. **Ergebnisse der Untersuchungen der Käfigintensivhaltung von Legehennen unter besonderer Berücksichtigung der Technologie in der LPG „Einheit", Kötzschau.** Wiss. Z. Hochschule LPG Meissen **5** (1962) Nr. 4. S. 457-463. — 3 Abb., 4 Tab.
In der Käfighaltung der LPG Kötzschau, Kreis Merseburg, sind 7344 Hennenplätze vorhanden; der Kostenaufwand je Hennenplatz betrug DM 57,10. Je Ei konnte ein Reingewinn von DM 0,06 erzielt werden. Durch Veränderung und Anbringung bes. Futtersammelbleche an die elektrisch betriebenen Futterwagen gelang es, die z.T. hohen Futterverluste wesentlich zu verringern. Der AK-Aufwand betrug vorerst bei einer Betreuung von 1310 Hennen je AK sowie bei einer Legeleistung von 148,4 Eiern je Tier und Jahr 12,58 Std. je 1000 Eier. Durch sachgemäße Auslastung entfielen auf 1 AK 2007 Hennen bei einer Legeleistung von 200 Eiern. Für die Produktion von 1000 Eiern konnte der AK-Aufwand auf 3,1 Std. gesenkt werden. Auf die Verwendung leistungsfähiger Hennen, einwandfreier Futtermischungen sowie auf eine strenge Selektion und Ergänzung des Tierbestandes wird bes. verwiesen. K. Löhle. 4707.

Tesink, J. und Robijns, K. G.; Dieren, Zeeland, Provinciale Gezondheidsdienst. Over het opsporen van tuberculeuze pluimveestapels en de bestrijding van aviaire tuberculose. **(Über die Entdeckung tuberkulöser Geflügelbestände und die Kontrolle der Geflügeltuberkulose.)** Tijdschr. Diergeneeskunde **88** (1963) Nr. 7. S. 425–434.
Für die Ermittlung der Geflügeltuberkulose in Beständen, in denen Rinder gehalten werden, eignet sich der Simultantest. Der Verdacht einer Verseuchung des Geflügels liegt vor, wenn die Zahl der Hautschwellungen nach aviärem Tuberkulin größer ist als nach bovinem oder wenn der Simultantest im Anschluß an einen positiven Einzeltest negativ verläuft. Aber auch das Schwein ist als Infektionsquelle für das Geflügel in Betracht zu ziehen. Die Untersuchung des Geflügels selbst geschieht am zweckmäßigsten mit der intracutanen Tuberkulinprobe am Kehllappen. Werden innerhalb einer Herde einzelne positive Reaktionen gefunden, so muß die ganze Herde als verseucht angesehen werden (Herdendiagnose). Im Rahmen der Bekämpfung der Geflügeltuberkulose müssen nicht nur die befallenen Herden gemerzt werden, sondern es muß auf entspr. hygienische Maßnahmen, jährl. Umtrieb usw. geachtet werden. E. Wiesner. 4710.

Gänse

Landau, Ladislav, Miček, Joachim, Drobná, Vlasta, Babuškin, Vasil und Kostolanský, František; Ivanka pri Dunaji, Výzkumný Ústav pre Chov Hydiny. Sezónnosť a klimatické faktory v reprodukcii husí. **(Saison- und klimatische Faktoren bei der Fortpflanzung der Gänse.)** Pol'nohospodárstvo **9** (1962) Nr. 9. S. 673–678. — 2 Abb., 4 Tab., 7 Lit. Zus. in Russ., Engl.
Vff. verfolgten an 71 slowakischen Gänsen (teilweise mit böhmischen und italienischen Gänsen gekreuzt) den Einfluß der Saisongebundenheit und der

klimatischen Faktoren auf die Brut- und Befruchtungsfähigkeit der Gänseeier. Die intensivste Legezeit und stärkste Brutfähigkeit fiel in die Zeit vom 1.–15. März. Die Befruchtung war zu Beginn und am Ende der Legezeit am niedrigsten, am besten war sie z. Z. des intensivsten Eierlegens. Gegen Ende der Saison nahm das Absterben der Embryonen zu. Die Sonnenstrahlung beeinflußte das Legen; Temperatur und Luftdruck beeinflußten auch die Brutfähigkeit. Das Gewicht der Eier war zu Saisonbeginn am größten. Es ist zu erwarten, daß nach Aufklärung der klimatischen Faktoren durch Klimatisierung die Fortpflanzung der Gänse reguliert werden kann.

F. Nádvorník. 4810.

Kitzing, D. **Die Entwicklung des Geflügelkombinates Sandkrug seit 1961.** Tierzucht **16** (1962) Nr. 11. S. 500–503. – 8 Abb.

Das Geflügelkombinat wird seit 1956 als Gänsezuchtbetrieb aufgebaut. Aus 550 Gänsen, die in den ersten Jahren in einer großen Herde gehalten wurden, sollte ein einheitlicher Typ der weißen Legegans herausgezüchtet werden. Die Variationsbreite in Form, Farbe und Leistung war groß, durch Salmonellose und Aspergillose bei Gänsen und Enten traten zunächst erhebliche Aufzuchtverluste auf, die jedoch 1961 auf 5% gesenkt werden konnten. Die Zuchtgänse werden nun in versetzbaren Elektroweiden (je Gans 150 m²) zu je 50 Stck. gehalten, im Winter stehen je Gans 20 m² zur Verfügung. Aus der ČSSR importierte italienische Gänse brachten im 1. Legejahr eine Höchstleistung von 64 Eiern. Der Durchschnitt der Stammgänseleistungen lag 1962 bei 48,47 Eiern mit einer Spitzenleistung von 78 Eiern. Die geschlüpften Gänse- und Entenküken bleiben bis zum 10. Tage in der sog. Kastenaufzucht (Muster aus der ČSSR), anschließend bis zur 6.–8. Lebenswoche in der Aufzuchtzentrale und schließlich von da an ständig im Freien. Weiße Pekingenten werden in 8 Stämmen (1:5 verpaart) und in 5 Herden (25:125 verpaart) gehalten. Die durchschnittl. Legeleistung der Herdbuchstämme lag 1961/62 bei 183, die Spitzenleistung bei 263 Eiern.

U. Hofmann. 4810.

Bean, Maura L. und Hanson, Helen L.; Albany, Calif., Western Regional Res. Lab. Utilization of geese. I. Tenderness and yield. **(Gänse und ihre Verwendung. 1. Mitt. Die Ausbeute und Zartheit des Fleisches.)** Poultry Sci. **41** (1962) Nr. 1. S. 236–242. – 2 Abb., 4 Tab., 9 Lit.

Jungmastgänse werden im Alter von 10–12 Wochen geschlachtet, zu dieser Zeit sind die Tiere ohne Stoppeln und garantieren eine hohe Wirtschaftlichkeit. Diese Jungmastgänse werden zum Kochen und Braten angeboten, mit zunehmendem Alter steigt der Anteil des Brustfleisches, jedoch das Gewicht des Keulenfleisches weniger stark an. Die Zartheit des Fleisches wird durch das Alter und die Fütterung bestimmt. Die einzelnen Körperfleischpartien zeigen ebenfalls eine unterschiedliche Zartheit. Ältere Tiere erreichen einen höheren Nutzungsgrad. Jungmastgänse erreichen mit 12 Wochen ein Gewicht von 8,1 lb. Das Gewicht bratfertiger Tiere beträgt 64% des Schlachtgewichtes.

E. Urban. 4860.

Bean, Maura L. und Hanson, Helen L.; Albany, Calif., Western Regional Res. Lab. Utilization of geese. II. Precooked frozen foods. **(Gänse und ihre Verwendung. 2. Mitt. Als vorgekochtes und gefrorenes Nahrungsmittel.)** Poultry Sci. **41** (1962) Nr. 1. S. 243–249. – 4 Abb., 4 Lit. 1. Mitt. vgl. vorst. Ref.

Es wurde die Haltbarkeit von gekochtem eingefrorenem Gänsefleisch bei unterschiedlichen Temperaturen (20, 10 und 0 °F) sowie unter Verwendung verschiedener Gase getestet. Geschmacksunterschiede waren deutlich mit zunehmender Lagerdauer und bei unterschiedlicher Lagerart festzustellen. Die Aufbewahrung bei Edelgasen bis zu 12 Mon. bei 20, 10 und 0 °F verhinderte die Entwicklung des typischen ranzigen Geschmacks. Produkte von

Jungmastgänsen sind wahrscheinlich nicht so haltbar wie Fleisch von ausgewachsenen Gänsen unter normalen Luftverhältnissen. Gekochte Gänseleber war bis zu 6 Mon. bei einer Temperatur von 0 °F haltbar. E. Urban. 4860.

E. PELZTIERE

Anonym. **Wir füllen eine Zuchtkarteikarte aus.** Garten u. Kleintierzucht, Ausg. D **1** (1962) Nr. 6. S. 13. — 2 Abb.

Genaue Erläuterung zum Ausfüllen einer Zuchtkarteikarte. 5301.

Johansson, Ivar. **Wie erhält man einige der neuen hellen Nerztypen.** Dtsch. Pelztierzüchter **37** (1963) Nr. 3. S. 41–44. — 6 Abb.

Als Grundlage zahlreicher heller Nerztypen sind die Allelserien der Socklotreihe und der Moyle-Buff-Reihe anzusehen. Durch Kreuzungen verschiedenen Allelreihen angehörender rezessiver Typen entstehen Perlnerze, Heinen Buff, Sage und die Lavendeltypen. Unter den Kreuzungen innerhalb der Socklotreihe kommt gegenwärtig dem Finnpalo die größte Bedeutung zu. Von den Cameo-Kombinationen sind die Cameo-Aleuten- und Cameo-Saphir-Nerze jetzt bes. gesucht. Sehr gefragt sind z.Z. auch: Winterblau, Hope, Dreifach-Perl und Violett. H. Zimmermann. 5302.

Beljaev, D. K. und Evsikov, V. I. (Beljajew, D. K. und Jewsikow, W. I.); Nowosibirsk, Inst. für Cytol. und Genetik der Sibir. Abt. der Akad. der Wiss. der UdSSR. O vlijanii geterozigotnosti materinskogo organizma na žiznesposobnost' potomstva. **(Über den Einfluß der Heterozygotie des Organismus auf die Lebensfähigkeit der Nachkommen.)** Doklady Akademii nauk SSSR, Moskva **146(30)** (1962) Nr. 6. S. 1414–1417. — 1 Abb., 2 Tab., 9 Lit.

Vf. bringt Angaben über Fruchtbarkeit und Lebensfähigkeit bei Nerzen, die durch die verschiedenen Farben des Fells zum Hauptobjekt der Pelztierzucht wurden. Die Vielfalt der Farben des Fells ist ein Ergebnis der Selektion verschiedener gut mendelnder rezessiver Mutationen und ihrer Kombinationen. Heterozygote Weibchen übertreffen die bunten in ihrer Fähigkeit, sich normal zu vermehren, und in der durchschnittl. Wurfgröße, unterscheiden sich aber nicht von den Standards, die einen nach Farbe selektierten wilden Typ darstellen. Heterozygote Jungtiere haben gegenüber den homozygoten eine erhöhte Lebensfähigkeit. Der Effekt der Heterozygotie des mütterlichen Organismus ist bes. gut ersichtlich aus vergleichenden Ergebnissen bei der Kreuzung weißer Nerze untereinander und mit heterozygoten. Bei gleichem Genotyp der Jungtiere sind die Verluste bei letzteren geringer, die größten Würfe haben heterozygote Weibchen. Die physiol. Besonderheiten heterozygoter Weibchen bestehen darin, daß bei ihnen die Voraussetzungen für die embryonale und für die ersten Tage der postembryonalen Entwicklung besser sind, was eben die erhöhte Lebensfähigkeit dieser Würfe bedingt. Weibchen, die von heterozygoten Müttern abstammen, übertreffen die homozygoten in allen Vermehrungskennziffern. Die Ergebnisse haben nicht nur theoretische, sondern auch praktische Bedeutung. R. Filina. 5302.

Kirk, R. J. Effect of darkness on the mink reproductive cycle. **(Der Einfluß der Dunkelheit auf den Fortpflanzungszyklus des Nerzes.)** Amer. Fur Breeder **35** (1962) Nr. 11. S. 20–21. — 2 Tab.

Versuche der Manitoba Fur & Game Station von 1954, 1955 und 1956 zeigten, daß eine frühere Paarungsbereitschaft bei einigen Nerzen eintrat, wenn die Tageslänge ab Anfang Jan. durch Glühbirnen verlängert wurde. Daraus ergab sich die Frage nach dem Einfluß der Dunkelheit auf den Fortpflanzungszyklus. In den Versuchen 1960 und 1961 wurde das Licht bei einer Gruppe von Gehegen ab Ende Dez. allmählich reduziert, so daß die Tiere am 1. Jan. in völliger Dunkelheit waren. Mitte Mai wurde der Versuch ausgewertet.

Die Versuchstiere kamen zur normalen Zeit in Hitze und zeigten die regulären 10-Tagesintervalle. Die Wurfperiode verzögerte sich etwas.
G. Bendrat. 5302.

Travis, Hugh. Hvad kan vi laere af Skandinavien? **(Was können wir von Skandinavien lernen?)** Dansk Pelsdyravl **25** (1962) Nr. 14. S. 358–362. – 3 Tab.
Die Nerzfütterung in den einzelnen Staaten Skandinaviens wird besprochen. Die allg. im Vordergrund stehende Fischfütterung ist in Dänemark am günstigsten gestaltet. Filetabfälle werden aus den Nachbarländern eingeführt und innerhalb 10 Tagen nach dem Fang verfüttert. Nur für größere Farmen ist daher ein großer Gefrierraum notwendig. Es werden typische Futterpläne für die verschiedenen Jahreszeiten angegeben. In Dänemark werden neben Getreide auch Kartoffeln verfüttert. Die Versuchstätigkeit ist in Trollesminde konzentriert. In Norwegen sind Transport und Aufbewahrung der Fische teurer als in Dänemark. Es werden weniger Kartoffeln verfüttert als in Dänemark, aber mehr Fischmehle. Versuche werden von der Veterinär- und der Landbauhochschule durchgeführt. Schweden importierte 1960 etwa die Hälfte des Nerzfutters. An der Landbauhochschule in Uppsala werden vornehmlich Fütterungsfragen bearbeitet. Auch in Finnland wird – ähnlich wie in Schweden – ein großer Teil des Futters importiert, da der Heringsfang auf wenige Monate konzentriert ist. Es besteht nur ein privater Versuchsbetrieb. Allg. sind die Futterrationen in Skandinavien nicht so konzentriert wie in den USA. Fischmehl und Fisch werden mehr verwendet als in den USA, andererseits weniger Leber.
J. K. Hinrichsen. 5302.

Geurden, L. M. G., Devos, A., Viaene, N. und Staelens, M. Ziekte van Aujeszky bij nertsen. **(Aujeszky'sche Krankheit bei Nerzen.)** Vlaams diergeneeskund. Tijdschr. **32** (1963) Nr. 2. S. 36–47.
Aujeszky beschrieb erstmalig beim Rind 1902 diese Krankheit in Ungarn unter dem Namen „Pseudowut". Sie ist vor allem gekennzeichnet durch tonisch-klonische Muskelkrämpfe, die im vorliegenden Falle neben Gleichgewichtsstörungen, Aggressivität und Depressionen und Juckreiz in einem Nerzbestand beobachtet wurden. Der Tod trat i.allg. nach 1–4 Tagen ein, und es zeigten sich nur geringe Veränderungen in Milz, Lunge, Pericard und Myocard. Die Diagnose wurde im Tierversuch durch Verimpfung von Gehirn auf Kaninchen gesichert. Es wird angenommen, daß die Tiere mittels Impfkanülen (Staupeschutzimpfung) infiziert wurden, mit denen einige Tage zuvor Schweine geimpft worden waren. Die mit 6,5% bezeichneten Verluste fordern, daß dieser Krankheit auch in Nerzbeständen die erforderliche Aufmerksamkeit geschenkt wird.
E. Wiesner. 5302.

Pedersen, Richard. **Nutriahaltung ohne Wasser.** Dtsch. Pelztierzüchter **37** (1963) Nr. 3. S. 46–47. – 3 Abb.
Da sich die Trockenhaltung von Nutrias in mit Drahtböden versehenen Hochgehegen nicht bewährt hat, werden die Tiere in einem Gebäude in Gehegen von 80 × 150 cm bis 300 × 400 cm untergebracht. Die 1 m hohen Boxenwände sind aus Beton gefertigt. Sämtliche Gehege haben als Einstreu eine zu gleichen Teilen aus Sägemehl und Torfmull bestehende Mischung erhalten, die etwa alle 3 Mon. gewechselt wird. Macht sich Feuchtigkeit bemerkbar, wird eine neue Lage aufgeschüttet. Als Vorteil dieser Haltungsweise sind zu nennen: Verhütung von Frostschäden, Verbilligung der Fütterung bei besserer Futterverwertung, bessere Fellqualität auch bei den hellen Farbtypen, Verminderung der Krankheitsfälle, Verbilligung der Anlage und geringerer Arbeitsaufwand.
H. Zimmermann. 5310

Schleger, Walter; Wien, Tierärztl. Hochschule, Inst. für Tierzucht und Züchtungshyg. **Inzucht als Züchtungsverfahren.** Chinchilla-Zucht **6** (1963) Nr. 1. S. 7–15.

Die Inzucht ist das Zuchtverfahren, das eine weitgehende Vereinheitlichung des Erbgutes ermöglicht und daher von erfahrenen Züchtern angewendet werden soll. Die Tierbestände sind tierärztlich zu kontrollieren, um eine Gewähr für die gute Gesundheit der Zuchttiere zu haben. Eine gute Fütterung ist erforderlich, da sonst Mangelerscheinungen für das Auftreten von Inzuchtschäden gehalten werden können. Zahlreiche Beispiele erfolgreicher Inzucht bei Wild- und Haustieren belegen, daß die Inzucht über viele Generationen hin ohne Schäden durchgeführt werden kann. Inzucht im weiteren Sinne betrifft Tiere im 5.–8. Verwandtschaftsgrad, einfache Inzucht in 3. Seitenlinie, also Onkel und Nichte, Tante und Neffe oder Vetter und Base. Engste Inzucht oder Inzestzucht vereinigt Eltern mit Kindern, Großeltern mit Enkeln oder Voll- und Halbgeschwister. H. Zimmermann. 5318.

Anonym. **Beurteilung des Felles.** Chinchilla-Zucht **6** (1963) Nr. 2. S. 18–24. — 2 Abb.
Wenn auch der Wert eines Chinchillas durch den Genotyp und Phänotyp bestimmt wird, so stützen sich sämtliche Bewertungssysteme auf die Beurteilung des Phänotyps. Hierbei ist zunächst die Klarheit der Farbe in Unterzone, Band und Schleier der Haare zu werten. Im Band, das eine Breite von 4,5–5 mm aufweisen soll, ist eine weiße Farbe anzustreben. Unerwünscht sind gelbliche Verfärbung und unregelmäßige Breite an den einzelnen Körperteilen. Überragt wird das Band von einem möglichst blauschwarz schillernden Schleier, der sich deutlich und scharf vom Band abgrenzen muß. Die Unterzone soll sich über die doppelte bis 3fache Breite von Band und Schleier erstrecken. Erwünscht ist ein dunkler blauer Farbton, zwischen Band und Unterfarbe ist eine scharfe farbliche Trennung zu fordern. Dichte und Gleichmäßigkeit der Behaarung sind ein wichtiger Wertmesser. Unregelmäßigkeiten in der Haarlänge sowie fehlende Grannenhaare wirken sehr störend. An der Wamme ist ein möglichst schmaler weißer Bauchstreifen anzustreben. Zu berücksichtigen sind bei der Beurteilung ferner die Seidigkeit und Elastizität der Haare und vor allem auch die Körpergröße und der harmonische Körperbau, bei dem eine parallele Form zu bevorzugen ist.
H. Zimmermann. 5318.

G. BIENEN

Wendt, Hermann; Heiligenkirchen. **Zum 100. Geburtstag Heinrich Freudensteins, am 1. Februar 1963.** Westf. Bienenztg. **76** (1963) Nr. 2. S. 38–40. — 1 Abb.
Heinrich Freudenstein wurde am 1. 2. 1863 geboren. Als Lehrer schaffte er sich Bienen an, um damit seine umfangreiche Bibliothek zu finanzieren. Mit 44 Jahren schied er aus dem Schuldienst und widmete sich ganz den Bienen. Er erkannte als erster, daß die Überwinterung bes. auf Honigtau- und Heidehonig leicht zu Ruhr führt und propagierte die Winterfütterung mit Zuckerlösung, womit er auf heftigen Widerstand stieß. Reden und Artikel in Fachzeitschriften wurden ihm untersagt, so daß er 1902 eine eigene Zeitschrift, die „Neue Bienenzeitung" gründete. Sein Lehrbuch kam in 6 Auflagen mit 25000 Exemplaren heraus. Er entwickelte die Freudensteinbeute mit Breitwaben- und Querstellung mit dem heute kleinsten anerkannten Maß von 33,8 × 20 cm (für Gebiete ohne Massentrachten). Er flammte als erster Beuten faulbrutkranker Völker aus und bewahrte sie vor der Vernichtung. Am 5. 2. 1935 starb er. Sein Sohn Dr. Karl Freudenstein übernahm seinen Bienenstand, die Redaktion der „Neuen Zeitung", die Neuauflagen seines Lehrbuches und gründete 1928 die Marburger Lehr- und Versuchsanstalt für Bienenzucht. G. Droege. 5402.

Anonym. **Aus der Geschichte der Landes-Lehr- und Versuchsanstalt für Imkerei Mayen.** Rhein. Bienenztg. **114** (1963) Nr. 4. S. 97–99.

Vorläufer der Mayener Anstalt war der 1913 vom Bienenzuchtverein der Rheinprovinz in Bonn errichtete Lehr- und Versuchsbienenstand, der 1918 nach Mayen verlegt wurde. Auf dem 1,5 ha großen Grundstück wurde 1920 die „Rheinische Imkerschule" gebaut, die unter Carl Schneider einen schnellen Aufschwung nahm. Am 16. 4. 1925 war die Einweihung der inzwischen mit öffentlichen Mitteln ausgebauten „Versuchs- und Lehranstalt Rheinische Imkerschule", die 1930 ihre staatl. Anerkennung fand. Dem ersten Leiter Rektor Dressler folgte 1932 Dr. G. Goetze, unter dem nach 1933 die Anstalt Reichskörstelle wurde. Nach 1945 war sie erst unter Zwangsverwaltung und wurde dann bis 1954 von zwei Imkermeistern betreut. 1954 wurde Dr. K. Dreher als Leiter berufen. 1956 übernahm das Land Rheinland-Pfalz die Rechtsträgerschaft, 1961 mit Beteiligung des Landes Nordrhein-Westfalen. Seitdem heißt die Anstalt „Landes-Lehr- und Versuchsanstalt für Imkerei" Mayen. G. Droege. 5402.

Bröker, Walter; Köln-Ehrenfeld. **Vom Ursprung unserer Honigbiene (Apis mellifica).** Bienenvater [Wien] 84 (1963) Nr. 1. S. 10–11.

Erst mit der Ausbildung der Blütenpflanzen (Kreidezeit) können sich die Honigbienen aus schon länger vorhandenen wespenähnlichen Vorfahren, den solitären, fleischfressenden Grabwespen entwickelt haben, deren charakteristische Sporen an den Tibien der Hinterbeine noch im Puppenstadium der Honigbiene zu erkennen sind. Die geologisch ältesten Bienen fanden sich im Bernstein aus der Zeit des Ober-Eozäns vor 60 Mill. Jahren. Sie waren dort wahrscheinlich noch solitär. Die ältesten offenbar schon staatenbildenden Bienen fand man in der Braunkohlenformation bei Rott am Siebengebirge (20–30 Mill. Jahre). Vf. rekonstruiert an Hand der Pollenfunde die damaligen Trachtverhältnisse der subtropischen Urwaldvegetation mit vorwiegendem Laubholzbestand. Honigtauerzeuger gab es damals auch schon.
G. Droege. 5404.

Lepatina, N. G. und Ragim-zade, M. S. (Lepatina, N. G. und Ragimsade, M. S.) Rabotosposobnost' različnych ras pčel v raznych ékologičeskich uslovijach. **(Die Arbeitsfähigkeit der verschiedenen Bienenrassen unter unterschiedlichen ökologischen Bedingungen.)** V sb.: Vopr. ékologii, Moskva 7 (1962) S. 102–103. — Aus: Referativnyj žurnal. Biologija, Moskva **1962** Nr. 24. L 206. S. 27.

Die Arbeitsfähigkeit der Bienen wird nach der Anzahl ihrer Flüge pro Tag und nach der Füllung der Honigblase bestimmt. Es wurde festgestellt, daß die Arbeitsfähigkeit der verschiedenen Bienenrassen von ihrer Anpassung an bestimmte ökologische Faktoren abhängt. Unter den Bedingungen des Gebietes Leningrad war die Anzahl der Flüge bei den zentralrussischen Bienen (110–112) höher als bei den Kuban-Bienen und den persischen Bienen (95 und 91). Unter den Bedingungen des Kreises Maikop war dagegen die Anzahl der Flüge bei den Kuban-Bienen höher (139) als bei den zentralrussischen (90). Eine analoge Gesetzmäßigkeit wurde auch bei der Füllung der Honigblase beobachtet. Von den ökologischen Faktoren — Feuchtigkeit, Temperatur, atmosphärischer Druck, Beleuchtung, Länge der Lichtperiode u.a. — hat die Temperaturschwankung den größten Einfluß auf die Arbeitsfähigkeit der Bienen. übersetzt v. Ch. Eshkowa. 5410.

Daumer, Karl; Zürich, Univ. **Kontrastempfindlichkeit der Bienen für „weiß" verschiedenen UV-Gehalts. Ein Beitrag zur Frage, woran die Bienen den Sonnenstand hinter einer Wolkendecke erkennen.** Z. vergleich. Physiol. **46** (1963) Nr. 3. S. 336–350. — 11 Abb., 1 Tab., 23 Lit.

Bienen nehmen die Sonne durch eine geschlossene Wolkendecke auf Grund von UV-Strahlung wahr. Am Sonnenort ließ sich phys. eine min. Aufhellung im sichtbaren- und im UV-Bereich nachweisen. In Dressurversuchen wurden

die Grenzwerte für gerade noch sicher wahrnehmbare UV-Kontraste bestimmt. Es ergab sich, daß die Bienen zwei Strahlungsgemische noch sicher unterscheiden, wenn eines um 4,6 ± 1% mehr (oder weniger) UV enthält. Liegt dagegen ein gleichsinniger, etwa gleich großer Unterschied im UV- und sichtbaren Bereich vor, so müssen sich die beiden reflektierten Strahlengemische um ca. 15 ± 3% unterscheiden, damit die Bienen den Helligkeitsunterschied noch sicher unterscheiden. Danach reicht die am Sonnenort festgestellte min. Aufhellung im UV- (5%) und sichtbaren Bereich noch nicht aus, um die Orientierungsleistung der Bienen bei bedecktem Himmel zu erklären. Es wäre aber denkbar, daß die dorsalen Augenhälften eine höhere Spektralempfindlichkeit besitzen als die ventralen, wie dies bei verschiedenen Tieren, z. B. auch bei Drohnen von *Apis mell.* angenommen werden muß.
G. Droege. 5425.

Montagner, H.; Nancy, Lab. de Psychophysiol.; Bures-sur-Yvette, Seine-et-Oise, Stat. de Rech. sur l'Abeille. Essais préliminaires de mesure de la capacité d'élevage dans la ruche. **(Untersuchung über die Fortpflanzungs-Kapazität bei Bienenvölkern.)** Ann. Abeille **5** (1962) Nr. 3. S. 233–246. — 10 Abb., 2 Tab., 6 Lit.
Beschreibung von Methode und Darstellung der Ergebnisse von Untersuchungen über Ei- und Larvenpflege im Stock, wobei normale Fütterung und Mangelernährung angewendet wurden. — Es wurde festgestellt, daß jedem Volk eine spez. „Fortpflanzungs-Kapazität" eigen ist. Diese läßt sich aus dem Volk heraus nicht ändern. Von Einfluß auf die Individual-Pflege bzw. -Entwicklung der Larven ist der Abstand ihrer Zellen von der Königin. Dieses Ergebnis deutet auf die hohe Bedeutung des von der Königin ausgeschiedenen Ectohormones hin.
F. Lüpnitz. 5425.

Bichtler, E. **Das Leben der Drohnen, ihre Ernährung und Geschlechtsreife.** Garten u. Kleintierzucht, Ausg. C **1** (1962) Nr. 3. S. 9. — 1 Tab.
Vf. referiert aus einer Diss. von Mind. Drohnen im Alter bis zu 9 Tagen, dem Alter ihres Ausflugs, werden als Stockdrohnen bezeichnet. 821 frisch geschlüpfte Drohnen ließen sich ohne Beisein von Arbeiterinnen ⌀ 5,5 Tage am Leben erhalten. 10 Drohnen, die im Alter von 1–9 Tagen tägl. von 8^{00} bis 16^{00} beobachtet wurden, verbrachten 70–80% ihrer Zeit ruhend. Längere Ruhepausen wechselten mit kürzeren Aktivitätsperioden, die meist durch Putzbewegungen eingeleitet wurden. Gelegentlich führten sie bis 15 Min. währende Wanderungen über die Waben aus und bettelten häufig um Futter. Nur ein Teil der angebettelten Arbeiterinnen reagierte mit Füttern. Drohnen im Alter von 16–35 Tagen ruhten weniger und wanderten mit größerer Intensität. Regelrechte Arbeiten der Drohnen wurden nicht festgestellt. Ein aktives Erbrechen des Honigblaseninhalts wird in Abrede gestellt. Bei den älteren Drohnen kamen auf 54 selbständige Futterentnahmen 24 erbettelte. Jüngere Drohnen flogen kürzere Zeit als ältere. Der erste Flug an einem Tage war stets der kürzeste und betrug 13 Min. gegenüber 25 Min. bei den übrigen Flügen. — Der Nahrungsverbrauch lag bei Stockdrohnen bei 1, bei flugfähigen Drohnen bei 3 mg Zucker/Std. Der Zuckerverbrauch je 30 Flugminuten liegt bei 14 mg. Das ist die 10fache Menge eines ruhenden Flugdrohnen. Nicht alle Drohnen werden geschlechtsreif. Im Frühjahr ist die Anzahl der anormalen Drohnen größer und nimmt im Sommer ab. Der Flug beeinflußt die Reizbarkeit und das Stülpvermögen positiv.
G. Pritsch. 5430.

Meyer, Hinnerk; Hemslingen. **Um die Wärme im Bienenvolk.** Rhein. Bienenztg. **114** (1963) Nr. 3. S. 67–70. — 2 Abb. 5435.

Rumkist, Josef; Gauting bei München. **Zucht ab „königlichem" Ei?** Dtsch. Bienenwirtsch. **13** (1962) Nr. 11. S. 324–329. — 2 Abb.

Ausgehend von dem Gedanken, daß Königinnen, die aus dem Vermehrungstrieb heraus gezüchtet wurden (Schwarmköniginnen), wertvoller sind als die im Notzustand aus vorhandenen Maden gezüchteten Nachschaffungsköniginnen, weil sie schon als Ei zur Königin bestimmt sind, entwickelte Vf. ein neues Verfahren der Königinnenzucht, das er zur Diskussion stellt. Vf. schnitt aus aufbewahrten Waben natürliche Weiselbecher, sog. Spielbecher, aus und lötete sie mit flüssigem Wachs an den unteren Rand zweier auf ein Drittel ausgeschnittenen mehrmals bebrüteten, aber durchscheinenden Waben. Diese wurden mitten ins Brutnest des Zuchtvolkes eingehängt und die Königin darauf mit 2 Absperrgittern abgesperrt. Von 23 Weiselbechern wurden 15 bestiftet. Beide Waben wurden nun dem Pflegevolk eingehängt, nachdem mit der Königin ein Brutableger gemacht worden war. Alle 15 Weiselzellen wurden angenommen. Die verdeckelten Zellen wurden in Schlüpfkäfige verschult und im Hürdenrahmen dem Pflegevolk zurückgegeben. Das Verfahren ist arbeitssparender und für ungeübte Imker sicherer. Es kommt biol. der natürlichen Königinnenentstehung am nächsten. Der Versuch soll Wissenschaftler und Praktiker zur Nachprüfung anregen. G. Droege. 5460.

Arnreiter, Alois; Rohrbach, Oberösterreich. **Einfache Zucht aus dem Ei.** Bienenwelt [Graz] **5** (1963) Nr. 4. S. 85–86. — 1 Abb.
Vf. schildert sein Verfahren der Königinnenzucht, das auf der Erkenntnis beruht, daß ein schwarmreifes Volk senkrecht bestiftete Jungfernzellen stets in Weiselzellen umformt. Ein gutes, schwarmreifes Volk in Zuchtstimmung wird entweiselt und mit konzentrierter Honiglösung gefüttert. Das Zuchtvolk bekommt eine mit Honiglösung bespritzte Jungfernwabe zum Bestiften ins Brutnest eingehängt. Von der bestifteten Wabe werden Eistreifen mit eintägigen Eiern (einseitig) geschnitten, die mit U-förmigen Klammern an einen Ausschnitt einer Mittelwand befestigt werden (Zellstellung senkrecht und nicht eingekürzt). Die Eier werden reduziert und nur jede 3. oder 4. Zelle unberührt gelassen. Vf. hat mit dieser Methode überzeugende Erfolge.
G. Droege. 5460.

Meier, Rud.; Regensdorf. **Mit Erfolg Königinnen züchten.** Schweiz. Bienen-Ztg. [N.F.] **86** (1963) Nr. 4. S. 178–184. — 4 Abb.
Erst die Mobilimkerei mit Schwarmverhinderung machte die künstliche Königinnenzucht notwendig, die unter U. Kramer einen beachtenswerten Aufschwung erlebte. Inzwischen ist aus der Rassenzucht eine Massenzucht geworden. Vf. fordert weniger, aber bessere Qualität der Königinnen. Zuchtstoff darf nur aus Völkern mit guten Eigenschaften und mehrjährigem Leistungsnachweis genommen werden. Zuckerfütterung in Trachtpausen etc. verwischt die echte Leistung. Königinnen, die aus Eiern gezogen werden, sind größer als solche aus Maden und die Zahl der Eischläuche beträgt bis zu 180 gegenüber 80–100 bei aus Maden gezogenen Königinnen. Vf. lötet nur 20–25 aus einem frischbestifteten Wabenstück ausgeschnittene Einzelzellen an Korkzapfen, wovon 8–15 angenommen werden. Mit diesen Königinnen hat er die besten Erfolge. G. Droege. 5460.

Kleinert, H.; Hartha. **Die Zeichenfarben für die Königinnen.** Garten u. Kleintierzucht, Ausg. C **2** (1963) Nr. 4. S. 8. 5460.

Anonym. **Rentabilität der Bienenzucht.** Dtsch. Bienenwirtsch. **13** (1962) Nr. 11. S. 313–316. — 1 Tab.
Vf. erläutert an Hand 1 Tab. eine Rentabilitätserhebung des Schweizerischen Bauernsekretariats auf der Grundlage der Bienenbuchhaltung von 1947–60 (vgl. Schweiz. Bienen-Ztg. [N. F.] **85** [1962] Nr. 4.). Die Durchschnittszahl der Standvölker beträgt je Betrieb ca. 30. Die Gesamtkosten für ein Volk belaufen sich auf über sfr 57. Sie berechnen sich aus ca. sfr 15–18 für Futterzucker und etwa dieselbe Summe für andere Ausgaben (Erhaltung des Standes, Aus-

stattung der Beuten, Geräte). Der Arbeitsaufwand wurde mit ca. sfr 12–16 berechnet (Arbeitszeit von etwa 6½ Std. je Volk und Jahr bei einem Stundenlohn von sfr 2). Hinzu kommt die Verzinsung des investierten Kapitals von 4% und der Zinsaufwand je Bienenvolk von über sfr 9. Der Honigertrag betrug im Durchschnitt von 14 Jahren 6,05 kg/Volk/Jahr. Die Produktionskosten je kg Honig schwanken zwischen sfr 5,58 und 10,81, der Rohertrag entspr. zwischen sfr 37,25 und 66,22. Das Einkommen je Bienenvolk schwankt zwischen sfr 5,53 und 37,42, d. h. in einem Mißjahr muß der Imker 4% draufzahlen, in guten Jahren kann er mit einer Verzinsung von 11% rechnen.
G. Droege. 5480.

Füchsel, K.; Stolpe, Kreis Anklam. **Das Zusetzen einer Königin mit dem Begattungskästchen.** Garten u. Kleintierzucht, Ausg. C 2 (1963) Nr. 5. S. 4–5. — 5 Abb.
Auf der nächsten Bienenrassenschau soll das Ausstellungsmaterial nur noch in Einwabenkästchen (EWK) zur Schau gestellt werden. Den Käufern wird eine Methode empfohlen, die ein gefahrloses Zusetzen der Reinzuchtmütter garantiert. Vom EWK oder auch DWK, in dem sich die begattete Jungkönigin befindet, wird die eine Glasscheibe entfernt und die Öffnung schnell bienendicht mit Zeitungspapier abgedeckt und mit Reißbrettstiften an den Seiten des Kästchens gut befestigt. Dann werden feine Löcher in das Papier gestochen und die Papierseite an den Wabenbau des zu beweiselnden Volkes im Abstand von 10 mm gestellt. Bei Querbau wird es einfach an den Wabenbau herangeschoben, bei Blätterbeuten entnimmt man 2–3 Waben und setzt das EWK an ihre Stelle. Zur Sicherheit kann man beide Völker mit Duftwasser übersprühen. Das Begattungsvölkchen muß vor der Einweiselung reichlich mit Futter versorgt sein, und das zu beweiselnde Volk, wenn keine Tracht herrscht, mit Futterteig oder Trockenzucker, nicht mit flüssigem Futter, beschäftigt werden. Nach 8 Tagen, in denen man die Bienen in Ruhe sich vereinigen läßt (beide zernagen das Papier) entfernt man das EWK und gibt die Wabe in den Honigraum des beweiselten Volkes. Diese Methode ist anwendbar für die Umweiselung eines Standvolkes, zum Beweiseln eines weisellosen Volkes und zur Bildung von Brutablegern. G. Droege. 5480.

Taranov, G. F. (Taranow, G. F.) O primenenii karbolovoj kisloty. **(Über die Verwendung von Carbolsäure.)** Pčelovodstvo, Moskva **40** (1963) Nr 2. S. 31.
Reine Carbolsäure wird verwendet, um die Bienen aus den Aufsatzkästen oder bei Entnahme von Honig zurückzutreiben. Am wirksamsten ist eine konzentrierte Lösung von 70–80% bei kühler Witterung und 50% bei warmer Witterung. Eine schädliche Wirkung auf die Bienen wurde nicht festgestellt.
H. Gentz. 5480.

Smaragdova, N. P., Šajdorova, V. V. und Borodina, L. N. (Smaragdowa, N. P., Schaidorowa, W. W. und Borodina, L. N.) O ličinočnom korme pčel. **(Über Bienenbrutfutter.)** Pčelovodstvo, Moskva **40** (1963) Nr. 2. S. 37 bis 38. — 1 Tab.
Der Eiweißanteil des Brutfutters enthält 18 Aminosäuren (Aufzählung). Die Anzahl der Aminosäuren ist bei den Bastardvölkern sowohl bei der 2- als auch bei der 5tägigen Brut höher (69,67% und 70,38%) als bei den Grauen Grusinischen Hochgebirgsbienen (57,80 und 43,36%) und den zentralrussischen Bienen (54,40 und 34,40%). Die Unterschiede sind auf die botanische Zusammensetzung der Pollen zurückzuführen. Die Zusammensetzung des Pollengemisches bei den einzelnen Rassen wird angeführt. H. Gentz. 5494.

Suprunov, N. I. und Samojlov, T. P. (Suprunow, N. I. und Samoilow, T. P.) Rastitel'nye stimuljatory. **(Pflanzliche Stimulanzien.)** Pčelovodstvo, Moskva **40** (1963) Nr. 2. S. 38–39. — 1 Abb.

Sämtliche Aralienarten üben auf den Organismus eine aktive Wirkung aus. Ein bewährter Biostimulator ist der im Fernosten wachsende Eleutherococck. Ein Extrakt aus den Blättern der Pflanze (als Beifütterung) aktiviert die Flugtätigkeit, steigert die Produktivität (60–100%), stimuliert die Eiablage der Weisel und die Brutaufzucht. Das Präparat ist nur bei guter Tracht zu verwenden, da sonst Räubereien nicht zu vermeiden sind. H. Gentz. 5494.

Ernst, A.; Kapfenberg. **Das „Russenglas" als Futterglas.** Bienenwelt [Graz] **5** (1963) Nr. 4. S. 88–90. — 1 Abb.

Vf. verwendet zur Fütterung an Stelle der 8-l-Futterdosen aus Blech „Russengläser" mit 3,5 l Fassungsraum (225 mm hoch). In 2 Plastikdeckel stanzt er je ein Loch von 50 bzw. 30 mm Dmr. und legt das gut erhitzte Gitter (F 50 bis 60) darauf, das sich sofort fest mit dem Plastikdeckel verbindet. Das größere Futterloch ist für die Auffütterung, das kleinere für langsame Reizfütterung gedacht. Diese Gläser haben den Vorzug, daß man die Futteraufnahme laufend beobachten und kleinste Mengen von Futter darin verabreichen kann. Weitere Vorzüge: Keine Rostgefahr, leichte Reinigung, niedriger Anschaffungspreis (Glas mit 2 Deckeln S 10.—), der bei Rückgabe vom Kaufmann wiedererstattet wird, Verwendung auch als Honigglas für 5 kg. Den Nachteil, daß durch das kleinere Fassungsvermögen bei der Fütterung mehr Zeit benötigt wird, nimmt Vf. gegenüber seinen vielen Vorteilen gern in Kauf. G. Drolge. 5494.

Lüttge, Ulrich. **Über den Vitamin C-Gehalt von Bienenhonig.** Z. Lebensmittel-Unters. u. -Forsch. **117** (1962) Nr. 4. S. 289-296.

Vf. untersuchte 15 von verschiedenen Trachtquellen stammende Honige auf ihren Vit.-C-Gehalt. Nur in einer von 3 als Minzenhonig deklarierten Proben konnten 1,62 mg Ascorbinsäure je 1 g Honig (Trockengewicht) gefunden werden. Alle anderen untersuchten Honige enthielten keine nachweisbaren Mengen an Vit. C. Für diese Untersuchungen wurde die sehr empfindliche Methode von Roe und Mitarbeitern, die auf der Reaktion von Dehydroascorbinsäure mit Dinitrophenylhydrazin zu dem rot gefärbten Osazon beruht, angewendet. Diese Methode hat den Vorteil, daß nicht nur die Ascorbinsäure, sondern die ebenfalls als Vit. C biol. wirksame Dehydroascorbinsäure erfaßt wird. Im Nektar von *Mentha aquatica* konnten 10 mg Ascorbinsäure je 1 g Zucker gefunden werden. Dieser hohe Vit.-C-Gehalt liegt ebenfalls weit über den bei anderen Proben gefundenen Werten. Vf. nimmt deshalb an, daß der Gehalt an Vit. C im Honig weitestgehend von der Trachtquelle abhängig ist. Ascorbinsäure oxydierende Stoffe wurden im Honig nicht gefunden. P. Lietz. 5496.

Stehle; Stuttgart-Hohenheim. **Rähmchen und Beute 3.** Bienenpflege **1963** Nr. 3. S. 51–53. — 2. Mitt. vgl. LZ. Abt. III 8 (1963) Nr. 8. S. 1672.

Für die 3 vertretbaren Rähmchenmaße (vgl. l.c.) existieren mindestens 53 verschiedene Beuten. 4 für das Neu-Württemberger Maß, 36 für Normalmaß und 13 für Zandermaß. Abgesehen von örtlicher Traditionsgebundenheit und Selbstschreinereien werden ca. 44% der Beuten in Normalmaß verkauft, die Mittelwandhersteller liefern zu ca. 50% in Normalmaß, andere Maße folgen erst in weitem Abstand. Vf. empfiehlt die Prüfung der Beuten durch eine Kommission, bestehend aus Imkerpersönlichkeiten verschiedenen Alters, die gemeinsam mit den Herstellerfirmen sich auf einige wenige Typen einigen sollten. Man muß sich von dem Unglauben lossagen, daß eine gute Beute allein die Garantie für gute Ernten ist. Erkenntnis und guter Wille müßten bei Imkern und Herstellern endlich zu einer Lösung des Beutenproblems führen. G. Droege. 5520.

Schels, J.; Deggendorf. **Wie beobachte ich Honigtauerzeuger im Laufe des Jahres. 9. Folge.** Dtsch. Bienenwirtsch. **13** (1962) Nr. 10. S. 300-303. — 7 Abb. 8. Mitt. vgl. LZ. Abt. III 8 (1963) Nr. 4. S. 777.

Ab Aug. beginnt ein langsames Anschwellen des Saftflusses in den Siebröhren in Richtung zu den ober- und unterirdischen Speicherzellen des Pflanzenkörpers, das seinen Höhepunkt kurz vor dem Laubfall erreicht. Ab Sept. verursachen die Veränderungen im Nahrungsangebot, daß sich die weibl. Larven der Honigtauerzeuger zu sexuparen Weibchen wandeln und Geschlechtstiere hervorbringen, die im Okt. kopulieren und die Wintereier ablegen. Gute Witterung von Aug. bis Okt. bedeutet eine Stärkung der Kolonien, viele Wintereier begünstigen die gute Entwicklung im nächsten Frühjahr. Regen hindert den Flug der Männchen, kühle Temperatur hemmt die Entwicklung der Geschlechtstiere. Die geflügelten Männchen sind kleiner als die Weibchen. Die Geschlechtsweibchen auf der Fichte haben an der Hinterleibsspitze einen Ring aus weißer, flaumiger Wachswolle, die sie auf den Eiern verreiben oder auftupfen. Bei manchen Arten treten die Geschlechtsweibchen schon im Aug. auf, wenn sie unter Nahrungsmangel leiden.
G. Droege. 5530.

Schels, J. **Wie beobachte ich Honigtauerzeuger im Laufe des Jahres. Letzte Folge.** Dtsch. Bienenwirtsch. **13** (1962) Nr. 11. S. 322–323. — 9. Folge vgl. vorst. Ref.
Zusammenfassung der 1.–9. Folge. 5530.

Seifert, Liselotte; Berlin, Humboldt-Univ., Inst. für Geflügel- und Pelztierzucht, Abt. Bienenkunde. **Was hat der Imker bei Verdacht auf Bienenkrankheiten zu tun?** Garten u. Kleintierzucht, Ausg. C **2** (1963) Nr. 6. S. 12.
Vf. gibt eine genaue Anleitung, wie und wohin Bienenproben krankheitsverdächtiger Völker geschickt werden müssen. Der Imker darf Krankheiten nicht als etwas Unabänderliches hinnehmen, sondern muß, damit etwas dagegen getan werden kann, sich unverzüglich an seinen BSS wenden, wenn er krankheitsverdächtige Völker hat. Bei Krankheiten erwachsener Bienen müssen mindestens 50 Bienen in festen, luftdurchlässigen Packungen (Streichholzschachtel) eingesandt werden. Bei Verdacht auf Nosema vom Totenfall im Stock, bei Milbeverdacht Altbienen, die krank erscheinen, bei unklaren Krankheiten außerdem ca. 20 lebende Bienen mit etwas Futterteig. Königinnen müssen grundsätzlich lebend eingeschickt werden. Dazu muß ein kurzer, konkreter Bericht über die vom Imker beobachteten Erscheinungen gegeben werden. Bei Verdacht auf Brutkrankheiten wird möglichst eine ganze Wabe mit Rähmchen eingesandt, und zwar so verpackt, daß sie nicht zerdrückt wird. Die Honigkränze müssen herausgeschnitten werden. Die Nummer des Volkes wird auf das Einwickelpapier geschrieben. Bei Verdacht auf anzeigepflichtige Krankheiten und für alle Arten von Reihenuntersuchungen ist das Veterinäruntersuchungs- und Tiergesundheitsamt zuständig, für Beratung und Hilfe in unklaren Fällen und Forschungsarbeiten die Abt. Bienenkunde in Hohen-Neuendorf. G. Droege. 5555.

Smaragdova, N. P. (Smaragdowa, N. P.) Kislotnost' podkormki i nozematoz. **(Säurehaltige Beifütterung und Nosematose.)** Pčelovodstvo, Moskva **40** (1963) Nr. 2. S. 12.
An Hand von Mikroaufnahmen wurde festgestellt, daß eine Beifütterung alkalisierter Zuckerlösung (pH 8–9) die Vermehrung der Nosemasporen in den Epithelzellen erkrankter Bienen stimuliert. Säurehaltige Beifütterung (pH 5–6) dämmt die Entwicklung der Nosemasporen ein. H. Gentz. 5565.

Kulikov, N. S. (Kulikow, N. S.) Bor'ba s braulezom. **(Die Bekämpfung der Braulese.)** Pčelovodstvo, Moskva **40** (1963) Nr. 2. S. 32–34.
Es handelt sich um eine Schnellbehandlungsmethode. 10 g raffiniertes Naphthalin werden auf die oberen Rahmenleisten und in die Wabengasse gestreut. Eine Nachbehandlung ist nicht erforderlich. Das neuerdings empfoh-

lene Thymol hat eine starke insekticide Wirkung, löst aber mitunter starke Erregungszustände aus, die von verheerender Wirkung sein können.

H. Gentz. 5565.

Neuhaus, W.; Meißen. **Beobachtungen über das Bienensterben im Frühjahr 1961.** Garten u. Kleintierzucht, Ausg. C 1 (1962) Nr. 4. S. 5.

1962 gingen im Mai viele Völker ein bzw. wurden stark geschwächt. Vf. gibt die Erklärung dafür, indem er die Verhältnisse auf seinen zwei verschieden aufgestellten Ständen schildert. Bienenvölker, die im Herbst keine Reizfütterung erhielten oder sich nicht in der Heide abarbeiteten, gingen mit vielen Altbienen in den Winter. Anfang bis Mitte März gingen die Bienen bereits in Brut. Dann setzte Kälte ein, und die Brut wurde etwa 3 Wochen gestoppt. Die Altbienen arbeiteten sich bei der Brutpflege und beim Sammeln ab, aber Jungbienen schlüpften nur wenige. Bei einem Stand mußten die Bienen 300 m weit und 80 m tief zur Tränke fliegen. Hierbei verbrauchten sich die Altbienen wesentlich schneller, und die Völker wurden sehr stark geschwächt.

G. Droege. 5570.

Danieljan, S. G. (Danijeljan, S. G.) Uchovertka — rasprostranitel' infekcii (**Der Ohrwurm — Überträger von Infektionskrankheiten.**) Pčelovodstvo, Moskva 40 (1963) Nr. 2. S. 29. — 1 Abb.

Eine Ausweitung der Faulbrut wurde regelmäßig im Frühjahr mit dem Erscheinen der Dermaptera, namentlich des Ohrwurmes, beobachtet. Bakteriologische Untersuchungen ergaben, daß 80% aller Ohrwürmer, die in Beuten erkrankter Völker hausten, Bazillenträger sind. Es wird angenommen, daß sie an der Verbreitung von Infektionskrankheiten stark beteiligt sind.

H. Gentz. 5570.

Toumanoff, C.; Paris, Inst. Pasteur. Recherches expérimentales sur la toxicité du fluor pour les abeilles. (**Experimentelle Untersuchungen über die Toxizität von Fluoriden gegenüber Bienen.**) Ann. Abeille 5 (1962) Nr. 3. S. 247 bis 260. — 2 Abb., 10 Tab., 19 Lit.

Im Gegensatz zu den Ergebnissen anderer Untersucher wird festgestellt, daß die F-Konsumption von Bienen (NaF gelöst in Zuckerwasser) erst bei einer Konzentration von 1:5000 tödlich wirkt, während Konzentrationen von 1:50000 bzw. 1:100000 nicht toxisch wirken. — Die Messung bzw. Berechnung der abs. aufgenommenen F-Menge ergab, daß die letal wirkende Menge zwischen 30 und 143 μg liegen kann; dabei spielt der Zeitraum, während dessen NaF-Lösung aufgenommen wird, eine wesentliche Rolle.

F. Lüpnitz. 5570.

Dreher, K.; Mayen, Landes-Lehr- und Versuchsanst. für Imkerei. **Bericht über die Tätigkeit der Landes- Lehr- und Versuchsanstalt für Imkerei in Mayen. v. 1/1.-31/12. 1963.** Rhein. Bienenztg. 114 (1963) Nr. 4. S. 99-103.

Das Berichtsjahr stand weitgehend unter dem Einfluß der Fertigstellung des Erweiterungsbaues und des Umbaues des alten Anstaltsgebäudes. Forschungs- und Versuchstätigkeit mußten deshalb eingeschränkt werden. Es wurden Untersuchungen mit dem Milbenbekämpfungsmittel „Thujon" durchgeführt, Fütterungsversuche mit Kobaltsalzen, Spätbehandlung der Nosema mit Fumidil B und die Honigtauerzeugung in der Nähe von Kolonien der Roten Waldameise geprüft. 48638 Proben wurden auf Krankheiten untersucht, 128 Honige analysiert. Im Betreuungsgebiet trat im Frühjahr die Nosema verstärkt auf, die Milbenseuche nimmt zu, was teils auf unzureichende gesetzliche Vorschriften, teils auf die Nichtbeachtung der bestehenden Vorschriften zurückzuführen ist. Es wurden 715 Königinnen gezüchtet, ihre Begattung dürfte bei der schlechten Witterung qualitativ ungünstig ausgefallen sein. Es wurden verschiedene Züchtertagungen besucht und Vorträge gehalten. Die Honigernte konnte durch gute Blatthonigtracht Ende Juli bis Anfang Aug. noch knapp durchschnittl. werden. Die Anstalt wurde von 870 Menschen besichtigt. Es fanden 9 Kurzlehrgänge mit 274 Teilnehmern statt. Lehrlinge werden keine ausgebildet, weil kein Internat vorhanden ist. Es arbeiteten 5 Praktikanten an der Anstalt. Die Stelle des wiss. Mitarbeiters Dr. Richard Wohlgemuths übernahm Dr. Alfred Bittner. G. Droege. 5590.

Dallmann, H.; Hohen-Neuendorf bei Berlin, Bienenschutzstelle. **Aus der Arbeit der Bienenschutzstelle der DDR im Jahre 1962.** Garten u. Kleintierzucht, Ausg. C **2** (1963) Nr. 4. S. 8.
Die Gesamtzahl der Bienenschäden durch Pflanzenschutzmittel lag um ca. 50% niedriger als 1961. Dies liegt im wesentlichen darin begründet, daß durch die ungünstige Witterung die Anzahl der Flugtage für die Bienen sehr gering war und manche Pflanzenschutzmaßnahmen wegen der anhaltenden Regenfälle unterblieben oder die giftigen Pflanzenschutzmittel schneller abgewaschen wurden. Der Raps war zum großen Teil umgebrochen, und der Rest fiel mit der Obstblüte zusammen. Insgesamt wurden 355 Stände mit 6423 Völkern geschädigt. Hauptsächlich in den Bezirken Halle, Rostock, Karl-Marx-Stadt. In den Bezirken Dresden und Neubrandenburg war ein deutlicher Rückgang zu verzeichnen, der auf die gute Zusammenarbeit von Bienenschutzstelle, Bezirksverband KSK und Pflanzenschutzamt zurückzuführen ist. Weiter untersuchte die Bienenschutzstelle 4516 eingesandte Bienenproben auf Krankheiten, davon 1415 für eine Milbenreihenuntersuchung im Bezirk Karl-Marx-Stadt. Neuerdings wird die Milbenuntersuchung nicht mehr nach dem Quetschverfahren, sondern nach der Trockenuntersuchungsmethode von Svoboda durchgeführt. Vf. weist darauf hin, daß bei Einsendung von Bienenproben unbedingt nach den Weisungen im Merkblatt 8 zu verfahren ist, da die Auswertung nicht nur für den Imker ist, sondern im Interesse einer künftigen Schadensverhütung liegt. G. Droege. 5590.

H. SEIDENRAUPEN

Legay, Jean-Marie und Teulade, Pierre; Lyon, Fac. des Sci., Lab. de Zool. Exp. Sensibilité aux rayons X de la durée de développement des oeufs de Bombyx mori lorsque l'irradiation est effectuée quelques heures après le début de l'incubation. **(Die Empfindlichkeit der Entwicklungsdauer der Eier von Bombyx mori gegenüber X-Strahlen, wenn die Bestrahlung einige Stunden nach Inkubationsbeginn erfolgt.)** C.R. hebd. Séances Acad. Sci. **255** (1962) Nr. 15. S. 1784–1785. — 3 Tab., 2 Lit.
Vff. untersuchen, ob die Bestimmung der Veränderungen der embryonalen Entwicklungszeit von Seidenspinnereiern nach Behandlung mit verschieden stark dosierten X-Strahlen neben der Letalität ein weiteres Sensibilitätskriterium für die Untersuchung schwach ionisierender Strahlungen darstellt. Normal überwinterte Brut einer monovoltinen Rasse wird ca. 12 Std. nach Inkubationsbeginn mit Dosen zwischen 0 und 3000 r bestrahlt; es werden die Veränderungen der embryonalen Entwicklungszeit und der Mortalitätsrate kontrolliert. Die Varianzanalyse der Werte für die Entwicklungsdauer ergibt signifikante Unterschiede zwischen den Behandlungen und der Kontrolle und innerhalb der Behandlungen (Verlängerung mit steigender Dosis); für die Mortalität sind erst ab 1000 r signifikante Abweichungen zur Kontrolle erkennbar. Die Entwicklungsdauer erweist sich auch als ein empfindliches Kriterium für schwache Dosierungen. — Bei einer Bestrahlung nach 5tägiger Inkubationszeit beobachtet man bei 2000 r jedoch keinerlei Anwachsen der Entwicklungszeit, während die Sterblichkeit hoch signifikant über der der Kontrolle liegt. H. Rost. 5656.

Alimov, A. (Alimow, A.) Podbor roditel'skich par po vesu i širine kokona u tutovogo šelkoprjada. **(Die Auslese der Elternpaare nach Gewicht und Breite**

des Kokons beim Maulbeerseidenspinner.) Tr. N.-i. in-ta šelkovodstva. Uzb. akad. s.-ch. nauk **1961** Nr. 2. S. 37–40. — Aus: Referativnyj žurnal. Biologija, Moskva **1962** Nr. 1. L 183. S. 29.

Die Lebensfähigkeit der Nachkommenschaft von Elternkokons unterschiedlichen Gewichts und verschiedener Breite aus der Rasse SANIIŠ E 1 und E 2 wurde untersucht. Bei Bestimmung der Lebensfähigkeit der Raupen, die von leichten, mittleren und schweren Weibchen stammten, erwies sich die Nachkommenschaft der Weibchen mittleren Gewichts als am lebensfähigsten. Das Gewicht der Männchen hatte keinen sichtbaren Einfluß auf die Lebensfähigkeit der Nachkommen. Um Eier für die Produktion zu bekommen, wird eine mäßige heterogene Auslese der Kokons mit geringem Gewichtsunterschied der Partner empfohlen. Ein Unterschied bez. der Lebensfähigkeit der Raupen, die nach Gewicht und Breite der Kokons ausgesucht waren, besteht kaum. Die Kalibrierung der Zuchtkokons nach Breite wird für die Einführung in die Praxis empfohlen. übersetzt v. K. Neumann. 5660.

Silant'eva, M. G. (Silantjewa, M. G.) Nasledovanie priznaka ustojčivosti k povyšennoj temperature u tutovogo šelkoprjada. **(Vererbung des Merkmals der Widerstandsfähigkeit gegen erhöhte Temperaturen beim Maulbeerseidenspinner.)** Tr. N.-i. in-ta šelkovodstva. Uzb. akad. s.-ch. nauk **1961** Nr. 2. S. 33–36. — Aus: Referativnyj žurnal. Biologija, Moskva **1962** Nr. 1. L 186. S. 29.

Die Brut von Gelegen bei erhöhter Temperatur (26–27 °C) und die Aufzucht der Raupen (bei 27-29 °C) im Verlaufe von 5 Generationen Zuchtwahl führten zur Veränderung der Erblichkeit des Seidenspinners und zur Herausbildung der Resistenz gegenüber erhöhten Temperaturen.
übersetzt v. K. Neumann. 5660.

Černecova, N. T. (Tschernezowa, R. T.) Vlijanie različnych uslovij soderžanija šelkoprjada v ėmbrional'nyj period na posledujuščie stadii razvitija. **(Einfluß unterschiedlicher Haltungsbedingungen während der Embryonalperiode auf die nachfolgenden Entwicklungsstadien des Seidenspinners.)** Tr. N.-i. in-ta šelkovodstva. Uzb. akad. s.-ch. nauk **1961** Nr. 2. S. 26–32. — Aus: Referativnyj žurnal. Biologija, Moskva **1962** Nr. 1. L 185. S. 29.

Die Brut der Eier der Rasse SANIIŠ 11 bei Temperaturen von 26–28 °C und einer Feuchtigkeit von 70–75% im Verlaufe von 5 Generationen beschleunigte die Entwicklung im Vergleich zur Brut bei 23–24 °C (Kontrolle) um 2 Tage und 2 Nächte, verringerte die Lebensfähigkeit der Raupen unter üblichen Fütterungsbedingungen um 4,4%, das durchschnittl. Kokongewicht um 17,5% und das durchschnittl. Hüllengewicht um 19,5%. Nachkommen aus direkter und reziproker Kreuzung, von im Embryonalstadium 4mal der Einwirkung erhöhter Temperaturen (26-28 °C) ausgesetzter Exemplare mit Kontrollexemplaren, wiesen eine um 10,1–11,1% größere Lebensfähigkeit auf und ein um 6,0–10,9% höheres Kokongewicht. übersetzt v. K. Neumann. 5660.

Shyamala, M. B. und Bhat, J. V.; Bangalore, Indian Inst. of Sci., Fermentation Techn. Lab. On the relationship between pantothenate levels & the growth response of the silkworm to chloromycetin. **(Über die Beziehung zwischen dem Pantothenatspiegel und der Wachstumsreaktion der Seidenraupe auf Chloromyzetin.)** J. sci. ind. Res. [New Delhi], Sect. C **20** (1961) Nr. 12. S. 333–335. — 4 Tab., 7 Lit.

Chloromyzetin, in geringer Konzentration verfüttert, bewirkt bei der Seidenraupe eine Wachstumsförderung bei gleichzeitiger Erzeugung (und Ausscheidung) von p-aminobenzoesäure (paba); letztere wirkt, in äquivalenter Konzentration verfüttert, wachstumshemmend. Vff. vermuten aus früheren Untersuchungen eine Beziehung zwischen der Wachstumsreaktion auf Chloromyzetin und dem Koenzym A und folglich dem Pantothenatspiegel in der Seidenraupe,

der möglicherweise von dem der Nahrung beeinflußbar ist. Durch die vorliegenden Untersuchungen weisen sie nach, daß paba bei höheren Konzentrationen eine wachstumshemmende Wirkung hat, die durch Pantothenat überwunden wird. Andererseits wird aber auch die wachstumsstimulierende Wirkung von Chloromyzetin durch paba annuliert. Aus den Ergebnissen geht weiter hervor, daß bei Anwesenheit von Pantothenat eine verhältnismäßig hohe Dosis Chloromyzetin erforderlich ist, um eine positive Wachstumsreaktion zu erzielen. Da aber Chloromyzetin (und vielleicht auch andere aromatische Derivate des Chloromyzetins u. a. Antibiotica) in hoher Dosierung auch wachstumshemmend wirkt, weisen Vff. auf eine mögliche Toxizität desselben hin, zeigen dabei aber die Möglichkeit auf, daß diese Toxizität durch Pantothenat – vielleicht durch dessen Mithilfe bei der Eliminierung toxischer Abbauprodukte der Antibiotica – verbessert werden kann. Die extreme Variabilität der Reaktion auf das Antibioticum kann vielleicht teilweise der Variabilität des Pantothenatspiegels in der Nahrung zugeschrieben werden.
H. Rost. 5670.

Nagaraja Rao, H. A. und Rao, L. S. Prahlada; Channapatna, India, Centr. Sericult. Res. Inst., Sericult. Bot. Div. A note on the ocurrence of double cocoons in silk worms (Bombyx mori Linn.). **(Eine Bemerkung über das Auftreten von Doppelkokons beim Seidenspinner [Bombyx mori L.].)** Rev. Ver à Soie [N.S.] **13(4)** (1961) S. 341–346. – 3 Tab., 2 Lit. Zus. in Franz.
Es werden Untersuchungen über die Ursachen, die zur Bildung von „Doppelkokons" (2 oder mehr Raupen verspinnen sich in einem Kokon) führen, durchgeführt. Aus den hierfür angestellten Versuchen ergibt sich, daß diese Erscheinung vornehmlich bei uni- und bivoltinen Rassen und zu einem geringeren Grade auch bei deren Kreuzungen auftritt, daß sie jedoch bei multivoltinen Rassen fehlt. Die Tendenz für eine solche „Fehlleistung" ist somit zwar rassisch bedingt, verstärkt sich aber nicht bei der Nachkommenschaft von Faltern aus solchen Doppelkokons. Deshalb können diese Tiere ohne Bedenken für die Gewinnung von Nachzucht verwendet werden. – In den Doppelkokons ist die ♂♀-Kombination häufiger als die ♂♂- oder ♀♀-Kombination. Diese Tatsache wird in der Zusammenfassung mit einer „spezifischen intersexuellen Attraktion" erklärt. H. Rost. 5672.

Anonym. **Seidenbaufibel der Jungen Pioniere.** Pößneck: Verlag Rudolf Forkel. 1962. (88 S. m. Abb.) 8°. Die interessant geschriebene Seidenbaufibel, die gerade zur Vorbereitung der Seidenbausaison erschien, ist vor allem als Arbeitsmaterial an Schulen wie auch als Arbeitsgrundlage für die Arbeitsgemeinschaft Seidenbau gedacht. Der Inhalt der Fibel ist vielseitig, aber dennoch auf das Wesentliche beschränkt. Einleitend wird kurz die Entwicklung des Seidenspinners behandelt, während anschließend über das Inst. für Seidenbau an der Friedrich-Schiller-Univ. Jena berichtet wird. Abschließend wird der vorbildliche Einsatz der Eislebener Pioniere im Seidenbau gewürdigt. H. Gleisberg.

TIERERNÄHRUNG

B. CHEMISCHE BESTANDTEILE DES TIERKÖRPERS UND DER FUTTERMITTEL

Lee, J. W.; North Ryde, New South Wales, C.S.I.R.O., Wheat Res. Unit. Non-protein-nitrogen in wheat flour doughs. **(Nichtproteinstickstoff im Weizenmehlteig.)** J. Sci. Food Agric. **13** (1962) Nr. 6. S. 320–324. – 6 Tab., 14 Lit.
Durch Bestimmung des Gesamt-NH_3-Amid- und Amino-N wurden im Weizenteig (500 g Mehl + 300 ml Wasser) ohne Hefezusatz die Veränderungen der N-Verbindungen während der Inkubation bei 30° untersucht. Nach einer 24 Std. Inkubation veränderte sich die Höhe an dialysierbarem N von 19,4 bis 35,7 mg/100 g Teig. Übereinstimmend stieg auch der Aminopeptid- und

NH_3-N, während der Amid-N abnahm. Durch Zugabe der Antibiotika Actidion, Penicillin, Aureomycin und Streptomycin konnten die N-Veränderungen nicht gehemmt, d. h. der Einfluß der Mikroorganismen nicht eliminiert werden, wenn auch eine Änderung der Verteilung des Nichtprotein-N auf die untersuchten N-Fraktionen eintrat. Durch Extraktion des Teiges mit 0,01 m Na-Pyrophosphat, pH 7 und der getrennten Inkubation des Extraktes und des Rückstandes wird die Herkunft des NH_3-N nachgewiesen. Es entsteht während der Inkubation aus dem Glutenprotein durch Abspaltung aus den Glutamin- und Asparaginresten. I. Schröder. 7220.

Jollès, Pierre, Alais, Charles und Jollès, Jacqueline; Paris, France, Univ., Fac. of Sci., Lab. of Biol. Chem.; Jouy-en-Josas, Stat. Centr. de Microbiol. et Rech. Laitières. Amino acid composition of k-casein and terminal amino acids of k- and para-k-casein. **(Aminosäurezusammensetzung von K-Casein und endständige Aminosäuren von K- und Para-K-Casein.)** Arch. Biochem. Biophysics **98** (1962) Nr. 1. S. 56-57. — 4 Tab., 11 Lit.

Von K-Casein wurden nach Totalhydrolyse (18 Std. mit 6 n HCl bei 110°) 18 Aminosäuren sowie von K- und Para-K-Casein die C-endständigen Aminosäuren (durch Einwirkung von Carboxypeptidase) sowie die N-endständigen Aminosäuren (nach Sanger) bestimmt. Der Peptidanteil von K-Casein beträgt 80%, der Nichtpeptidanteil 5% (1,4% Galaktose, 2,4% N-Acetylneuraminsäure, 1,2% Galaktosamin und 0,217% P). 15% konnten nicht aufgefunden werden. Carboxypeptidase setzte aus K-Casein Serin, Threonin, Alanin und Valin frei, aus Para-K-Casein Leucin und Phenylalanin. N-endständige Aminosäuren wurden bei beiden Caseinen nicht nachgewiesen. Der Vergleich zwischen den erhaltenen Werten und denen älterer sowie die Beziehung zwischen K-Casein, Para-K-Casein und dem nach Renninverdauung von K-Casein erhaltenen Glycopeptid werden kurz diskutiert.

I. Schröder. 7225.

Knauff, H., G., Mayer, G., und Marx, D.; München, Univ., Med. Klin. **Über die Aminosäurezusammensetzung der Gehirnproteine.** Hoppe-Seyler's Z. physiol. Chem. **326** (1961) Nr. 2/4. S. 78–88. — 4 Abb., 1 Tab., 39 Lit. Zus. in Engl.

Bei 20 gesunden Whistar-Albinoratten (200–240 g) wurden die Proteine des frischen Hirngewebes isoliert und ihre Aminosäuren nach HCl-Hydrolyse (6n HCl unter N 12 Std. bei 115°) quantitativ bestimmt. Die Hydrolysate wurden zunächst 2 dimensional elektrophero-chromatographisch qualitativ untersucht und anschließend mit Hilfe der 1 dimensionalen papierchromatographischen Methode die Aminosäuren quantitativ bestimmt. (3 Lösungsmittelgemische: n-Butanol-Eisessig-Wasser (4:1:5), Methyläthylketon-Pyridin-Wasser (7:1,5:1,5) und Isopropylalkohol-Eisessig-Wasser (7:1,5:1,5). Die erhaltenen Aminosäurewerte wurden früher ermittelten Werten für freie Gehirnaminosäuren gegenübergestellt und die Relation proteingebundener zu freien Aminosäuren errechnet. Für die einzelnen Aminosäuren ergaben sich sehr unterschiedliche Relationszahlen, die gewisse Schlüsse auf die unterschiedliche Bedeutung und Funktion der einzelnen freien Gehirnaminosäuren erlauben. I. Schröder. 7230.

Frank, Oscar, Baker, Herman und Sobotka, Harry; Jersey City, N.J., Seton Hall Coll. of Med.; New York, Mount Sinai Hospital. Blood- and serum-levels of water-soluble vitamins in man and animals. **(Blut- und Serumspiegel von wasserlöslichen Vitaminen bei Mensch und Tieren.)** Nature [London] **197** (1963) Nr. 4866. S. 490–491. — 1 Tab., 8 Lit. 7270.

Plack, P. A. und Kon, S. K.; Shinfield, Nat. Inst. for Res. in Dairying. A comparative survey of the distribution of vitamin A aldehyde in eggs.

(Eine vergleichende Übersicht über den Gehalt an Vitamin A-Aldehyd in Eiern.) Biochem. J. **81** (1961) Nr. 3. S. 561-570. — 8 Tab., 22 Lit.
Ausführlich werden Methoden zur Extraktion der fettlöslichen Vit. und zur Bestimmung von Vit. A_1 und A_2-Aldehyd, -Ester und -Alkohol angegeben. Die Eier oder Ovarien von 5 verschiedenen Invertebraten enthielten kein Vit. A-Aldehyd. Vit. A-Aldehyd enthielten die Ovarien von einem Cephalochordaten und reife Eier oder Ovarien verschiedener Fischarten, des Frosches, des Haushuhns und von 5 Reptilien. Vit. A_1-Aldehyd war in allen die vorherrschende Form, außer in Barschen, Hechten, Forellen und Lachs, in deren Eiern oder Ovarien Vit. A_2-Aldehyd vorherrscht. In umfangreichen Tab. werden die Werte für Gesamt-Vit. A-Aldehyd und Gesamt-Vit.-A-ester- und -alkohol, der prozentuale Anteil von Vit. A_2 und der Carotinoidgehalt in den Ovarien und Eiern der verschiedenen Tierarten angegeben.
M. Hoffmann. 7272.

Singh, N.; Lucknow, India, Uttar Pradesh, Nat. Bot. Gardens. Proteolytic activity of leaf extracts. **(Proteolytische Aktivität von Blattextrakten.)** J. Sci. Food Agric. **13** (1962) Nr. 6. S. 325–332. — 5 Abb., 4 Tab., 19 Lit.
Zur Ermittlung der Stabilität der Proteine in Blattextrakten wurde die Autolyse der Proteine in verschiedenen Pflanzenspecies und die proteolytische Aktivität von rohen Extrakten geprüft sowie einige Eigenschaften von Blattproteasen im Detail untersucht. Wenn die Proteine nicht sofort präzipitiert werden, beginnt nach der Herstellung des Extraktes eine Autolyse, die zu einem Verlust an Protein führt, der von der Temperatur und der Zeit zwischen Herstellung des Extraktes und Präzipitation abhängig ist. Es wurden 11 Pflanzenspecies ohne Latex untersucht (Triticum vulgare (unreif und reif), Pisum arvense, Tropaeolum lobbianum, Zea mays, Vicia sativa, Brassica alba, Brassica oleracea, Trifolium pratense, Melilotus alba, Secale cereale). Vf. zeigt, daß die Blattproteasen dieser Pflanzen eine homogene Gruppe mit einer niedrigen Aktivität pro g Protein-N bilden und zur SH-Gruppe von Enzymen mit einem pH-Optimum von 5,2–5,7 gehören. Die Protease-Aktivität pro g Protein N-steigt z. B. im Grünweizen während der Transformation der Schößlingsspitzen vom vegetativen zum reproduktiven Stadium.
I. Schröder. 7300.

Rose, S. P. R.; London, Maudsley Inst. of Psychol., Brit. Post-Graduate Med. Federation, Dep. of Biochem. The localization of cerebral phosphoprotein phosphatase. **(Die Lokalisation von Gehirn-Phosphoprotein-Phosphatase.)** Biochem. J. **83** (1962) Nr. 3. S. 614–622. — 4 Abb., 4 Tab., 44 Lit.
Nach Beschreibung der Aufbereitung verschiedener Ochsenhirn- und Meerschweinchenhirn-Fraktionen folgen die Untersuchungen über die Verteilung der Phosphoproteinphosphatase. Die Aktivität wurde mit einem α-Caseinsubstrat nach Rose und Heald (vgl. LZ. Abt. III **7** (1962) Nr. 11. S. 2335.) bestimmt. Die Bestimmung der Succinatdehydrogenase erfolgte spektrophotometrisch nach Slater und Bonner (vgl. Biochem. J. **52** [1952] S. 185.) und die des Phosphoproteins nach Heald (vgl. LZ. Abt. III **4** [1959] Nr. 2. S. 359.; Biochem. J. **78** [1961)] S. 340.). Ergebnis: Die Aktivität der Phosphoproteinphosphatase ist hoch in Parietal- und Kleinhirnrinde, niedrig in Gehirnbalken und Mark. Mittlere Werte wurden erhalten in Thalamus, Putamen und Globus pallidus. Die Verteilung wurde mit jener anderer Autoren verglichen. 56-60% der Aktivität wurden im löslichen Überstand, 20 bis 30% in der Mitochondrialfraktion und 10% in der Nuclearfraktion gemessen. Die Verteilung der Succinatdehydrogenaseaktivität: 7–9% in der Nuclearfraktion, 75-80% in der Mitochondrialfraktion, 10-15% im Überstand. Die Ähnlichkeit der Verteilung von Phosphatase und Phosphoprotein zeigt eine nahe Verwandtschaft zwischen Enzym und Substrat. I. Schröder. 7300.

C. UNTERSUCHUNGS- UND VERSUCHSMETHODIK

Harada, Tokuya; Osaka, Univ., Inst. of Sci. and Ind. Res. A new colour reaction of sugars with ethyl malonate. **(Eine neue Farbreaktion von Zuckern mit Äthylmalonat.)** Biochim. biophysica Acta [Amsterdam] **63** (1962) Nr. 2. S. 334–336. — 1 Abb., 1 Tab., 2 Lit.

Monosaccharide, besonders Aldosen, reagieren mit Äthylmalonat unter milden alkalischen Bedingungen unter Bildung eines purpurnen Farbstoffes. Die Schwierigkeit der Reaktion liegt in der Aufrechterhaltung einer ausreichenden Konzentration an Äthylmalonat, das durch die alkalische Lösung leicht verseift wird. Für die Bestimmung wird 1 ml der wäßrigen Zuckerlösung in einem Mikro-Kjeldahlkolben mit 2 ml 0,325 m Na_2CO_3-Lösung und 2 ml einer 5%igen (v:v) Lösung von Äthylmalonat in n-Propanol versetzt. Der Farbstoff wird 10 Min. im Wasserbad bei 90° entwickelt, dabei wird alle 2 Min. umgeschüttelt. Die Farbe ist einige Std. stabil. Die aus den Monosacharid-Aldosen gebildeten Farbstoffe zeigen starke Absorption bei 558 mμ. Aldopentosen reagieren empfindlicher als Aldohexosen, desgleichen reagieren Galactose und Mannose empfindlicher als Glucose. Das Verhalten einer Anzahl Zucker und Zuckerderivate wird besprochen. Für die Farbentwicklung scheint das Vorhandensein einer Hydroxy- und einer Carbonylgruppe nötig zu sein. Zwischen der Absorption bei 558 mμ und der Konzentration an Xylose und Arabinose besteht im Bereich von 40-200 γ ein gradliniges Verhältnis mit guter Reproduzierbarkeit. F. Kreienbring. 7485.

Ishikawa, Hisao, Schubert, Walter J. und Nord, F. F.; New York, N. Y., Fordham, Univ., Lab. of Org. Chem. and Enzymol. Investigations on lignins and lignification. XXVII. The enzymic degradation of softwood lignin by whiterot fungi. **(Untersuchungen von Lignin und Lignifikation. 27. Mitt. Der enzymatische Abbau von Weichholz-Lingnin durch „whiterot fungi".)** Arch. Biochem. Biophysics **100** (1963) Nr. 1. S. 131-139. 7490.

Dickson, James G. und Lords, James L.; Univ. of Wisconsin, Dep. of Plant Pathol. Fractionation of nitrogenous compounds from corn leaves. **(Fraktionierung von Stickstoffverbindungen aus Maisblättern.)** Nature [London] **196** (1962) Nr. 4859. S. 1099–1100. — 4 Abb., 9 Lit.

Durch Chromatographie an einer DEAE-Säule (Diäthylaminoäthylcellulose) wurde eine wesentlich bessere Auftrennung von Protein aus Maisblättern erzielt (8 Fraktionen) als bei der Elektrophorese auf Papier oder Agar-Gel (2–4 Fraktionen). Die beste Auftrennung der mit 0,05 m Phosphatpuffer (pH 6,8) hergestellten Blattextrakte gelang nach Zentrifugieren und Stabilisierung der Proteine mit Saccharose durch Gradientenelution aus der DEAE-Säule mit 0,005 m Phosphatpuffer als Startlösung und 0,5 m NaCl als Endlösung. Unter diesen Bedingungen konnte der Einfluß verschiedener Wachstumstemperaturen (20 bzw. 28°) auf die biochemische Zusammensetzung der Blattproteine bei einer Maisinzuchtlinie festgestellt werden, die noch näher untersucht werden soll. K. Koepke. 7495.

Hashmi, M. H., Ali, Ehsan und Umar, Muhammad; Lahore, Pakistan, C.S.I.R., West Regional Lab. Kjeldahl determination of nitrogen without distillation. **(Kjeldahlbestimmung von Stickstoff ohne Destillation.)** Analyt. Chem. **34** (1962) Nr. 8. S. 988–990. — 2 Tab., 16 Lit.

Es wird eine einfache und genaue Methode zur N-Bestimmung ohne Temperatur und pH-Kontrolle beschrieben. Die 2–10 mg N enthaltende Verbindung wird in der üblichen Weise in einem 250 ml Kjeldahlkolben mit 7 g K_2SO_4 und 20 ml konz. H_2SO_4 sowie einem Katalysator bis zur klaren Lösung aufgeschlossen. Es erfolgt zunächst eine Neutralisation mit 10 n NaOH (Methylrot als Indikator und anschließend 2 Tropfen Überschuß bis zur alkalischen Reaktion). 75 ml 0,1 n NaBrO werden anschließend zugegeben und 5 Min.

stehengelassen. Dann erfolgt eine Zugabe von 20 ml 10%igem KJ und 50 ml 2 n H_2SO_4. Das freigesetzte J wird mit $Na_2S_2O_3$ (Stärke als Indikator) titriert. Die durch die Verwendung der Katalysatoren $CuSO_4$, $HgSO_4$ und Se bedingten Störungen werden durch beschriebene Methoden eliminiert. Die Stabilität des NaBrO wird verbessert (Titerbeständigkeit 2 Wochen). Vff. zeigen an einer großen Anzahl von Bestimmungen die Genauigkeit der Methode (max. Abweichung 0,66%). 1 ml 0,1 n $Na_2S_2O_3$ entspricht 0,4666 mg N.
I. Schröder. 7495.

Pomeranz, Y. und Shellenberger, J. A.; Manhattan, Kansas State Univ., Dep. of Flour and Feed Milling Ind. Spot test reaction for sulfhydryl groups. **(Eine Tüpfelreaktion für Sulfhydrylgruppen.)** Analyt. chim. Acta [Amsterdam] **26** (1962) Nr. 4. S. 301–304. — 1 Abb., 3 Lit. Zus. in Franz., Dtsch.
Zum Nachweis von μg-Mengen wasserlöslicher Sulfhydrylverbindungen wird eine Methode mittels Tüpfelreaktion beschrieben. Der Nachweis beruht auf der Bildung eines grünfluoreszierenden Farbstoffes zwischen der Sulfhydrylverbindung und 2,2'-Dihydroxy-6-6'-dinaphthyldisulfid und Echtblau RR. In Abwesenheit von Sulfhydrylgruppen entsteht ein violetter Farbstoff. Störungen durch Aminosäuren, Peptide, schwache Reduktionsmittel, wasserlösliche Kohlenhydrate und verschiedene anorg. Verbindungen treten nicht auf, auftretende Störungen werden diskutiert. Es wurden 43 Verbindungen getestet. Die Grenzen der Identifizierung bei Cystein und Glutathion liegen bei 5 μ g bzw. 12 μg. I. Schröder. 7500.

Maurice, D. M.; London, Inst. of Ophthal., Ophthal. Res. Unit. Distribution and movement of plasma protein in the cornea. **(Verteilung und Bewegung von Plasmaprotein in der Hornhaut.)** J. Physiol. [London] **162** (1962) Nr. 1. S. 2P.
^{131}J-markiertes Serum wurde zentral in das Hornhautstroma eines Kaninchens injiziert. Es wurde die Verteilung, die Permeabilität des Cornealendothels und die Diffusionskonstante bestimmt. Die Proteinverteilung ergibt sich dabei aus den beiden letzten Werten. Es zeigt sich, daß die Albuminkonzentration im Zentrum $^1/_3$ bis $^1/_{19}$ von derjenigen der Peripherie beträgt. Dieses Ergebnis wurde dadurch experimentell bestätigt, daß die aus schmalen Streifen der Hornhaut in Agargelplatten diffundierten Proteine einer Elektrophorese unterworfen wurden und der angefärbte Albuminfleck photometrisch ausgewertet wurde. I. Schröder. 7500.

Cruft, H. J.; Edinburgh, Univ., Dep. of Biochem. The electrophoresis of histones in polyacrylamide gels. **(Die Elektrophorese von Histonen in Polyacrylamidgelen.)** Biochem. J. **84** (1962) Nr. 2. S. 47P–48P. — 4 Lit.
Die Herstellung des Gels sowie die Elektrophorese wird beschrieben. Die besten Ergebnisse wurden mit 10% Acrylamidgelen erhalten. Kühlung während der Elektrophorese (3V/cm) wurde nicht angewendet. Die Anfärbung des Gels erfolgte mit Naphthalinschwarz 10 B in Wasser-Methanol-Essigsäure (5:5:1). Das Auswaschen erfolgte mit demselben Lösungsmittelgemisch. Die Banden wurden durch Anwendung von Ektachrom photographiert (Transparenz für Detailstudium). Ergebnis: Von unfraktioniertem Ochsen-Thymushiston wurde ein Muster erhalten, das mit dem von der Grenzelektrophorese vergleichbar ist. Es wurde aber eine höhere Auflösung erreicht. Das α-Histon (mit hohem Lysingehalt) löste sich in 4 schwache Banden (türkis) auf. β-Histon (mit hohem Argininigehalt) dringt nicht in wahrnehmbaren Mengen in 10% Gele ein. I. Schröder. 7500.

Winzor, D. J. und Zentner, H.; North Ryde, Australia, New South Wales, Bread Res. Inst. of Australia. N-terminal residues of wheat gluten. **(N-endständige Reste von Weizengluten.)** J. Sci. Food Agric. **13** (1962) Nr. 8. S. 428 bis 432. — 2 Tab., 36 Lit.

Es wurden die N-endständigen Aminosäuren qualitativ und halbquantitativ von 9 verschiedenen Weizenvarietäten bestimmt. Gearbeitet wurde nach der FDNB-Methode. Die Bestimmung der DNP-Aminosäuren erfolgte durch 2 dimensionale Papierchromatographie. Die Herstellung der Glutenproben sowie die Methodik der Markierung und Bestimmung der Aminosäuren werden kurz beschrieben. In den Weizenglutenproben wurden insgesamt 11 endständige Aminosäuren nachgewiesen. Während 8 Aminosäuren in allen untersuchten Proben gefunden wurden (Glutaminsäure, Asparaginsäure, Serin, Threonin, Glycin, Alanin, Valin und Histidin), wurden nur in einigen Proben Leucin, Phenylalanin und Methionin als endständig bestimmt. Vff. sehen in der Ermittlung von 8–11 N-endständigen Aminosäuren in Gluten den chemischen Beweis für eine beträchtliche Heterogenität. Abschließend wird eine Zusammenstellung der von verschiedenen Autoren in einer Anzahl von Weizenproteinfraktionen gefundenen N-endständigen Aminosäuren gegeben.

I. Schröder. 7500.

Ostrowski, Włodzimierz, Skarżyński, Bolesław und Żak, Zdzisław; Krakow, Poland, Med. Akad., Dep. of Physiol. Chem. Isolation and properties of flavoprotein from the egg yolk. **(Isolierung und Eigenschaften von Flavoprotein aus Eigelb.)** Biochim. biophysica Acta [Amsterdam] **59** (1962) Nr. 2. S. 515–517. — 2 Abb., 9 Lit.

Vff. beschreiben ausführlich eine Methode zur Isolierung von Flavoprotein aus dem Eigelb frischer Eier. Das nach dieser Methode erhaltene Präparat ist ein gelbes Pulver, das leicht in Wasser löslich ist und 13% N und 0,2% P enthält. Die Papierelektrophorese des Flavoproteins in 0,05 m Veronalpuffer (pH 8,5, 3,5 V/cm, 15 Std. bei Raumtemperatur, angefärbt mit Aminoschwarz 10 B) und Untersuchungen mit der Ultrazentrifuge ergaben eine Homogenität der Verbindung. Die freie Grenzelektrophorese, pH 4,95, zeigte neben der Hauptfraktion noch 2 schwächere Fraktionen. Das Molekulargewicht beträgt ca. 40000. Im Flavoprotein wurden die meisten Aminosäuren nachgewiesen, in besonders hoher Konzentration die Dicarbonaminosäuren und Serin. Stets wurde in kleiner Menge fest gebundenes Vit. B_{12} aufgefunden, das nur durch Autoklavieren bei hoher Temperatur abgespaltet werden konnte.

I. Schröder. 7500.

Ando, Toshio und Sawada, Fumio; Tokyo, Univ., Fac. of Sci., Dep. of Biophysics and Biochem. Studies on protamines. X. Heterogeneity of clupeine from single herring. **(Untersuchungen der Protamine. 10. Mitt. Heterogenität von Clupein einzelner Heringe.)** J. Biochemistry [Tokyo] **51** (1962) Nr. 6. S. 416–421. — 4 Abb., 5 Tab., 15 Lit. Orig.: engl.

Aus dem reifen Fischsperma von 4 Proben Pazifikhering (Clupea pallasii), die rund um Hokkaido an 3 Stellen gefangen waren, wurde nach angegebenem Verfahren das Clupein gewonnen. Chromatographie an Al_2O_3-Säulen ergab, daß von allen Proben die gleichen Chromatogramme eines heterogenen Materials erhalten wurden. Bei der Untersuchung auf N-endständige Aminosäuren fand sich, daß in dem Molekülgemisch des Clupeins Prolin und Alanin immer im gleichen Verhältnis als N-endständige Aminosäuren gefunden wurden. Clupein ist somit auch in der N-terminalen Struktur uneinheitlich aufgebaut. In der chemischen Struktur der Protamine konnte bei den Heringsproben somit auch kein Artunterschied festgestellt werden. F. Kreienbring. 7500.

Ellfolk, Nils; Stockholm, Med. Nobel Inst., Biokem. Avd.; Karolinska Inst. Crystalline leghemoglobin. VI. The comparison of the two main components by tryptic peptide pattern analysis. **(Kristallines Leghämoglobin. 6. Mitt. Der Vergleich der zwei Hauptkomponenten durch Analyse der Peptidmuster nach tryptischer Hydrolyse.)** Acta chem. scand. **16** (1962) Nr. 4. S. 831-836. — 2 Abb., 18 Lit.

Die tryptische Spaltung der Apoproteine der 2 Hauptkomponenten des Leghämoglobins (Lhb) erfolgte bei pH 9 und 39° unter N_2 bei kontinuierlichem Rühren in 140 Min. Das Verhältnis Enzym:Lhb war 0.01. Die erhaltene Lösung wurde mit 4 n Essigsäure auf pH 4,0 gebracht und lyophilisiert. Die tryptischen Hydrolysate wurden analysiert durch Kombination von Hochspannungspapierelektrophorese in 0,03 m Pyridin-Essigsäurepuffer pH 4,0 (Whatman 3 MM, 27 V/cm, 120 Min.) und nachfolgender absteigender Papierchromatographie mit dem Lösungsmittelgemisch Butanol-Essigsäure-Wasser (4:1:5, v:v) während 6–7 Std. bei 37°. Anfärbung des Chromatogramms erfolgte mit 0,4% igem Ninhydrin. Die erhaltenen Peptidmuster zeigten eine Zahl identischer Peptide. Die Unterschiede umfassen ebenfalls eine Anzahl der jeweils etwa 18 Peptide. Die Möglichkeit, eine Komponente sei die Vorstufe der anderen, wird aus den Ergebnissen heraus abgelehnt und angenommen, daß die beiden Komponenten von 2 Systemen synthetisiert werden, die sich genetisch unterscheiden. F. Kreienbring. 7500.

Anderson, W. French und Gill III, Thomas I.; Cambridge, Mass., Harvard Univ, Dep. of Chem. Studies on synthetic polypeptide antigens. V. A simple colorimetric reaction for determining gamma globulin content in antigen-antibody precipitates. **(Untersuchungen über synthetische Polypeptidantigene. 5. Mitt. Eine einfache colorimetrische Reaktion zur Bestimmung des γ-Globulingehaltes in Antigen-Antikörper-Präzipitaten.)** Biochim. biophysica Acta [Amsterdam] **58** (1962) Nr. 3. S. 558–562. — 1 Abb., 2 Tab., 17 Lit.

Die colorimetrische Reaktion für Tryptophan nach J. Fischl (vgl. LZ. Abt. III **6** [1961] Nr. 6. S. 1772.) wurde der Bestimmung von γ-Globulin in einem Antigen-Antikörper-Präzipitat angepaßt. Tryptophanfreie Peptide oder Proteine stören nicht. Es werden Werte für den Tryptophangehalt von Kaninchen- und Rinder-γ-Globulin (beide 3,66%) und Rinderserumalbumin (0,59%) angegeben und die Notwendigkeit der Bestimmung des Tryptophans im unhydrolysierten Protein erläutert. Mittels der Tryptophanbestimmungsmethode konnte gezeigt werden, daß Tyrosin enthaltende Dipeptide sich nicht unspezifisch an γ-Globulin binden können. F. Kreienbring. 7500.

Narita, Kozo und Ishii, Junko; Osaka, Univ., Inst. for Protein Res. N-terminal sequence in ovalbumin. **(N-endständige Sequenz im Ovalbumin.)** J. Biochemistry [Tokyo] **52** (1962) Nr. 5. S. 367–373. — 4 Abb., 4 Tab., 37 Lit. Orig.: engl. 7500.

Cochrane, Delma und Annau, E.; Hull, Quebec, Canada, Animals Diseases Res. Inst. Electrophoretic differences in the egg-white proteins of the hen. **(Elektrophoretische Unterschiede in den Eiproteinen der Henne.)** Canad. J. Biochem. Physiol. **40** (1962) Nr. 10. S. 1335–1341. — 1 Abb., 3 Tab., 8 Lit.

339 Eier von 64 White-Rock-Hennen und 48 Hennen aus ihrer Nachzucht wurden nach der vertikalen Stärkegel-Elektrophorese nach Smithies untersucht. Die Proben zeigten 3–5 unterschiedliche Banden, die 6 Muster ergaben, die α- und den β-Globulinen des Kükenserums entsprechen. Die von einer Henne gelegten Eier wiesen stets das gleiche Muster auf. Aus der Untersuchung der Eier der Hennen aus der Nachzuchtgeneration leiten Vff. die genetische Bedingtheit der einzelnen Muster ab, wobei sie zwei Genpaare und ihre Allele annehmen, deren 9 Kombinationen ausreichen, um die beobachteten 6 Muster hervorzubringen. C. Engelmann. 7500.

Ondarza, Raúl N.; Univ. Nac. de Mexico, Fac. de Med., Dep. de Bioquim. A new dinucleotide peptide from rat liver. **(Ein neues Dinucleotid-Peptid aus Rattenleber.)** Biochim. biophysica Acta [Amsterdam] **59** (1962) Nr. 3. S. 728 bis 730. — 2 Abb., 14 Lit.

Aus mit kalter Perchlorsäure erhaltenen Rattenleberextrakten wurde durch Chromatographie an einer Dowex-1-Säule (Cl-Form) ein bisher nicht beschriebenes Dinucleotid-Peptid gewonnen, das Adenosinmonophosphat (AMP) und Cytidinmonophosphat (CMP) im gleichen Molverhältnis enthält. Das Peptid besteht aus Glycin, Alanin, Glutaminsäure und Leucin. Aus diesen und weiteren Untersuchungen über den Gehalt des Produktes an P und Ribose wird auf eine Struktur Peptid-AMP-CMP geschlossen. F. Kreienbring. 7500.

Marks, G. S., Marshall, R. D., Neuberger, A. und Papkoff, H.; London, St.Mary's Hospital, Med. School. A simplified procedure for the isolation of glycopeptides from glycoproteins. **(Ein einfaches Verfahren zur Abtrennung der Glykopeptide von Glykoproteinen.)** Biochim. biophysica Acta [Amsterdam] **63** (1962) Nr. 2. S. 340–342. — 2 Tab., 13 Lit.

Eieralbumin bzw. Ovomucoid wurde mit Pronase (einem proteolytischen Enzym aus Streptomyces griseus) bei 37°, pH 8,5, 24 Std. inkubiert, das Konzentrat mit Alkohol versetzt, das Präzipitat in 0,1 n Essigsäure gelöst und einer Gelfiltration (Sphadex) unterworfen. In beiden Fällen trat eine vollständige Abtrennung der Glykopeptide (kohlenhydrathaltiger Anteil) ein, die außer Asparaginsäure nur noch Leucin in nennenswerter Menge enthielten. Ihr Molekulargewicht wurde mit 10000 errechnet; es ist anzunehmen, daß der Kohlenhydrat-Anteil nicht als einzelne prosthetische Gruppe am Glykoprotein-Molekül (Ovomucoid) vorkommt, sondern in mindestens 3 Anteilen vorhanden ist. M. Metze. 7500.

Smiley jun., K. L., Buzas, Lorraine und Demark, P. J. van; Ithaca, N. Y., Cornell Univ., Coll. of Agric., Div. of Bacteriol. A bacterial inhibitor present in irradiated lysine·HCl. **(Ein in bestrahltem Lysin·HCl vorhandener Bakterienhemmfaktor.)** Arch. Biochem. Biophysics **97** (1962) Nr. 1. S. 217. — 1 Abb., 2 Lit.

In einem definierten Medium, dem verschieden hohe Mengen an röntgenbestrahltem Lysin · HCl zugesetzt waren, wurde in verschiedenen Zeitabständen das Wachstum von *Streptococcus bovis* gemessen. Das bestrahlte Lysin bewirkt eine deutliche Wachstumshemmung. Von einer größeren Anzahl getesteter anderer Mikroorganismenspecies zeigte lediglich *Pseudomonas fluorescens* keine Hemmwirkung. Die papierchromatographische Analyse des bestrahlten Lysins ergab 8 ninhydrinpositive Substanzen, von denen aber keine für *Str. bovis* toxisch war. Der toxische Faktor ist nur in kleiner Menge vorhanden und demzufolge hochwirksam. Er bleibt am Startpunkt und ist nur schwach ninhydrinpositiv. Weitere Untersuchungen über die chemische Natur und die Art der Hemmwirkung sind vorgesehen. J. Wünsche. 7505.

Kesner, Leo, Muntwyler, Edward, Griffin, Grace E. und Abrams, Joan; Brooklyn, State Univ., Downstate Med. Center, Dep. of Biochem. Automatic column chromatography of ether and water-soluble 2,4-dinitrophenyl-derivatives of amino acids, peptides, and amines. **(Automatische Säulenchromatographie äther- und wasserlöslicher 2,4-Dinitrophenylderivate von Aminosäuren, Peptiden und Aminen.)** Analyt. Chem. **35** (1963) Nr. 1. S. 83–89. — 6 Abb., 1 Tab., 20 Lit.

Auf einer hydratisierten Kieselsäuresäule (100 mesh, 1 × 100 cm) werden etwa 35 2,4-Dinitrofluorderivate in 22 Std. getrennt. Das angewandte Gradientenelutionssystem setzt sich aus n-Heptan, tertiärem Amylalkohol und Methyläthylketon zusammen. Vor der Benutzung muß die Elutionslösung gut entlüftet und mit Wasser gesättigt werden. Die Auflösung des zu trennenden Gemisches ist von der Hydratation der Kieselsäure und der Arbeitstemperatur abhängig. Beide Faktoren lassen sich an die Trennung bestimmter Dinitrophenylderivate zweckentsprechend anpassen. Nach der Trennung wird die Absorption des Eluats kontinuierlich bei 340 mμ gemessen, dabei wird von 0,01 μmol DNP-Aminosäuren noch ein identifizierbarer Gipfel erhalten. Ein Beispiel für die Trennung verschiedener DNP-Peptide wird angegeben. Die Analysenergebnisse eines salzsauren, mit Perameisensäure oxydierten Hydrolysates von Ribonuclease nach der angeführten Methode und nach üblicher automatischer Aminosäurenanalyse werden verglichen. Die rel. Fehler für die üblichen Aminosäuren bei unterschiedlicher Zahl von Bestimmungen liegen zwischen 0,6 und 8,9%. H. Kreienbring. 7505.

Diamantstein, T. und Ehrhart, H.; München, TH, Inst. für Chem. Technol.; Univ., 1. Med. Klin. **Dünnschichtchromatographische Trennung einiger Stoffwechselprodukte des Tryptophans.** Hoppe-Seyler's Z. physiol. Chem. **326** (1961) Nr. 2/4. S. 131–134. – 2 Abb., 1 Tab., 3 Lit. Zus. in Engl.
Es werden folgende Stoffwechselprodukte dünnschichtchromatographisch getrennt: Tryptophan, Indol, Harnindikan, DL-Kynurenin, 3-Hydroxykynurenin, Kynurensäure, Yanthurensäure, Anthranilsäure, 3-Hydroxyanthranilsäure und 2-Amino-3-hydroxy-acetophenon. Die R_F-Werte und die einzelnen Farbreaktionen der 10 Tryptophanstoffwechselprodukte werden angegeben. Die schnellsten und besten Trenneffekte werden auf Kieselgel-G-Schichten mit dem Elutionsgemisch Chloroform-Methanol-Eisessig (75:20:5) erhalten. Die beschriebene Methode eignet sich zum Nachweis von Tryptophanmetaboliten in biol. Material. I. Schröder. 7505.

Saxena, K. N. und Gandhi, J. R.; Delhi, India, Univ., Dep. of Zool. Separation and identification of amino acids by two-dimensional paper chromatography. **(Trennung und Identifizierung von Aminosäuren durch 2-dimensionale Papierchromatographie.)** J. Chromatogr. [Amsterdam] 8 (1962) Nr. 4. S. 546–550. – 1 Abb., 1 Tab., 5 Lit.
Während die Identifizierung unbekannter Aminosäuren in der 1-dimensionalen Chromatographie durch Vergleich mit Standard-Aminosäuren erfolgt, die auf demselben Papier entwickelt werden, ist das bei der 2-dimensionalen Papierchromatographie aus verschiedenen diskutierten Gründen nicht möglich. Vff. beschreiben ausführlich eine Methode, die auch in der 2-dimensionalen Chromatographie eine analoge Identifizierung durch Bezugsaminosäuren ermöglicht. Es werden nach dieser Methode von 23 Bezugsaminosäuren mit den Lösungsmittelgemischen n-Butanol-Essigsäure-Wasser (4:1:5) – in der 1. Richtung – und n-Propanol-Diäthylamin-Wasser (85:4:15) – in der 2. Richtung – die R_L-Werte bestimmt. I. Schröder. 7505.

Dočekal, Josef; Pohořelice, Výzkumný Ústav Krmivářský; Brno, Pracoviště. Použití elektroforézy při chromatografickém stanovení aminokyselin v krmivech. **(Die Verwendung der Elektrophorese zur chromatographischen Bestimmung der Aminosäuren in Futtermitteln.)** Živočišná Výroba **7(35)** (1962) Nr. 5. S. 357–364. – 3 Abb., 4 Tab., 8 Lit. Zus. in Russ., Dtsch.
Die Futterprobe wird zunächst 8 Std. mit Äther extrahiert, dann 12 Std. auf Ölbad bei 110° hydrolysiert (6n-HCl), filtriert, mit Wasser gewaschen, im Vakuum eingeengt und in einen 100 ml Meßkolben abgefüllt. Tyrosin und Tryptophan werden nach alkalischer Hydrolyse mit $Ba(OH)_2$ bestimmt. Die chromatographische Trennung geschieht wie gewöhnlich auf Papier mit einer Mischung von n-Butanol: Essigsäure: Wasser = 4:1:5. Nach der Trocknung werden die Flecke mit Ninhydrin bewertet. Nach dieser Methode können Cystin, Asparagin, Glutamin, Lysin, Arginin, Asparaginsäure, Glycin, Serin, Treonin, Glutaminsäure, Alanin, Tyrosin, Valin und Leucin bestimmt werden. Es werden Beispiele für den Aminosäurengehalt in Luzerneblättern vor der Blüte, in Silagemais, getrockneten Kartoffelflocken und in einem Eiweißgemisch für Schweine angeführt. J. Špinka. 7505.

Pedersen, T. A.; Stockholm, Roy. Inst. of Technol. Lipid formation in Cryptococcus terricolus. IV. Separation of the lipid extract by silicic acid column chromatography. **(Fettbildung in Cryptococcus terricolus. 4. Mitt. Trennung des Fettextraktes durch Kieselsäure-Säulen-Chromatographie.)** Acta chem. scand. **16** (1962) Nr. 4. S. 1015–1026. — 5 Abb., 1 Tab., 21 Lit.

Bei der Trennung des Lipidextraktes von Cryptococcus terricolus werden die Phospholipoide von den anderen Fettbestandteilen an einer Kieselsäuresäule adsorbiert. Durch nachfolgende Elution mit Methanol werden 3 Fraktionen erhalten. Die freien Fettsäuren lassen sich mit Hilfe eines Anionenaustauschers (Amberlite IRA) von dem Neutralfett abtrennen. Durch Elution der an Kieselsäure absorbierten Neutralfettfraktion mit Äther-Petroläther-Mixturen gelingt es, nacheinander Sterinester, Triglyceride, freie Sterine, Di- und Monoglyceride zu isolieren. Im Lipidextrakt der Hefe wurden 1,8% Phosphatide, 2,6% freie Fettsäuren, 0,4% Sterinester, 91,6% Tri-, 2,5% Di- und 0,3% Monoglyceride sowie 0,6% freie Sterine gefunden. H. Steger. 7515.

Fabro, Sergio; Milan, Italy, Lepetit S.p.A., Med. and Clin. Res. Dep. Paper chromatography of cholesterol and desmosterol after bromination. **(Papierchromatographie von Cholesterin und Desmosterin nach Bromierung.)** J. Lipid Res. **3** (1962) Nr. 4. S. 481–483. — 2 Abb., 5 Lit.

Die chromatographische Trennung von Cholesterin und Desmosterin, die sich nur durch eine Doppelbindung am C-24 unterscheiden, ist nach ihrer Bromierung einwandfrei möglich. Die Bromierung kann nach dem Auftragen der Substanz (50–200 γ je Komponente) auf den Startfleck des Chromatogramms mit einigen Tropfen einer 10%igen Lösung von Br in CCl_4 erfolgen oder vor dem Auftragen durch Behandlung der Lösung der Sterine in Diäthyläther mit einigen Tropfen Br. Der Br-Überschuß wird im ersten Fall durch einen Luftstrom, im zweiten Fall durch Waschen der Sterinlösung mit 0,1 molarer $Na_2S_2O_3$-Lösung beseitigt. Absteigende Chromatographie erfolgt auf Papierstreifen (Whatman 3 MM) die mit β-Hydroxyäthylphenyläther (10% in Aceton) imprägniert sind, unter Verwendung von Hexan als Lösungsmittel. Nach 20 Min. (bei 115°) zeigen sich die bromierten Verbindungen unter UV als gelblich-weiß fluoreszierende Flecke, deren Rf-Werte für Cholesterin 0,69 und für Desmosterin 0,42 betragen. F. Kreienbring. 7530.

Hernandez jun., Raymond und Axelrod, Leonard R.; San Antonio, Tex., Southwest Foundation for Res. and Education, Dep. of Biochem. Chromatographic separation of the steroids from total lipide extracts. **(Chromatographische Trennung der Steroide aus Gesamtlipidextrakten.)** Analyt. Chem. **35** (1963) Nr. 1. S. 80–83. — 5 Tab., 6 Lit.

Die Trennung und Reinigung der Steroide vom Gesamtlipidextrakt erfolgt bei 27–28° in Säulen (1 × 16 cm) an standardisierter Kieselsäure der Aktivität II B mit sehr guter Reproduzierbarkeit. Dazu wird gewaschene und getrocknete Kieselsäure (100–200 mesh) 3 Std. auf 300° erhitzt, im Vakuumexsikkator abgekühlt, in einer verschlossenen Flasche nach dem Zusatz von 10% (w:w) doppelt destilliertem Wasser umgeschüttelt und 3 Std. stehengelassen. Zur Trennung werden 0,5–0,7 g Trockenmasse des Lipidextraktes eingesetzt. Bei Durchflußraten von 60–80 ml/h werden mit 150 ml Benzol (oder Pentan-Äther 4:1, v:v) die Fette, Fettsäuren und Sterine — einschließlich Cholesterin und Cholesterinester — eluiert. Danach werden mit 150 ml Aceton/Chloroform (2:1, v:v) die Steroide erhalten. Mit absolutem Methanol lassen sich schließlich die Phospholipoide gewinnen. Durch Anwendung ^{14}C-markierter Sterine und Steroide wird festgestellt, daß die Steroide zu über 95% wiedergewonnen werden. F. Kreienbring. 7530.

Blundstone, H. A. W.; Chipping Campden, Gloucesters., Fruit and Vegetable Canning; Quick Freezing Res. Assoc. Paper chromatography of organic acids. **(Papierchromatographie von organischen Säuren.)** Nature [London] **197** (1963) Nr. 4865. S. 377. — 1 Tab. 7540.

Dingman, Wesley und Sporn, Michael B.; Bethesda, Md., Nat. Inst. of Neurol. iseases and Blindness, Lab. of Neurochem. The isolation and physical characterization of nuclear and microsomal ribonucleic acid from rat brain and liver. **(Die Isolierung und physikalische Charakterisierung von Kern- und Mikrosomen-Ribonucleinsäure aus Rattengehirn und -leber.)** Biochim. biophysica Acta [Amsterdam] **61** (1962) Nr. 2. S. 164–177. — 2 Abb., 5 Tab., 52 Lit.

Ribonucleinsäure (RNS) wurde aus Mikrosomen (M) und Zellkernen (K) des Gehirns und der Leber sowohl von neugeborenen (I) als auch ausgewachsenen Ratten (II) isoliert. Die RNS wurde charakterisiert durch das Absorptionsspektrum, durch die Veränderungen der Absorption nach alkalischer Hydrolyse oder Erhitzen, durch die Kinetik des Ribonucleaseabbaus und durch die optische Drehung. K-RNS des Gehirns und der Leber von II gab im Vergleich zu M-RNS höhere Extinktionsquotienten (E_{260}/E_{280} in der hydrolysierten Form), eine größere Veränderung der Absorption beim Erhitzen, einen größeren Anfangsabbau durch Rinbonuclease und eine größere optische Drehung. Die entsprechenden Werte der K-RNS von I lagen zwischen den Daten von K-RNS-II und M-RNS-I und II. Die verschiedenen Präparationen von M-RNS zeigten untereinander keine Unterschiede. Die Ergebnisse werden unter dem Gesichtspunkt neuer Ansichten über die Rolle der K-RNS und M-RNS bei der Proteinsynthese diskutiert. H. Bergner. 7540.

Monnier, D., Ghalioungh i, Y. und Saba, R.; Genève, Suisse, Univ., Lab. de Chim. Minérale; Lab. de Chim. Analyt. et de Microchim. Dosage des traces de vitamines B_{12}. **(Bestimmung von Spuren an Vitamin B_{12}.)** Analyt. chim. Acta [Amsterdam] **28** (1963) Nr. 1. S. 30–40. — 6 Tab., 14 Lit. Zus. in Engl., Dtsch.

Es wird eine Methode der indirekten Bestimmung von Vit.-B_{12}-Spuren beschrieben. Sie beruht darauf, daß nach der Zersetzung des Vit. B_{12} das freigesetzte Co mit Nitroso-R-Salz colorimetrisch bestimmt wird. 5–10 μg Vit. B_{12} können nachgewiesen werden. Durch Benutzung von ^{60}Co-B_{12} und internen Standards kann der Bestimmungsfehler bis auf weniger als 6% herabgesetzt werden. Co, das nicht an B_{12} gebunden ist, wird vor der B_{12}-Zersetzung mit Hilfe eines Ionen-Austauscherharzes entfernt. Die Methode ist empfindlich und selektiv, nur Co-haltige B_{12}-Derivate stören.. Nach der beschriebenen Methode kann Vit. B_{12} in vielen pharmazeutischen Präparaten bestimmt werden. J. Wünsche. 7568.

Deyl, Z. und Rosmus, J.; Prague, Centr. Res. Inst. of Food Ind. Centrifugal chromatography. III. Chromatography of some substances of the vitamin B_6 group. **(Zentrifugal-Chromatographie. 3. Mitt. Chromatographie einiger Substanzen der Vitamin-B_6-Gruppe.)** J. Chromatogr. [Amsterdam] **8** (1962) Nr. 4. S. 537–538. — 2 Tab., 6 Lit. 2. Mitt. vgl. LZ. Abt. III **7** (1962) Nr. 12. S. 2562.

Um die in biol. Material auftretenden S-Derivate des Pyridoxins [Pyridoxol (I), Bis-4-pyridoxyl-disulfid (II), 4-Pyridoxthiol (III)] aufzutrennen, entwickelten Vff. ein kombiniertes Dünnschicht-Zentrifugalpapierchromatographie-Verfahren. Mittels Zentrifugalpapierchromatographie [Lösungsmittel: Isopropylalkohol-NH_3(29%)-Wasser (8:1:1) und n-Butanol-Essigsäure-Wasser (4:1:1)] gelingt eine gute Abtrennung des II von I und III. Die Auftrennung von I und III erfolgt mittels Dünnschichtchromatographie (Lösungsmittel: Äthanol-Amylalkohol-Wasser (1:1:1). J. Wünsche. 7568.

Ronwin, Edward; Villanova, Pa., Villanova Univ., Chem. Dep. The significance of human blood trypsin; direct determination of thrombin and plasmin in human plasma. **(Die Signifikanz von Humanbluttrypsin; direkte Bestimmung von Thrombin und Plasmin in Humanplasma.)** Canad. J. Biochem. Physiol. **40** (1962) Nr. 12. S. 1725–1735. — 1 Abb., 3 Tab., 25 Lit. 7580.

Mosolov, V. V. und Loginova, M. D. (Mossolow, W. W. und Loginowa, M. D.); Moskau, Biochem. Bach-Inst. der Akad. der Wiss. der UdSSR. O fermentativnoj aktivnosti produktov avtoliza tripsina. **(Über die fermentative Aktivität der Autolyseprodukte von Trypsin.)** Doklady Akademii nauk SSSR, Moskva **146(30)** (1962) Nr. 5. S. 1209–1212. — 2 Abb., 1 Tab., 12 Lit.
Kristallisiertes Trypsin wird durch Gelfiltration an Sephadex 25 mit Glycin-HCl-Puffer vom pH 2,3 fraktioniert. In den Fermentfraktionen werden die Aktivität gegenüber 1%iger Caseinlösung in 0,3 m Phosphatpuffer vom pH 7,7 bei 37° sowie die Aktivität gegenüber Benzoyl-L-arginin-äthylester bestimmt. Trypsin läßt sich in eine hochmolekulare Hauptfraktion und eine niedermolekulare Nebenfraktion mit einem mittleren Molekulargewicht von etwa 1700 trennen. Bei abermaliger Fraktionierung der isolierten Hauptfraktion tritt die niedermolekulare Fraktion erneut auf, woraus hervorgeht, daß es sich hier um Autolyseprodukte des Trypsins handelt, die selbst unter Bedingungen seiner max. Stabilität (pH 2,3; 3–5°) auftreten. Durch Autolyse von Trypsin bei pH 8,04 erfolgt keine Zunahme der niedermolekularen aktiven Fraktion, was für ihre Unbeständigkeit unter diesen Bedingungen spricht. Die Aktivität der niedermolekularen Fraktion gegenüber Casein bzw. Benzoyl-L-arginin-äthylester beträgt 30–43% bzw. 53–62% der Aktivität des Ausgangsfermentes. J. Müller. 7580.

Vorbrodt, Krzysztof; Gliwice, Inst. Onkol., Zakład Biol. Nowotworów, Lab. Histochem. Histochemical researches on the activity of the succinic dehydrogenase system in the genital tract of pregnant rabbits. **(Histochemische Untersuchung über die Aktivität des Bernsteinsäure-Dehydrogenase-Systems in den Gebärwegen trächtiger Kaninchen.)** Foliamorphol. [Warszawa] 21 (1962) S. 101–116. — 20 Abb., 20 Lit. Zus. in Russ., Poln.
Die Untersuchungen erfolgten an 5 Kontrollkaninchen, 9 trächtigen, 2 pseudoträchtigen und 4 Kaninchen nach dem Wurf. Es wurde Bernsteinsäure-Dehydrogenase (SDB) in Muskeln und dem Epithel der Gebärwege nach der histochemischen Methode von Ruthenburg und Mitarb. ermittelt. Ein Ansteigen der SDB-Aktivität ergab sich gegen Ende der 1. Trächtigkeitdekade in den glatten Muskeln und dem Epithel der Gebärwege, sowie im regenerierenden Gebärmutter-Epithel. Ein Nachlassen oder Schwund der SDB-Aktivität beobachtete man während der 2. Dekade der Trächtigkeit in den Schleimdrüsen der Gebärmutter und in den letzten Tagen vor dem Wurf in den entartenden Partien der Plazenta. Die Intensität der histochemischen SDB-Reaktion wies eine Konvergenz mit den Sekretionsprozessen im Drüsenepithel der Gebärwege auf. H. Uściłko. 7580.

Taylor, K. W., Humbel, R. E., Steinke, J. und Renold, A. E.; Cambridge, Great Britain, Univ., Dep. of Biochem.; Baker Clin. Res. Lab., Dep. of Med.; Boston, Mass., USA, Harvard Med. School. The paper chromatography of insulins from ox pancreas, human pancreas and the isolated islet tissue of the N. American Toadfish (Opsanus tau). **(Die Papierchromatographie von Insulin aus Ochsen-Pankreas, menschlichem Pankreas und dem isolierten Inselgewebe des nordamerikanischen Froschfisches [Opsanus tau].)** Biochim. biophysica Acta [Amsterdam] **54** (1961) Nr. 2. S. 391–394. — 1 Abb., 1 Tab., 11 Lit.
Vff. beschreiben ein chromatographisches Bestimmungsverfahren für Insulin aus Ochsen- und menschlichem Pankreas, bei dem für die Isolierung des Insulins der Kationenaustauscher Resin benutzt wird. Die Methoden zur Identifizierung des Hormons werden angegeben. Sie wenden das gleiche Verfahren für die Chromatographie von Insulin aus dem Inselgewebe des Froschfisches an, wobei sie jedoch wegen des wesentlich höheren Anteiles dieses Stoffes in dem Fischorgan gegenüber dem Säugetier-Pankreas die Isolierung auf eine einzige Extraktion beschränken. Von dem aus 2 Banden bestehenden

Chromatogramm wurde die sich langsamer bewegende mit Hilfe verschiedener Reaktionen als Insulin identifiziert, während die Natur der 2. Bande ungewiß bleibt. Vff. weisen auf die Möglichkeit hin, durch Bebrüten von Inselgewebe des Froschfisches zusammen mit ^{14}C-markierter Glucose die Biosynthese von Insulin studieren zu können. L. Sperling. 7595.

ElKabir, D. J.; London, Maudsley Hospital, Inst. of Psychiatry, Dep. of Neuroendocrinol. Assay of thyrotrophic hormone in blood. **(Bestimmung von thyreotropem Hormon in Blut.)** Nature [London] **194** (1962) Nr. 4829. S. 688–689. — 1 Abb., 1 Tab., 2 Lit.
Die geringe Empfindlichkeit der Bestimmungsmethoden für thyreotropes Hormon im Blut sowie ihre Mängel bei der statistischen Auswertung haben Vf. veranlaßt, zusammen mit 2 anderen Autoren unter Berücksichtigung verschiedener Faktoren eine neue, noch zu veröffentlichende Methode auszuarbeiten, die eine größere Genauigkeit und Zuverlässigkeit liefert als die bisher beschriebenen Bestimmungsverfahren. Durch Anführung von damit erhaltenen Ergebnissen wird die Eignung der Methode unterstrichen.
L. Sperling. 7595.

Lukkainen, T., Vandenheuvel, W. J. A. und Horning, E. C.; Bethesda, Md., Nat. Heart Inst., Lab. of Chem. of Natural Prod.; Houston, Tex., Baylor Univ., Coll. of Med. An estrogen determination method using gas chromatography. **(Eine Oestrogenbestimmungsmethode unter Anwendung der Gaschromatographie.)** Biochim. biophysica Acta [Amsterdam] **62** (1962) Nr. 1. S. 153–159. — 2 Abb., 3 Tab., 21 Lit.
Zur gaschromatographischen Bestimmung werden eine Zahl Oestrogene und nahe verwandter Verbindungen durch Reaktion unter Feuchtigkeitsausschluß mit Hexamethyldisilazan in frisch destilliertem Tetrahydrofuran oder Chloroform mit Trimethylchlorsilan als Katalysator in ihre Trimethylsilyläther übergeführt. Gaschromatographie erfolgt in gläsernen U-Rohren (6 feet × 4 mm), die mit Gas-Chrom P (100–140 mesh) als Träger gefüllt sind. Als flüssige Phase für die sehr guten Trennergebnisse werden ein Methylsiliconpolymeres, ein Fluoralkylsiliconpolymeres, ein Phenylsiliconpolymeres und Neopentylglycolsuccinat bei Temperaturen um 200° benutzt. Die Erfassungsgrenze für ein einzelnes Oestrogen in Form des Trimethylsilyläthers liegt bei etwa 0,03–0,05 γ. Bei der Anwendung des Verfahrens auf die Untersuchung von Schwangerenurin werden die „klassischen" Oestrogene Oestron, 17-β-Ostradiol und Oestriol leicht getrennt. F. Kreienbring. 7595.

Korčagin, V B., Surkova, K. I., Stepuškina, V. V. und Vakulenko, N. A. (Kortschagin, W. B., Surkowa, K. I., Stepuschkina, W. W. und Wakulenko, N. A.); Moskau, Unions-Inst. für Antibiotikaforsch. Kolorimetričeskij metod opredelenij aoleandomicina. **(Eine colorimetrische Methode zur Bestimmung des Oleandomycins.)** Antibiotiki, Moskva **7** (1962) Nr. 11. S. 962 bis 965. — 3 Abb., 2 Tab., 5 Lit. 7600.

Thompson, John F., Arnold, Wilfred N. und Morris, Clayton J.; Ithaca, N. Y., Cornell Univ., U. S. Dep. of Agric., A. R. S., Soil and Water Conserv. Res. Div., U. S. Plant, Soil and Nutrit. Lab.; Bot. Dep. A sensitive qualitative test for sulphoxides on paper chromatograms. **(Ein empfindlicher qualitativer Test für Sulfoxyde auf Papierchromatogrammen.)** Nature [London] **197** (1963) Nr. 4865. S. 380–381. 7610.

Rosmus, Jan und Deyl, Zdeněk. Two improved methods for the separation of 2,4-dinitrophenylhydrazones of carbonyl compounds. Part I. **(2 verbesserte Methoden zur Trennung von 2,4-Dinitrophenylhydrazonen von Carbonylverbindungen. 1. Teil.)** J. Chromatogr. [Amsterdam] **6** (1962) Nr. 2. S. 187–190. — 2. Mitt. vgl. LZ. Abt. III **7** (1962) Nr. 12. S. 2562.; 3. Mitt. vgl. LZ. Abt. III **8** (1963) Nr. 9. S. 1918.; 4. Mitt. vgl. LZ. Abt. III **8** (1963) Nr. 8. S. 1683. 7610.

Jungnickel, H. E. und Klinger, W.; Frankfurt/O., Bezirkshyg.-Inst. **Über eine quantitative Bestimmungsmethode des Eisens mit 2-Methyl-3-hydroxypyron.** Pharmazie **17** (1962) Nr. 4. S. 221–222. — 1 Abb., 3 Lit.
2-Methyl-3-hydroxypyron (Maltol) als o-Hydroxycarbonylverbindung bildet mit Fe-III-Ionen ein tiefblauviolettes Chelat. Das Extinktionsmax. liegt bei **496** mμ, das Max. der Farbintensität wird nach 12 Min. erreicht. Das Lambert-Beer'sche Gesetz gilt im Bereich von 0,2 bis 2 μg Fe/ml. Lediglich Mo gab eine schwach grünliche Verfärbung und störte. Die Arbeitsvorschrift gilt für Fe-Mengen von 10 bis zu 100 μg in 50 ml Untersuchungsflüssigkeit.
M. Anke. 7635.

Fildes, J. E. und MacDonald, A. M. G.; Birmingham, Univ., Chem. Dep. Titrimetric methods for the microdetermination of halogens in organic compounds by the rapid combustion procedure. I. The determination of individual halogens. **(Titrimetrische Methoden für die Mikrobestimmung der Halogene in organischen Verbindungen durch schnelle Verbrennung. 1. Mitt. Die Bestimmung der einzelnen Halogene.)** Analyt. chim. Acta [Amsterdam] **24** (1961) Nr. 2. S. 121–127. — 18 Lit. Zus. in Franz., Dtsch.
Vff. überprüften kritisch die Titrationsmethoden zur Mikrobestimmung von Cl, Br und J in einer Reihe org. Verbindungen, die O, N und S enthalten. Die Verbrennung des org. Materials erfolgte mit O_2 im Verbrennungsrohr.
M. Anke. 7650.

Belcher, R. und Fildes, J. E. Titrimetric methods for the microdetermination of halogens in organic compounds by the rapid combustion procedure. II. The simultaneous determination of the halogens in the presence of each other. **(Titrimetrische Methoden für die Mikrobestimmung der Halogene in organischen Verbindungen durch schnelle Verbrennung. 2. Mitt. Die Simultanbestimmung der Halogene in Gegenwart anderer Elemente.)** Analyt. chim. Acta [Amsterdam] **25** (1961) Nr. 1. S. 34–41. — 4 Tab., 11 Lit. Zus. in Franz., Dtsch. 1. Mitt. vgl. vorst. Ref.
Vff. studierten die Absorption der gasförmigen Verbrennungsprodukte nach der raschen Verbrennung mit O_2 im Verbrennungsrohr. Org. Verbindungen, welche neben Cl, Br und J auch O, N und S enthielten, wurden geprüft. Vff. entwickelten verschiedene Titrationsverfahren zur gleichzeitigen Mikrobestimmung von 1, 2 oder aller Halogene in org. Material. M. Anke. 7650.

Tayler, J. C. und Deriaz, R. E.; Hurley, Berks., Grassland Res. Inst. The use of rumen-fistulated steers in the direct determination of nutritive value of ingested herbage in grazing experiments. **(Die Verwendung von Ochsen mit Pansenfisteln zu direkten Nährwertbestimmungen von verdautem Gras in Weideversuchen.)** J. Brit. Grassland Soc. **18** (1963) Nr. 1. S. 29–38. — 2 Abb., 4 Tab., 16 Lit.
Zur Beurteilung der tierischen Leistung ist es notwendig zu wissen, wieviel Futter die Tiere unter Weidebedingungen aufnehmen und wie hoch die Verdaulichkeit ist. Durch die Verwendung von Indikatoren ist dies möglich. Vff. entnahmen eben abgeschlucktes Gras (mehrjähriges Weidelgras verschiedener Höhe und in verschiedenen Mon.) bei Eintritt in den Pansen und prüften die Verdaulichkeit in vitro (TILLEY, J. M. u.a. Proc. 8th Int. Grassl. Congr. pp 533–37). Die Versuche wurden unter den Bedingungen der Stand- und der Portionsweide durchgeführt. Unter den Bedingungen der Portionsweide konnte während der Monate April und Mai keine Variation innerhalb eines Tages festgestellt werden im Gegensatz zu dem Zeitabschnitt Juni—Oktober. Die Ursache wird in einem wachsenden Anteil abgestorbener Blattanteile im unteren Abschnitt der Pflanze gesehen. Die in vitro-Verdaulichkeit fiel auch bei gemähtem Gras mit steigendem Anteil abgestorbener Blätter. Unter den Bedingungen der Standweide waren die tägl. und jahreszeitlichen Variationen der Verdaulichkeit geringer als bei Portionsweide. Die beschriebene Methode

der Verdaulichkeitsbestimmung eignet sich besonders zur Erfassung der Variationen auf einer Fläche im Verlaufe eines Tages und ergänzt somit die bisher angewandten Indikatormethoden. B. Piatkowski. 7760.

Cooper, J. P., Tilley, J. M. A., Raymond, W. F. und Terry, R. A.; Aberystwyth, Welsh Plant Breeding Stat. Selection for digestibility in herbage grasses. **(Auslese auf Verdaulichkeit bei Futtergräsern.)** Nature /London] **195** (1962) Nr. 4848. S. 1276–1277. — 2 Tab., 6 Lit.

Die für genetische Untersuchungen nötige Prüfung der Verdaulichkeit von Einzelpflanzen mit Hilfe des herkömmlichen Fütterungsversuches scheidet aus, da hier die benötigte Substanzmenge nicht ausreicht. Es wurde deshalb eine von TILLEY u.a. (Proc. 8 th Intern. Grassl. Congr. 533, 1960) erarbeitete Laboratoriumsverdauungsmethode angewendet, die eine sehr gute Übereinstimmung mit dem Fütterungsversuch erkennen ließ. Mit Hilfe dieser Labormethode, für die nur 0,5 g getrocknete Substanz nötig sind, konnten erhebliche Unterschiede bei Gattungen, Stämmen, Familien und Einzelpflanzen ermittelt werden, so daß auf Grund der vorhandenen genetischen Variabilität eine züchterische Selektion auf Verdaulichkeit möglich ist. J. Schieblich. 7770.

Fisher, H., Summers, J. D., Wessels, J. P. H. und Shapiro, R.; Rutgers, N. J., State Univ., Agric. Exp. Stat. Further evaluation of proteins for the growing chicken by the carcass retention method. **(Weitere Bewertung von Proteinen für wachsende Küken nach der Ganzkörper-Untersuchungsmethode.)** J. Sci. Food Agric. **13** (1962) Nr. 12. S. 658–662. — 2 Tab., 9 Lit.

Gemessen an der N-Retention im gesamten Schlachtkörper haben die geprüften Futtermittel recht unterschiedlichen Futterwert, einige sind erst nach Ergänzung mit Methionin und Lysin vollwertig. Es ergaben sich aus den Fütterungsversuchen mit Küken bis zur 3. Lebenswoche folgende Ergebnisse: Entschältes Sojaextraktionsschrot war eine bessere Proteinquelle als nicht entschältes. Der Netto-Proteinwert (NPV) betrug 55,1 bzw. 53,9. Durch Methioninzusatz (0,2%) stieg er auf 68,8 bzw. 60,5 an. Den geringsten NPV hatte Federmehl mit 26,3. Safflormehl (NPV = 30) wurde durch Methionin (0,2%) und Lysingaben (0,4%) ein wertvolles Futtermittel, das hohe Gewichte erzielte bei mäßigem NPV (46,2); Baumwollextraktionsschrot, als Expeller oder Extraktionsschrot, hatte mit 38 bzw. 36,4 einen niedrigen NPV, der durch Zusatz der beiden Aminosäuren auf 40,1 und 33,3 geringfügig zunahm. Erdnußmehl und Leinsamenmehl waren allein ungenügend und der Zusatz besserte nur den Wert des ersteren auf. Rapsschrot stellte, durch Lysin ergänzt, eine vollwertige Eiweißquelle dar, die an Wirksamkeit das ergänzte Safflormehl übertraf, aber das gleichfalls ergänzte Sojaextraktionsschrot mit 50,9 NPV nicht erreichte. Ein Gemisch aus Mais, Soja und Luzerne hatte mit 56,1 einen recht hohen NPV, der aber durch geringe Fischmehlgaben erheblich aufgebessert werden konnte (64,7). Aus üblicher Handelsware stammendes Fleischmehl wirkte völlig unbefriedigend; im Labor hergestelltes Fleischmehl brachte mit 75,5 die höchsten NPV-Werte und ließ erkennen, daß durch Modifizieren der Herstellungsverfahren manches Futtermittel qualitativ verbessert werden könnte. C. Engelmann. 7785.

Pany, J.; Wien, Univ., Physiol. Inst. **Flüssige Diät zur Gewinnung definierter Harnmengen einzelner Mäuse** Z. Tierphysiol., Tierernähr. Futtermittelkunde **17** (1962) Nr. 4. S. 239–243. — 1 Abb., 4 Lit. Zus. in Engl.

Um in kurzfristigen Stoffwechselversuchen mit einzelnen Mäusen größere Harnmengen — von Nahrungsresten und Faeces gut abgetrennt — zu erhalten, wurden ein Stoffwechselkäfig und eine flüssige Diät entwickelt. Der beschriebene Stoffwechselkäfig ist einfach herzustellen und leicht zu reinigen Er ist mit einem Spezialtrinkgefäß ausgerüstet, gestattet eine verlustlose Fütterung mit einer viskös-flüssigen Nahrung (30% und mehr Festbestand-

teile) und gewährleistet eine saubere Trennung und Gewinnung der täglich vermehrt ausgeschiedenen Harnmenge. Die flüssige Nahrung wurde in einem 15 Wochen dauernden Versuch erprobt und für geeignet befunden.
J. Wünsche. 7785.

Gardiner, J. E.; London, Roy. Coll. of Surgeons, Inst. of Basic Med. Sci., Dep. of Pharmacol. A radioactive marking ink. **(Eine radioaktiv markierte Tinte.)** Nature [London] **197** (1963) Nr. 4865. S. 414. 7830.

D. ERNÄHRUNGSPHYSIOLOGIE

Verdauung und Resorption

Zimmermann-Nielsen, C. und Schønheyder, F.; Aarhus, Denmark, Aarhus Univ., Dep. of Biochem. On the rate of disappearance of protein from the small intestine in vivo. **(Über die Rate der Proteinabnahme im Dünndarm in vivo.)** Biochim. biophysica Acta [Amsterdam] **63** (1962) Nr. 1. S. 201–203. — 2 Abb., 11 Lit.

Es wird über vergleichende Untersuchungen mit Gliadin, Casein und einem enzymatischen Caseinhydrolysat (76% freie Aminosäuren und 24% dialysierbare Peptide mit niedrigem Molekulargewicht enthaltend) berichtet. Unter den beschriebenen experimentellen Bedingungen wurde die N-Resorption im Katzendünndarm in vivo quantitativ verfolgt. Die Menge an resorbiertem N von Gliadin, Casein und Caseinhydrolysat betrug jeweils 11 bzw. 62 bzw. 110 mg N/kg Körpergewicht/1 Std. Vergleichende in vitro Versuche mit Casein und Gliadin sowie krist. Trypsin als Ferment ergaben, daß im 1. Stadium die Hydrolyse wesentlich schneller erfolgt (Casein), jedoch bald ein Stillstand eintritt. Vff. schließen aus den unterschiedlichen Ergebnissen, daß aus in vitro Untersuchungen daher keine Rückschlüsse auf die Vorgänge der Verdauung gezogen werden können. I. Schröder. 7852.

Anonym. Endogenous protein secretion. **(Endogene Proteinsekretion.)** Nutrit. Rev. **20** (1962) Nr. 3. S. 79–81. — 10 Lit.

Übersicht über neuere Literatur zur Bestimmung der endogenen Proteinausschüttung in den Verdauungstrakt und zur Reabsorption der sezernierten Proteine. Es wird besonders darauf hingewiesen, daß die endogene Proteinausschüttung im Verhältnis zur exogenen Proteinmenge im Verdauungstrakt eine beträchtliche Höhe einnehmen kann und daß die Proteinverdaulichkeit unbedingt unter Berücksichtigung der Sekretions- und Absorptionsprozesse betrachtet werden muß. Der intestinalen Mucosa kommt daher eine wichtige Rolle beim Proteinumsatz und der Ökonomik der Proteinversorgung zu, so daß Permeabilitätsveränderungen der Mucosamembranen zu schwerwiegenden Störungen des Proteinstoffwechsels führen können. R. Schiemann. 7852.

Mickelsen, Olaf; Bethesda, Md., Nat. Inst. of Health. Nutrition — germfree animal research **(Fütterungsversuche mit keimfreien Tieren.)** Annu. Rev. Biochem. **31** (1962) S. 515–548. — 190 Lit.

Vf. gibt eine gedrängte Übersicht über Fütterungsversuche der letzten 15 Jahre mit sterilen Tieren und deren Ergebnisse. Bei der Begriffsbestimmung wird festgelegt, daß im Gegensatz zum Normal-Tier „germfree“ Tiere ohne jede Bakterienflora sind. Der historische Rückblick beginnt mit dem Jahre 1895 und zeigt die Entwicklung solcher Versuchsanstellungen auf. In gesonderten Abschnitten werden im Anschluß daran Ausrüstungsgegenstände zum sterilen Arbeiten, die erforderliche Technik und Merkmale der sterilen Tiere sowie biochemische, mikrobiologische, Zahn- und Tumorstudien an solchen Tieren behandelt. E.-R. Franke. 7852.

Blaxter, K. L. und Wilson, R. S. The voluntary intake of roughages by steers. **(Die freiwillige Aufnahme von Rauhfutter bei Ochsen.)** Animal Product. **4** (1962) Nr. 3. S. 351–358. — 2 Abb., 3 Tab., 9 Lit.

In Fortsetzung früherer Untersuchungen an Schafen (BLAXTER u.a. ‚Animal Prod. **3** 52, 61) verglichen Vff. die Verzehrsleistung von 4 Rauhfutterstoffen (technisch getrocknetes Heu, Heu A und B sowie Stroh) an 8 Ochsen. Der Verzehr an Tr.-Subst. hängt ebenso stark von der scheinbaren Verdaulichkeit der Energie ab, wie es bei den Schafen gefunden wurde. Der ⌀ Zuwachs entsprach dem Verzehr an verd. Energie. Bei hohen Verzehrsleistungen lag die Verdaulichkeit des Futters niedriger. Die Standardabweichung in der Futteraufnahme von Tier zu Tier betrug 7,5%. Schafe scheinen infolge ihres relativ größeren Verdauungsraumes Rauhfutter etwas günstiger zu verwerten als Ochsen. B. Piatkowski. 7862.

Schumacher, E.; Zürich, Univ., Veterin.-Pharmakol. Inst. **Über die Wirkung einiger Sulfonamide und Antibiotika auf die Infusorien und die Gärgasbildung im Panseninhalt des Rindes.** Schweiz. Arch. Tierheilkunde **104** (1962) Nr 7. S. 401–417; Nr. 8. S. 491–518. – 5 Abb., 13 Tab., 82 Lit. Zus. in Engl., Franz., Ital.

Nach kritischer Auswertung der Literatur über die Panseninfusorien wird über eigene Versuche am Rind berichtet. Mit der Zählkammer nach Fuchs-Rosenthal wurde die Infusorienzahl pro ml Panseninhalt zu 200000 ± 50% ermittelt. Unter Berücksichtigung der Infusorienvolumina ergibt sich ein Gesamtvolumen von 1,44 ml/100 ml Panseninhalt (= 1/70 der Volumeneinheit Panseninhalt). Das Volumen ist stärker von der artmäßigen Zusammensetzung der Infusorienfauna als von der Zahl abhängig. An *Isotricha*-Kulturen wurde die Wirkung von Sulfonamiden (Sulfanilamid, Sulfathiazol, Sulfaguanidin, Sulfadimidin) und Antibiotica (Penicillin, Streptomycin, Chloramphenicol, Chlortetracyclin, Oxytetracyclin) geprüft. Als Kulturmedium diente zentrifugierter Pansensaft mit anorganischer Salzlösung. Als Kriterium für den Wirkungsgrad wurde der Tötungserfolg angesehen. Die Auswertung erfolgte in einer besonderen Zählkammer. Nur Sulfadimidin und Chlortetracyclin sind bereits in subtherapeutischer Dosis toxisch für die Isotrichen. – Die Panseninfusorien sind an der Produktion von Gärgasen nicht oder nur unwesentlich beteiligt. Von Sulfonamiden hemmt Sulfadimidin die Gärvorgänge, jedoch erst bei Überdosierungen. Streptomycin und die Tetracycline fördern in hohen Dosen die Gärung. In Kombinationsversuchen mit Sulfonamiden und Antibiotica traten teilweise unerwartete Effekte auf. Die Ergebnisse werden im Hinblick auf die Verhältnisse in vivo diskutiert. W. Goldbach. 7862.

Schulz, Helmut; Kiel, Univ., Inst. für Haustierkunde. **Histo-enzymologische Beobachtungen an den Pansenzotten des Rindes.** Zool. Anz. **169** (1962) Nr. 11/12. S. 433–439. – 9 Abb., 16 Lit.

Untersuchungen über die Fermentausrüstung der Pansenschleimhaut wurden im Hinblick auf den hohen intraepithelialen Stofftransport durchgeführt. Es konnte eine beträchtliche Konzentration an Atmungsfermenten (Succinodehydrase, Cytochromoxydase) sowie an hydrolytischen Fermenten (saure und alkalische Phosphatase, alpha-Naphthylacetatesterase) nachgewiesen werden, die mit dem relativ intensiven Stoffwechsel des Pansenepithels und mit der hohen resorptiven Aktivität, insbesondere für niedere Fettsäuren im Zusammenhang steht. Gleichfalls liegt eine bemerkenswert hohe Carboanhydraseaktivität vor, die für die Resorption des Na und der Fettsäuren von Bedeutung sein dürfte. Es wird angenommen, daß das aus den Vormägen stammende CO_2 durch die Carboanhydrase in der Mucosa hydratisiert wird und die entstehenden H^+-Ionen gegen das Na und die gebildeten HCO_3^--Ionen gegen die Fettsäuren (z. B. CH_3COO^-) ausgetauscht werden. Die fermentativen und energetischen Verhältnisse hinsichtlich des genannten Austausches in der Vormagen-Mucosa entsprechen den an den Nierentubuli erhobenen Befunden. E. Kolb. 7862.

Dozsa, L., Anderson, G. C. und McLaren, G. A. A rumen biopsy technique **(Eine Rumen-Biopsie-Technik.)** Amer. J. veterin. Res. 24 (1963) Nr. 98. S. 218–220. — 4 Abb., 5 Lit. 7862.

Lecce, J. G. und Morgan, D. O.; Raleigh, North Carolina State Coll., Dep. of Animal Sci. Effect of dietary regimen on cessation o intestinal absorption of large molecules (closure) in the neonatal pig and lamb. **(Der Einfluß der Fütterung auf die Anpassung der intestinalen Resorption großer Moleküle beim neugeborenen Schwein und Lamm.)** J. Nutrit. [Philadelphia] 78 (1962) Nr. 3. S. 263–268. — 4 Abb., 12 Lit.

Vff. testeten die Fähigkeit der Resorption großer Moleküle mittels Polyvinylpyrrolidon (P.). Saugferkel und Ferkel, denen 300–400 ml Colostrum von Kühen verabreicht wurden, resorbierten nach 24–36 Std. Alter kein P. mehr, während Ferkel, die von der Geburt an hungerten, mit 86 Std. Alter noch P. resorbierten. Lämmer, die 24–48 Std. nach der Geburt hungerten, resorbierten in dieser Zeit P., Rinder- und Eierproteine, während Lämmer, denen 1,5 l Kolostrum von Kühen verabreicht wurde, diese Verbindungen nicht resorbierten. Auch nach 5tägiger Säugezeit und 2tägigem Hungern wurde kein P. resorbiert. W. Jentsch. 7870.

Jensen, Leo S., Merrill, Lou s H., Reddy, C. V. und McGinnis, James; Pullman, Wash., State Univ., Dep. of Poultry. Observations on eating patterns and rate of food passage of birds fed pelleted and unpelleted diets. **(Beobachtungen über Freßgewohnheiten und Durchgangsgeschwindigkeit des Futters an Küken bei Fütterung mit Preßkorn und mehligem Mischfutter.)** Poultry Sci. **41** (1962) Nr. 5. S. 1414–1419. — 2 Abb., 2 Tab., 8 Lit.

Breitbrüstige Bronzeputen- bzw. New Hampshire-Küken im Alter von 38–45 bzw. 21–28 Tagen, die in Ställen mit Drahtboden bei einem 12-Std.-Tag aufwuchsen, erhielten entweder Preßkorn oder Mehlfutter. Sie wurden 12 Std. lang beobachtet. Gemessen wurde die Anzahl der Besuche am Futtertrog, die Dauer der Futteraufnahme und die verzehrte Futtermenge. Die Puten-Preßkorngruppe brauchte 6,7 Min. je Mahlzeit und fraß tägl. insges. 16 Min. (= 2,2% des Tages) lang, wobei sie 57 g Preßkorn verzehrte. Bei der Mehlfuttergruppe waren die entsprechenden Zahlen: 19 Besuche am Trog, 7,2 Min., 136 Min (= 18,8%) und 62 g. Bei den Küken waren die Unterschiede geringer: Die Preßkorngruppe verbrachte 4,7% des Tages beim Fressen gegenüber 14,3% der Mehlfuttergruppe, ging 27 statt 35mal zum Trog, wo sie sich tägl. 34 statt 103 Min. aufhielt, um 37 statt 38 g zu verzehren. In einer 2. Versuchsreihe wurde die Durchgangszeit des Futters nach der Chromoxydmethode stündlich bestimmt. Alle 3 Gruppen (Preßkorn, Mehlfutter und geschrotetes Preßkorn) schieden 4–6 Std. nach der Fütterung die Hauptmenge des Indikators aus. Nach 10 Std. war die Ausscheidung beendet.

C. Engelmann. 7872.

Anonym. Digestibility of high-amylose corn starches. **(Verdaulichkeit von amylosereichen Maisstärken.)** Nutrit. Rev. **21** (1963) Nr. 1. S. 27–28. — 7 Lit.

Zusammenfassender Bericht über Mais-Varietäten, die durch Selektion auf einen hohen Amylosegehalt gezüchtet worden sind. Diese Amylose erweist sich sowohl in vitro als auch in vivo gegenüber der enzymatischen Verdauung sehr resistent. So war eine Maisstärke (**I**) mit einem Amylosegehalt (**II**) von 63% im Vergleich zu einer **I** mit einem normalen **II** von 25% in vitro nur zu 40% verdaulich. Die Verdaulichkeit einer normalen **I** betrug bei der Ratte 95%, die einer **I** mit hohem **II** dagegen nur 66 bis 77%. H.-D. Bock. 7888.

Davison, Kenneth L. und Woods, Walter; Ames, Iowa Agric. and Home Econ. Exp. Stat. Effect of calcium and magnesium upon digestibility of a ration containing corn oil by lambs. **(Die Wirkung von Calcium und Magnesium auf die Verdaulichkeit einer Ration mit Maisöl bei Lämmern.)** J. Animal Sci. **22** (1963) Nr. 1. S. 27–29. — 2 Tab. 7888.

Intermediärer Stoffwechsel

Cohn, David V. und Forscher, Bernard K.; Kansas City, Mo., Veterans Adm. Hospital, Radioisotope Serv.; Univ., Med. School, Dep. of Biochem.; School of Dentistry, Dep. of Biochem. Effect of parathyroid extract on the oxidation in vitro of glucose and the production of $^{14}CO_2$ by bone and kidney. **(Der Einfluß von Parathyreoidea-Extrakt auf die Oxydation von Glucose und die $^{14}CO_2$-Produktion durch Knochen und Niere in vitro.)** Biochim. biophysica Acta [Amsterdam] **65** (1962) Nr. 1. S. 20–26. — 1 Abb., 3 Tab., 12 Lit.
Die $^{14}CO_2$-Produktion aus mittels ^{14}C-markierter Glucose wurde in Gewebepräparaten von Kaninchen, die mit Parathyreoidea-Extrakten behandelt wurden, gemessen. Knochen- und Nierenschnitte von behandelten Tieren produzierten mehr CO_2 als die von Kontrolltieren, Muskel- und Lebergewebe verhielten sich bei den Versuchstieren wie bei den Kontrolltieren. Vom C-Atom 6 wurde rel. mehr CO_2 gebildet als vom C-Atom 1. Die Versuchsergebnisse lassen vermuten, daß die erhöhte CO_2-Bildung vom Krebs-Cyclus stammt, und daß das Parathormon die Eintrittsgeschwindigkeit der Stoffwechselkomponenten der Glucose zum oxydativen Stoffwechselweg kontrolliert. W. Jentsch. 7910.

Barron, E. J. und Stumpf, P. K.; Davis, Univ. of California, Biochem. and Biophysics Dep. Evidence for separate pathways for the biosynthesis of saturated and unsaturated fatty acids by an Avocado enzyme system. **(Beweis für getrennte Stoffwechselwege bei der Biosynthese von gesättigten und ungesättigten Fettsäuren durch ein Enzymsystem aus Avocado.)** J. biol. Chemistry **237** (1962) Nr. 2. S. PC613–PC614. — 2 Tab., 9 Lit.
Sowohl bei einem durch Ultraschall dispergierten Enzymsystem als auch bei Zellpartikeln aus der mittleren Fruchtschale von Avocado (Persea gracissima) ergab ein Zusatz von Acetat-1-^{14}C bzw. Acetat-1-^{14}C-CoA eine Markierung von gesättigten als auch ungesättigten langkettigen Fettsäuren, während ein Zusatz von Malonyl-1,3-^{14}C-CoA nur zu einer Markierung von gesättigten Fettsäuren führte. Von den ungesättigten Fettsäuren war Ölsäure vorherrschend. Daneben wurde noch eine Fettsäure synthetisiert, deren Struktur noch nicht aufgeklärt werden konnte, die aber wahrscheinlich eine Hydroxysäure ist. Die Synthese der Ölsäure sowie der gesättigten Fettsäuren aus Acetat erfordert Biotin, da bei Avidinzusatz die inkorporierte Acetatmenge in die ungesättigten Fettsäuren abfällt. Aus der Unmöglichkeit, ungesättigte Fettsäuren aus Malonyl-CoA zu erhalten, der Differenz im Einfluß des Avidins auf die relativen Mengen der synthetisierten gesättigten und ungesättigten Fettsäuren sowie der Tatsache, daß Stearyl-CoA keine Vorstufe der Ölsäure darstellt, schließen Vff., daß in höheren Pflanzen die Synthese der Ölsäure über einen anderen Stoffwechselweg als die der gesättigten Fettsäuren erfolgt. R. Schiemann. 7910.

Hayano, Kazuo, Tsubone, Toshiro, Azuma, Ichiro, Yamamura, Yuichi; Fukuoka, Kyushu Univ., School of Med., Dep. of Biochem.; Osaka, Univ., School of Med., Dep. of Biochem. The prevention of the orotic acid fatty liver by the administration of 5-aminoimidazolecarboxamide. **(Die Verhütung von Orotsäurefettleber durch Darreichung von 5-Aminoimidazolcarboxamid.)** J. Biochemistry [Tokyo] **52** (1962) Nr. 5. S. 379–380. — 2 Tab., 3 Lit. Orig: engl. 7920.

Freundlich, Martin, Burns, R. O. und Umbarger, H. E.; Cold Spring Harbor, N. Y., Long Island Biol. Assoc., Biol. Lab. Control of isoleucine, valine, and leucine biosynthesis. I. Multi-valent repression. **(Kontrolle der Isoleucin-, Valin- und Leucin-Biosynthese. 1. Mitt. Multivalente Repression.)** Proc. nat. Acad. Sci. USA **48** (1962) Nr. 10. S. 1804–1808. — 1 Abb., 2 Tab., 18 Lit.
Mit Mutanten von *Salmonellatyphimurium* und *Escherichia coli* wurde nachgewiesen, daß Valin, Isoleucin und Leucin zur Repression der Enzyme not-

wendig sind, die zur Isoleucin- und Valin-Biosynthese führen. Dieses Phänomen wurde als multivalente Repression bezeichnet. Im Gegensatz dazu werden die Enzyme der Leucin-Biosynthese nur durch Leucin gehemmt. Über die mögliche Bedeutung der multivalenten Repression und über eine Methode der Depression der Enzyme wird diskutiert. Ein Schema veranschaulicht die Biosynthesewege der 3 Aminosäuren. J. Wünsche. 7930.

Takanami, Mituru; Kokubunji, Tokyo, Japan, Nat. Inst. of Animal Health. Transfer of amino acids from soluble ribonucleic acid to ribosome. III. Further studies on the interaction between ribosome and soluble ribonucleic acid. **(Übertragung von Aminosäuren von löslicher Ribonucleinsäure auf Ribosome. 3. Mitt. Weitere Untersuchungen über die Wechselwirkung zwischen Ribosom und löslicher Ribonucleinsäure.)** Biochim. biophysica Acta [Amsterdam] **61** (1962) Nr. 3. S. 432–444. — 5 Abb., 4 Tab., 22 Lit. 2. Mitt. vgl. LZ. Abt. III **7** (1962) Nr. 11. S. 2357.

Vf. untersuchte verschiedene Wechselwirkungen zwischen Ribosomen und löslichen, ^{14}C-markierten Ribonucleinsäuren (s—RNS). Der isolierte Komplex aus Ribosomen und s-RNS wurde verschiedenen Inkubationsbedingungen unterworfen. In Anwesenheit des Übertragungsenzyms oder bei Verminderung der Mg^{2+}-Konzentration dissoziierte der Komplex vollständig. Der Komplex aus Ribosomen und ^{14}C-markierten Aminoacyl-s-RNS war unter diesen Bedingungen wesentlich stabiler. Bei den durch Übertragung mittels markiertem Aminoacyl-s-RNS auf Ribosome erhaltenen ribosomalen markierten Proteinen wurde die Radioaktivität der N-endständigen (Dinitrophenylierung) und der C-endständigen (Inkubation mit Carboxypeptidase) Aminosäuren bestimmt. Da die Aktivität fast ausschließlich in den C-endständigen Aminosäuren lokalisiert war, nimmt Vf. folgende Reaktionsmechanismus für die Aminosäureübertragung von s-RNS auf Ribosome (Rib.) an:

$$(Rib)\ldots NH.CHR^{a}\,COO\cdot s\text{–}RNS^{a} + NH_2\cdot CHR^{b}\cdot COO\cdot s\text{–}RNS^{b}$$
$$\rightarrow (Rib)\ldots NH\cdot CHR^{a}\cdot CO\cdot NH\cdot CHR^{b}\cdot COO\cdot s\text{–}RNS^{b} + s\text{–}RNS^{a}$$

Die Befunde sind eingehend diskutiert. R. Schiemann. 7930.

Hooper, K. C.; Babraham, Cambridge, A. R. C., Inst. of Animal Physiol. The catabolism of some physiologically active polypeptides by homogenate of dog hypothalamus. **(Der Katabolismus von einigen physiologisch aktiven Polypeptiden durch Homogenat von Hunde-Hypothalamus.)** Biochem. J. **83** (1962) Nr. 3. S. 511–517. — 4 Abb., 2 Tab., 32 Lit.

Der inaktivierende Einfluß von homogenisiertem Hunde-Hypothalamus auf die 4 physiologisch aktiven Polypeptide Bradykinin, Oxytocin, Substanz P und Vasopressin wurde untersucht. Durch Inkubation der Polypeptide mit Hypothalamushomogenat bei pH 7,3 und 37° wird eine Abnahme der biol. Aktivität der Polypeptide erhalten. Die Inaktivierung wird durch die Wirkung von Enzymen erklärt. Während Substanz P bei pH 6 schnell zerstört wird, erfolgt die Zerstörung der anderen 3 bei pH 7–8. Durch Verwendung von Enzyminhibitoren wird gezeigt, daß die wirksamen Enzyme nicht mit früher im Harn gefundenen identisch sind. Oxytocin und Vasopressin scheinen Substrat für dasselbe Enzym zu sein, Substanz P wird durch ein anderes inaktiviert. I. Schröder. 7930.

Lamfrom, Hildegard und Squires, Richard F.; Pasadena, Calif., California Inst. of Technol., Div. of Biol. Studies on transfer of amino acids to ribosomes. **(Untersuchungen zur Übertragung von Aminosäuren auf Ribosome.)** Biochim. biophysica Acta [Amsterdam] **61** (1962) Nr. 3. S. 421–431. — 2 Abb., 6 Tab., 13 Lit.

Vff. untersuchten die Rolle der pH-5-, einer Überstands- und einer Übertragungsfraktion auf den Einbau von Aminosäuren in lösliche Proteine durch gewaschene und Desoxycholat-behandelte Ribosome. Mit Ausnahme der pH-

5-Fraktion, die aus Retikulocyten von Enten gewonnen wurde, entstammten alle anderen Fraktionen Retikulocyten von Kaninchen. Als Aminosäuredonatoren wurden lösliche Aminoacyl-Ribonucleinsäuren (s-RNS), markiert mit ^{14}C-haltigem Leucin und Valin, isoliert aus Retikulocyten und Leber von Kaninchen sowie von *E. coli*, verwendet. Die gereinigten Ribosome benötigten zum Aminosäureeinbau eine Reihe löslicher Komponenten. Alle 3 erwähnten Fraktionen erhöhten wesentlich den Einbau von Aminosäuren aus den löslichen Aminoacyl-s-RNS in die Ribosome sowie in gebildete Proteine. Die Proteine wurden chromatographisch getrennt und näher charakterisiert.
R. Schiemann. 7930.

Neame, K. D.; Dunedin, New Zealand, Otago Univ., Med. School, Dep. of Med. Uptake of L-histidine, L-proline, L-tyrosine and L-ornithine by brain, intestinal mucosa, testis, kidney, spleen, liver, heart muscle, skeletal muscle and erythrocytes of the rat in vitro. **(Die Aufnahme von L-Histidin, L-Prolin, L-Tyrosin und L-Ornithin durch Hirn, Darmmucosa, Hoden, Nieren, Milz, Leber, Herzmuskel, Skelettmuskel und Erythrocyten der Ratte in vitro.)** J. Physiol. [London] **162** (1962) Nr. 1. S. 1–12. — 7 Tab., 27 Lit.

Vf. untersuchte die Aufnahme von Aminosäuren durch das Hirn und 8 andere Gewebe, um festzustellen, ob die Aufnahme auf Aminosäuren beschränkt ist, die einen Einfluß auf die Nervenaktivität ausüben , oder ob es sich um ein Phänomen handelt, das sich allgemein auf alle Aminosäuren erstreckt. Ergebnis: Von den getesteten Aminosäuren L-Histidin L-Prolin, L-Tyrosin und L-Ornithin werden Histidin, Prolin und Ornithin durch das Hirn in größerem Maße aufgenommen als von den anderen Geweben, Tyrosin dagegen in geringerem Maße als durch Darmmucosa, aber in größerem als durch die übrigen Gewebe. Durch Vergleich mit den in vivo-Ergebnissen schließt Vf. auf das Vorhandensein einer Blut-Hirn-Barriere für Aminosäuren. Die mögliche Bedeutung des Mechanismus der Aminosäureaufnahme durch das Hirn wird diskutiert. I. Schröder. 7930.

Malorny, G. und Rietbrock, N.; Hamburg, Univ., Pharmakol. Inst. **Nahrungsabhängige Ausscheidung von Formaldehyd und Ameisensäure im Urin bei Katzen.** Naturwissenschaften **49** (1962) Nr. 22. S. 520. — 2 Tab., 8 Lit.

Nach Verfütterung von Ostseedorsch an Katzen scheiden diese gegenüber der Kontrollgruppe etwa 70mal mehr Formaldehyd (F) aus, bei Verabreichung von Kabeljau liegt die Ausscheidung 80% höher als bei Dorschverabreichung. Die Ameisensäure (A)-ausscheidung übersteigt den Normalwert um das 5-fache. Es wird vermutet, daß F und A aus dem oxydativen Abbau des Trimethylamins bzw. Trimethylaminoxyds stammen, wie die Verfütterung von Trimethylamin-HCl zeigte. Beim Menschen ist die F- und A-Ausscheidung nach Fischernährung nicht erhöht. Es wird auf die Unterschiede im Stoffwechsel von Katze und Mensch hingewiesen. Die Bestimmungsmethoden (3 für die F-Bestimmung) werden angegeben. W. Jentsch. 7960.

Energiewechsel

Lehninger, Albert L.; Baltimore, Md., Johns Hopkins Univ., School of Med., Dep. of Physiol. Chem. Water uptake and extrusion by mitochondria in relation to oxidative phosphorylation. **(Wasseraufnahme und -abgabe durch Mitochondrien in Beziehung zur oxydativen Phosphorylierung.)** Physiol. Rev. **42** (1962) Nr. 3. S. 467–517. — 4 Abb., 241 Lit.

Erstes Übersichtsref. über die Beziehungen zwischen der aktiven Wasseraufnahme und -abgabe in isolierten Mitochondrien und dem Vorgang des Elektronentransportes und der oxydativen Phosphorylierung. Die entsprechende Lit. ist nach Angabe des Autors erschöpfend behandelt. Die Arbeit ist in folgende Abschnitte gegliedert: Energiekopplung in der Atmungskette; Struktur der Mitochondrien und Lokalisation der Atmungsenzyme; Messung der Wasseraufnahme und -abgabe; Mitochondrien als Osmometer; Permeabilität der Membranen; „aktive" oder atmungsabhängige Wasseraufnahme durch Mitochondrien; aktive Wasserabgabe aus Mitochondrien; geringfügige Schwellung und Kontraktion der eng gekoppelten Mitochondrien; Atmung und Phosphorylierung während der Wasseraufnahme und -abgabe; die Rolle des U-Faktors und der Phospholipoide; Kontraktionsfaktor („C-Faktor"); Veränderungen in der gesamten Morphologie und in den Membraneigenschaften während der Schwellung und Kontraktion; intracellulare Signifikanz des Schwellens und der Kontraktion der Mitochondrien; vergleichende Cytologie der stoffwechselbeeinflußten Membranveränderungen; Membranfunktionen und Energiekopplung in der Atmungskette. R. Schiemann. 8008.

Takemori, Shigeki, Wada, Keishiro, Ando, Kazuko, Hosokawa, Mamoru, Sekuzu, Ichiro und Okunuki, Kazuo; Osaka, Univ., Fac. of Sci., Dep. of Biol. Studies on cytochrome a. VIII. Reaction of cytochrome a with chemically modified cytochrome c and basic proteins. **(Untersuchungen über Cytochrom a. 8. Mitt. Reaktionen von Cytochrom a mit chemisch modifiziertem Cytochrom c und basischen Proteinen.)** J. Biochemistry [Tokyo] **52** (1962) Nr. 1. S. 28–37. — 6 Abb., 6 Tab., 31 Lit. Orig.: engl.

Vff. untersuchten den Einfluß verschiedener chemischer Modifikationen des Cytochroms c sowie den Einfuß von Zusätzen basischer Proteine auf die Cytochromoxydaseaktivität und die Reduktion des Cytochroms a. Cytochrom c ist ein stark basisches Protein mit einem isoelektrischen Punkt bei pH 10,5 und ca. 20% Lysingehalt. Es wurde acetyliert, succinyliert, guanidiert sowie mit Trinitrophenol (TNP) bzw. Trichloressigsäure (TCA) modifiziert. Bei einer Acetylierung der freien Aminogruppen von mehr als 32% bzw. einer Succinylierung von mehr als 22% wurde die Cytochromoxydaseaktivität vollständig inhibiert; die Fähigkeit zur Reduktion des Cytochroms a fiel mit dem Ausmaß der Modifikation. Ähnlich verhielten sich auch die TNP- bzw. TCA-modifizierten Cytochrome, während die Cytochromoxydaseaktivität des guanidierten Cytochroms c ebenso hoch wie die des nativen Cytochroms gefunden wurde. Zusatz basischer Proteine oder von Polylysin ergab eine starke Inhibierung der Cytochromoxydaseaktivität, während der Zusatz eines gemischten Polypeptids aus Glutaminsäure und Lysin nur zu einer schwachen Inhibierung führte. Aus den Befunden leiten Vff. einen noch hypothetischen Reaktionsmechanismus zwischen den Cytochromen a und c ab.
R. Schiemann. 8008.

Bruni, A., Contessa, A. R. und Luciani, S.; Perugia, Italy, Univ., Pharmacol. Inst. Atractyloside as inhibitor of energy-transfer reactions in liver mitochondria. **(Atractylosid als Inhibitor der Energieübertragungsreaktionen in Lebermitochondrien.)** Biochim. biophysica Acta [Amsterdam] **60** (1962) Nr. 2. S. 301–311. — 7 Abb., 4 Tab., 32 Lit.

Vff. untersuchten den Einfluß von Atractylosid, eines Glucosids aus *Atractylus gummifera*, auf die oxydative Phosphorylierung, die Atmung sowie die ATPase-aktivität von Rattenlebermitochondrien unter verschiedenen Substratbedingungen. Das Glucosid inhibiert die oxydative Phosphorylierung und die ATPase-aktivität. Es inhibiert ferner die Phosphataufnahme und die durch Zusatz von Phosphatakzeptoren bewirkte Atmungsstimulierung. Bei der Stimulierung der Atmung und der ATPase-aktivität durch 2,4-Dinitrophenol reagiert das Glucosid unterschiedlich; die erstere wird nicht beeinflußt, während letztere bei Glucosidkonzentrationen, die die oxydative Phosphorylierung inhibieren, ebenfalls inhibiert wird. Die durch Mg^{2+} stimulierte ATPase der mit 1 mM Desoxycholatlösung behandelten Mitochondrien wird durch Atractylosid nicht beeinflußt, jedoch erfolgt auch hier eine Inhibierung bei Anwendung niedrigerer Desoxycholatkonzentrationen. Aus den Befunden leiten Vff. ab, daß das Glucosid – ähnlich wie das Antibioticum Oligomycin – als Inhibitor der Energieübertragungsreaktionen in tierischen Mitochondrien wirksam ist. R. Schiemann. 8009.

Perrault, M. J. und Dugal, L. P.; Ottawa, Ontario, Univ., Dep. of Biol.; Defence Res. Board of Canada. Effect of severe cold (– 5 °C) on the endocrine function of the testis in the albino rat. **(Der Einfluß stärkerer Kälte [–5 °C] auf die endokrine Funktion der Testes der Albinoratte.)** Canad. J. Biochem. Physiol. **40** (1962) Nr. 12. S. 1717–1724. – 12 Abb., 5 Tab., 13 Lit. Zus. in Franz.

An insgesamt 182 ♂ Ratten wurde Kryptorchismus, chirurgisch und durch Kälteeinfluß verursacht, untersucht. Die Lage der Testes hat keinen Einfluß auf Körpergewicht, Thymus und Nebenniere, die Spermatogenese degeneriert etwas, während die endokrinen Funktionen der akzessorischen Geschlechtsdrüsen unbeeinflußt bleiben. Durch niedrige Temperaturen tritt infolge Kompensation Körpergewichtsverlust ein. Durch Kälte entstehen Kryptorchismus und Erscheinungen „physiologischer Kastration“: Inhibition der endokrinen Funktion der Testes, Rückbildung der akzessorischen Geschlechtsdrüsen, Prostata und Samenblasen. W. Jentsch. 8012.

Eiweißstoffwechsel

Platt, B. S.; London, Nat. Inst. for Med. Res., Human Nutrit. Res. Unit. Proteins in nutrition. **(Proteine in der Ernährung.)** Proc. Roy. Soc. [London], Ser. B **156** (1962) Nr. 964. S. 337–344. – 6 Abb., 4 Tab., 9 Lit.

Die Bedeutung des Proteins in der Ernährung wird in einem zusammenfassenden Überblick über die Untersuchungsergebnisse aus dem Medical Research Council's Human Nutrition Research Unit zu folgenden Problemen dargestellt: Bestimmung des Protein-Nährwertes von Nahrungsmitteln bezogen auf den Proteinbedarf des Menschen in Netto-Nahrungs-Protein-Calorien-Prozent (NDp Cal. %), bei Versuchstieren experimentell produzierte Protein-Calorie-Mangel-Syndrome (Marasmus und Kwashiorkor), Demonstration congenitaler Defekte im Zentralnervensystem bei Nachkommen von Muttertieren, die Protein-Calorien-Mangel-Diäten erhielten und die Auswirkung eines Protein-Calorien-Mangels auf die Pathogenese von Krankheiten. H.-D. Bock. 8042.

Landis, J.; Zürich, Eidg. TH, Inst. für Tierernähr. **Einige quantitative Aspekte des Proteinumsatzes bei laktierenden Ziegen.** Int. Z. Vitaminforsch. [Bern] **32** (1962) Nr. 4. S. 428–432. – 2 Abb., 2 Tab., 3 Lit.

Vf. verabreicht an 3.Ziegen 11 Tage lang jeweils z.Zt. der Fütterung radioaktives Sulfat (über Pansenfistel). Meßergebnisse der letzten 3 Versuchstage zeigten, daß im Pansen 16–32% der Sulfataktivität als Proteinschwefel vorlagen. Weiterhin wurde die Radioaktivität der Milchproteine tägl. ermittelt und diejenige des Blutserums in 3-tägigen Abständen. Beim Milchprotein stieg die Aktivität zuerst stark an und flachte dann ab, während die Radioaktivität des Blutserums langsam aber stetig zunahm. Die Untersuchung der Organe einer getöteten Ziege ergab unterschiedliche Aktivitäten in den Gewebeproteinen. Vf. schlußfolgert, daß dieser Befund mit der unterschiedlichen Erneuerungsgeschwindigkeit der Gewebeproteine zusammenhängt und formuliert folgende Differentialgleichung:

$$\frac{da_x}{dt} = k\,(a_v - a_x);$$

a_x = spez. Aktivität im Protein, a_v = spez. Aktivität in den Vorstufen, t = Zeit, k = Umsatzkonstante (Erneuerungskonstante).

Wenn für a_v die Markierung des Milchproteins gesetzt wird (gleiche Markierung wie für Vorstufen der Körperproteine angenommen), errechnet Vf. für die Proteine des Blutserums eine tägl. Erneuerung von 6% und für die Gehirneiweiße von 2%. H. Bergner. 8042.

Smith, G. H. und Lewis, D.; Sutton Bonington, Loughborough, Univ. of Nottingham, School of Agric. Arginine metabolism and nutrition in the chick. **(Argininstoffwechsel und Kükenernährung.)** Proc. Nutrit. Soc. **21** (1962) Nr. 2. S. XXIV–XXV. – 1 Tab.
Arginin erfüllt 2 Aufgaben im Körper: Es ist ein Eiweißbaustein und wirkt als Spender von Amidingruppen bei der Creatinsynthese; daneben wird es durch Arginase zur Harnstoff- und Ornithinbildung veranlaßt. Die Kükenarginase ähnelt dem entsprechenden Enzym bei den Säugern; der optimale pH-Wert ist 9,5. Sie ist in der Niere aktiv und in gewissem Umfange auch in der Leber. Glykokoll-Transamidase kommt in der Leber wie Niere vor, erreicht aber nicht die Aktivität der Arginase. Bei einem üblichen Futter mit 20% Protein reichen 0,7% Arginin voll aus, um normales Wachstum zu sichern (bei Caseinmischungen sind 2,3% erforderlich). C. Engelmann. 8042.

Rohr, Klaus. **Untersuchungen über die Brauchbarkeit des Harnstoffs als Eiweißersatz beim Wiederkäuer.** Kieler milchwirtsch. Forsch.-Ber. **14** (1962) Nr. 4. S. 285–305.
In einer Literaturübersicht wird über die Anwendung des Harnstoffes als Eiweißersatz beim Wiederkäuer berichtet und sodann die Ergebnisse eigener Untersuchungen an Kühen mit Pansenfistel und Harnstoff-Fütterung mitgeteilt. In vitro-Versuche ergaben, daß eine klare Abhängigkeit der Ureaseaktivität der Bakterien vom pH-Wert besteht und das pH-Optimum bei pH 7 liegt. In vivo-Untersuchungen befaßten sich mit der NH_3-Bildung im Pansen bei Harnstoff-Fütterung in Abhängigkeit vom Rohfasergehalt des Futters und der Wirkung von feinverteiltem Harnstoff bei sehr rohfaserreichem Futter im Vergleich zu Sojaschrot und einer N-Mangelfütterung. Es wurde gefunden, daß die Geschwindigkeit des Harnstoffabbaues von der Größe der Keimzahl, der Florazusammensetzung und vom pH-Wert im Pansen abhängig ist. Gegenüber einer Heufütterung tritt nach Verabreichung von stärkereichem Futter das NH_3-Maximum etwa 10 bis 20 Min. später auf. Die Ursache ist nicht etwa eine schnellere Resorption von NH_3 durch die Pansenwand bei stärkereicher Fütterung. Bei rohfaserreicher Fütterung passiert im Gegenteil der NH_3 die Pansenwand rascher und stärker. Wegen der geringen Resorption des NH_3 bleibt nach stärkereicher bzw. rohfaserarmer Fütterung der NH_3-Spiegel im Pansen von Fütterungsperiode zu Fütterungsperiode höher als nach rohfaserreicher Fütterung. H. Steger. 8050.

Stoffwechsel stickstofffreier Nährstoffe

Storry, J. E. und Rook, J. A.; Reading, Nat. Inst. for Res. in Dairying. The effect of level of feeding before and after calving on the concentration of plasma glucose in the cow. **(Die Wirkung verschieden hoher Fütterung vor und nach dem Kalben auf den Blutzuckergehalt bei Kühen.)** Proc. Nutrit. Soc. **21** (1962) Nr. 2. S. XXXIX–XL. – 1 Tab., 3 Lit.
8 Friesian-Kühe wurden vor und nach dem Kalben hoch (H) und niedrig (N) gefüttert. Bei H-Fütterung während der Trockenperiode lag der Blutzuckergehalt (**I**) zwischen 69,7–76,9 mg/100 ml, bei N-Fütterung zwischen 47,4 und 57,8. Nach dem Abkalben wurden 2 H- und 2 N-Tiere intensiv ernährt, der **I**-Gehalt lag zwischen 62,7–74,6 mg/100 ml und wurde durch das Fütterungsniveau der Trockenperiode nicht beeinflußt. Bei den HN bzw. NN-Tieren wurden Werte zwischen/49,1–60,1 bzw. 37,5–49,5 mg/100 ml gefunden. Zum Zeitpunkt der Geburt lagen vorübergehend die Werte zwischen 68–95 mg/100 ml. B. Piatkowski. 8062.

Loriette, Claude, Clément, Guy und Raulin, Jeanine; Dijon, Fac. des. Sci., Lab. de Physiol. Animale. Influence de l'ingestion prolongée d'huile d'arachide renfermant des acides gras polydésaturés trans sur la structure des triglycérides de réserve chez le rat blanc. **(Der Einfluß der verlängerten Fütterung von Erdnußöl, das polyungesättigte trans-Fettsäuren enthält, auf die Struktur der Reservetriglyceride bei der weißen Ratte.)** C.R. hebd. Séances Acad. Sci. **255** (1962) Nr. 17. S. 2204–2206.

An 3 Gruppen weißer Ratten wurde während eines Zeitraumes von 2, 3 und 7 Mon. zum Grundfutter 20% raffiniertes, 20% isomerisiertes und ein Gemisch von 10% raffiniertem und 10% isomerisiertem Erdnußöl gefüttert. Im perigenitalen Depotfett der Ratten wurde durch Infrarotspektroskopie die elaidinierten Triglyceride bestimmt und festgestellt, daß die umgelagerten Fettsäuren sich in 1 bzw. 3 Stellung befinden. Obwohl das Nahrungsfett reich an trans-Fettsäuren ist, werden im Depotfett die trans-Fettsäuren nicht angehäuft, sondern im Verlaufe der Fütterung scheint im Reservefett sogar eine leichte Verminderung dieser Säuren einzutreten. H. Steger. 8066.

Frahm, Hermann, Greggersen, Hans und Lembke, Andreas. **Stoffwechsel und Darmflora. 1. Mitt. Über den Einfluß der Polyensäuren auf die Darmflora und den Fettstoffwechsel des Arteriosklerotikers bei einer vorwiegend Butter als Nahrungsfett enthaltenden Diät.** Milchwissenschaft **17** (1962) Nr. 11. S. 613–621.

An Artiosklerotiker wurde eine Zusatzkost verabreicht, die 12,9 g Linolsäure in 95 g Fett enthielt. Die Diät bestand aus 20 g Sonnenblumenöl, 60 g Butter und 100 g Vollmilchpulver. Die normale Grundkost setzte sich aus magerem Fleisch, Gemüse, Kartoffeln und Obst zusammen. Es sollte der Einfluß der Polyensäuren auf den Fettanteil und auf die Darmflora untersucht werden. Von weiterem Interesse war das Verhalten des Fettstoffwechsels bei einer Kost, deren Fettstoffwechsel vorwiegend aus Butter bestand. Es ließ sich statistisch sichern, daß durch diese Kost bei den Versuchspersonen keine Erhöhung des Serumcholesterinspiegels eintrat. Bei 66% der Patienten stieg der prozentuale Anteil von Linol- und Arachidonsäure im Serumfett an. In der Stuhlflora dieser Personen nahmen die Keimzahlen von *E. coli* ab. Dagegen wurde bei denjenigen Patienten, bei denen sich Polyenfettsäuregehalt im Serumfett verminderte, eine Zunahme von Streptococcen in der Kotflora festgestellt. H. Steger. 8066.

Sell, J. L. und Hodgson, G. C.; Winnipeg, Univ. of Manitoba, Animal Sci. Dep., Poultry Div. Comparative value of dietary rapeseed oil, sunflower seed oil, soybean oil and animal tallow for chickens. **(Vergleichender Nährwert von Rapsöl, Sonnenblumenöl, Sojabohnenöl und tierischem Fett für Küken.)** J. Nutrit. [Philadelphia] **76** (1962) Nr. 2. S. 113–118. — 3 Tab., 23 Lit.

Küken wurden vom 1. Tag an bis zum Alter von 8 Wochen 4 oder 8% tierisches Fett, Sojabohnenöl, Rapsöl oder Sonnenblumenöl in der Ration verabreicht. Abgesehen von 4% tierischem Fett in der Ration führten die Fettzulagen zu erhöhter Futterverwertung gegenüber der Kontrollgruppe. Die gaschromatographischen Fettsäureanalysen zeigten, daß die Zusammensetzung des Depotfettes der Küken von der des Nahrungsfettes beeinflußt wird. Bei der Verabreichung von Rapsöl mit Gehalt an Eicosen- und Erucasäure wurden diese Säuren im Depotfett nachgewiesen, so daß offensichtlich einige Fettsäuren unverändert abgelagert werden. W. Jentsch. 8066.

Mineralstoffwechsel

Smith, J. D. und Meyer, J. H. Interactions of dietary sodium and potassium and their influence on energy metabolism. **(Die Wechselwirk ungen zwischen dem Na- und K-Gehalt der Nahrung und dessen Einfluß auf den Ener-**

giestoffwechsel.) Amer. J. Physiol. **203** (1962) Nr. 6. S. 1081–1085. — 3 Tab., 20 Lit.
Die Beeinflussung des Energiestoffwechsels von Ratten bei unterschiedlichem Na- (0,004 und 0,23%) und K-Gehalt (0,002, 0,02 und 0,44%) des Futters wurde untersucht. Der unterschiedliche Gehalt an beiden Elementen im Futter hatte deutliche Auswirkungen auf die Futteraufnahme, auf die Gewichtszunahmen und auf die Zusammensetzung des Körpers zur Folge. In jedem Falle war die Wirkung der verminderten K-Zufuhr größer, wenn die Na-Versorgung ausreichend war. Bei niedrigem Na- und K-Gehalt nahm die Futteraufnahme ab. Die Futterverwertung war bei Na- und K-Mangel herabgesetzt und der Gehalt an Körperfett reduziert. Der Gehalt an Na und K in den Geweben war bei Mangel an den Elementen im Futter vermindert. Ein K-Mangel verursachte eine relative Zunahme der Konzentration an Na; umgekehrt lagen die Verhältnisse ähnlich. Es ist so ersichtlich, daß der Körper bei Mangel an einem Alkaliion bestrebt ist, dieses durch vermehrte Aufnahme des anderen auszugleichen. Durch die unterschiedlichen Fütterungsverhältnisse war auch der Gehalt des Serums an Na und K beeinflußt. Bei Mangel an Na war der Grundumsatz etwas vermindert, während bei K-Mangel kein deutlicher Effekt auftrat. E. Kolb. 8122.

Gamble jun., James L.; Balitmore, Md., Johns Hopkins Univ., School of Med., Dep. of Physiol and Pediatrics. Retention of sodium and chloride by mitochondria. **(Retention von Natrium und Chlorid durch die Mitochondrien.)** Biochim. biophysica Acta [Amsterdam] **66** (1963) Nr. 1. S. 158–163. — 5 Abb., 7 Lit. 8122.

Hill, R.; Reading, Univ., Dep. of Physiol. Chem. The provision and metabolism of calcium and phosphorus in ruminants. **(Versorgung und Stoffwechsel von Calcium und Phosphor bei Wiederkäuern.)** Wld. Rev. Nutrit. Dietetics **3** (1962) S. 129–148. — 2 Abb., 2 Tab., 136 Lit.
Vf. bespricht zunächst den Einfluß von Düngung, Witterung und Reife auf den Ca- und P-Gehalt. — Die wahre Verdaulichkeit für Ca und P beträgt bei erwachsenen Rindern 33 bzw. 47%, bei Lämmern ca. 45 bzw. 80%. Im allgemeinen ist die Ca-Ausnutzung niedrig, bei Ca-Oxalat am tiefsten. Die von P ist höher, aber Null bei unlöslichen Phosphaten (Fe-Al-Phosphate, Meta- oder Pyrophosphate). — Der Anteil des endogenen Kot-Ca steigt bei Rindern mit zunehemendem Alter (3,3–5,4 g Ca auf 11,3 g). Die Höhe der Ca-Gabe hat darauf keinen Einfluß; so wurden bei täglichen Gaben von 17; 29 bzw. 120 g Ca 6,0, 7,2 bzw. 7,0 g endogenes Ca festgestellt. Der endogene P-Anteil beträgt 2,3–2,8 g P bei jungen und 13–14 g P bei älteren Rindern. Bei sehr geringer P-Gabe (12 g tägl.) wurden 10 g endogenes P gefunden. Der relative P-Anteil des gesamten Skeletts betrug bei P-Mangel 43,6, bei P-Überschuß 58,1. Der anorg. P-Spiegel im Blut (6–8 mg%) fällt bei Mangel (2–4 mg%). Bei Ca-Mangel ist der Einfluß auf den Ca-Blutspiegel geringer (8–10 mg%). Die Beziehung zwischen P-Gehalt bzw. Ca/P-Verhältnis in der Ration und Fruchtbarkeit scheint deutlich zu bestehen. Weiterhin werden Bedarfsbestimmung sowie Beeinflussung der Ca-Resorption besprochen.
B. Piatkowski. 8123.

Rook, J. A. und Storry, J. E.; Reading, Nat. Inst. for Res. in Dairying. Orally and parenterally administered magnesium in the control of hypomagnesaemia in grazing cows. **(Vergleich von oraler und parenteraler Mg-Verabreichung bei Hypomagnesämie der Kühe.)** Proc. Nutrit. Soc. **21** (1962) Nr. 2. S. XL–XLI. — 2 Tab.
Beide Behandlungsweisen hatten die gleiche Wirkung (50 g MgO oral tägl. bzw. eine einmalige Injektion von 80 ml einer 25%igen Lösung von $MgSO_4 \cdot 7\,H_2O$). Die Ausnutzung des oral verabreichten Mg lag zwischen 5–10%, Tiere mit einem starken Mg-Abfall zu Weidebeginn resorbieren jedoch sehr

wenig Mg aus der Oxydverbindung. Die Mg-Konzentration bei Weidebeginn lag zwischen 1,89 mg/100 ml und sank am 4.–5. Weidetag auf 1,41 mg; sie fiel z. T. auf 0,9–1,2 mg/100 ml. B. Piatkowski. 8123.

Simesen, M. G., Lunaas, T., Rogers, T. A. und Luick, J. R. The endogenous excretion of magnesium in cattle. **(Die endogene Mg-Ausscheidung beim Rind.)** Acta veterin. scand. **3** (1962) Nr. 2. S. 175–184. — 1 Abb., 4 Tab., 13 Lit. Zus. in Niederl. Dtsch.
Mit Hilfe von ^{28}Mg wurde die endogene Mg-Ausscheidung im Kote bei zwei 8 Wochen alten Jerseykälbern sowie zwei erwachsenen schwarzbunten Holstein Friesenkühen bestimmt. Bei den Kälbern betrugen die Durchschnittswerte 3,5 mg je kg Lgw. und bei den Kühen 1,5 mg je kg Lgw. Die mit Milch gefütterten Kälber resorbierten 52% des aufgenommenen Mg, während von den mit Luzerneheu und Getreide gefütterten Kühen nur 27% resorbiert wurden. H. Busse. 8123.

Sullivan, T. W. und Kingan, J. R.; Univ. of Nebraska, Dep. of Poultry Husbandry. Effect of dietary calcium level, calcium lac tate and ascorbic acid on the egg production of S. C. White Leghorn hens. **(Der Einfluß des Calciumgehaltes im Futter sowie von Calciumlaktat und Ascorbinsäure auf die Legeleistung bei einfachkämmigen Weißen Leghornhennen.)** Poultry Sci. **41** (1962) Nr. 5. S. 1596–1602. — 6 Tab., 14 Lit.
Aus den Versuchen mit Hennen in Legebatterien bei Einzelhaltung geht hervor, daß 2,8% Ca im Futter ausreichen, um die volle Legeleistung zu sichern (232 Eier = 72,3%). Größere Ca-Gaben erhöhten die Schalendicke und das spez. Gew. geringfügig, niedrigere beeinträchtigen die Legeleistung ebenso wie die anderen beiden Merkmale. Ascorbinsäure (25 mg/lb) wirkte uneinheitlich, d. h. im 1. Versuch förderte sie die Leistung (bei 1,8% Ca), im 2. bewirkte sie das Gegenteil; in jedem Falle verstärkte sie die Schalendicke und erhöhte das spez. Gewicht. Diese Zunahme war signifikant. Das Ca-Laktat (1%) blieb ohne Einfluß auf die Legeleistung; allein bei 2,8% Ca nahmen die Legeprozente von 70,9 auf 74,5% zu. Die Schalendicke ging bei diesem Zusatz etwas zurück, ebenso das spez. Gew. Im Aschengehalt (⌀ = 59,9%) fanden Vff. keine Unterschiede, nicht einmal bei den Hennen, die ein Jahr gelegt hatten. C. Engelmann. 8123.

Waldroup, P. W., Ammerman, C. B. und Harms, R. H.; Gainesville, Florida. Agric. Exp. Stat. Comparison of the requirements of battery andfloor grown chicks for calcium and phosphorus. **(Vergleich des Ca- und P-Bedarfs bei Küken in Batterie- und Bodenhaltung.)** Poultry Sci. **41** (1962) Nr. 5. S. 1433–1436. — 3 Tab., 10 Lit.
Es wurde überprüft, ob auch Küken bei verschiedener Haltung ungleichen Ca- und P-Bedarf haben wie Legehennen. 30 Gruppen zu je 5 Kükenhennen und -hähnen in Batteriehaltung (I) und 20 Gruppen zu je 50:50 bei Bodenhaltung (II) standen im Vergleich. Die Futtermischung (22% Protein, 1000 kcal Prod. Energie mit 0,60% Ca und 0,42% Gesamt-P) wurde durch Dicalciumphosphat und gemahlenen Kalkstein variiert: 0,59 und 0,72% P sowie 0,74, 0,88 und 1,10% Ca. Die Gruppen I und II unterschieden sich im Ca- und P-Bedarf nicht, bezogen auf das Wachstum und die Zusammensetzung der Knochenasche, wohl aber die Geschlechter. Mit 0,59% P wuchsen die Kükenhennen am besten, aber erst bei 0,72% P enthielt die Knochenasche die höchsten P-Werte (44%). Die Hähnchen brachten mit 0,72% P das höchste Lgw. und die höchsten Aschenwerte (45%); 0,60% Ca reichten im allgemeinen aus, doch wuchsen bei höheren Ca-Gaben die Hähnchen besser, wenn zugleich der P-Gehalt auf 0,72% gesteigert wurde. C. Engelmann. 8123.

Fournier, Paul Louis und Dupuis, Yvonne; Paris. Relations entre l'absorption et l'utilisation du calcium. **(Relation zwischen der Resorption und**

Verwertung von Calcium.) C. R. hebd. Séances Acad. Sci. **255** (1962) Nr. 14. S. 1649–1651.

Versuche an 72 Albinoratten ergaben, daß mit zunehmendem Ca-Gehalt in der Ration und mit steigender Lactose-Incorporierung eine vermehrte Ca-Resorption eintrat. Eine etwas verbesserte Ca-Verwertung konnte nur bei Zusätzen von Lactose beobachtet werden. H.-D. Bock. 8123.

Singsen, E. P., Spandorf, A. H., Matterson, L. D., Serafin, J. A. und Tlustohowicz, J. J.; Storrs, Conn., Agric. Exp. Stat., Poultry Sci. Dep. Phosphorus in the nutrition of the adult hen. 1. Minimum phosphorus requirements. **(Phosphor in der Ernährung der erwachsenen Henne. 1. Mitt. Das Minimum des Phosphorbedarfs.)** Poultry Sci. **41** (1962) Nr. 5. S. 1401 bis 1414. – 3 Abb., 10 Tab., 30 Lit.

Nach einem ausführlichen und kritischen Überblick über die Versuchsergebnisse seit **1933** über den P-Bedarf der Hennen schildern Vff. die eigenen mit erwachsenen Hennen a) auf Tiefstreu, b) auf Drahtboden, die 40 Wochen dauerten. Als Futter diente eine Mischung mit 0,20% Gesamt-P, von denen 0,10 aus Phytin-P bestanden. Durch Dicalciumphosphatzusatz wurde der P-Anteil bis auf 70% erhöht. Der Ca-Gehalt betrug einheitlich 2,25%. Der P-Bedarf der Hennen a) war weit geringer, da sie einen Teil des P über die Einstreu wieder zusichnahmen, in der sich durch den Kot P anreicherte. Die beste Legeleistung (79,5%) erreichten die Hühner in Gruppe a) bei 0,50% Gesamt-P, doch waren die Unterschiede zwischen Gaben von 0,40 und 0,60% P nicht groß. Stieg der P-Gehalt über 0,70% an, (= 0,65% verwertbar), ging die Legeleistung zurück. Die Hennen b) benötigten zwischen 0,40 und 0,60% P; sie erreichten bei letzterem Wert die höchste Legeleistung (81%). Nach der 16. Woche ließ bei ihnen die Legeleistung bei 0,20 und 0,40% P im Futter stark nach, d. h. um 41 und 18%. Die Schlupfergebnisse und die Körpermasse nahmen nur bei 0,20% P deutlich ab; bei 0,20 und 0,30% Gesamt-P hatten die Hennen niedrigere Werte an Knochenasche; die Schalendicke, das Eigewicht und das spez. Gew. änderten sich mit dem P-Gehalt im Futter nicht. C. Engelmann. 8124.

Kirchgessner, Manfred. **Wechselbeziehungen zwischen dem Gehalt an Zn und verschiedenen Mengen- und Spurenelementen in der Rinderleber.** Z Tierernähr. Futtermittelkunde **17** (1962) Nr. 5. S. 272–274.

In den Lebern von 30 Kühen, die aus verschiedenen Gründen im Verlauf einiger Jahre geschlachtet wurden, wurde der Gehalt P, Ca, Mg, Na, K, Cu, Mn, Zn und Co bestimmt und Wechselbeziehungen zwischen Zn und verschiedenen Mengenelementen (Ca, Mg, P) festgestellt. Der Tr.-Subst.-Gehalt der Lebern betrug im Mittel 28,34 ± 1,97%. In 100 g frischer Substanz wurde gefunden: P = 348 ± 18 mg, Na 68 ± 13 mg, K 292 ± 25 mg, Ca = 5,1 ± 17 mg, Mg = 17 ± 1, Cu 5,5 ± 3,5 mg, Mn 0,27 ± 0,04 mg, Zn = 3,7 ± 1,1 mg, Co 0,0048 ± 0,0011 mg. H. Steger. 8127.

Miller, J. K. und Miller, W. J.; Athens, Ga., Univ., Dairy Dep. Experimental zinc deficiency and recovery of calves. **(Experimentell erzeugter Zinkmangel und dessen Heilung bei Kälbern.)** J. Nutrit. [Philadelphia] **76** (1962) Nr. 4. S. 467–474. – 4 Abb., 2 Tab., 22 Lit.

In 2 Versuchen wurde der Einfluß von Zn-Mangelfutter auf Milchkälber untersucht. Die Tiere im 1. Versuch hatten 227 l Vollmilch bekommen, im 2. Versuch nur 145 l, wobei noch Vit. A und Vit. D zugesetzt wurden. Im 1. Versuch war die Mangelnahrung mit der 5. Lebenswoche, im 2. Versuch mit der 2. Lebenswoche gegeben worden. Im 1. Experiment traten genau beschriebene parakeratoseähnliche Symptome in der 11. Lebenswoche, im 2. Versuch in der 12. Lebenswoche auf. Mit Zn-reichem Futter ließen sich die Erkrankungen innerhalb 5 Wochen heilen. Der Gehalt an Zn im Blut wurde von den Tieren des 2. Versuches, der in Bauchspeicheldrüse, Leber, Schleimhäuten, Milz, Herz, Nieren, Magen, Huf, Knochen, Zähne und Faeces von den Tieren des 1. Versuches untersucht. I. Lohse. 8127.

Morgan, D. E., Clegg, A., Brooksbank, N. H. und McCrea, C. T. The effect of copper glycine injections on the live-weight gains of suckling beef calves. **(Die Wirkung von Kupfer-Glycin-Injektionen auf den Zuwachs von saugenden Mastkälbern.)** Animal Product. 4 (1962) Nr. 3. S. 303–307. -- 2 Tab., 7 Lit.
Ca. 1–4 Mon. alte Kälber wurden gemeinsam mit ihren Müttern (Hereford, Aberdeen-Angus) auf ertragreiche Hochlandweiden gebracht, deren Gras. Cu-arm ist. Die Kälber wurden erst kurz vor dem Abtrieb (Okt.) abgesetzt Eine einmalige s.c. Verabreichung von 120 mg Cu in Form von Cu-Glycin (Cu-Aminoacetat) zu Beginn der Weidezeit bewirkte während der Saug- und Weideperiode einen 10% höheren Zuwachs. Eine weitere Injektion 2 Mon. später erbrachte eine weitere, aber nicht signifikante Zuwachssteigerung. B. Piatkowski. 8127.

Ezekiel, E. und Morgan, E. H.; Nedlands, Univ. of Western Australia, Dep. of Physiol. Milk iron and its metabolism in the lactating rat. **(Eisen in der Milch und sein Stoffwechsel in der laktierenden Ratte.)** J. Physiol. [London] **165** (1963) Nr. 2. S. 336–347. — 4 Abb., 1 Tab., 48 Lit. 8127.

Wasserhaushalt

Anonym. Dietary water and protein efficiency in rats. **(Das der Nahrung zugesetzte Wasser und die Proteinwirksamkeit bei Ratten.)** Nutrit. Rev. **21** (1963) Nr. 1. S. 16–17. — 6 Lit.
Bericht über Versuche an Albinoratten zur Ermittlung der Proteinwirksamkeit (PER) von Nahrungsmitteln, denen verschiedene Mengen (20, 50 oder 80% der Tr.-Subst.) an Wasser zugesetzt wurden. Die Versuche ergaben, daß Zusatz von 20% Wasser zu synthetischen Diäten mit einem Rohproteingehalt von 6; 9 oder 12% höhere PER-Werte bewirkte als die Verabreichung der gleichen Diäten ohne Wasserzusatz. Diese Ergebnisse führen im Hinblick auf die bisherigen Untersuchungen zur Bestimmung der PER zu neuen Aspekten. H.-D. Bock. 8129.

Stoffwechsel der Vitamine und anderer Wirkstoffe

Moore, T.; Cambridge, Univ., Med. Res. Council. Vitamins in nutrition. **(Vitamine in der Ernährung.)** Proc. Roy. Soc. [London], Ser. B **156** (1962) Nr. 964. S. 316–326. — 1 Abb., 4 Tab., 18 Lit.
Vf. gibt einen allg. Überblick über die Bedeutung der Vit. in der menschlichen Ernährung. In tabell. Form sind Anzahl der wirksamen Formen der einzelnen Vit., ihre chem. Natur, Mangelkrankheiten und biochemische Funktionen bzw. Beziehungen zu Enzymsystemen zusammengefaßt. Ferner wird eine Übersicht über einige wichtige Vitamin-Mangelkrankheiten mit ihren Verbreitungsgebieten gegeben. H. Ackermann. 8150.

Murray, T. K.; Ottawa, Canada, Dep. of Nat. Health and Welfare, Food and Drug Lab. Utilization by the rat of large liver reserves or of a small daily intake of vitamin A. **(Ausnutzung von Vitamin A aus hohen Leberreserven oder von geringen täglichen Aufnahmen durch die Ratte.)** Canad. J. Biochem. Physiol. **40** (1962) Nr. 10. S. 1407–1413. — 1 Abb., 4 Tab., 14 Lit.
Durch die einmalige hohe Vit.-A-Dosis (300000 IE) zu Versuchsbeginn ist gegenüber einer laufenden Versorgung (500 IE/10 g Futter) während der

1. Woche eine Wachstumshemmung zu beobachten. Der weitere Wachstumsverlauf ist bei beiden Verabreichungen annähernd gleich. Die unterschiedliche Verabreichung des Vit. A hatte keinen Einfluß auf Wurfstärke, Geburtsgewicht und Gewichtsentwicklung der Nachzucht. Der Vit.-A-Gehalt der Leber ist durch die einmalige hohe Gabe bei den Muttertieren stark erhöht; die Neugeborenen dieser Tiere weisen ebenfalls einen erhöhten Leberwert auf.
H. Ackermann. 8152.

Anonym. Effect of vitamin A on vitamin D toxicity. **(Einfluß von Vitamin A auf die Toxizität des Vitamin D.)** Nutrit. Rev. **20** (1962) Nr. 10. S. 315–316.
Bei tägl. Verabreichung von 60000 IE Vit. D_2 ohne Vit. A kommen alle Tiere mit Beginn der 5. Versuchswoche ad Exitum. Durch zusätzliche Gaben von tägl. 30000 IE Vit. A wird die Überlebensrate — jedoch ohne Beeinflussung der Gewichtsentwicklung — erhöht. In einem 2. Versuch mit tägl. 18000 IE Vit. D_2 und 0; 300; 3000 bzw. 30000 IE Vit. A wird mit steigenden Vit.-A-Gaben der Zuwachs wesentlich erhöht. Die entsprechenden Gewichte zu Versuchsende sind 140, 170, 210 bzw. 240 g. Nur bei der höchsten Vit.-A-Dosis wurden keine pathologischen Veränderungen an Schädel und Tibia festgestellt. Für die Wirkung hoher Dosen Vit. A können 2 Möglichkeiten angenommen werden: 1. sie wirken dem osteolytischen Effekt des Vit. D_2 entgegen, 2. sie beschleunigen die Knochenreife und Neubildung.
H. Ackermann. 8152.

Kon, S. K.; Shinfield, Reading, Nat. Inst. for Res. in Dairying. Vitamins A and B_{12} and some comments on refection. **(Vitamin A und B_{12} und einige Bemerkungen zur Refektion.)** Proc. Roy. Soc. [London], Ser. B **156** (1962) Nr. 964. S. 351–365. — 4 Abb., 4 Tab., 78 Lit.
Im 1. Teil seiner Ausführungen berichtet Vf. über einige neuere Erkenntnisse der Verteilung der verschiedenen Vit.-A-Isomeren in den Augen einiger Crustaceen, in den Eiern verschiedener Tiere und in tierischen Geweben. Ferner wird eine Zusammenfassung über die Chemie und die biochemische Wirkung des Vit. B_{12} und seiner Derivate gegeben. Zum Schluß weist Vf. auf die Bedeutung der 'Refection' für Versuche über Vit. B_1 hin.
H. Ackermann. 8152.

Anonym. Vitamin E and the etiology of muscular dystrophy in the rabbit. **(Vitamin E und die Ätiologie der Muskeldystrophie beim Kaninchen.)** Nutrit. Rev. **21** (1963) Nr. 1. S. 23–24. — 5 Lit.
Vit.-E-Mangel führt von allen Tierarten beim Kaninchen nach kürzester Zeit zu einer Muskeldystrophie. Dabei kommt es in der Leber und der Skelettmuskulatur zu einer Erhöhung der Aktivität der Fermente Arylsulphatase, β-Glucuronidase, β-Galactosidase (61fach), Kathepsin (15fach) und Ribonuclease (11fach). Parallel dazu erfolgt eine erhöhte Ausscheidung von Kreatin, Kreatinin, Allantoin und Aminosäuren im Harn. Diese Veränderungen des Eiweißstoffwechsels treten zu gleicher Zeit auf wie die histopathologischen Veränderungen des Muskelgewebes. Daher scheint die hydrolytische Aktivität dieser lysosomalen Enzyme die Gewebsläsionen hervorzurufen.
E. Grün. 8158.

Davey, R. J. und Stevenson, J. W.; Beltsville, Md., U.S. Dep. of Agric., A.R.S., Animal Husbandry Res. Div. Pantothenic acid requirement of swine for reproduction. **(Pantothensäurebedarf von Schweinen für die Reproduktion.)** J. Animal Sci. **22** (1963) Nr. 1. S. 9–13. — 6 Tab. 8156.

Slavík, Karel; Prague, Charles Univ., Lab. of Protein Metabolism. The metabolism and coenzyme forms of folic acid. **(Der Stoffwechsel und die Coenzym-Formen der Folsäure.)** Wld. Rev. Nutrit. Dietetics **3** (1962) S. 83–101. — 7 Abb., 1 Tab., 128 Lit.

Im 1. Teil der Übersicht werden die coenzymatisch aktiven Derivate der Folsäure und ihre natürlich vorkommenden Formen diskutiert. Sie spielen eine Rolle bei Formylierungen (Biosynthese der Purine, Formylierung von Glutamat), bei Hydroxymethylierungen (Biosynthese von Thymin, Methionin und Cholin), bei der Hydroxylierung von Phenylalanin zu Tyrosin und bei der Pyruvatsynthese durch E. coli. — Im 2. Teil werden die Enzymsysteme beschrieben, die die Folsäure in die aktiven Formen, vor allem die Derivate der Tetrahydrofolsäure, umwandeln. Hierher gehören auch die Enzyme, die in vivo die Umwandlung der aktiven Isomere ineinander ermöglichen. Abschließend wird auf den enzymatischen Abbau der Folsäure zu einfacheren Pteridinen eingegangen. W. Goldbach. 8158.

Highley, Derek R. und Ellenbogen, Leon; Pearl River, N. Y., Amer. Cyanamid Co., Biochem. Res. Dep., Biochem. Res. Sect., Lederle Lab. Studies on the mechanism of vitamin B_{12} absorption: in vivo transfer of vitamin B_{12} to intrinsic factor. **(Untersuchungen über den Mechanismus der Vitamin-B_{12}-Resorption: in vivo-Übertragung von Vitamin B_{12} auf den Intrinsic-Faktor.)** Arch. Biochem. Biophysics **99** (1962) Nr. 1. S. 126–131. — 5 Tab., 23 Lit.
Vff. erbringen den Beweis, daß eine Bindung von Vit. B_{12} an den Intrinsic-Faktor (IF) vor der oralen Verabreichung für die intestinale Resorption des Vit. B_{12} nicht erforderlich ist. In einer Mischung von IF und physiologisch inaktivem Bindungsprotein (NIF) wird Vit. B_{12} nicht bevorzugt an ersteres gebunden. Die Bindung des Vit. B_{12} an IF erfolgt während des Durchgangs durch den Magendarmkanal. In vitro-Versuche zeigen, daß an IF oder NIF gebundenes Vit. B_{12} weder durch Säure (pH 1,8), noch durch Enzymbehandlung mit Pepsin, Trypsin-Chymotrypsin oder Pankreatin dialysierbar wird. Über die mögliche Existenz eines „Vit.-B_{12}-Übertragungs-Faktors" wird diskutiert. J. Wünsche. 8158.

Theurer, Brent, Woods, Walter und Burroughs, Wise; Ames, Iowa Agric. and Home Econ. Exp. Stat. Influence of enzyme supplements in lamb fattening rations. **(Einfluß von Enzym-Zusätzen zu Mastrationen für Lämmer.)** J. Animal Sci. **22** (1963) Nr. 1. S. 150–154. — 3 Tab. 8170.

Sprague, J. I., Ullrey, D. E., Waddill, D. G., Miller, E. R., Zutaut, C. L. und Hoefer, J. A.; East Lansing, Michigan State Univ. Intestinal lactase alkaline and acid phosphatase in the swine fetus and newborn pig. **(Intestinale Lactase sowie alkalische und saure Phosphatase im Fetus und neugeborenen Schwein.)** J. Animal Sci. **22** (1963) Nr. 1. S. 121–124. — 4 Tab. 8170.

Theurer, Brent, Woods, Walter und Burroughs, Wise; Ames, Iowa Agric. and Home Econ. Exp. Stat. In vitro studies on the proteolytic activity of enzyme preparations. **(In vitro-Untersuchungen der proteolytischen Aktivität von Enzym-Präparaten.)** J. Animal Sci. **22** (1963) Nr. 1. S. 146–149. — 3 Tab. 8170.

Mixner, J. P., Kramer, D. H. und Szabo, K. T.; Seisser, N. J., Agric. Exp. Stat., Dep. of Dairy Sci. Effects of breed, stage of lactation, and season of year on thyroid secretion rate of dairy cows as determined by the chemical thyroxine turnover method. **(Einfluß der Zucht, des Laktationsstadiums und der Jahreszeit auf die Sekretionsrate der Thyreoidea von Milchkühen, bestimmt nach der chemischen Thyroxin-Turnover-Methode.)** J. Dairy Sci. **45** (1962) Nr. 8. S. 999–1002. — 3 Tab., 14 Lit.
Die Bestimmung der Sekretionsrate erfolgte nach Post und Mixner (vgl. LZ. Abt. III 8 [1963] Nr. 2. S. 231.). Die tägl. Sekretionsrate für Holstein-

bzw. Guernsey-Kühe betrug 0,127 bzw. 0,156 mg (⌀ 0,142 mg) Thyroxin je 100 lb. Lgw. Hinsichtlich des Laktationsstadiums wurde die größte Menge zu Laktationsbeginn (0,155 mg) und die niedrigste im 9. Laktationsmonat (0,132 mg) ermittelt. Eine gegenläufige Bewegung zeigte das proteingebundene J (Laktationsbeginn 2,72 mg%, 6. Laktationsmonat 3,58 mg%). Den stärksten Einfluß übte die Jahreszeit aus (Frühjahr 0,165 mg, Herbst 0,129 mg Thyroxin tägl.). B. Piatkowski. 8175.

Heyndrickx, G. V. Investigations on the hormones in udder lymph and plasma from cattle. **(Untersuchungen über die Hormone in der Euterlymphe und im Plasma des Rindes.)** Quart. J. exp. Physiol. cognate med. Sci. **47** (1962) Nr. 4. S. 302–304. — 1 Tab., 22 Lit.
Hydrocortison, Corticosteron, proteingebundenes sowie anorg. J wurden in der Euterlymphe und im Plasma des Eutervenenblutes bestimmt. Der Gehalt an Hydrocortison ist in der Lymphe sowohl im absoluten Maße als auch prozentual zum Gesamtsteroidgehalt geringer als im Plasma, während Corticosteron praktisch in gleicher Konzentration in beiden Körperflüssigkeiten enthalten ist. Gleichfalls ist der Gehalt an proteingebundenem J sowohl als absoluter Wert als auch im prozentualen Anteil an der Gesamtjodmenge in der Lymphe geringer als im Plasma, obwohl mehr J pro g Protein in der Lymphe gebunden ist. Fernerhin besteht eine positive Korrelation zwischen dem Hydrocortison- und proteingebundenen J-Gehalt der Euterlymphe. E. Grün. 8175.

Gal, E. M. und Drewes, P. A.; Los Angeles, Univ. of California, Med. School, Dep. of Pharmacol. Studies on the metabolism of 5-hydroxytryptamine (serotonin). I. Effect of starvation and thiamine deficiency. **(Untersuchungen über den Stoffwechsel von 5-Hydroxytryptamin [Serotonin]. 1. Mitt. Einfluß von Hungern und Thiaminmangel.)** Proc. Soc. exp. Biol. Med. **106** (1961) Nr. 2. S. 295–297. — 2 Tab., 17 Lit.
♀ *Sprague-Dawley*-Ratten werden 4½ Wochen im Gegensatz zu Kontrolltieren mit einer Thiaminmangelkost gefüttert. Eine 3. Gruppe erhält 3 Tage nur jeweils 2 g eines Standardfutters und dann 4 Tage lang lediglich noch 1 ml einer adäquaten Vitaminlösung. Am Versuchsende ist der Serotoningehalt von Blut und Dünndarmwand der B_1-Mangeltiere erniedrigt, während er in der Milz ebenso wie nach Futterentzug erhöht ist. Die Monoaminooxydase-Aktivität der Mitochondrien erfährt sowohl durch B_1-Mangel als auch durch Hungern in Gehirn und Dünndarmwand eine Steigerung. In Leber, Milz und Nieren hingegen wird eine signifikante Änderung nicht beobachtet. B. Gaßmann. 8175.

Karg, H. **Tierarzt und Lebensmittelgesetz: Zur Frage der Östrogenanwendung in der Jungbullenmast.** Berliner Münchener tierärztl. Wschr. **75** (1962) Nr. 7. S. 124–126.
Die Anwendung von Oestrogenpräparaten zum Zwecke der Mast ist seit 1959 in Westdeutschland gesetztlich verboten. Davon bleibt die therapeutische Anwendung unberührt. Während bei erwachsenen Rindern mit hochdosierten Oestrogenen eine Mastverbesserung möglich ist, trifft dies bei wachsenden Tieren (Jungbullen) nicht zu. Nach bisherigen Untersuchungen zeigen gerade Tiere mit besonders vitalen, natürlichen Temperamentsäußerungen bessere Futterverwertung und Gewichtszunahme. E. Krause. 8175.

François, A. C.; Jouy-en-Josas, Semie-et-Oise, France, Centre Nat. de Rech. Zootechn. Mode of action of antibiotics on growth. **(Die Wirkungsweise der Antibiotica auf das Wachstum.)** Wld. Rev. Nutrit. Dietetics **3** (1962) S. 21–64. — 3 Abb., 17 Tab., 354 Lit.
Nach Besprechung der Untersuchungen über die Wirkungen der Antibiotica auf den Stoffwechsel des Makroorganismus, die Verdauung, die Intestinalflora,

den bakteriellen Stoffwechsel, auf Gewebe und endokrine Drüsen wird zusammenfassend die Wirkung auf das Wachstum höherer Tiere diskutiert. Nach den heutigen Kenntnissen beruht die wachstumsfördernde Wirkung auf einem komplexen Geschehen. So können wachstumshemmende Faktoren unterdrückt werden, die entweder aus dem Stoffwechsel des Makroorganismus selbst stammen oder aus dem der Mikroorganismen, insgesondere der Darmflora. Zu letzteren gehören z. B. die bakteriellen Abbauprodukte der Aminosäuren. Über weitere Veränderungen des bakteriellen Stoffwechsels vermögen die Antibiotica auf die N-Retention, Energiebilanz und Fettsynthese des Wirtsorganismus einzuwirken. Sie bewirken ferner einen Spareffekt an einigen Nahrungsfaktoren und die Stimulation des Stoffwechsels einiger endokriner Drüsen und der Enzymaktivität einiger Gewebe. W. Goldbach. 8185.

E. VERWERTUNG DER NÄHRSTOFFE UND FUTTERMITTEL

McCance, R. A. und Widdowson, Elsie M.; Cambridge, Univ., Med. Res. Council, Dep. of Exp. Med. Nutrition and growth. **(Ernährung und Wachstum.)** Proc. Roy. Soc. [London], Ser. B **156** (1962) Nr. 964. S. 326–337. – 5 Abb., 72 Lit.

Vff. untersuchten den Einfluß unterschiedlicher Ernährungsniveaus auf Wachstum und Entwicklung von Ratten, Ferkeln und Hähnchen. Dabei zeigte sich, daß der Nahrungsbedarf mit den jeweiligen Außentemperaturen und der Aktivität des Tieres variierte. Während bei Ratten und Hähnchen eine längere Unterernährung die Altersentwicklung in jedem Organ verschiebt, bei Ratten eine längere Unterernährung nach dem Entwöhnen sogar ein dauerndes, hormonell bedingtes Kümmern verursacht, treten bei Kälbern (Literaturzitat) und Ferkeln derartige negative Wirkungen nicht auf, sondern diese Tierarten zeigten nach der Rehabilitation ein gewisses Wachstum. Die Ergebnisse dieser Untersuchungen sollen zu Rückschlüssen auf die Verhältnisse bei unterernährten Kindern und Jugendlichen dienen.
H.-D. Bock. 8205.

Mašek, Josef; Prague, Inst. of Human Nutrit. Recommended nutrient allowances. **(Empfohlene Nährstoffnormen.)** Wld. Rev. Nutrit. Dietetics **3** (1962) S. 149–193. – 17 Abb., 20 Tab., 433 Lit.

In einer Übersichtsarbeit bespricht Vf. an Hand umfangreicher Literaturquellen den Protein- und Vit.-A-Bedarf des Menschen und die empfohlenen Vit.-C-Normen. Im einzelnen werden folgende Probleme behandelt: Protein-Stoffwechsel, Protein-Verzehr, Protein-„Sättigung“, Bestimmung des Proteinbedarfs, Aminosäuren-Imbalance, Proteine und weitere Funktionen der Organismen, Protein-Normen, Vit.-A-Stoffwechsel, Funktionen und Zerstörung des Vit. A, Vit.-A-Quellen, empfohlene Vit.-A-Normen, erhöhter Vit.-A-Bedarf; Wirkung von Vit. C, optimale Norm, Bestimmung der Vit.-C-Normen für verschiedene Bevölkerungsgruppen und Schlußfolgerungen über zu empfehlende Vit.-C-Normen. J. Wünsche. 8205.

Hawkins, George E.; Auburn, Ala., Univ. Sources of error in energy utilization studies with lactating dairy cattle. **(Fehlerquellen bei Studien der Energieausnutzung durch laktierendes Milchvieh.)** J. Dairy Sci. **45** (1962) Nr. 12. S. 1533–1536. – 1 Abb., 3 Tab., 10 Lit.

Es wird über Versuche berichtet, die den Einfluß des Heu: Konzentrat-Verhältnisses der Ration, der Methode der Energiemessung in der Milch und der Abschätzung des Energieverbrauchs bzw. -gewinns für Körpergewichtsänderungen auf den Variationskoeffizienten der produktiven Energie prüften. Zur Verminderung der Fehler bei der Messung des Energieumsatzes bei laktierendem Milchvieh wird vorgeschlagen, die Milchenergie mittels Bombenkalorimeter zu bestimmen, die Gewichtsänderungen auf Grund der linearen

Regression der tägl. Gewichtskontrollen zu berechnen und den Kraftfutteranteil der Ration als Covariable der produktiven Energie in die statistische Analyse aufzunehmen. W. Jentsch. 8230.

Touchburn, S. P. und Naber, C. E. Wooster, O., Agric. Exp. Stat. Dep. of Poultry Sci. Effect of nutrient density and protein-energy interrelationships on reproductive performance of the hen. **(Der Einfluß der Nährstoffkonzentration [„Nährstoffdichte"] und der Beziehungen zwischen Protein und Energie auf die Leistungen der Henne.)** Poultry Sci. **41** (1962) Nr. 5. S. 1481–1488. — 1 Abb., 3 Tab., 22 Lit.

Unter Standardbedingungen herangewachsene Hennen wurden 3 Jahre lang im Nov. des jeweils 1. Lebensjahres zu je 50 auf 15 Gruppen aufgeteilt und mit 5 von insges. 8 Futtermischungen mit 12, 14, 15, 18 und 20% Rohprotein und 720–1200 kcal prod. Energie (PE) gefüttert. Das Grundfutter hatte 16% Rohprotein (R.), 960 kcal PE, 1,6% Ca, 0,8% P und 0,5% NaCl. Bei gleichem Kalorien-Eiweißverhältnis (PE : R. = 60) war die insges. mäßige Legeleistung (59,4% im 1. Jahr) bei 16 und 18% Protein am besten (64,0 und 63,0%). Jede Veränderung der Nährstoffkonzentration (Vff.: „Nährstoffdichte") nach oben oder unten verringerte die Legeleistung, doch nahm die Eigröße mit steigender Nährstoffdichte zu. Bei besserem Legedurchschnitt im 2. Versuchsjahr (67,4%) fiel die Gruppe mit 16% R. deutlich ab, wenn PE: R. = 80 war (64%), nicht aber bei PE:R. = 60 (67,4%). Bei 16% R. verschwand der Einfluß des PE:R.-Verhältnisses. Alle Gruppenunterschiede waren hier geringer. Bei einer durchschnittlichen Legeleistung von 69,3% im 3. Versuchsjahr brachte die Gruppe mit 12% R. und PE:R. = 80 am wenigsten Eier (62,4%) ebenfalls unter dem Durchschnitt blieb die Gruppe mit 20% Proteine und PE:R. = 60; bei dieser energiereichsten Ration (1200 kcal) nahmen die Hennen stark an Gewicht zu. Am besten schnitt auch hier die Gruppe mit 16% R. ab, wobei es gleich war, mit welcher Futtermittelkombination (Mais-Sojaextraktionsschrot-Haferspelzen und Fett oder nur Mais und Sojaextraktionsschrot) das gleiche PE:R.-Verhältnis zustande kam. Die Futterverwertung verbesserte sich mit zunehmender Nährstoffkonzentration — oder abnehmendem Rohfasergehalt. C. Engelmann. 8240.

Schiemann, R.; Rostock, Oskar-Kellner-Inst. für Tierernähr. der Dtsch. Akad. der Landwirtsch.-Wiss. zu Berlin. **Die energetische Verwertung des Proteins.** S.-B. dtsch. Akad. Landwirtsch.-Wiss. Berlin **12** (1963) Nr. 3. S. 39–58. — 1 Abb., 5 Tab., 13 Lit. nach Zus.

Es werden die Ergebnisse der Gesamtstoffwechselversuche zur Bestimmung des Fettproduktionsvermögens ausgewachsener Tiere bei Proteinzulagen sowie die analogen Versuche mit Zulage verschiedener Kraftfutterstoffe besprochen und herausgestellt, daß von den 3 Hauptnährstoffen (Protein, Kohlenhydrate, Fette) Protein energetisch am schlechtesten bei der Fettbildung verwertet wird. Auf Grund vergleichender Zusammenstellungen der Nettoenergiewerte von Futterstoffen mit unterschiedlichem Proteingehalt sowie der entspr. GE wird gezeigt, daß die GE sowohl als Maßstab zur Kennzeichnung der energetischen Leistung als auch als Naturalmaßstab für die Erfassung der ernährungswirtschaftlichen Leistung von Betrieben abgelehnt werden muß. 8265.

Davidson, J., Mathieson, J. und Williams, R. B.; Bucksburn, Aberdeen, Rowett Res. Inst. The relative values of cereal proteins for chick growth. **(Die relativen Werte von Getreideproteinen für das Kükenwachstum.)** Brit. J. Nutrit. **16** (1962) Nr. 4. S. 551–557. — 5 Tab., 16 Lit.

An Gruppen mit je 12 individuell gehaltenen Küken wurden im Alter von 1–4 Wochen Getreiderationen ad libitum gefüttert. Die Bestimmung des relativen Nährwertes von Weizen-, Hafer-, Gersten- und Maisprotein erfolgte mittels einer Körper-N-Analysen-Technik. Alle Rationen waren auf einen Gehalt von 11% Rohprotein (7% aus dem zu testenden Getreideprotein, 4% aus Weizenkleber) eingestellt. Die Proteinwerte lagen in der Reihenfolge Hafer > Gerste > Mais oder Weizen. Sie entsprachen dem Aminosäuregehalt dieser Getreidearten und dem Aminosäurebedarf der Küken. Regressionsgleichungen zwischen Proteinzuwachs und Lebendgewichtszunahmen zeigten, daß beim wachsenden Küken eine verhältnismäßig konstante Proteinablagerung unabhängig vom Zuwachs erfolgt. J. Wünsche. 8265.

Snetsinger, D. C., Waibel, P. E. und Fitzsimmons, R. C.; St. Paul, Univ. of Minnesota, Dep. of Poultry Husbandry. Studies with crystalline amino acid diets for the turkey poult. **(Studien mit kristalline Aminosäuren enthaltenden Futtermischungen für Puten.)** Poultry Sci. **41** (1962) Nr. 5. S. 1428–1433. — 4 Tab., 9 Lit.

Eine Mischung von reinen Aminosäuren, die in der Zusammensetzung dem Eiprotein (Eiweiß) entsprach, erwies sich als ausreichend für das Wachstum von Puten. Es ergaben sich bei Verfütterung der einzelnen Aminosäurenmischungen, die im Futter auf einen Rohproteingehalt von 25% Eiprotein abgestimmt wurden, tägl. Gewichtszunahmen je Tier von 5,1–9,3 g, während die Kontrollgruppe bei einem im überwiegenden Anteil aus Sojaprotein bestehendem Mischfutter 6,8 – 12,4 g tägl. Gewichtszunahme je Tier aufwies. In der Höhe der Tierverluste zeigten sich keine Unterschiede. Bei Austausch der DL-Isomeren von Tryptophan, Valin, Isoleucin, Phenylalanin und Threonin gegen die L-Isomeren verminderte sich das Wachstum, wenn die L-Isomeren in doppelter Menge verabreicht wurden. G. Göbel. 8265.

Adkins, J. S., Sunde, M. L. und Harper, A. E.; Madison, Univ. of Wisconsin, Dep. of Poultry Husbandry and Biochem. The development of a free amino acid diet for the gronwig chick. **(Die Eignung einer aus freien Aminosäuren bestehenden Diät für wachsende Küken.)** Poultry Sci. **41** (1962) Nr. 5. S. 1382–1388. — 1 Abb., 6 Tab., 30 Lit.

In Versuchen an Küken wurde geprüft, wie sich Futtermischungen, deren Eiweißanteil bei einem Rohproteingehalt von 20% aus reinen essentiellen Aminosäuren besteht, auf die produktive Leistung auswirken. Wenn eine Futtergabe ad libitum erfolgte, wurde mit diesen Futtermischungen, die die Aminosäuren in einem für das Wachstum nahezu optimalen Verhältnis enthielten, in den ersten 4 Lebenswochen ein ⌀ Zuwachs von ca. 7–12 g erzielt. Der Zuwachs zeigte eine starke Abhängigkeit von der Rassenzugehörigkeit und der Art der Haltung. Das Ergebnis von Fox et al., wonach mit Vollendung der 2. Lebenswoche das Wachstum der Küken, die reine Aminosäuren verabreicht bekamen, gegenüber bei Verfütterung von natürlichen Proteinarten absinkt, konnte bestätigt werden. G. Göbel. 8265.

Anonym. Methionine deficiency and energy utilization in chicks. **(Methioninmangel und Energieverwertung bei Küken.)** Nutrit. Rev. **20** (1962) Nr. 4. S. 122–124.

Es handelt sich um eine Beschreibung der Versuche von Carew jun. und Hill (vgl. J. Nutrit. [Philadelphia] **74** [1961] Nr. 2. S. 185.), an methioninarm ernährten Küken zu klären, auf welche Weise schlechtere Futterverwertung bei größerem Futterverzehr zustande kommt. Je 4 Kükengruppen mit voll ausreichender (I) und mangelhafter (II) Methioninversorgung wurden vom 14.–28. Lebenstag verglichen, wobei die Hälfte der Tiere ad libitum fressen konnte (a) bzw. 60% der von Gruppe a verzehrten Menge (b). Gesamtkörperanalysen beendeten die Versuche. Der Methioninmangel machte sich nur bei den Gruppen II b im Gewicht bemerkbar, nicht bei II a. Beide Gruppen II nahmen mehr Futter zu sich als I. Der Methioninbedarf für optimales Wachstum lag demnach niedriger als der für optimale Futterverwertung. Die Küken

II lagerten mehr Fett ab und damit höhere Energiemengen, die sie dabei ebenso wie die Küken der Gruppe I verwerteten. Die Mehraufnahme an verwertbarer Energie führte bei ihnen wegen der andersartigen Zusammensetzung des Körpergewebes (mehr Fett, weniger Eiweiß) nicht zu einer Gewichtszunahme. C. Engelmann. 8265.

F. ERNÄHRUNGSSTÖRUNGEN UND MANGELKRANKHEITEN

Čabak, Vera, Gresham, G. A. und McCance, R. A.; Cambridge, Univ., Med. Res. Council, Dep. of Exp. Med. Severe undernutrition in growing and adult animals. 10. The skin and hair of pigs. **(Schwere Unterernährung bei wachsenden und erwachsenen Tieren. 10. Mitt. Haut und Haar bei Schweinen.)** Brit. J. Nutrit. **16** (1962) Nr. 4. S. 635–640. — 1 Abb., 3 Tab., 26 Lit. 9. Mitt. vgl. LZ. Abt. III **8** (1963) Nr. 5. S. 1049.

Mit zunehmendem Alter (1–60 Mon.) und Gewicht (6,4–250 kg) geht bei Schweinen die Zahl der Haare/cm² zurück (von 119 auf 6,1), während deren Gewicht /cm² (von 0,05 auf 5,38 mg) und Länge (von 11,5 auf 66,9 mm) sowie das Verhältnis Gewicht · 1000/Länge (von 4,4 auf 80,4) ansteigen. Bei Unterernährung (9–12 Mon., 5,2 kg Lgw.) bleibt das Haarkleid sehr dicht (128/cm³), und die Haare nehmen nur langsam an Länge (21,4 mm) und Dicke (0,14 mg/cm³) zu. Rehabilitierung (36 Mon., 190 kg Lgw.) normalisiert das Haarkleid (14,5 Haare/cm²), wenn auch die Haare etwas dünner bleiben (2,49 mg/cm²). Die Dichte des Haarkleides sowie die Zahl und die Dimension der apocrinen Drüsen unterscheiden sich bei unterernährten Tieren und entspr. gesunden Gewichtskontrollen nicht. Bei normalem Wachstum und Rehabilitierung steigt die Oberfläche um mehr als das Zehnfache an. Dadurch verringert sich in etwa demselben Verhältnis die Zahl der Haare und der apocrinen Drüsen/cm². B. Gaßmann. 8320.

Godwin, K. O.; Adelaide, Univ., Div. of Biochem. and Gen. Nutrit. Skin, hair and nail in protein malnutrition. **(Haut, Haare und Nägel bei Eiweißunterernährung.)** Wld. Rev. Nutrit. Dietetics **3** (1962) S. 103–128. — 5 Abb., 5 Tab., 133 Lit.

In einer Übersicht wird die Bedeutung des Eiweißes für das Wachstum und die Funktion der Haut und ihrer Anhangsgebilde diskutiert und auf die Untersuchungsmethodik eingegangen. Es wird über den Einfluß von Eiweißmangel auf den Zustand von Haut, Haaren und Nägel und auf die Heilung von Wunden berichtet. Veränderungen der Haut bei allgemeiner Unterernährung sind nicht nur auf Eiweißmangel, sondern auch auf das Fehlen von Vitaminen zurückzuführen. Klinisch zu unterscheiden ist, ob ein Erwachsener kurzfristig unter Eiweißmangel leidet oder chronisch von Kindheit an. Kinder reagieren anders als Erwachsene. Bei Eiweißmangel heilen Wunden schwer. Von Bedeutung für den Heilungsprozeß sind schwefelhaltige Aminosäuren. Untersuchungen über die Abhängigkeit des Haarwuchses von der Ernährung sind für die Schafzucht von besonderer Bedeutung. Die Beziehungen zwischen hormonalen Faktoren und Eiweißstoffwechsel sind ein aussichtsreiches Gebiet der Ernährungsforschung. W. Goldbach. 8320.

Anonym. Bones in undernourished animals. **(Knochen bei unterernährten Tieren.)** Nutrit. Rev. **21** (1963) Nr. 1. S. 21–23. — 4 Lit.

Zusammenfassender Überblick über anormale Zusammensetzung und histologische Struktur von Knochen unterernährter Ferkel und Hähnchen. Obwohl keine Lebendmasse-Zunahmen der Versuchstiere als Folge der Unterernährung eintraten, konnte ein — wenn auch verzögertes — Skelett-Wachstum festgestellt werden. Normalerweise nimmt die sog. Brechkraft der Knochen (notwendiger Druck zum Zerbrechen der Cortex in der Mitte des Röhrenknochens) mit dem Alter zu. Bei unterernährten Ferkeln ist das nicht der

Fall. Zur weiteren Klärung der Probleme des Skelett-Wachstums unterernährter Jungtiere bedarf es der Zusammenarbeit von Ernährungswissenschaft und Endokrinologie. H.-D. Bock. 8320.

Horn jun., H. H. van, Kassir, S. M., Jacobson, N. L., Shellenberger, P. R., Hotchkiss, D. K. und Allen, R. S.; Ames, Iowa State Univ. Relative effectiveness of various anti-foaming agents for pasture bloat therapy. **(Die relative Wirksamkeit von verschiedenen Antiblähsubstanzen für die Therapie der Blähsucht.)** J. Animal Sci. **22** (1963) Nr. 1. S. 86–92. — 6 Abb., 2 Tab. 8330.

H. FÜTTERUNG DER LANDWIRTSCHAFTLICHEN NUTZTIERE

Sibbald, I. R. und Slinger, S. J.; Guelph, Ontario, Canada, Ontario Agric. Coll., Dep. of Nutrit. and Poultry Sci. The metabolizable energy of materials fed to growing chicks. **(Die umsetzbare Energie von an wachsende Küken gefütterten Materialien.)** Poultry Sci. **41** (1962) Nr. 5. S. 1612–1613. — 1 Tab., 5 Lit.

Obwohl für die Berechnung der Geflügelfuttermischungen die Gehaltswerte an produktiver Energie allgemein herangezogen werden, erscheint den Versuchsanstellern der jeweilige Gehalt an umsetzbarer Energie ebenfalls als eine recht geeignete Wertgröße für die Beurteilung des Energiegehaltes, der für die Zusammenstellung von Futtermischungen zu berücksichtigen ist. Für ca. 50 Futtermittel wird in Form einer tabellarischen Übersicht der ermittelte Wert für die umsetzbare Energie angegeben, wobei jeweils ein Tr.-Subst.-Gehalt von 90% zugrunde gelegt wird. Es wird darauf hingewiesen, daß die Gehaltswerte der umsetzbaren Energie, die von verschiedenen Versuchsanstellern ermittelt wurden, in der Regel voneinander abweichen. G. Göbel. 8440.

Nehring, K.; Rostock, Oskar-Kellner-Inst. für Tierernähr. der Dtsch. Akad. der Landwirtsch.-Wiss. zu Berlin. **Probleme der Eiweißernährung und der Eiweißversorgung der landwirtschaftlichen Nutztiere.** S.-B. dtsch. Akad. Landwirtsch.-Wiss. Berlin **12** (1963) Nr. 3. S. 5–37. — 3 Abb., 19 Tab. nach Zus.

Die Sicherung der Eiweißversorgung für unsere landwirtsch. Nutztiere ist ein zentrales Problem für den Erfolg unserer Tierhaltung, da in den meisten Ländern der Bedarf bes. an hochwertigen Eiweißfutterstoffen nur in ungenügendem Maße gedeckt ist. Auf dem Gebiet der Rinderhaltung wurden folgende Schwerpunkte herausgestellt: Erhöhung der Menge des in den Betrieben produzierten Futters, Verbesserung des Eiweißgehaltes in den Futterpflanzen, Verminderung der Konservierungsverluste, Erfassung zusätzlicher Eiweißfutterquellen, Einsatz von NPN-Verbindungen, sachgemäße Verwendung des vorhandenen Futters. Auf dem Gebiet der Schweine- und Geflügelhaltung wurden folgende Maßnahmen vorgeschlagen: Erhöhung des Anfalles an hochwertigen tierischen Abfalleiweißfutterstoffen (Fischmehl, Tierkörper- und Blutmehl); verstärkter Einsatz von Futterhefe; verstärkter Einsatz von Trockenmilchprodukten; Verbesserung des Futterwertes durch bestimmte Vorbehandlung (z. B. Dampferhitzen des Sojaextraktionsschrotes); Herstellung von biol. hochwertigen Eiweißfuttergemischen unter Ausnutzung der Ergänzungswirkung; Erhöhung der biol. Wertigkeit durch Zusatz von synthetisch hergestellten Aminosäuren; Erhöhung des Proteingehaltes in den Futterstoffen durch agrotechnische Maßnahmen (Düngung, Schnittzeit, Werbeverfahren); Verbesserung der Eiweißversorgung über den Weg der Pflanzenzüchtung; Nutzung von zusätzlichen Eiweißquellen (Kartoffeleiweiß aus der Stärkeproduktion, Federmehl usw.); Verbesserung der Eiweißversorgung über den Weg der Mischfutterherstellung. Hieraus ergeben sich auch die Schwerpunkte für die Forschung, um der Praxis bei der Realisierung der o. a. Maßnahmen zu helfen. Als weitere Schwerpunktaufgabe für die Wissenschaft kommt die Schaffung von Methoden zur Feststellung der Qualität der verschiedenen Futterproteine hinzu, sei es über den Weg der Bestimmung der Aminosäuren oder über die Bestimmung der biol. Wertigkeit, um von dieser Grundlage aus zu Rezepturen für hochwertige Eiweißfuttergemische zu kommen. 8451.

Berke, Péter und Bedö, Sándor. Üszönevelés csökkentett teljes- és lefölözött tejadagokkal. **(Färsenaufzucht mit verringerten Vollmilch- und Magermilchgaben.)** Állattenyésztés [Tierzucht] **11** (1962) Nr. 2. S. 103–111. – 8 Tab., 10 Lit. Zus. in Russ., Dtsch. Aus: Ung. Agrar-Rdsch. **1963** Nr. 1.

In der Gruppe I erhielt jedes Tier 72 l Biestmilch, 270 l Vollmilch und 380 l Magermilch. Bis zum Alter von 18 Mon. bekam jede Färse außer der Milch 565 kg Kraftfutter, 623 kg Heu, 730 kg Knollen- und Wurzelfrüchte, 3742 kg Silage und 3030 kg Grünfutter (insges. 1483 kg-StW. und 230 kg verd. E.). Die Kälber der Gruppe II erhielten 84 l Biestmilch, 225 l Voll- und 110 l Magermilch. Bis zum Alter von 18 Mon. bekam jede Färse außerdem 433 kg Kraftfutter, 501 kg Heu, 580 kg Knollen- und Wurzelfrüchte, 2107 kg Silage und 5717 kg Grünfutter (1253 kg-StW. und 232 kg- verd. E.). Die Kälber der Gruppe III erhielten 72 l Biestmilch, 200 l Voll- und 165 l Magermilch. Bis zum Alter von 18 Mon. erhielt eine Färse 461 kg Kraftfutter, 582 kg Heu, 684 kg Knollen- und Wurzelfrüchte, 3236 kg Silage und 2961 kg Grünfutter (insges. 1297 kg- StW. mit 196 kg verd. E.). Während der Aufzucht entwickelte sich das durchschnittl. Lgw. der Färsen wie folgt: im Monatsalter Gruppe I: 72 kg; Gruppe II: 70,4 kg; Gruppe III: 66,9 kg im Alter von 12 Mon. (in gleicher Reihenfolge der Gruppen): 350 kg 343 kg; 327 kg; im Alter von 18 Mon.: 473 kg; 443 kg 421 kg. Die Körpermaße der mit verminderten Milchrationen aufgezogenen Färsen zeigten – mit den Daten der ungarischen Norm verglichen – weder mit 12 noch mit 18 Mon. einen nennenswerten Unterschied. 8454.

Holzschuh, W., Knape, G. und Schmidt, W.; Lettin, Fütterungsberatungsstelle, Arbeitsgemeinsch. Fütterungsberat. **Untersuchungen über die Bereitung und Verfütterung von Grassilage. 2. Mitt. Orientierende Kälberaufzuchtversuche mit Grassilage.** Arch. Tierzucht 5 (1962) Nr. 6. S. 449–465. – 7 Tab., 17 Lit.

Gruppen von 8–10 Kälbern wurden im Alter von 3–18 Wochen mit Grassilage (I) Heu (II) oder wahlweise I und II (III) ad libitum gefüttert. Die durchschnittliche Zunahme betrug pro Tier und Tag in g:

Ves. A			Vers. B			Vers. C		Vers. D	
I	II	III	I	II	III	I	II	I	II
847	663	796	735	593	678	842	714	682	606

In der ganzen Versuchsperiode wurden pro Tier ca. 90 kg Kraftfutter und in I = 125–180 kg bzw. in III = 97 kg Grassilage gefressen. Die Vollmilch- (V) bzw. Magermilchgaben (M) (1–18. Woche) betrugen in A = 240 V, 550 M; B = 196 V, 350 M; C = 240 V, 550 M D = 126 V, 330 M. Die Grassilage wurde bei guter Qualität bereits von Kälbern im Alter von 3 Wochen gut aufgenommen und vertragen. Gesundheitliche Störungen traten nicht auf. Die Alkalireserve des Blutes lag sogar bei den Tieren der Gruppe I höher als bei denjenigen der Gruppe II. H. Bergner 8454.

Pardue, F. E., Jacobson, D. R., Graden, A. P. und Seath, D. M.; Lexington, Univ. of Kentucky, Dep. of Dairy Sci. Performance of dairy calves weaned at 24 days of age and fed vegetable vs. animal source protein in the dry starter. **(Die Leistung von Milchkälbern, die nach 24 Lebenstagen**

abgesetzt und mit pflanzlichem bzw. tierischem Protein enthaltendem Starter gefüttert wurden.) J. Dairy Sci. **45** (1962) Nr. 8. S. 986–989. – 3 Tab., 11 Lit.

39 Holstein- und Jerseykälber wurden nach 24 Tage n von der Milch abgesetzt und mit Starterfutter ernährt, das 10% Magermilchpulver + 10% Sojaextraktionsschrot (I) oder nur 16% Sojaextraktionsschrot (II) enthält. Mischung I hatte eine signifikant höhere Verdaulichkeit der Tr.-Subst., die VK für Rohprotein und der TDN-Gehalt waren praktisch gleich. Im Gewichtsabschnitt von 80–200 lb. nahmen die Kälber 1,54 (I) bzw. 1,41 lb (II) tägl. zu. Der TDN-Verbrauch je lb. Zuwachs lag bei 1,51 bzw. 1,51 lb.
B. Piatkowski. 8454.

Heinemann, W. W. und Fanelli, H. H.; Prosser, Washington Agric. Exp. Stat., Irrigation Exp. Stat. Some effects of feeding stilboestrol, chlortetracycline and penicillin with alfalfa soilage on steer performance and carcass quality. **(Einige Wirkungen der Fütterung von Stilboestrol, Chlortetracyclin und Penicillin mit grüner Luzerne auf die Leistung und Schlachtqualität von Ochsen.)** J. Animal Sci. **22** (1963) Nr. 1. S. 19–21. – 2 Abb., 3 Tab. 8458.

Wayman, O., Johnson, H. D., Merilan, C. P. und Berry, I. L.; Columbia, Univ. of Missouri, Dep. of Dairy Husbandry. Effect of ad libitum or force-feeding of two rations on lactating dairy cows subject to temperature stress. **(Der Einfluß von ad libitum- oder reichlicher Fütterung zweier Rationen auf laktierende, einem Temperaturstress unterworfene Milchkühe.)** J. Dairy Sci. **45** (1962) Nr. 12. S. 1472–1478. – 3 Abb., 3 Tab., 22 Lit.

Zur Klärung der Ursachen der Erniedrigung der Milchproduktion bei hohen Umgebungstemperaturen (die Erhöhung der Umgebungstemp. von 65 °F auf 85 °F bewirkte eine Erhöhung der Rectaltemp. um etwa 2 °F) wurde festgestellt, daß bei erhöhter Umgebungstemp. die Futteraufnahme stark zurückgeht und dies die Hauptursache für die reduzierte Milchproduktion darstellt. Unterschiede im Rohfaser- oder Melassegehalt der Ration wirkten sich bei hohen und bei niedrigen Temp. nicht aus. Die Temperaturerhöhung bewirkte eine signifikant niedrigere Energieverwertung für die Milchproduktion. Es wird darauf hingewiesen, daß die Umgebungstemperatur bei der Berechnung der Wirkung von Rationen berücksichtigt werden sollte. W. Jentsch. 8460.

Carter, R. C., Ward, C. Y., McClaugherty, F. S., Blaser, R. E. und Copenhaver, J. S.; Blacksburg, Virginia Agric. Exp. Stat. Intensive production of spring lambs from pasture. **(Intensive Produktion von Frühjahrslämmern auf der Weide.)** J. Animal Sci. **22** (1963) Nr. 1. S. 209–213. – 4 Tab.
8474.

Welch, James G., Noot, George W. van der und Gilbreath, Rex L.; New Brunswick, New Jersey Agric. Exp. Stat. Effect of feeding milk replacers with varying amounts of fat for hothouse lamb production. **(Die Wirkung von Milchaustauschern mit verschiedenem Fettanteil in der Lämmerproduktion im Warmstall.)** J. Animal Sci. **22** (1963) Nr. 1. S. 155–158. – 5 Tab. 8474.

Harris, L. E., Raleigh, R. J., Madsen, M. A., Shupe, J. L., Butcher, J. E., und Greenwood, D. A.; Logan, Utah Agric. Exp. Stat. Effect of various levels of fluorine, stilbestrol, and oxytetracycline, in the fattening ration of lambs. **(Die Wirkung von verschieden hohen Gaben von Fluor, Stilboestrol und Oxytetracyclin in Mastrationen für Lämmer.)** J. Animal Sci. **22** (1963) Nr. 1. S. 51–55. – 2 Abb., 3 Tab. 8482.

Karaivanov, P. (Karaiwanow, P.); Sofia, Dimitrow-Inst. für Landwirtsch. Opredeljane smilaemostta na furažite pri bremenno-kŭrmjašti kobili ot dunavskata poroda. **(Verdaulichkeitsbestimmung der Futtermittel bei tragenden säugenden Mutterstuten der Donauer Rasse.)** Naučni trudove. Visš selsko-

stopanski institut „Georgi Dimitrov". Zootechničeski fakultet, Sofija **12** (1963) S. 369–378. — 5 Tab., 13 Lit. Zus. in Russ., Dtsch.
In 5 Versuchen mit 2 tragenden säugenden Donauer Stuten untersuchte Vf. die Verdaulichkeit einer Ration aus 7 kg Wiesenheu und 4 kg Kraftfuttergemisch (35% Hafer, 35% Gerste, 15% Weizenkleie und 15% Sonnenblumenextraktionsschrot). Die Versuche wurden in Perioden von etwa 2 Mon. durchgeführt. Der 1. Versuch fiel mit der Anfangsperiode der Trächtigkeit der säugenden Stuten zusammen; die Tagesmilchleistung der Stuten betrug 10,7 bis 12,4 l. Der 2. Versuch fiel in die Mitte der Laktationsperiode der Stuten. bei einer Milchleistung von 8,21–9,0 l, während der 3. Versuch mit dem Ende der Laktation (Milchleistung 2,5–3,5 l) zusammenfiel. Der 4. und der 5. Versuch fielen in die Trockenperiode. Ergebnisse (in der Reihenfolge der Versuche): VK der org. Subst. 51,22, 51,67, 50,34, 54,75 und 54,53, des Rohproteins 56,62, 55,80, 54,95, 58,84 und 59,72, der Rohfaser 39,15, 36,72, 36,71, 43,35 und 44,18, der N-fr. E. 59,72, 56,40, 58,82, 62,07 und 60,98.
N. Platikanow. 8512.

Nagornyj, V. T., Machańko, A. V., Karel'skaja, V. F. und Timčenko, L. A. (Nagorny, W. T., Machanko, A. W., Karelskaja, W. F. und Timtschenko, L. A.); Belaja Zerkow, Landwirtsch. Inst. K voprosu skarmlivanija syroj sacharnoj svekly pri otkorme svinej. **(Zur Frage der Fütterung von rohen Zuckerrüben bei der Schweinemast.)** Veterinarija, Moskva **39** (1962) Nr. 10. S. 73–74.
Durch Versuche wurde nachgewiesen, daß die Fütterung von Zuckerrüben an Stelle von Kartoffeln, wobei der Anteil der Zuckerrüben am Gesamtnährwert der Ration bis zu 36% betrug, auf den physiologischen Zustand des Organismus der Schweine keinen Einfluß hatte und daß sich die Qualität von Fleisch und Speck nicht verschlechterte. Die Futterkosten für 1 dt Zumast liegen bei der Zuckerrübenfütterung um 19,9% niedriger als bei der Kartoffelfütterung.
R. Filina. 8536.

Watson, M. F.; Nakuru, Kenya. Restricting the feed of bacon pigs and its consequences. **(Begrenzte Fütterung von Baconschweinen und ihre Konsequenzen.)** East African agric. Forestry J. **28** (1963) Nr. 3. S. 168–173. — 16 Tab.
8356.

Majerčiak, Pavel und Čupka, Václav; Nitra, Výzkumný Ústav Živočíšnej Výroby. Výkrm ošípaných len suchou jadrovou zmiešaninou. **(Schweinemast nur mit der trockenen Kraftfuttermischung.)** Pol'nohospodárstvo **9** (1962) Nr. 11. S. 781–792. — 6 Abb., 9 Tab., 11 Lit. Zus. in Russ., Engl.
Mit 24 weißen Edelschweinen wurde die Kontrollgruppe dreimal tägl. mit einer aus Kraftfutter und gedämpften Kartoffeln bestehenden dickbreiigen Futterration gefüttert, während die Versuchsgruppe ausschließlich nur mit einer aus einem Futterautomaten frei aufnehmbaren trockenen Kraftfuttermischung gefüttert wurde. Bei Mastbeginn wogen die Schweine ungefähr 25 kg. Im Futter der Versuchsschweine wurden Dämpfkartoffeln durch Kartoffelflocken ersetzt. Bei der Mast bis zu einem Gewicht von durchschnittlich 100 kg wies die Kontrollgruppe tägl. Zunahmen von 711 g, die Versuchsgruppe solche von 668 g je Schwein auf. Je 1 kg Zunahme verbrauchte die Kontrollgruppe 3,04 kg, die Versuchsgruppe 3,35 kg Kraftfutter. Durch Einführung des Futterautomaten stieg die Arbeitsökonomik um das 2,1fache an.
F. Svoboda. 8536.

Masliev, I. T. und Buslaeva, Ė. I. (Maslijew, I. T. und Buslajewa, E. I.); Sagorsk, Gebiet Moskau, Unions-Forsch.-Inst. für Geflügelzucht, Abt. für Futtermittel. Ob ispol'zovanii korreljacij vesa molodnjaka pticy dlja sokraščenija srokov issledovanija kormov. **(Verwendung der Gewichtskorrelation jungen Geflügels für die Verringerung der Fristen für die Futterforschung.)**

Trudy Vsesojuznogo naučno-issledovatel'skogo instituta pticevodstva, Moskva **27** (1961) S. 104–111. — 1 Abb., 2 Tab., 8 Lit.
Aus der hohen Korrelation zwischen 40- und 90-Tage-Gewicht wird die Schlußfolgerung gezogen, daß die biol. Wertigkeit von Futtermischungen bereits in Wachstumsversuchen bis zum 40. Lebenstag ermittelt werden kann. Die Verkürzung der biol. Tests von Futtermischungen ergibt frühere Resultate, ist billiger und gibt die Möglichkeit, mehr Futtermischungen zu überprüfen. Die besten Futtermischungen werden darüber hinaus vom 40.–90. Lebenstag untersucht, wobei die Wirkung auf Schlachtqualität festgestellt wird, was im 40-Tage-Alter nicht möglich ist. H. Pingel. 8544.

Rous, Jan; Praha. O významu energetické hodnoty krmné dávky. **(Über die Bedeutung des energetischen Wertes der Futterrationen für Hühner.)** Drůbežnictví **10** (1962) Nr. 10. S. 153. — 3 Tab.
Den höchsten Gehalt an produktiver Energie weisen selbstverständlich die Fette auf, die deshalb auch den Futtermitteln zugesetzt werden. Diese Fette müssen jedoch stabilisiert sein, um das schädliche Ranzigwerden zu vermeiden. So enthalten z. B. die Futtergemische für die Kükenaufmast 8% stabilisiertes Schweinefett als Zusatz. Es wird dadurch das Wachstum beschleunigt und der Futterverbrauch je Produktionseinheit herabgesetzt. Bei der Käfighaltung von Legehennen ist jedoch Vorsicht geboten, da es zur Fettdegeneration der Eierstöcke kommen kann. J. Špinka. 8548.

Heywang, B. W. und Vavich, M. G.; Madison, Univ. of Wisconsin, Dep. of Poultry Husbandry and Biochem. Energy level of a sixteen percent protein diet for layers in a semiarid, subtropical climate. **(Der Energiegehalt einer Legehennenfuttermischung mit einem Rohproteingehalt von 16% in einem semiariden, subtropischen Klima.)** Poultry Sci. **41** (1962) Nr. 5. S. 1389–1393. — 6 Tab., 6 Lit.
In 3 Versuchsreihen wurden an Weiße Leghorn-Hennen, die sich im 1. Legejahr befanden, Alleinfuttermischungen mit einem Rohproteingehalt von 16%, aber unterschiedlichem Gehalt an produktiver Energie (ca. 2250–3050 kcal/kg) verabreicht. Es zeigten sich keine Unterschiede in der Legeleistung. Der Futterverzehr je Tier und je kg Ei sank bei ansteigendem Energiegehalt des Futters. Die höchsten Zunahmen an Körpergewicht wurden mit den energiereichsten Futtermischungen erzielt. Das Körpergewicht verminderte sich im allgemeinen während der heißen und erhöhte sich während der kalten Jahreszeit. Der Energiegehalt der Futtermischungen übte keinen Einfluß auf das Schlupfergebnis und die Fruchtbarkeit aus. G. Göbel. 8548.

VII. FUTTERMITTELKUNDE

A. FUTTERSTOFFE, IHRE BEEINFLUSSUNG, KONSERVIERUNG UND ZUBEREITUNG

Wellmann, U. **Wirtschaftlichkeit der Leistungssteigerung im spezialisierten Grünlandbetrieb.** Wirtschaftseigene Futter 8 (1962) Nr. 3. S. 245–251. — 3 Abb.., 5 Tab., 2 Lit. Zus. in Engl., Franz.
Die Mehrerzeugung je kg N liegt bei Mähnutzung zwischen 2,4–7,9 KStE, bei Weidenutzung zwischen 6,8–13 KStE. Die Erzeugungsleistung je kg N liegt bei Weidenutzung 43–45% höher gegenüber Mähnutzung. Bei Weidenutzung steigen die Kosten (Pf/KStE) der N-Düngung für den KStE-Zuwachs von 8,8 (18 kg N/ha) auf 11,2 (145 kg N/ha), die Kosten der Gesamtdüngung für den KStE-Gesamt-Ertrag von 2,7 (30 kg N/ha) auf 6,2 (180 kg N/ha). Die Erzeugungskosten je KStE fielen jedoch auf dem Weiherhof von 34,8 Pf. (40 kg N/ha) auf 20,4 Pf. (140 kg N/ha). Die hypothetische Kostenentwicklung bei steigender N-Düngung bis zu 500 kg N/ha läßt den Schluß zu, daß von der Erzeugungstechnik her auch bei sehr hohen Düngergaben die Wirtschaft-

lichkeit nicht gefährdet wird. Die Grenze für die wirtschaftliche Anwendung von Handelsdüngemitteln liegt bei zweckentsprechender Nutzung weit höher, als gegenwärtig die Düngerausbringung für das Grünland von der Praxis gehandhabt wird. G. Weiland. 8630.

Culpin, C.; Silsoe, Nat. Agric. Advisory Serv. Developments in methods of barn hay drying. **(Entwicklungstendenzen der Methoden zur Heubelüftung.)** J. Brit. Grassland Soc. **17** (1962) Nr. 2. S. 150–156. — 12 Lit.
Nach einer kurzen Schilderung der Entwicklung auf dem Gebiete der Unterdachtrocknung werden die modernen Methoden der Heubelüftung beschrieben. Anhand von Untersuchungsergebnissen aus praktischen Betrieben diskutiert Vf. die Ursachen, die zu ungenügenden Erfolgen geführt haben, wie ungleichmäßiges Festpacken des Stapels, nicht ausreichende Belüftung, ungenügende Vortrocknung auf dem Feld und unzulängliche Durchtrocknung im Stapel. Die Entwicklung wird wahrscheinlich zur Herstellung von Heupreßlingen führen, woraus sich Vorteile für die Technologie der Trocknung und des Einsatzes ergeben könnten. F. Weißbach. 8710.

Shepperson, G. und Grundey, J. K.; Silsoe, Nat. Inst. of Agric. Engng. Recent developments in quick haymaking techniques. **(Neuere Entwicklungen der Technik zur beschleunigten Heuwerbung.)** J. Brit. Grassland Soc. **17** (1962) Nr. 2. S. 141–149. — 2 Abb., 6 Tab., 21 Lit.
Nach einer Besprechung der Ergebnisse neuerer Literatur über die Heuwerbungstechnik wird über 2 Heubearbeitungsversuche berichtet, in denen verschiedene Maschinentypen zur Mahd, zum Quetschen und zum Wenden des Futters verglichen werden. Beim Schlegelernter (flail-type forage harvester) ist die Drehzahl von Einfluß auf die Trocknungsgeschwindigkeit. Die Trocknung wurde durch Anwendung des Schlegelernters gegenüber dem Einsatz des gewöhnlichen Mähers (reciprocating-knife mower) und Wenders (tedder) mehr beschleunigt als durch Anwendung von Maschinen zum Quetschen (crimper, crusher) des gemähten Futters. F. Weißbach. 8710.

Farmer, Phyllis. Haylage. **(Die Bereitung von Heusilage.)** Agriculture [London] **69** (1962) Nr. 9. S. 435–439.
Bei der Heusilagebereitung erfolgt eine Vortrocknung der Grünmasse auf dem Feld in etwa 36 Std. auf 30–40% Tr.-Subst. Sodann wird die vorgetrocknete Masse zerkleinert und in besonders konstruierte Silotürme gebracht. Durch deren glatte Innenwände und den Eigendruck des Futters sackt dieses schnell zusammen, drückt den Sauerstoff heraus und gestattet somit eine schnelle CO_2-Bildung, wodurch nur geringe Nährstoffverluste auftreten. Nach beendeter Vergärung kann das Futter mechanisch, ohne Fremdluftzutritt, entnommen werden. — Verschiedene Siloturmtypen, sowohl gasdichte als auch konventionelle, werden einschl. der mechanischen Entnahmevorrichtungen in ihrer Konstruktion und ihrer Wirkungsweise beschrieben. Folgende Arbeitsweise garantiert bei diesen Silos bei sorgfältiger Handhabung eine gute Heusilage: Anwelken des Futters auf 30–40% in möglichst kurzer Zeit, zerkleinern auf $^1/_4$–$^3/_8$ in., schnelles Einbringen in den Siloturm, Aufbringen einer Lage frischen zerkleinerten Grases auf die oberste Schicht Anwelkfutter, sofortiges Abdecken des Siloturmes. W. Klippel. 8730.

Buysse, F.; Gontrode, Stat. de Res. de l'État pour l'Alimentation du Betail. Chiffres des pertes à l'ensilage sous vide. **(Verlustziffern bei der Vakuum-Silage.)** Rev. Agric. [Bruxelles] **15** (1962) Nr. 5. S. 765–769. — 2 Abb., 2 Tab., 5 Lit.
Vf. beschreibt die Anwendung eines Systems, nach dem bei der Silierung von Grünfutterstoffen durch Einsatz einer Vakuumpumpe eine relative Luftleere im Silobehälter erzeugt werden kann. Dieses System ist sowohl bei reinen Plastiksilos als auch bei Betonsilos mit Plastikfolie anwendbar. Von 1957

bis 1959 wurden 12 Silagen verschiedener Gräser bzw. Kleearten unter Anwendung dieses Systems auf die Nährstoffverluste nach einer bestimmten Silierzeit untersucht. Für die 12 Silagen ergaben sich folgende Mittelwerte: Buttersäure = 0,46%, Milchsäure = 0,71%, Tr.-Subst.-Verluste = 26,8%, Verluste an verd. Rohprotein = 34,1%. Diskussion der Ergebnisse im Vergleich zu anderen Befunden. H.-D. Bock. 8730.

Minson, D. J.; Ottawa, Canada Dep. of Agric., Res. Branch. The effect of pelleting and wafering on the feeding value of roughage — a review. **(Die Wirkung von Pelletieren und Waffeln auf den Futterwert von Rauhfutter. Ein Überblick.)** J. Brit. Grassland Soc. **18** (1963) Nr. 1. S. 39–44. — 2 Abb., 102 Lit.

Vf. klärt zunächst die Begriffe Pellet (gemahlenes Material, was anschließend gepreßt wird) und Waffel (langes gehäckseltes bzw. gerissenes Material, was in Würfel von 2–5 inch Durchmesser und ½ inch Dicke gepreßt wird). Obgleich durch das Pelletieren die Verdaulichkeit gesenkt wird, bleibt der Gehalt an Nettoenergie unbeeinflußt. Die bessere Gewichtszunahme und Futterverwertung bei Einsatz von pelletiertem Futter wird durch die höhere Verzehrsleistung bewirkt. Blähsucht wird durch Pelletieren herabgesetzt, die Pansenparakeratose wird besonders dann beobachtet, wenn auch gleichzeitig das Kraftfutter pelletiert ist. Bei Milchkühen bewirkte pelletiertes Heu dann keine Vorteile, wenn gleichzeitig Kraftfutter verabreicht wurde. Bei alleiniger Heufütterung stieg die Milchleistung bis um 20%. Je feiner Heu gemahlen wird, um so deutlicher wird der prozentische Milchfettgehalt gesenkt ($^3/_8$ inch wenig, $^1/_{16}$ inch stark). Ein Einfluß des Waffelns auf Verzehrshöhe und Leistung scheint nicht vorzuliegen. B. Piatkowski. 8860.

Ronning, Magnar und Dobie, J. B. Wafered versus baled alfalfa hay for milk production. **(Gewaffeltes bzw. geballtes Luzerneheu für die Milchproduktion.)** J. Dairy Sci. **45** (1962) Nr. 8. S. 969–971. — 3 Tab., 2 Lit.

Heu, das auf dem Felde geballt bzw. in gewaffelter Form (1,5 inch² oder $^5/_8$ inch³) geerntet wurde, ist an Milchkühen vergleichend geprüft worden. Die Tiere verzehrten vom gewaffelten Material (zwischen beiden Größen bestand kein Unterschied) bei Handfütterung um 5,2 lb. und bei ad lib.-Fütterung um 6,7 lb. tägl. mehr als von dem, welches in Ballenform geerntet wurde. Dementsprechend wurde eine um 1,8 lb. FCM höhere Milchleistung erzielt. Ein Einfluß auf den prozentualen Gehalt an Milchfett und fettfreien Bestandteilen lag nicht vor. B. Piatkowski. 8860.

Bohman, V. R., Lesperance, A. L., Wade, M. A., Torell, C. R. und Speth, C. F.; Reno, Univ. of Nevada. Effect of energy source and level of alfalfa pellets on growth and tissue lipids of beef calves. **(Die Wirkung der Energiequelle und die Höhe von Luzerneheupellets auf Wachstum und Gewebefett von Mast-Kälbern.)** J. Animal Sci. **22** (1963) Nr. 1. S. 77–81. — 5 Tab. 8860.

Laird jun., R. und Robertson, J. B.; Auchincruive, near Ayr, West of Scotland Agric. Coll. A comparison of cubes and meal for growing and fattening pigs. **(Ein Vergleich von Würfeln und Mehl für wachsende und Mastschweine.)** Animal Product. **5** (1963) Nr. 1. S. 97–103. — 4 Tab., 21 Lit. 8860.

Hussar, N. und Robblee, A. R.; Edmonton, Alberta, Canada, Univ., Dep. of Animal Sci. Effects of pelleting on the utilization of feed by the growing chicken. **(Der Einfluß des Preßvorgangs auf die Futterverwertung bei heranwachsenden Küken.)** Poultry Sci. **41** (1962) Nr. 5. S. 1489–1493. — 5 Tab., 13 Lit.

Es wurden geprüft: 1. die physikalischen Eigenschaften des Preßkorns. Durch den Preßvorgang nahm die Dichte des Mischfutters um 24% zu. Das von neuem geschrotete Preßkorn nahm eine Mittelstellung zwischen Preßkorn und dem ursprünglichen Mischfutter ein. Die Trocknungstemperatur stieg beim Pressen nach 15–25 Min. auf den Höchstwert von 72 °C an. Nach 55 Min. (Abschluß) betrug sie 69 °C. 2. Der Lysingehalt der Weizen-, Hafer- und Gerstenkörner. 3. Stoffwechselversuche an je drei 7, 19, 28 und 42 Tage alten White Rock-Küken mit zwei Wiederholungen. Die Preßkorngruppe verzehrte 15% mehr Futter und nahm um 25% besser zu als die Mehlfuttergruppe; auch ihre Futterverwertung war um 10% besser. Die N-Retention nahm mit zunehmendem Alter ab; sie war anscheinend etwas besser bei der Preßfuttergruppe. C. Engelmann. 8860.

B. DIE EINZELNEN FUTTERSTOFFE

Harkess, R. D.; Nottingham, Univ. Studies in herbage digestibility. **(Untersuchungen über die Verdaulichkeit von Weidegras.)** J. Brit. Grassland Soc. **18** (1963) Nr. 1. S. 62–68.

Vff. prüften den Einfluß von Tierart und Verzehrshöhe auf die Verdaulichkeit sowie die Beziehungen zwischen Verdaulichkeit, Wachstumsstadium und chem. Zusammensetzung von Weidegras. Die Verdaulichkeit von Weißklee betrug für Tr.-Subst. 80,6% (25.5.) und 30 Tage später 75,7%. Bei den geprüften Gräsern fiel sie von ca. 80 auf 60%. Aus dem jeweiligen Mischungsverhältnis Weidelgras:Weißklee ließ sich die Verdaulichkeit zufriedenstellend vorhersagen, wenn die der einzelnen Komponenten bekannt war. Wiesenschwingel, Timothee und mehrjähriges Weidelgras sind dem Knaulgras deutlich überlegen. Luzerne ließ eine um ca. 10 Einheiten höhere N-Verdaulichkeit erkennen. Mit fortschreitender Vegetationsperiode sinkt die Verdaulichkeit von Weidelgras und von Weißklee, obgleich der Rückgang bei Weidelgras vom 1.6. bis zum 1. 8. unter den angegebenen Bedingungen gering war. Bei Gräsern ist der N-Gehalt im Herbst ähnlich oder höher als im Frühjahr, obgleich die Verdaulichkeit zurückgeht. Dadurch wird die Anwendung der N-Faecal-Index-Methode problematisch. Die ermittelte Verdaulichkeit an Kühen und Schafen war gleich, sie fiel bei beiden bei hoher Verzehrsleistung um 2–4%. Eine Hormonimplantation beeinflußte nicht die Verdaulichkeit, verminderte aber deutlich die N-Ausscheidung über den Harn. B. Piatkowski. 8910.

Maissilage-Verfütterung. Rostock, Inst. Landwirtsch. Versuchs- u. Untersuchungswes. Dtsch. Akad. Landwirtsch.-Wiss. Berlin Plan-Nr.: 1701 25 h/2–15/1. Abschlußber. (6/3. 1963).

In Schweinemastversuchen fraßen die Tiere von der Silage aus 66% gedämpften Kartoffeln und 34% gut zerkleinertem Markstammkohl bis zu 6 kg/Tier/Tag. Die Zunahme blieb um 7% unter der der Kontrollgruppe mit reiner Kartoffelsilage und die Mastdauer verlängerte sich um 8%. Etwa 30% Futterkartoffeln lassen sich durch diese Mischsilage einsparen. Rinder verzehrten Maissilagen mit Harnstoff- oder Ammoniumbikarbonatzusatz ebenso wie einfache und ihre Leistungen blieben gleich. Die Ergebnisse der Institutsversuche stimmten mit denen aus Großversuchen in der Praxis überein. Tierverluste traten nicht auf. 8920.

Anonym. Toxic components of lathyrus peas. **(Toxische Komponenten der Lathyrus-Erbsen.)** Nutrit. Rev. **21** (1963) Nr. 1. S. 28–30. — 10 Lit.

Bericht über 4 neue Stickstoff-Verbindungen (Diaminobuttersäure (**I**), β-Cyanoalanin (**II**), Homoarginin und β-Aminopropionitril), die aus verschiedenen Spezies von Lathyrus-Erbsen und der gemeinen Wicke isoliert und identifiziert wurden. 2 dieser Verbindungen (**I** und **II**) besitzen neurotoxische Eigenschaften und können möglicherweise Neurolathyrismus beim Menschen verursachen. H.-D. Bock. 9000.

Anonym. Factors affecting growth depression by raw soybeans. **(Faktoren, die Wachstumsdepression durch rohe Sojabohnen bewirken.)** Nutrit. Rev. **21** (1963) Nr. 1. S. 19–21. — 16 Lit.

In einer Literaturübersicht werden die verschiedenen Faktoren dargestellt, die als Ursachen für die bei Verfütterung roher Sojabohnen oder ihrer unbehandelten Extraktionsschrote auftretenden Wachstumsdepressionen der Versuchstiere in Frage kommen. Die Komplexizität der in Wechselwirkung stehenden Faktoren (Trypsin-Inhibitor, haemagglutinierende Aktivität) erschwert die Lösung des Problems. H.-D. Bock. 9000.

Wildgrube, M.; Halle/S., Inst. für Tierernähr. **Zuckerrüben in der Schweinemast.** Tierzucht **16** (1962) Nr. 11. Fütterungsberatung **2** S. 49–51. — 7 Lit.

Die Zuckerrübe wird in der Zukunft infolge ihrer hohen Verdaulichkeit verstärkt in der Fütterung eingesetzt werden. Sie kann in der Schweinemast und -zucht roh geschnitzelt, gedämpft, als Trockenprodukt oder in Form von Mischsilagen verabreicht werden. Von Schweinen ab 20 kg Lgw. werden Zuckerrüben und -schnitzel nur in geringen Mengen vertragen, an Schweine ab 40 kg können sie bei entsprechendem Beifutter bis zur Sättigung gegeben werden. Besonders zu beachten ist die ausreichende Versorgung mit Eiweiß und Wirkstoffkonzentraten. Nährstoffökonomische Untersuchungen zeigen, daß die Zuckerrübe den höchsten Ertrag an Nahrungskalorien je ha bringt. Der Aufwand an AKh je dt GE liegt unter dem Aufwand bei Getreide und Kartoffeln. G. Koch. 9040.

Stojanov, V. (Stojanow, W.); Sofia, Dimitrow-Inst. für Landwirtsch. Vlijanie na krŭmnoto sveklo i morkovite vŭrchu smilaemostta na dažbi pri različni vidove selskostopanski ptici. **(Einfluß der Runkelrüben und Möhren auf die Verdaulichkeit der Rationen bei verschiedenen Geflügelarten.)** Naučni trudove. Visš selskostopanski institut „Georgi Dimitrov". Zootechničeski fakultet, Sofija **12** (1963) S. 217–227. — 9 Tab., 5 Lit. Zus. in Russ., Dtsch.

Vf. führte 2 Serien von Verdauungsversuchen durch. An jedem Versuch waren 4 Gruppen — Hühner, Truthühner, Enten und Gänse — beteiligt. Jede Gruppe zählte 4 Tiere. Es wurde festgestellt; daß der Zusatz feingeriebener Möhren — für die Hühner 20 g, für die Truthühner und Gänse 35 g und für die Enten 30 g — in die Tagesration (Kraftfuttermischung) zu keiner wesentlichen Veränderung ihrer Verdaulichkeit führt, vielmehr in geringem Maße (⌀ um 15 Min.) die Ausscheidung des unverdauten Teils der Ration beschleunigt. So betrug zum Beispiel die Verdaulichkeit der org. Subst. der Ration mit und ohne Rübenzusatz bei den Hühnern 76,44 und 77,11%, bei den Truthühnern 79,81 und 79,67%, bei den Enten 80,92 und 81,31% und bei den Gänsen 82,10 und 81,02%. N. Platikanow. 9040.

Anonym. Contaminated peanut meal. **(Schädliches Erdnußmehl.)** Nutrit. Rev. **20** (1962) Nr. 6. S. 174–176.

Erdnußmehle verschiedener Provenienz (Brasilien, Nigeria, Franz. Westafrika, Gambia) wiesen als Bestandteil handelsüblicher Futtermischungen eine jeweils unterschiedliche Toxicität gegenüber Putenküken, Jungenten, Schweinen und Kälbern auf. Histologisch lagen diffuse Nekrosen und Regenerationen der Leber, tyische membranöse Glomerulonephritiden, eine hyaline Nephrose und eine katarrhalische Duodenitis vor. Im Verlaufe der zum Nachweis der toxischen Substanz notwendigen Extraktionsprozesse wurde jedoch eine kristalline Substanz eliminiert, die im ultravioletten Licht blau erschien. Aus einem aus Uganda stammenden, stark mit Pilzen befallenen Erdnußmehl wurde aus dem Pilz *Aspergillus flavus* die gleiche fluoreszierende Substanz gewonnen. Im Fütterungsversuch an Entenküken löste sie die oben beschriebenen Leberveränderungen aus. H. Busse. 9170.

Evans, Robert John, Bandemer, Selma L. und Bauer, Doris H.; East Lansing, Michigan State Univ., Dep. of Biochem. Effect of heating soybean proteins in the autoclave on the liberation of cystine and methionine by several digestion procedures. **(Der Einfluß des Erhitzens der Sojabohnenproteine im Autoklaven auf die Freisetzung von Cystin und Methionin durch mehrere Verdauungsverfahren.)** J. agric. Food Chem. **10** (1962) Nr. 5. S. 416–418. — 4 Tab., 15 Lit.

Es wurden die Zerstörung von Cystin beim Autoklavieren von Sojabohnenmehl und anderen Proteinen sowie die Freisetzung von Cystin und Methionin aus den Proteinen der Sojabohne untersucht. Der Zerstörungsgrad ist bei den einzelnen Proteinen unterschiedlich. Das Sojabohnenmehlprotein enthält 1,54% Cystin, 45% davon werden beim Erhitzen im Autoklaven zerstört (4 Std. bei 121°). Ein Teil des Cystins in der Sojabohne scheint besonders hitzeempfindlich zu sein. Die Versuche über die Hydrolyseverluste ergaben bei der nicht erhitzten Probe nach 7 Tagen bei 40° mit konz. HCl die höchsten Werte, bei der erhitzten Probe (4 Std. bei 121°) dagegen nach 30 Min. oder 1 Std. mit 20%iger HCl bei 121°. Die Untersuchungen über die Freisetzung von Cystin und Methionin aus Sojabohnenproteinen durch Fermente (Pepsin, Trypsin, Erepsin) und verschiedene Salzsäurekonzentrationen ohne Fermente erfolgte unter verschiedenen Bedingungen. Die mikrobiol. Verfügbarkeit (*L.* mesenteroides *P-60*) wurde mit chromatographischen Werten (Moore und Stein)verglichen. Es wurde mehr Cystin und Methionin aus unbehandelten Proteinen freigesetzt als aus autoklavierten Proteinen, wenn kein Trypsininhibitor vorlag. Bei der Trypsinverdauung wurden mikrobiol. in allen Fällen höhere Methioninwerte gefunden als bei Trypsin + Erepsinverdauung, so daß Vff. auf „Methioninpeptide" schließen, die einen größeren Wachstumseffekt ausüben als die freien Aminosäuren. I. Schröder. 9170.

Booth, A. N., Robbins, D. J. und Wasserman, A. E.; Albany, Calif., Western Regional Res. Lab. Whey yeast rat-feeding study. **(Untersuchung über Molkenhefe in der Rattenfütterung.)** J. Dairy Sci. **45** (1962) Nr. 9. S. 1106 bis 1107. — 2 Tab., 3 Lit.

Hefe, die durch Vergärung von Molke durch *Saccharomyces fragilis* gewonnen wurde, zeigte gegenüber Bierhefe keine nachteiligen Wirkungen. 9210.

Sokolov, M. P. und Jasjučenja, V. L. (Sokolow, M. P. und Jasjutschenja, W. L.) Vodnyj rastvor krovi pri otkorme svinej. **(Wäßrige Lösung von Blut in der Schweinemast.)** Veterinarija, Moskva **39** (1962) Nr. 10. S. 71–72. — 2 Tab.

Das Präparat wird aus Schweineblut hergestellt, indem das Serum abfiltriert und das Gerinnsel in Wasser gelöst wird. Das Blutpräparat wurde morgens und abends mit dem Futter gegeben, 30–50 ml pro Tier und Tag, alle 2 Monate. Die Gewichtszunahmen lagen um 29,9% höher. Besonders gute Ergebnisse wurden in den Gewichtsgruppen von 40–90 kg erzielt. Blutlösung wird für die Praxis der Schweinemast empfohlen. Die Massenproduktion in den Fleischkombinaten der UdSSR wird organisiert. R. Filina. 9220.

Gorodeckij, A. A. (Gorodezki, A. A.); Moskau, Veterinärmed. Akad. Zamena rybnoj muki cholinom v sočetanii s vitaminom B_{12} pri vyraščivanii porosjat. **(Der Ersatz von Fischmehl durch Cholin und Vitamin B_{12} bei der Ferkelaufzucht.)** Svinovodstvo, Moskva **16** (1962) Nr. 10. S. 28-29. — 2 Tab.

4 Wochen alte Ferkel erhielten die Grundartion mit 5% Fischmehl (I — Kontrollgruppe), die Grundration mit 2,4% Fischmehl — 0,5 g Cholin + 20 μg Vit. B_{12}/kg Futter (II) bzw × 0,25 g Cholin + 20 μg Vit. B_{12}/kg Futter (III) und 0,5 g Cholin + 20 μg Vit. B_{12} + 8 mg Vit. B_5/kg Futter (IV). Bei der Kontrollgruppe enthielt 1 FE 135 g verdaul. Rohprotein, bei den Versuchsgruppen 122 g; der Gesamtnährstoff- und der Mineralstoffgehalt waren gleich.

Mit 2 Mon. wogen die Kontrolltiere 15 kg die Versuchstiere 16,5 kg, mit 4 Monaten entsprechend 40,3 und 42,7 kg. Der Futterverbrauch je kg Zunahme betrug bei den Kontrolltieren 4,4 FE, bei den Versuchstieren 4,1–4,4 FE.
F. Schenk. 9230.

Stutz, M. W. und Matterson, L. D.; Univ. of Connecticut, Dep. of Poultry Sci. Metabolizable energy of animal by-products for the growing chick. **(Umsetzbare Energie von tierischen Abfallprodukten für wachsende Küken.)** Poultry Sci. **41** (1962) Nr. 5. S. 1617–1619. — 1 Tab., 9 Lit.
Es wurden 7 Versuche mit 128 Küken durchgeführt, um den Gehalt an umsetzbarer Energie von 13 Fischmehlarten, 4 Mehlen von Geflügelabfallprodukten, 5 Federmehl- und verschiedenen Talg- und Ölarten zu bestimmen. Diese Futtermittel wurden einer Standardfuttermischung zugesetzt; ihr Anteil betrug 15–45%. Es gelangte die Chromoxydmethode zur Anwendung. Die Vorperiode erstreckte sich über 11 Tage, die Hauptperiode über 3 Tage. Die rechnerische Bestimmung der umsetzbaren Energie erfolgte nach Potter und Matterson. Außerdem wurde der GVP („gross protein value") bestimmt Die gefundenen Gehaltswerte werden in einer Tabelle wiedergegeben.
G. Göbel. 9230.

Cameron, C. D. T.; Nappan, Nova Scotia, Canada Dep. of Agric. Acid fish offal silage as a source of protein in growing and finishing rations for bacon pigs. **(Säure-Fischabfall-Silage als Eiweißfuttermittel in Rationen von wachsenden und in der Endmast befindlichen Bacon-Schweinen.)** Canad. J. Animal Sci. **42** (1962) Nr. 1. S. 41–48. — 6 Tab., 7 Lit.
In 3 Schweinemastversuchen wurde der Futterwert von mit Säure konserviertem Kabeljau- und Schellfischabfall und der Einfluß dieses Futtermittels auf die Qualität des Fleisches bei unterschiedlich lange ausgedehnter Fütterung geprüft. Zunahmen, Futterverwertung und Schlachtkörperbeurteilung ließen auf einen guten Futterwert schließen. Nach Fütterung von Fischsilage bis zur Schlachtung hatte das Fleisch jedoch einen Beigeschmack. Seine Intensität war nur dann vermindert, wenn bei einem Mastendgewicht von 200 lb. die Fischsilagefütterung mit 100 bzw. 150 lb. Lgw. der Tiere abgebrochen wurde.
F. Weißbach. 9230.

Dansky, Leonhard M.; Augusta, Ml., Lipman Res. Center. The growth promoting properties of Menhaden fish oil as influenced by various fats. **(Die wachstumsfördernden Eigenschaften von Menhaden-Fischöl unter dem Einfluß verschiedener anderer Fette.)** Poultry Sci. **41** (1962) Nr. 4. S. 1352–1354. — 1 Tab., 6 Lit.
Das Menhaden-Fischöl rief in Versuchen mit ♂ Eintagsküken (Broiler) in Kombination mit Geflügelfett eine deutliche Wachstumssteigerung hervor, während das Fischöl allein oder ergänzt mit einer Mischung von gehärtetem tierischem und vegetabilem Fett keine wachstumsfördernde Wirkung auf die Küken hatte. Für diese Wirkung gewisser Fettmischungen, die nicht allein mit ihrem Energiewert begründet werden kann, fehlt eine ausreichende Erklärung. Bei der Verkostung erwies sich nur das Fleisch der mit der Mischung von 1% Fischöl plus 5% Geflügelfett gefütterten Tiere als völlig einwandfrei.
L. Sperling. 9230.

Genge, R.; Leipzig, Karl-Marx-Univ., Inst. für Kleintierzucht. **Der Einsatz von Fischsilage in der Geflügelfütterung.** Tierzucht **16** (1962) Nr. 10. S. 450-453. — 3 Tab., Lit.
Als die für unsere Verhältnisse geeignetste Methode wird das Kochsilageverfahren angesehen. 25—30% fettarmer Fischsilage in der Ration von Legehennen bewirkt keine Qualitätsminderung des Eigeschmackes. Bei Mastenten zeigten Gaben von 15% fettarmer Fischsilage während der gesamten Mastzeit günstigere Wirkungen als solche von 30% in den ersten 4–5 Mastwochen.
B. Rempel. 9230.

Kraack, E. **Die Bedeutung der Fische als Vitaminträger im Zusammenhang mit einer zweckmäßigen Nutzung der Produktionsabfälle der Fischverarbeitung als Futtermittel.** Ernährungsforschung **7** (1962) Nr. 1. S. 136-141. — 32 Lit.
Vf. gibt eine Literaturübersicht über den Wert der Fische und die bei ihrer Verarbeitung zu Futtermitteln anfallenden Produkte als Vitaminträger. Er bespricht die hauptsächlichsten Verfahren, die der Verwendung von Fischen und Fischabfällen in der Tierernährung dienen, vornehmlich im Hinblick auf die Erhaltung der Vitamine. L. Sperling. 9230.

Kudrjavcev, S. S. (Kudrjawzew, S. S.); Sagorsk, Gebiet Moskau, Unions-Forsch.-Inst. für Geflügelzucht, Abt. für Futtermittel. Produktivnaja cennost' rybnoj i kitovoj muki različnoj technologii prigotovlenija. **(Der Leistungswert von Fisch- und Walmehl verschiedener Herstellung.)** Trudy Vsesojuznogo naučno-issledovatel'skogo instituta pticevodstva, Moskva **27** (1961) S. 112 bis 121. — 9 Tab., 8 Lit.
Beim Vergleich verschieden hergestellter Fisch- und Walmehle in einem Wachstums- und Legehennenversuch ergab sich, daß Fischmehl aus mit Na-Nitrit konserviertem Rohfisch die besten Ergebnisse hinsichtlich Schlupf, Entwicklung und Legeleistung gab. Von den Walmehlen erwies sich Walfleischmehl gegenüber Walmehl aus den inneren Organen und Walmehl aus dem Fettgewebe als besser. H. Pingel. 9230.

Sluchaj-Natal'čenko, A. E. (Sluchai-Nataltschenko, A. Je.) Primenenie azotobaktera pri kormlenii sel'skochozjajstvennych životnych. **(Die Verwendung von Azotobacter bei der Fütterung von landwirtschaftlichen Nutztieren.)** V sb.: Kormovye belki i biostimuljatory dlja životnovodstva, Moskva-Leningrad **1961** S. 82–95. — Aus: Referativnyj žurnal. Biologija, Moskva **1962** Nr. 14. L 12. S. 2.
Ferkel, die eine Azotobacterkultur erhalten hatten, wuchsen rascher, entwickelten sich besser und hatten beim Absetzen ein um 0,9–2,3 kg höheres Gewicht, als dies bei den Kontrolltieren unter gleichen Fütterungs- und Haltungsbedingungen der Fall war. Ein Zusatz von Azotobacter fördert den Appetit und steigert die Resistenz des Organismus gegen Infektionskrankheiten. Die optimale Gabe soll bei Saugferkeln 10–15 ml tägl. betragen. Die zusätzliche Vorfütterung von Azotobacter an Hühnern vergrößerte die Legeleistung um 3 Eier im Monat. Das Zufüttern von Azotobacter an Küken förderte die Gewichtszunahme und verringerte die Abgänge.
übersetzt v. R. Hüffer. 9250.

Orobinskij, I. I., Koškin, I. N. und Nikulina, E. A. (Orobinski, I. I., Koschkin, I. N. und Nikulina, Je. A.) Kormobakterin kak sredstvo obogaščenija kormov mikrobnym belkom. **(Futterbakterin zur Anreicherung der Futtermittel mit Mikrobeneiweiß.)** Životnovodstvo, Moskva **24** (1962) Nr. 12. S. 62–64. — 1 Tab.
Die Stämme ASA und ASM von *Azotobacter suis* erhöhen durch Bindung von N den Eiweißgehalt von Zuckerrüben, Kartoffeln und Mischfutter (gewöhnliche Kartoffeln — 4,31% Reineiweiß; Kartoffeln + Futterbakterin + 2% Ammophos — 9,62%) sowie den Gehalt an Vit. B_{12} und Milchsäure sehr stark. Schweine erhielten neben Mischfutter 1 kg Kartoffeln/Tier/Tag (I) bzw. Kartoffeln + 0,4% Futterbakterin + 2% Ammophos (II). Die Tageszunahmen betrugen in 2 Mon. 413 und 507 g, der Futterverbrauch 5,5 bzw. 4,5 FE/kg Zunahme. Auch ohne Ammophos sind ausgezeichnete Erfolge zu erzielen. Schweine erhielten 1 kg Mischfutter + 0,2% Futterbakterin + 2% Ammophos (I) bzw. das gleiche ohne Ammophos (II) und nur Mischfutter (III). Die Tagesdurchschnittszunahmen in 2 Mon. betrugen 412, 386 und 330 g, der Futterverbrauch 4,8; 5,1 und 6 FE/kg Zunahme. F. Schenk. 9250.

Smirnova, M. A. und Luzina, M. I. (Smirnowa, M. A. und Lusina, M. I.) Vlijanie skarmlivanija avtoklavirovannogo sapropelja ozera Karaše na rost i gemopoėz u krolikov. **(Einfluß von im Autoklav bearbeiteten Faulschlamm aus dem Karasje-See auf Wachstum und Blutbildung bei Kaninchen.)** Tr. Sverdl. s.-ch. in-ta 8 (1961) S. 103–105. — Aus: Referativnyj žurnal. Biologija, Moskva **1962** Nr. 1. L 34. S. 6.

Auf Grund der vorliegenden Versuche wurde festgestellt, daß die Anzahl der Erythrocyten und der Hb-Gehalt im Blut der Kaninchen, die nicht autoklavierten Faulschlamm erhielten, höher waren. Vff. nehmen an, daß beim Autoklavieren des Schlamms einige Stoffe, die das Wachstum und die Blutbildung der Tiere stimulieren, zerstört werden. übersetzt v. K. Neumann. 9250.

C. MISCH- UND ZUSATZFUTTERMITTEL

Anonym. **Pneumatische Förderung in Mischfutterbetrieben.** Kraftfutter **45** (1962) Nr. 7. S. 307–308. 310–311. — 3 Abb.

Die wirtschaftlichste Förderung von Mehl und mehlartigen Produkten ist mit dem Fluidlifttransport möglich. Eine Entmischung der Futtermittel bei pneumatischer Förderung ist bei richtiger technischer Disposition nicht zu befürchten. Die Voraussetzungen und Vorteile von Lose-Lagerung, -Verladung und -Transport in Verbindung mit pneumatischen Fördereinrichtungen werden besprochen. F. Weißbach. 9302.

Tollersrud, S. und Slagsvold, P. Standardfôrblandinger til laboratoriedyr. **(Standardfuttermischungen für Laborversuchstiere.)** Nord. Veterinärmed. **14** (1962) Nr. 7/8. S. 482–492. — 8 Tab. Zus. in Engl., Dtsch.

In Norwegen wurden 1957 in 32 Instituten 56000 Mäuse, 20000 Ratten, 7800 Meerschweinchen, 1800 Kaninchen, 370 Katzen, 65 Hunde, 200 Frettchen und 3000 Küken verbraucht. In Anbetracht der großen Bedeutung einer richtigen Fütterung dieser Tiere wurden im Jahre 1958 Versuche durchgeführt, in denen eine Futtermischung für Mäuse und Ratten und eine weitere für Meerschweinchen und für Kaninchen geprüft wurde. Beide Mischungen enthielten als Hauptbestandteile Gerstenschrot, Haferschrot, Weizenkleie, Sojamehl, Heringsmehl, Trockenmagermilch und Grasmehl. Für Mäuse und Ratten wurde das Futter zu nußgroßen Würfeln gepreßt, für Kaninchen und Meerschweinchen zu kleinen Preßstücken. Die Vergleichstiere erhielten eine gemischte Ration. Im Zuwachs und auch im Zuchtergebnis ergaben sich nur geringe Unterschiede zwischen Versuchs- und Vergleichstieren, in keinem Falle aber nachteilige Folgen der Standardfütterung. Hinsichtlich des Arbeitsaufwandes, des Futterverlustes und der Hygiene erwies sich die Standardfütterung als überlegen. J. K. Hinrichsen. 9340.

Kemp, A.; Wageningen, Inst. voor Biol. en Scheikundig Onderzoek van Landbouwgewassen. Het voederen van magnesiumhoudende koekjes in de praktijk. **(Das Verfüttern von magnesiumhaltigen Kuchen in der Praxis.)** Tijdschr. Diergeneeskunde 88 (1963) Nr. 2. S. 103–104. — 1 Tab.

Die Verwendung von Mg-haltigen Kuchen zur Vorbeuge gegen Hypomagnesämie hat erheblich zugenommen. Gute Ergebnisse wurden mit 50 g MgO je Tier und Tag erzielt. In 1 kg Kuchen sollen 50 g MgO enthalten sein. Die Untersuchung von 11 Proben, hergestellt von 4 verschiedenen Fabriken, ergab in keinem Fall den angegebenen Gehalt von 5% MgO. In einigen Fällen lag der MgO-Gehalt nur wenig über 1% der Tr.-Subst. Dies kann nicht allein mit der Verwendung technischen MgO erklärt werden, in dem auch Mg als Carbonat enthalten ist. Die Kuchen sollen frisch verfüttert werden, wohlriechend und nicht zu hart sein. J. K. Hinrichsen. 9350.

FISCHEREI

A. ALLGEMEINES

Moskalenko, B. K.; Ob-Tasowsker Abt. des Staatl. Forsch.-Inst. für Binnenfischerei. Naučnoe nasledstvo K. M. Bėra i sovremennye rybochozjajstvennye issledovanija. **(Der wissenschaftliche Nachlaß von K. M. Bär und die gegenwärtige fischereiwirtschaftliche Forschung.)** Voprosy ichtiologii, Moskva **1960** Nr. 16. S. 3–10. — 12 Lit.

1960 jährte sich zum 100. Mal der Tag der Ausgabe der ersten 3 Bände des bedeutenden Werkes von Bär und Danilowski „Untersuchungen über den Stand des Fischfanges in Rußland". Dieses umfangreiche Werk hat nicht nur historischen Wert, weil es eine der ersten zusammenfassenden Darstellungen der fischwirtschaftlichen Probleme überhaupt ist, sondern die darin enthaltenen theoretischen Grundlagen haben auch noch für die heutige Zeit ihre Bedeutung. Bereits Bär bezeichnete als grundlegende Aufgabe der Fischereiwissenschaft die Erarbeitung biol. Grundlagen für ein rationelles System der Fischwirtschaft. Auch das Plenum der Ichthyologischen Kommission der Akad. der Wiss. der UdSSR hat 1958 den aktuellen Wert dieses Problems betont. G. Predel. 6010.

Moiseev, P. A. (Moissejew, P. A.). Vsesojuznyj naučno-issledovatel'skij institut morskogo rybnogo chozjajstva i okeanografii (VNIRO). **(Das Wissenschaftliche Unions-Forschungsinstitut für Meeresfischerei und Ozeanographie [WNIRO].)** Rybnoe chozjajstvo, Moskva **36** (1960) Nr. 7. S. 8–14. — 6 Abb. 6010.

Crisp, D. J.; Menai Bridge, Univ. of Wales, Marine Sci. Lab. Marine Science Laboratories, Menai Bridge. **(Die Meeresforschungslaboratorien Menai Bridge.)** Nature [London] **195** (1962) Nr. 4841. S. 549–551. — 1 Abb.

Am 5. Juni 1962 wurden die Meeresforschungslaboratorien der Univ. Wales in Menai Bridge ihrer Bestimmung übergeben. Das Gebäude besteht aus einem Mittelbau und zwei Seitenflügeln. Der eine Flügel beherbergt die Räume für den Lehrbetrieb, während in den anderen 4 gut ausgerüstete Forschungslaboratorien untergebracht sind. Arbeitsmöglichkeiten für alle Zweige der Meeresforschung sind vorhanden. Zunächst besteht der Lehrkörper aus 6 Personen. Für die Forschung wurden 4 Wissenschaftler angestellt, sie werden durch 12 Hilfskräfte unterstützt. Die Lage der Forschungslaboratorien zum Untersuchungsgebiet der Menai Straits ist sehr günstig. J. Waldmann. 6010.

Kurapcev, P. A. (Kurapzew, P. A.). Naučno-issledovatel'skij institut mechanizacii rybnoj promyšlennosti (NIIMRP). **(Das Wissenschaftliche Forschungsinstitut für die Mechanisierung der Fischindustrie [NIIMRP].)** Rybnoe chozjajstvo, Moskva **36** (1960) Nr. 7. S. 15–18. — 4 Abb. 6010.

O'Connor, Joel S. und Saila, Saul B.; Kingston, Univ. of Rhode Island, Narragansett Marine Lab. A developing aquatic sciences information retrieval system. **(Ein Dokumentationssystem der Wasser-Wissenschaften wird entwickelt.)** Trans. Amer. Fisheries Soc. **91** (1962) Nr. 2. S. 151–154. — 1 Abb., 2 Lit.

Um dem dringenden Bedürfnis nach einer schnellen Zusammenfassung und Verbreitung aller mit den Wissenschaften des Wassers in Verbindung stehenden Informationen nachzukommen, wurde an der Univ. von Rhode Island in Kingston das "Aquatic Sciences Information Retrieval Center" (ASIRC) gebildet. Vff. erläutern die Funktion dieses weitgehend automatisierten Dokumentationssystems und nehmen Bezug auf die von der FAO der Vereinigten Nationen herausgegebene „Current Bibliography for Aquatic Sciences and Fisheries". Man hofft, daß durch dieses neue System weitere rasche Fortschritte in den Wissenschaften der Fischerei und des Wassers erzielt werden können. G. Seifert. 6010.

Bușniță, Th. Cercetări ihtiologice marine romînești din ultimii 5 ani. **(Rumänische ichthyologische Meeresforschungen in den letzten 5 Jahren [1954 bis 1959].)** Hidrobiologia [București] **3** (1961) S. 47–98. — 28 Lit. Zus. in Russ., Franz. 6020.

Anonym. V Meždunarodnom Sovete po issledovanija morja. **(Im Internationalen Rat für Meeresforschung.)** Rybnoe chozjajstvo, Moskva **38** (1962) Nr. 3. S. 82–83.
Anfang Okt. 1961 fand in Kopenhagen die 49. Sitzung des Internationalen Rates für Meeresforschung statt. Über die Arbeit in den einzelnen Komitees wird kurz berichtet. Während der Tagung wurden 238 wiss. Vorträge gehalten. Die nächste Sitzung ist für Okt. 1962 anberaumt. G. Predel. 6020.

Dvihally, Susanne T.; Alsógöd, Ungarn, Donauforschungsstat. **Rudolf Maucha. 1884–1962.** Arch. Hydrobiol. **59** (1963) Nr. 1. S. 110–121. — 1 Abb., 83 Lit.
Vf. würdigt die wiss. Verdienste R. Mauchas um die analytischen Probleme der Hydrochemie, die Probleme des Sauerstoffhaushaltes der Gewässer, ihrer produktionsbiol. Verhältnisse und deren energetische Grundlagen wie fischereilichen Auswirkungen. Später wandte R. Maucha sein Interesse dem Nannoplankton als dem Hauptproduzenten des Gewässers und der Abhängigkeit der Produktion von verschiedenen Faktoren, vor allem dem Kohlensäurehaushalt und dem Licht zu. R. Maucha wurde 1907 Mitarbeiter der ungarischen Landesanstalt für Fischereibiologie und Abwasserkunde, deren Leitung er 1933 übernahm und für deren Wiederaufbau nach dem Weltkrieg er unermüdlich tätig war. Er war Mitglied einer großen Zahl von nationalen und internationalen wiss. Gesellschaften, und in Anerkennung seiner Verdienste wurde ihm 1954 der Kossuth-Preis verliehen. W. v. Tümpling. 6030.

Rohde, Wilhelm. **Gunnar Alm. 29. 9. 1889–9. 2. 1962.** Arch. Hydrobiol. **59** (1963) Nr. 1. S. 122–133. — 1 Abb., 260 Lit.
Alm trat 1916 in den Dienst des königl. Landwirtschaftsamtes, wurde 1926 Leiter der Abt. für Süßwasserfischerei. Von 1932–1948 war er Direktor des Inst. für Süßwasserforschung und von 1946–1961 Vorsitzender der schwedischen Lachsforschungskommission. Er war im Jahre 1922 einer der Begründer der IVL, deren Präsidentschaft er als Nachfolger Thienemanns 1939 antrat und in der er sich nach dem Weltkriege um die Wiederaufnahme der internationalen Zusammenarbeit große Verdienste erwarb. Alms wichtigstes Forschungsgebiet waren die Fischereibiologie und die damit verknüpften Problemkreise. Seine Arbeiten umspannen den ganzen Bereich von den biol. Grundlagen bis zu den wirtschaftl. Fragen. Sein ganz bes. Interesse galt der Lachsfischerei in der Ostsee und deren Zuflüssen. Für seine hervorragenden Leistungen erhielt er als höchste Auszeichnung der IVL 1954 die Einar-Naumann-Medaille. W. v. Tümpling. 6030.

Borgstrom, Georg, Ed. **Fish as Food. Vol. 2. Nutrition, sanitation, and utilization.** New York; London: Academic Press. 1962. (XVII, 777 S. m. Abb., Tab., Lit. u. Reg.) 16 × 24 cm. $ 25,—. Der 2. Band des in seiner Art einmaligen und außerordentlich vielseitigen Werkes kommt im Inhalt dem Haupttitel am nächsten. Nach einem einleitenden historischen Überblick über die Bedeutung des Fisches als Nahrungsmittel (C. L. Cutting) werden in 9 Kapiteln Ernährungsfragen behandelt: Fischeiweiß und Schaltiereiweiß als Nährstoff (E. Geiger, G. Borgstrom), Fischöle als Nährstoff (Y. Toyama, T. Kaneda), fettlösliche Vitamine (E. Cruickshank), Fisch als Mineralstoffquelle (J. Causeret), Veränderungen im Nährwert durch Verwertungsprozesse (H. L. A. Tarr), der Fisch in der Welternährung (G. Borgstrom), die Bedeutung von Nahrungsmitteln aus Meer und Süßwasser für Japan (K. Arimoto), Fischmehl und Fischsolubles in der Viehfütterung (B. E. March), Fisch in der Nerzzucht (W. L. Leoschke). Die folgenden Abschnitte befassen sich mit sanitären Fragen: Durch Fische und Fischprodukte hervorgerufene Nahrungsmittelvergiftungen (J. M. Shewan, T. Kawabata,) Wasserverunreinigung und Bakterienflora der Fische (A. Guélin), Salmonellenprobleme im Meer (R. Buttiaux), Biotoxikationen, Allergien und andere Gesundheitsstörungen (B. W. Halstead), Krankheiten der Meeresfische (C. H. Oppenheimer), Krankheiten der Süßwysserfische (C. van

Duijn, Jr.), Transport lebender Fische (F. E. J. Fry, K. S. Norris), Radioaktivität und Meeresprodukte (G. Borgstrom, C. Paris). Im abschließenden 19. Kapitel geht G. Borgstrom ausführlich auf die Entwicklungstendenzen der Nutzung von Fischen und Schaltieren ein. Auch dem 2. Band sind Listen der Fischnamen und ein Sachverzeichnis angefügt. W. Steffens.

B. BIOLOGIE DER FISCHEREILICHEN NUTZTIERE

Biologie der Fische

Gilbert, Perry W. und Kritzler, Henry. Experimental shark peas at the Lerner marine laboratory. **(Versuchs-Haifischgehege im Lerner Meereslaboratorium.)** Science [Washington] **132** (1960) Nr. 3424. S. 424. — 1 Abb., 2 Lit. 6080.

Bogaevskij, V. T. (Bogajewski, W. T.); Sachalin, Abt. des Unions-Forsch.-Inst. für Fischerei und Ozeanogr. des Pazifiks. Nekotorye osobennosti biologii dal'nevostočnoj navagi. **(Einige Besonderheiten der Biologie der Fernöstlichen Nawaga.)** Voprosy ichtiologii, Moskva **1960** Nr. 15. S. 26–27. — 1 Tab.

Die Fernöstliche Nawaga (*Eleginus navaga gracilis*) gehört zu den Gadiden und ist ein außerordentlich euryhaliner Fisch. Sie kann im ozeanischen Wasser und auch im Süßwasser leben. Im Gegensatz zu anderen Gadiden hat sie Bodeneier. Ein erheblicher Prozentsatz der abgelegten Eier wird von den Elterntieren unmittelbar nach der Eiablage wieder gefressen.

G. Predel. 6080.

Uyeno, Teruya und Miller, Robert Rush; Ann Arbor, Univ. of Michigan, Museum of Zool. Late pleistocene fishes from a Trinity River Terrace, Texas. **(Fische des späten Pleistozän aus einer Terrasse des Trinity-Flusses, Texas.)** Copeia [Philadelphia] **1962** Nr. 2. S. 338–345. — 5 Abb., 19 Lit.

Vf. beschreibt fossile Fischfunde aus der T-2-Terrasse des Trinity-Flusses bei Dallas, Texas, die zur Sangamon-Interglacialzeit gerechnet wird. Die Funde gehören 6, möglicherweise 7 Arten aus 4 Süßwasserfischfamilien an (*Lepisosteus*, *Ictiobus*, *Ictalurus*, *Pylodictis* und *Aplodinotus*). Es handelt sich bei *Ictiobus* und *Pylodictis* um die ersten fossilen Funde. Die assoziierte Fauna, bes. die Riesenschildkröte *Geochelone* weist auf ein mildes oder warmes Klima hin. Die heutigen Vertreter dieser Fischfamilien sind charakteristische Bewohner großer Fließgewässer mit mittlerem oder geringem Gefälle und leben in demselben Gebiet. G. Seifert. 6082.

Brawn, Vivien M.; St. Andrews, New Brunswick, Fisheries Res. Board of Canada, Biol. Stat. Physical properties and hydrostatic function of the swimbladder of herring (Clupea harengus L.). **(Physikalische Eigenschaften und hydrostatische Funktion der Schwimmblase des Herings [Clupea harengus].)** J. Fisheries Res. Board Canada **19** (1962) Nr. 4. S. 635–655. — 4 Abb., 3 Tab., 16 Lit.

Der lebende Hering hat einen Sinkfaktor von 1003, eine Dichte von 1,026 g/ml, eine rel. Empfindlichkeit von 0,8 und ein Schwimmblasenvolumen von 4,2%. Das Schwimmblasengas steht unter einem mittleren Überdruck von 1 cm Hg. Das Gas kann durch den hinteren Schwimmblasengang freigelassen werden. Die Schwimmfähigkeit nach Gasverlust kann selbst nach 24 Std. in fließendem Seewasser nicht wieder hergestellt werden. Gasproduktion durch Bakterientätigkeit wurde nicht beobachtet. Heringe antworten auf schnelle Drucksteigerung durch schnelles Aufwärtsschwimmen. Es wird angenommen, daß die Heringe nachts an der Oberfläche Luft durch die Mundöffnung aufnehmen können. Die Luft kann in die Schwimmblase gelangen.

J. Waldmann. 6085.

Fährmann, Walter; Schlitz, Hessen, Max-Planck-Ges., Hydrobiol. Anst., Limnol. Flußstat. **Der Reissnersche Faden nach Durchschneidung des Rückenmarks bei Salmo irideus (Gibbons).** Z. Zellforsch. mikroskop. Anatom. **58**

(1963) Nr. 6. S. 820–836. — 16 Abb., 37 Lit. Vgl. LZ. Abt. III 8 (1963) Nr. 4. S. 845.

Die Funktion des Reissnerschen Fadens (RF) ist noch ungeklärt. Er entspringt am Ependym des Subcommisuralorgans in vielen Fasern, die sich caudalwärts vereinigen. Frisch geschlüpften Forellen (*Salmo irideus*), 17 und 19 Tage alten und zweisömmrigen Tieren ist das Rückenmark in Höhe der Rückenflosse durchtrennt worden. Danach kam es im caudalen Abschnitt des RF zu Substanzverlust und schließlich zur völligen Auflösung. Bei den jungen Forellen bildet sich im cranialen Rückenmarksstumpf eine neue Ampulle mit Massa caudalis. Bei älteren Fischen dagegen schließt sich der Zentralkanal nicht völlig, so daß der RF in die Schnittstelle eintreten kann. Bei älteren Tieren ist der RF elastisch. M. Hegemann. 6085.

Romeu, Federico Garcia; La Plata, Argentina, Museo de La Plata, Lab. de Ictiofisiol. Le système neuro-sécrétoire caudal du téléostéen Jenynsia lineata. **(Das caudale neurosekretorische System des Teleosteers Jenynsia lineata.)** Z. Zellforsch. mikroskop. Anatom. **57** (1962) Nr. 3. S. 347–354. — 4 Abb., 19 Lit.

Die Urophyse von *Jenynsia lineata* ist ein wohl differenziertes Organ und wird vom Rückenmark durch eine perforierte Meningealhaut getrennt. Die Neurosekrete färben sich mit fuchsinschwefliger Säure. Hämatoxylin nach Gomori gibt nur nach bestimmter Vorbehandlung schwache Färbungen. Die neurosekretorischen Zellen sind im Gegensatz zu den Verhältnissen bei anderen Knochenfischen klein; Riesenzellen fehlen. D. Barthelmes. 6085.

Towarnicki, Robert; Olsztyn, Zakład Anatomii i Embriol. Ryb. U unaczynieniu przysadki mózgowej szczupaka (Esox lucius L.) i o znaczeniu tego narządu u ryb w ogóle. **(Über das Blutgefäßsystem der Hypophyse des Hechtes [Esox lucius] und die allgemeine Bedeutung dieses Organs bei Fischen.)** Folia morphol. [Warszawa] **21** (1962) S. 1–20. — 22 Abb., 44 Lit. Zus. in Russ., Engl.

Die Untersuchungen erfolgten an 15 Fischen von 300–500 g Lebendgewicht. In das Blutgefäßsystem wurde über die Schwanzader Tusche, Tusche und Karmesin oder Tusche und Berliner Blau eingespritzt. An Hand histologischer Präparate wird der Bau der Hypophyse und des Blutgefäßsystems beschrieben. Auf Grund der Versuchsergebnisse erörtert Vf. die Bedeutung der Hypophyse bei Fischen unter bes. Berücksichtigung der Funktion dieser Drüse bei den Fortpflanzungsvorgängen. P. Poczopko. 6085.

Radzinskaja, L. I. (Radsinskaja, L. I.); Moskau, Sewerzow-Inst. für Tiermorphol. der Akad. der Wiss. der UdSSR. Obščee količestvo krovi i gemoglobina u mal'kov belugi. **(Die Gesamtmenge an Blut und Hämoglobin bei jungen Hausen.)** Voprosy ichtiologii, Moskva **1960** Nr. 15. S. 166–172. — 1 Tab., 17 Lit.

An jungen Hausen (*Huso huso*) im Alter von 41–68 Tagen nach dem Schlüpfen wurden Untersuchungen des Blutes durchgeführt. In dieser Zeit veränderte sich das Blut in folgender Weise: Die Gesamtmenge des Blutes und die Zahl der Erythrozyten blieben im Verhältnis zur Körpergewichtseinheit gleich. Der Hämoglobingehalt bezogen auf die Körpergewichtseinheit stieg jedoch erheblich an. Bei Jungfischen, die in Teichen aufgezogen wurden, war der Hämoglobingehalt höher als bei Fischen, die in Becken aufwuchsen. G. Predel. 6085.

Pora, A. E. und Prekup, O.; Cluj, Rumänien, Babeş-Univ., Lehrstuhl für Physiol. der Lebewesen. Ob izučenii ėkskretornych processov u presnovodnych ryb. Soobščenie II. Vlijanie temperatury sredy na vydelitel'nye processy u karpa i karasja. **(Über das Studium exkretorischer Prozesse bei Süßwasserfischen. 2. Mitt. Einfluß der Temperatur auf die Absonderungs-Prozesse**

bei Karpfen und Karauschen.) Voprosy ichtiologii, Moskva **1960** Nr. 15. S. 138–147. — 5 Abb., 5 Tab., 30 Lit.

An zweijährigen Karpfen (*Cyprinus carpio*) und Karauschen (*Carassius carassius*) wurden unter Laborbedingungen im Aquarium bei beständigem Wasserdurchstrom Untersuchungen über den Stoffwechsel durchgeführt. Es zeigte sich, daß mit Erhöhung der Temperatur auch die Ausscheidung von Produkten des Eiweißstoffwechsels anstieg. Bei Erhöhung der Wasserstemperatur von 6° auf 16 °C war $Q_{10} = 2{,}72$, und bei Erhöhung der Wassertemperatur von 16° auf 26 °C war $Q_{10} = 1{,}78$. Die Abhängigkeit ist demzufolge nicht direkt linear, sondern folgt dem Verlauf einer S-förmigen Kurve. Die prozentuale Zusammensetzung der Produkte des Eiweißstoffwechsels veränderte sich nur unwesentlich mit der Temperatur. G. Predel. 6085.

Pora, A. E. und Prekup, O.; Cluj, Rumänien, Babeș-Univ., Lehrstuhl für Tierphysiol. Ob izučenii vydelitel'nych processov u presnovodnych ryb. Soobščenie III. Vydelenie produktov obmena u karpa pri golodanii i različnom pitanii. **(Über das Studium exkretorischer Prozesse bei Süßwasserfischen. 3. Mitt. Die Ausscheidung von Stoffwechselprodukten bei Karpfen im Hungerzustand bei verschiedener Nahrung.)** Voprosy ichtiologii, Moskva **1960** Nr. 16. S. 175–182. — 5 Abb., 1 Tab., 11 Lit. 2. Mitt. vgl. vorst. Ref.

An zweijährigen, gleichgroßen Karpfen (*Cyprinus carpio*) wurde die Ausscheidung von Stoffwechselprodukten aus Kiemen und Nieren in Abhängigkeit von nachstehenden Ernährungsbedingungen untersucht: 1. Karpfen, die 3–4 Tage gehungert hatten; 2. Karpfen, die 90 Tage bis zur völligen Erschöpfung gehungert hatten; 3. Karpfen, die nur mit Kohlehydraten (15 bis 20 kcal./Tag und 1 kg Fischgewicht) gefüttert wurden; 4. Karpfen, die nur mit Eiweißnahrung (15 bis 20 kcal./Tag und 1 kg Fischgewicht) gefüttert wurden. Bei den letztgenannten Versuchen erstreckte sich die Fütterung über drei Mon. Die beobachteten Unterschiede in der Absonderung der Stoffwechselprodukte werden angeführt und die möglichen Zusammenhänge erklärt.
G. Predel. 6085.

Quillier, René, Maetz, Jean und Secondat, Marcel; Toulouse, Stat. de Piscicult. et d'Hydrobiol. Appl. Non-utilisation, par le poisson rouge (Carassius carassius auratus L.), des solutions à très haute dilution de glucose marqué. **(Nichtausnutzung stark verdünnter markierter Glukoselösungen durch den Goldfisch [Carassius carassius auratus L.].)** C.R. hebd. Séances Acad. Sci. **256** (1963) Nr. 1. S. 271–273. — 1 Abb., 12 Lit.

Goldfische von 120–230 g Gewicht wurden in 0,5 l -Aquarien mit Luftzufuhr in Glukoselösungen von 10, 100 und 1000 μg/l gehalten. Die Glukose war mit ^{14}C markiert. In der 1. Versuchsserie wurde innerhalb von 24 Std. eine Abnahme der Radioaktivität des Aquariumwassers festgestellt, während im Fisch keine Zunahme zu beobachten war. Da vermutet werden mußte, daß es sich um einen bakteriell bedingten Abbau handelt, wurden die Versuche wiederholt, nachdem dem Wasser bakterientötende Stoffe zugesetzt worden waren. Unter diesen Versuchsbedingungen blieb die Radioaktivität während der gesamten Versuchsdauer praktisch gleich. Aus diesen Resultaten kann geschlossen werden, daß die Fische entgegen der Pütterschen Theorie nicht die Fähigkeit besitzen, in ihrem natürlichen Milieu direkt gewisse gelöste org. Substanzen, wie z. B. Glukose, aufzunehmen, wenn es sich um Konzentrationen handelt, die auch in natürlichen Gewässern vorhanden sein können.
M.-L. Albrecht. 6085.

Tarr, H. L. A. und Leroux, M.; Vancouver, Brit. Columbia, Fisheries Res. Board of Canada, Technol. Stat. A note concerning the origin and quantitative distribution of acid-soluble phosphorus compounds and free sugars in fish muscle. **(Eine Mitteilung über Ursprung und quantitative Verbreitung der**

säurelöslichen Phosphoranteile und freien Zucker im Fischmuskel.) J. Fisheries Res. Board Canada **19** (1962) Nr. 3. S. 519–520. — 6 Lit.

Es wurde gefunden, daß radioaktive Glukose, wenn sie *Salmo gairdneri* und *Oncorhynchus nerka* intravenös injiziert wurde, den Embden-Meyerhof-glykolytischen Weg einschlug, da Zwischenstufen wie Laktate und Hexose-Laktate radioaktiv wurden. Alle freie Ribose im Fischmuskel ist postmortal entstanden. Weder Fructose-1-Phosphat noch Ribose-1-Phosphat wurden festgestellt. J. Waldmann. 6085.

Strahan, Ronald; Hong Kong, Univ., Dep. of Zool. Survival of the hag, Paramyxine atami Dean, in diluted sea water. **(Das Überleben von Paramyxine atami in verdünntem Seewasser.)** Copeia [Philadelphia] **1962** Nr. 2. S. 471–473. — 1 Tab.

250 Exemplare von *Paramyxine atami* mit einer Länge von 11—55 cm wurden unter Laborbedingungen in verschieden stark verdünntem Seewasser gehalten. Die Salinität betrug 36, 31, 27 und 22‰. Es wurde keine ungewöhnliche Toleranz gegenüber niedrigen Salinitäten gefunden. Wie *Myxine glutinosa* geht auch *P. atami* bei 20‰ nach wenigen Stunden zugrunde. 27‰ wurden länger überlebt als von *M. glutinosa*, bei 31‰ war das Verhalten fast normal. G. Seifert. 6085.

Antonov, A. E. (Antonow, A. Je.); Forsch.-Inst. für Hochseefischerei und Ozeanogr. der Ostsee. O predskazanii srokov zachoda i načala neresta salaki v Vislinskom zalive. **(Über die Voraussage des Aufenthaltes und den Laichbeginn des Strömlings in der Weichselbucht.)** Voprosy ichtiologii, Moskva **1960** Nr. 16. S. 131–136. — 6 Abb., 12 Lit.

Vf. beschreibt die mathematischen Beziehungen zwischen dem Wärmehaushalt des Wassers und dem Beginn des Laichens der Strömlinge (*Clupea harengus membras*) in der Weichselbucht im Frühjahr. Mit Hilfe der angeführten Formeln konnte das Eintreffen der Strömlinge mit einer Genauigkeit von ±3 Tagen errechnet werden. Ausgangsgrößen für die Berechnungen sind die vertikalen Wassertemperaturen im Sommer, Herbst und Winter sowie in der ersten Märzdekade. Die Arbeitsmethodik und die möglichen Fehler werden dargestellt. G. Predel. 6090.

Kuderskij, L. A. und Ėrastova, V. M. (Kuderski, L. A. und Erastowa, W. M.); Karel. Zweigstelle der Akad. der Wiss. der UdSSR. Biologičeskaja charakteristika nerestovogo stada belomorskoj sel'di iz rajona' ostrovov Ropaki-Gorelka. **(Biologische Eigenschaften der Laichbestände des Weißmeerherings im Gebiet der Inseln Ropaki — Gorelka.)** Voprosy ichtiologii, Moskva **1960** Nr. 15. S. 33–42. — 2 Abb., 10 Tab., 4 Lit.

Bei den Laichheringsbeständen (*Clupea harengus*) im Untersuchungsgebiet erscheinen zunächst die größeren Fische mit einer mittleren Länge von 14.4 cm. Gegen Ende der Laichzeit wird die Durchschnittslänge geringer (13,4 cm). Dreijährige Fische herrschten in den Laichbeständen vor. Nach einem Fangverbot während der Laichzeit im Jahre 1954 erhöhte sich in den folgenden Jahren der Anteil älterer Wachstumsgruppen (bes. der vierjährigen Fische) in den Laichbeständen. Zu Anfang der Laichzeit sind mehr Weibchen vorhanden, gegen Ende mehr männliche Fische. Am Ende der Laichzeit wird eine beträchtliche Anzahl von Fischen mit nicht abgelegten Geschlechtsprodukten beobachtet. G. Predel. 6090.

Altuchov, K. A. (Altuchow, K. A.); Belomorsk, Biol. Stat. der Karel. Zweigstelle der Akad. der Wiss. der UdSSR. Vlijanie mechaničeskich vozdejstvij na razvivajuščujusja ikru belomorskoj sel'di. **(Die Wirkung mechanischer Einflüsse auf die reifenden Eier des Weißmeerherings.)** Voprosy ichtiologii, Moskva **1960** Nr. 15. S. 123–126. — 1 Tab., 5 Lit.

Der Weißmeerhering (*Clupea harengus*) legt seine Eier in sehr flachem Wasser (0,5 – 5 m) ab. Deshalb sind diese in starkem Maße der Gefahr mechanischer Schädigungen ausgesetzt. Untersuchungen zeigten, daß die Eier des Weißmeerherings in den ersten Entwicklungsstadien durch eine feste Eihülle vor der Welleneinwirkung rel. gut geschützt sind. Von dieser Seite her kann also kaum eine Schädigung der Eier zu erwarten sein. Möglich ist jedoch, daß die Pflanzen, an denen die Eier angeklebt sind, abgerissen und ans Ufer gespült werden. Hierbei gehen natürlich auch die Eier zu Grunde. G. Predel. 6090.

Vladimirskaja, M. I. (Wladimirskaja, M. I.); ASSR der Komi, Staatl. Petschoro-Ilytschsker Schonrevier. Zavisimost' neresta semgi v reke Pečore ot gidrologičeskich uslovij. **(Das Laichen des Lachses im Petschora-Fluß in Abhängigkeit von den hydrologischen Bedingungen.)** Voprosy ichtiologii, Moskva **1960** Nr. 16. S. 111–120. – 9 Abb., 2 Tab., 3 Lit.
Obwohl der Lachs (*Salmo salar*) im Petschora-Fluß erst im Herbst laicht, erscheint er bereits im Frühjahr im Oberlauf. Die Reifung der Gonaden erfolgt während der Sommermon. Der Beginn der Laichzeit hängt von der Höhe der sommerlichen Wassertemperaturen, der Dauer der Wassererwärmung und von der Geschwindigkeit der Wasserabkühlung in der zweiten Sommerhälfte ab. Zur Darstellung dieser Abhängigkeit wurde vom Vf. ein „Wasserabkühlungskoeffizient" auf Grund 7jähriger Untersuchungen entwickelt.
G. Predel. 6090.

Krochin, E. M. (Krochin, Je. M.); Kamtschatker Abt. des Forsch.-Inst. für Fischwirtsch. und Ozeanogr. des Pazifiks. Nerestilišča krasnoj (Oncorhynchus nerka Walb.). (Očerk geomorfologii, temperaturnogo režima i gidrochimii). **(Die Laichplätze des Rotlachses [Oncorhynchus nerka]. [Abriß der Geomorphologie, Temperaturverhältnisse und Hydrochemie].)** Voprosy ichtiologii, Moskva **1960** Nr. 16. S. 89–110. – 3 Abb., 10 Tab., 19 Lit.
Die Laichplätze des Rotlachses in den natürlichen Gewässern Kamtschatkas zeichnen sich dadurch aus, daß auf ihnen hervorquellendes Grundwasser vorhanden ist. Auf diese Weise herrschen an den Laichstellen rel. konstante Umweltbedingungen. So sind die Wassertemperaturen am Gewässerboden sowohl im Sommer als auch im Winter für die Entwicklung der abgelegten Eier günstig und schwanken wenig. Obwohl der O_2-Gehalt des Grundwassers gering ist, reicht er doch für die Entwicklung der Eier aus. Durch das Ablegen der Eier im hervorquellenden Grundwasser wird für eine ständige Wasserbewegung gesorgt, und schädigende Stoffe werden ferngehalten.
G. Predel. 6090.

Zavjalov, G. G. (Sawjalow, G. G.); Region Krasnojarsk, Nationalkreis Taimyr. Nekotorye dannye o nerestovom stade pjasinskogo čira kak ob-ekta akklimatizacii. **(Einige Angaben über den Laichbestand des Pjasinsker Tschirs als Akklimatisationsobjekt.)** Voprosy ichtiologii, Moskva **1960** Nr. 16. S. 121–130. – 9 Tab., 7 Lit.
Durch wasserbauliche Maßnahmen sind die Wanderwege und Fortpflanzungsmöglichkeiten wichtiger Wirtschaftsfische gestört worden. Deshalb kommt der Ansiedlung geeigneter Wirtschaftsfische in den neuen Gewässern eine große Bedeutung zu. Ein wichtiger Fisch kann in diesem Zusammenhang der Tschir (*Coregonus nasus*) sein. Er ist an das Leben in langsam fließenden Gewässern angepaßt und pflanzt sich sogar in stehenden Gewässern fort. Vf. führt einige Laichgewohnheiten und Laichbedingungen dieses Fisches an, wie sie bei 15jährigen Beobachtungen festgestellt wurden. G. Predel. 6090.

Gorjunova, A. I. (Gorjunowa, A. I.); Inst. für Zool. der Akad. der Wiss. der Kasach. SSR. O razmnoženii serebrjanogo karasja. **(Über die Fortpflanzung der Silberkarausche.)** Voprosy ichtiologii, Moskva **1960** Nr. 15. S. 106–110. – 4 Abb., 2 Lit.

Es werden einige Beispiele beschrieben, wo sich in Gewässern nur Silberkarauschen (*Carassius auratus gibelio*) befanden und vermehrten. Dabei war der Anteil der männlichen Fische außerordentlich gering. Er betrug im Mittel während der Laichperiode 10 bis 15 % und etwa 1% während der übrigen Zeit. Bei Untersuchungen in den Jahren 1956—1958 wurde bei insgesamt 50 Fischen Hermaphroditismus festgestellt. In der Mehrzahl der Fälle lagen die weiblichen Gonaden auf der linken Fischseite. Die Zwitterbildung bei den Silberkarauschen tritt wahrscheinlich nur bei weiblichen Fischen auf und ist möglicherweise eine Folge der Nichtvollwertigkeit und des zahlenmäßigen Mangels männlicher Tiere. G. Predel. 6090.

Soin, S. G.; Moskau, Lomonossow-Univ., Lehrstuhl für Ichthyol. Razmnoženie i razvitie zmeegolova Ophiocephallus argus warpachowskii Berg. **(Vermehrung und Entwicklung von Ophiocephalus argus warpachowskii).** Voprosy ichtiologii, Moskva **1960** Nr. 15. S. 127–137. — 7 Abb., 5 Lit.
O. argus warpachowski ist ein Vertreter der indo-afrikanischen Ichthyofauna. Er lebt in kleinen, stark durchwärmten und bewachsenen Gewässern. Die Eier werden in Nestern abgelegt und sind pelagisch. Die Nester werden von den Elterntieren bewacht. Die Ausbildung von embryonalen Atmungsorganen sichert die Lebensfähigkeit der Fische. Die schwarze Pigmentierung der Jungfische ist wahrscheinlich eine Folge der starken Lichteinwirkung. Bereits nach einigen Mon., bei 4—4,5 cm Länge, werden die Fische geschlechtsreif.
G. Predel. 6090.

Thomson, J. Arthur; Nanaimo, Brit. Columbia, Fisheries Res. Board of Canada, Biol. Stat. On the fecundity of Pacific cod (Gadus macrocephalus Tilesius) from Hecate Strait, British Columbia. **(Über die Fruchtbarkeit des pazifischen Kabeljau [Gadus macrocephalus] aus der Hecate Strait, Britisch-Kolumbien.)** J. Fisheries Res. Board Canada **19** (1962) Nr. 3. S. 497–500. — 3 Abb., 1 Tab., 2 Lit.
An 46 reifen Weibchen der Art *Gadus macrocephalus* wurden Eizählungen durchgeführt. Es zeigte sich, daß die Unterschiede in der Eizahl/Körperlänge zwischen dem Bestand der Hecate Strait und Beständen aus den kälteren Regionen des Pazifiks gering sind. Der untersuchte Bestand reift bei geringer Körpergröße erstmalig. Da die Eizahl von der Körperlänge abhängig ist, wird geschlossen, daß der Bestand der Hecate Strait ein geringeres Reproduktionspotential als andere nordpazifische Bestände besitzt.
J. Waldmann. 6090.

Kalinina, Ė. M. (Kalinina, E. M.); Sewastopol, Biol. Stat. der Akad. der Wiss. der UdSSR. Osobennosti porcionnogo ikrometanija černomorskogo kalkana Rhombus maeoticus Pall. **(Die Besonderheiten des portionsweisen Ablaichens von Rhombus maeoticus.)** Voprosy ichtiologii, Moskva **1960** Nr. 16. S. 137–143. — 5 Abb., 1 Tab., 13 Lit.
Der Schwarzmeer-Steinbutt laicht in mehr als 4 Portionen ab, wobei jeweils nicht mehr als 20% aller Eier ins Wasser gelangen. Es besteht nach verschiedenen Beobachtungen Grund zu der Annahme, daß sich der Zeitraum zwischen den einzelnen Eiablagen auf etwa 7—10 Tage beläuft.
G. Predel. 6090.

Miller, Rudolph J.; Groningen, Netherlands, Univ., Zool. Lab. Reproductive behavior of the stoneroller minnow, Campostoma anomalum pullum. **(Das Laichverhalten von Campostoma anomalum pullum.)** Copeia [Philadelphia] **1962** Nr. 2. S. 407–417. — 3 Tab., 22 Lit.
Nestbau, Verteidigung des Territoriums und Ablaichen erfolgen in der Gegend von Ithaca, N. Y., von Mitte Apr. bis Anfang Juni bei Wassertemperaturen von 15—24 °C. In flachen kiesgründigen Gebieten werden vom Männchen die Laichplätze angelegt, indem durch Graben und Wegbringen von Steinen Gruben geschaffen werden. Bei engen Laichgebieten und einer großen Anzahl

Männchen kann die Territorialverteidigung teilweise oder ganz unterbleiben. Während dieser Vorbereitung warten die Schwärme der Weibchen im tieferen Wasser bis mit dem Eintritt eines Weibchens in eine Laichgrube der Laichakt beginnt. Beide Geschlechter schwimmen dabei von Grube zu Grube um abzulaichen. Der Aufenthalt des Weibchens ist immer nur kurz, die Männchen verbleiben etwas länger und vergraben die Eier. G. Seifert. 6090.

Ioff, N. A.; Moskau, Lomonossow-Univ., Lehrstuhl für Embryol. der Biol.-Bodenkundl. Fak. Stimuljacija polovogo cikla u gol'jana. **(Die Stimulierung des Geschlechtszyklus bei der Elritze.)** Voprosy ichtiologii, Moskva **1960** Nr. 15. S. 118–122. – 4 Abb., 6 Lit.
An Elritzen (*Phoxinus phoxinus*) wurde im Aquarium der Einfluß der Temperatur auf die Gonadenentwicklung untersucht. Zu diesem Zweck wurden die Fische während des Winters bei Zimmertemperatur gehalten. Die vorläufigen Untersuchungsergebnisse sprechen dafür, daß die winterliche Abkühlung des Wassers für die Reifung der Geschlechtsprodukte unbedingt notwendig ist. Zukünftige Arbeiten müssen darüber Aufschluß geben, ob Temperaturschwankungen die Reifung der Gonaden stimulieren können. Sofern hierbei positive Resultate gefunden werden, kann diese Methode möglicherweise für die Fischzucht eine große wirtschaftl. Bedeutung erlangen. G. Predel. 6090.

Krychtin, M. L.; Moskau, Lomonossow-Univ., Lehrstuhl für Ichthyol. Razvitie dal'nevostočnoj krasnoperki-ugaja Leuciscus brandti (Dyb.). **(Die Entwicklung von Leuciscus brandti.)** Voprosy ichtiologii, Moskva **1960** Nr. 16. S. 144–153. – 3 Abb., 8 Lit.
Leuciscus brandti lebt im Unterschied zur Mehrzahl der Cypriniden im Salzwasser und zieht zum Laichen in die Flüsse. Die Biologie dieses Fisches war bisher wenig untersucht. Vf. beschreibt das Laichen sowie die Ei- und Larvenentwicklung. Der Fisch laicht bei rel. niedrigen Wassertemperaturen und günstigen Sauerstoffverhältnissen. Die großen Eier werden an Steinen angeklebt. Die Larven erreichen nach ca. 70 Tagen eine Größe von 13,5 bis 16,5 mm. G. Predel. 6090.

Makeeva, A. P. (Makejewa, A. P.); Moskau, Lomonossow-Univ., Lehrstuhl für Ichthyol. Ėmbrional'no-ličinočnyj period razvitija amurskogo ploskogolovogo žerecha [Pseudaspius leptocephalus (Pallas)]. **(Die embryonale und larvale Periode der Entwicklung von Pseudaspius leptocephalus.)** Voprosy ichtiologii, Moskva **1960** Nr. 16. S. 154–163. – 3 Abb., 1 Tab., 7 Lit.
Ps. leptocephalus lebt im unteren und oberen Teil des Amur. Seine Biologie wurde bisher wenig erforscht. Bei Untersuchungen der Entwicklung dieses Fisches wurde festgestellt, daß er zur Gruppe der lithophilen Fische (nach Kryshanowski) gehört. Er besitzt jedoch keine klebrigen Eier, sondern legt diese unter Steinen ab. Die wirtsch. Bedeutung ist gegenwärtig noch gering, jedoch kann dieser räuberisch lebende Fisch möglicherweise in den Stauseen des Gebietes zu einem bedeutenden Wirtschaftsfisch werden. G. Predel. 6090.

Holčik, Juraj und Duyvené de Wit, J. J.; Bratislava, Czechoslov. Acad. of Agric. Sci.; Bloemfontein, South Africa, Univ. of the Orange Free State, Dep. of Zool. Characteristics of Rhodeus ocellatus and Acheilognathus lanceolatus hybrids. **(Merkmale der Hybriden von Rhodeus ocellatus und Acheilognathus lanceolatus.)** Copeia [Philadelphia] **1962** Nr. 2. S. 377–390. – 5 Abb., 3 Tab., 23 Lit.
Die taxonomischen Merkmale künstl. erzeugter Hybriden beider Kreuzungsrichtungen werden beschrieben. Mit Ausnahme einiger neutraler Typen zeigten alle Hybriden den männl. Phänotyp. Zur Laichzeit entwickelten alle Männchentypen die volle Hochzeitsfärbung, aber die Sperma-Produktion

war beeinträchtigt. In meristischer Hinsicht waren beide Hybridenformen *A. lanceolatus* ähnlicher als *R. ocellatus*. Die zunehmende Zahl der Zähne und Zahnreihen auf den Schlundknochen und die extrem hohen Dorsalflossen lassen auf einen Atavismus schließen. Der größere Einfluß von *A. lanceolatus* bei beiden Kreuzungsrichtungen läßt die Schlußfolgerung zu, daß diese Art phylogenetisch älter als *R. ocellatus* ist. G. Seifert. 6090.

Lapickij, I. I. (Lapizki, I. I.); Wolgograd, Abt. des Staatl. Forsch.-Inst. für Binnenfischerei. Dinamika čislennosti osnovnych promyslovych ryb Cimljanskogo vodochranilišča i sostojanie ich zapasov. **(Die zahlenmäßige Dynamik der wichtigsten Wirtschaftsfische des Zimljansker Stausees und der Zustand der Bestände.)** Voprosy ichtiologii, Moskva **1960** Nr. 15. S. 3-25. — 22 Tab., 30 Lit.

In den Jahren 1952—1957 wurden Untersuchungen über die Gesetzmäßigkeiten der Entwicklung der Ichthyofauna, der Nahrungsbasis und der chemisch-phys. Verhältnisse durchgeführt. Gegenwärtig hat auf den gesamten Fischbestand der außerordentlich fruchtbare erste Jahrgang noch einen erheblichen Einfluß. Die günstigsten Wirtschaftsfische sind Zope (*Abramis ballerus*), Hecht (*Esox lucius*), Güster (*Blicca björkna*) und Karpfen (*Cyprinus carpio*). Letzterer sollte jedoch in erheblichem Maße durch Besatzmaßnahmen gefördert werden. G. Predel. 6095.

Popova, O. A. (Popowa, O. A.); Moskau, Sewerzow-Inst. für Tiermorphol. der Akad. der Wiss. der UdSSR, Lab. für Ichthyol. Nekotorye osobennosti ėkologii ščuki i okunja v del'te Volgi. **(Einige Besonderheiten der Ökologie von Hecht und Barsch im Wolgadelta.)** Voprosy ichtiologii, Moskva **1960** Nr. 15. S. 55-70. — 5 Abb., 8 Tab., 36 Lit.

An Hecht (*Esox lucius*) und Barsch (*Perca fluviatilis*) — zwei typischen Raubfischen des Wolgadeltas — untersuchte Vf. die Abhängigkeit der biol. Kennziffern von den ökol. Bedingungen ihres Siedlungsraumes. Folgende biol. Daten wurden untersucht: Größen- und Alterszusammensetzung, Wachstumstempo, Eintritt der Geschlechtsreife, Laichzeiten, Fruchtbarkeit und Ernährung. Mit Ausnahme der Nahrungsverhältnisse, deren Darstellung einer bes. Arbeit vorbehalten wurde, werden die angeführten Daten ausführlich beschrieben und diskutiert. Es zeigte sich, daß beide Fische in der unteren Zone des Untersuchungsgebietes eine positive Rolle spielen, in der mittleren Zone jedoch den Jungfischbeständen (Plötze und Karpfen) erheblichen Schaden zufügen. G. Predel. 6095.

Semko, R. S.; Unions-Forsch.-Inst. für Fischerei und Ozeanogr. des Pazifiks. Vosstanovit' zapasy dal'nevostočnoj gorbuši. **(Förderung der Bestände des Fernost-Buckellachses.)** Rybnoe chozjajstvo, Moskva **38** (1962) Nr. 3. S. 3-7. — 1 Abb., 1 Tab.

Vf. weist nach, daß mit der Entwicklung des japanischen Hochseelachsfanges in den letzten Jahren ein erheblicher Rückgang der Bestände an *Oncorhynchus gorbuscha* in den fernöstlichen Gewässern der UdSSR zu verzeichnen ist. Der Bestand ging in der Zeit von 1951—1961 um ca. $^1/_3$ zurück. Durch eine japanisch-sowjet. Fischereikonvention sollen Maßnahmen eingeleitet werden, die zu einer Reproduktion der Lachsbestände führen. Wichtigstes Mittel ist dabei die Fangbeschränkung im Hochseelachsfang. G. Predel. 6095.

Ionescu, N. und Cautiș, I. Componența cîrdurilor de stavrid și migrațialor în dreptul litoralului romînesc, în perioada 1953—1959. **(Die Zusammensetzung der Bastardmakrelenschwärme [Trachurus trachurus] und deren Wanderung längs der rumänischen Küste in der Periode von 1953—1959.)** Hidrobiologia [București] **3** (1961) S. 193-206. — 2 Abb., 11 Tab., 13 Lit. Zus. in Russ., Franz. 6095.

Ricker, W. E.; Nanaimo, Brit. Columbia, Fisheries Res. Board of Canada. Connecticut River shad. **(Clupea sapidissima des Connecticut-Flusses.)** Trans. Amer. Fisheries Soc. **91** (1962) Nr. 1. S. 98–99. — 1 Tab., 2 Lit.
Vf. setzt sich mit dem komplizierten Problem der Beziehungen zwischen der Größe der Laichfischpopulationen bei *Clupea sapidissima* und der Stärke der daraus hervorgehenden Jungfischbestände im Connecticut-Fluß auseinander. Die Fische nehmen im Alter von 4, 5 und 6 Jahren am Laichen teil, aus den gleichen Jahrgängen setzen sich auch die Fänge zusammen, so daß die Intensität der Fischerei auf die Größe des Brutaufkommens nicht ohne Einfluß bleiben kann. Andererseits beeinflussen eine Reihe weiterer Faktoren die Stärke der Nachkommenschaft. Die Korrelation Eltern—Nachkommenschaft wird dadurch stark verwischt und ist daher wie bei vielen anderen Fischen schwierig darzustellen. Von 1931 —1951 ist eine Verringerung des Bestandes festzustellen, ohne daß die Ursache dafür in der Veränderung von Umweltfaktoren, wie Temperatur, O_2-Gehalt und Wasserführung gefunden werden konnte. G. Seifert. 6095.

Regier, Henry A.; Ithaca, N.Y., Cornell Univ., Dep. of Conserv. On estimating mortality coefficients in exploited fish populations, given two censuses. **(Über die Schätzung der Sterblichkeitskoeffizienten in bewirtschafteten Fischpopulationen nach zwei Bestandsaufnahmen.)** Trans. Amer. Fisheries Soc. **91** (1962) Nr. 3. S. 283–294. — 9 Abb., 5 Tab., 4 Lit.
In einer bewirtschafteten Fischpopulation sterben einige Individuen aus natürl. Gründen, andere werden abgefischt. Bei der Schätzung der Sterblichkeitskoeffizienten wird von der Annahme ausgegangen, daß die gesamte Sterblichkeit während der Untersuchungsperiode gleich bleibt. Vf. nimmt an, daß nur der Koeffizient der natürl. Sterblichkeit konstant bleibt. Es wird weiterhin angenommen, daß der Koeffizient der fischereilichen Sterblichkeit bei fehlender Befischung gleich Null ist und daß er bei großen Fängen in kurzen Zeiträumen unendlich groß werden kann. Es werden 7 mathematische Modelle diskutiert. J. Waldmann. 6095.

Anonym. Gorbuša v tundrovych rekach Jamala. **(Buckellachs in Tundraflüssen der Jamal-Halbinsel.)** Rybnoe chozjajstvo, Moskva **38** (1962) Nr. 3. S. 11.
Im Aug. und Okt. 1960 wurden in der Mündung des Flusses Mordy-Jaga auf der Jamal-Halbinsel 2 Exemplare von *Oncorhynchus gorbuscha* gefangen. Es wird angenommen, daß diese Fische von den Akklimatisationsversuchen in der Barents-See und im Weißen Meer stammen. Der Fang in der Flußmündung eines westsibirischen Flusses zeugt davon, daß sich die ausgesetzten Fische weit verbreiten, und zwar nicht nur in westl. und nördl., sondern auch in östl. Richtung. G. Predel. 6100.

Pillay, T. V. R. The occurence of the hilsa Hilsa ilisha Hamilton in the Vembanad backwaters (Kerala). **(Das Vorkommen von Hilsa ilisha in den Vembanad-Stauwassern [Kerala].)** Sci. and Cult. [Calcutta] **26** (1960) Nr. 1. S. 48. 6100.

Brown, Bradford E.; Auburn, Ala., Univ., Agric. Exp. Stat. Occurrence of the walleye, Stizostedion vitreum, in Alabama South of the Tennessee Valley. **(Vorkommen des Zanders, Stizostedion vitreum, südlich des Tennessee-Tales in Alabama.)** Copeia [Philadelphia] **1962** Nr. 2. S. 469–471. — 1 Abb.
Stizostedion vitreum war bisher südlich des Tennessee-Flusses in Alabama wenig bekannt. Erst in den letzten Jahren häuften sich Berichte über sein Vorkommen in diesem Gebiet. Da keine Besatzmaßnahmen bekannt sind, werden die dortigen Vorkommen entweder durch eine frühere Verbindung zwischen dem Tennessee- und dem Alabama-Tombigbee-System oder durch Wanderungen der Zander vom Mississippi entlang der Küste bis zum Alabama-

System zu erklären sein. Der Anteil an den Fängen ist nur gering, er betrug durchschnittl. 0,59 Gewichtsprozent. Zum Vergleich mit nördlicheren Populationen wurden Wachstumsuntersuchungen durchgeführt.
G. Seifert. 6100.

Fedorov, S. S. (Fjodorow, S. S.); Murmansk, Knipowitsch-Forsch.-Inst. für Hochseefischerei und Ozeanogr. des Polargebietes. Osobennosti osenne-zimnego raspredelenija atlantičesko-skandinavskich sel'dej. **(Besonderheiten der Herbst-Winterverteilung des atlanto-skandischen Herings.)** Voprosy ichtiologii, Moskva **1960** Nr. 15. S. 28–32. — 4 Abb.
Vf. berichtet über Verteilung und Verhalten des Herings (*Clupea harengus*) in der Norwegischen See in der Zeit von Okt. 1956—Febr. 1957. Die Angaben vervollständigen die Kenntnisse über die Biologie dieses Heringsbestandes. Bes. wird der Einfluß der Temperatur auf Verteilung und Verhalten untersucht. So konnte festgestellt werden, daß es in der warmen atlantischen Strömung auch Gebiete mit aufquellendem Tiefenwasser gibt, die günstige hydrologische Voraussetzungen für die Überwinterung von Heringen bieten können.
G. Predel. 6100.

Johnson, James H.; San Diego, Calif., U.S. Bureau of Commercial Fisheries, Biol. Lab. Sea temperatures and the availability of albacore off the coasts of Oregon and Washington. **(Wassertemperaturen und Vorkommen von Thunnus germo von den Küsten von Oregon und Washington.)** Trans. Amer. Fisheries Soc. **91** (1962) Nr. 3. S. 269–274. — 4 Abb., 1 Tab., 23 Lit.
Die Albacore-Fänge (*Thunnus germo*) in Oregon und Washington unterliegen großen Schwankungen. 1944 erreichten die Anlandungen 34 Mill. Pfund, 10 Jahre später fielen sie auf 0,6 Mill. Pfund. Die Verbreitung des Albacore längs der Küste von Nordamerika wird durch die Wassertemperaturen beeinflußt. Das Verhältnis zwischen Oberflächentemperatur und Anlandungen wurde für die Zeitspanne 1947—1960 untersucht. In den Jahren mit überdurchschnittl. Temperaturen waren die Fänge bedeutend höher als in kühlen Jahren. Die Daten geben die Möglichkeit, den Saisonbeginn, der gewöhnlich in der Mitte des Juli liegt, bereits im Juni vorhersagen zu können.
J. Waldmann. 6100.

Tibbo, S. N.; St. Andrews, New Brunswick, Fisheries Res. Board of Canada, Biol. Stat. New records for occurrence of the white-tip shark, Pterolamiops longimanus (Poey), and the dolphin, Coryphaena hippurus L., in the Northwest Atlantic. **(Neue Meldungen über das Vorkommen von Pterolamiops longimanus und Coryphaena hippurus im Nordwestatlantik.)** J. Fisheries Res. Board Canada **19** (1962) Nr. 3. S. 517–518. — 9 Lit.
Ein Hai der Art *Pterolamiops longimanus* wurde am 10. Okt. 1961 nahe der östlichen Ecke der Georges Bank gefangen. Das Tier war ein Männchen von 221 cm Länge und 64 kg Gewicht. Die Nordgrenze der Verbreitung wurde bisher östlich von Florida angenommen. Im gleichen Fanggebiet wurden acht Delphine der Art *Coryphaena hippurus* gefangen, die Größen schwankten zwischen 51 und 84 cm Gesamtlänge. Das Vorkommen der Art so weit nördlich ist zweifellos selten. Beide Arten sind Tropenbewohner.
J. Waldmann. 6100.

Pike, Gordon C.; Nanaimo, Brit. Columbia, Fisheries Res. Board of Canada, Biol. Stat. First record of the great white shark (Carcharodon carcharias) from British Columbia. **(Erste Meldung von Carcharodon carcharias aus Britisch-Kolumbien.)** J. Fisheries Res. Board Canada **19** (1962) Nr. 2. S. 363.
Ein Hai der Art *Carcharodon carcharias* von 3,4 m Länge strandete an der Ostküste der Queen Charlotte Islands (52°21'06''N; 131°24' W) am 24. Okt. 1961. Es ist die bisher nördlichste Meldung dieser Art, die als gefährlichste der Haie angesehen wird. J. Waldmann. 6100.

Scattergood, Leslie W.; Washington, U. S. Fish and Wildlife Serv., Bureau of Commercial Fisheries. White sharks, Carcharodon carcharias, in Maine, 1959—1960. **(Menschenhaie, Carcharodon carcharias, in Maine, 1959—1960.)** Copeia [Philadelphia] **1962** Nr. 2. S. 446–447.
1959—1960 wurden in Küstennähe des Staates Maine auffallend viele Menschenhaie (*Carcharodon carcharias*) beobachtet. 12 Exemplare von 2—4 m Länge konnten, vorwiegend mit Harpunen, gefangen werden. Von 1931 bis 1960 sind aus der Literatur nur 17 Fänge bekannt geworden. Bei 2 gefangenen Haien fanden sich im Magen Reste von Robben. Außer *C. carcharias* kommen in den Gewässern Neu-Englands noch folgende Hai-Arten vor: *Lamna nasus, Isurus oxyrinchus* und *Cetorhinus maximus*. G. Seifert. 6100.

Boschung jun., Herbert T. und Couch, John; Univ. of Alabama, Dep. of Biol. A record of the sand shark, Carcharias taurus, off Pensacola, Florida. **(Ein Bericht über den Sandhai, Carcharias taurus, vor Pensacola, Florida.)** Copeia [Philadelphia] **1962** Nr. 2. S. 456–457.
Carcharias taurus gehört zur Sommerfauna der atlantischen Küstengewässer der USA und Kanadas. Im Golf von Mexiko und in den Gewässern um Florida ist er selten. 1961 wurde von einem Taucher 8 Meilen vor der Westspitze der Insel Santa Rosa ein Sandhai mit dem Speer gefangen. Das Tier war ca. 150 cm lang und etwas ängstlich, es floh jedoch nicht vor dem Taucher. Die Zahnformel dieses Fisches unterscheidet sich etwas von den Formeln der bisher gefangenen Exemplare. G. Seifert. 6100.

Minckley, W. L.; Louisville, Ky., Univ., Dep. of Biol. Two new species of fishes of the genus Gambusia (Poeciliidae) from Northeastern Mexico. **(Zwei neue Fischarten der Gattung Gambusia [Poeciliidae] aus Nordost-Mexiko.)** Copeia [Philadelphia] **1962** Nr. 2. S. 391–396. — 6 Abb., 10 Lit.
Gambusia longispinis ist in ihrem Vorkommen auf die halbisolierten Gewässer der Gebirgstäler in der Gegend Cuatro Ciénegas, Coahuila in Mexiko beschränkt, während *Gambusia marshi* nahezu im gesamten Rio-Salado-Becken gefunden wird. Die erste Art gehört zur *G.-nobilis*-Gruppe in Texas und Nordmexiko, die letztere wird zu dem mehr im Süden vorkommenden Subgenus *Heterophallina* gerechnet. *Gambusia marshi* erscheint in bestimmten isolierten Gewässern etwas differenziert und verkörpert einen Komplex.
G. Seifert. 6100.

Minckley, W. L. und Craddock, James E.; Louisville, Ky., Univ., Dep. of Zool. A new species of Phenacobius (Cyprinidae) from the upper Tennessee River system. **(Eine neue Phenacobius-Art [Cyprinidae] aus dem oberen Tennessee-Fluß-System.)** Copeia [Philadelphia] **1962** Nr. 2. S. 369–377. — 3 Abb., 15 Lit.
Phenacobius crassilabrum n. sp. ist eine kleinschuppige Elritze, die früher mit *P. catostomus* identifiziert wurde. Von *P. uranops*, *P. teratulus* und *P. catostomus* unterscheidet sich die neue Art hauptsächlich durch die langen, bis hinter den Anus reichenden Brustflossen, die Anzahl der Schuppenreihen am Schwanzstiel und durch die abweichende Färbung. Die wahrscheinliche Abstammung der neuen Art und der Gattung *Phenacobius* wird diskutiert.
G. Seifert. 6100.

Dawson, C. E.; Ocean Springs, Miss., Gulf Coast Res. Lab. A new gobioid fish, Microdesmus lanceolatus, from the Gulf of Mexico with notes on M. longipinnis (Weymouth). **(Ein neuer Gobioide, Microdesmus lanceolatus, aus dem Golf von Mexiko, mit Bemerkungen über M. longipinnis.)** Copeia [Philadelphia] **1962** Nr. 2. S. 330–336. — 1 Abb., 6 Tab., 17 Lit.
Vf. beschreibt eine neue Microdesmiden-Art, die auf der Höhe der Küste Louisianas vorkommt, und untersucht die morphol. Variationen von *M. longipinnis* aus dem Golf von Mexiko. Ein Bestimmungsschlüssel für die atlan-

tischen Microdesmiden-Arten ist beigefügt. Weiterhin wird der Nachweis erbracht, daß diese Familie eher zu den Gobioiden als zu den Blennoiden, denen sie bisher zugerechnet wurde, gehört. Die Zugehörigkeit der Gattung zu den Gunnelichthyidae ist untragbar und die Familie sollte den Namen Microdesmidae behalten. G. Seifert. 6100.

Briggs, John C.; Port Aransas, Tex., Inst. of Marine Sci. A new clingfish of the genus Lepadichthys from the New Hebrides. **(Ein neuer Haftfisch aus der Gattung Lepadichthys von den Neuen Hebriden.)** Copeia [Philadelphia] **1962** Nr. 2. S. 424–425. — 1 Abb., 1 Lit.

Lepadichthys bolini n. sp. ist die 5. *Lepadichthys*-Art und kommt wie die übrigen im Indischen Ozean bis zum Westpazifik vor. Ein Bestimmungsschlüssel der 5 Arten wird aufgestellt. *L. bolini* unterscheidet sich von den anderen Arten vor allem durch die Zahl der Strahlen in der Dorsal- und Analflosse. G. Seifert. 6100.

Scattergood, Leslie W.; Washington, U. S. Fish and Wildlife Serv., Bureau of Commercial Fisheries. First record of mako, Isurus oxyrinchus, in Maine waters. **(Erster Bericht über Isurus oxyrinchus aus den Gewässern Maines.)** Copeia [Philadelphia] **1962** Nr. 2. S. 462.

Im Juli 1957 wurde ein 400—450 Pfund schweres Exemplar von *Isurus oxyrinchus* vor Boon Island, York County, harpuniert. Damit reicht die Verbreitung dieser Hai-Art nördlich bis zur Südostküste des Staates Maine. Aus dem kanadischen Atlantik wurden noch keine Fänge dieses Fisches bekannt. G. Seifert. 6100.

Caldwell, David K.; Los Angeles, Calif., County Museum. Western Atlantic fishes of the family Priacanthidae. **(Fische der Familie Priacanthidae aus dem Westatlantik.)** Copeia [Philadelphia] **1962** Nr. 2. S. 417–424. — 4 Abb., 24 Lit.

Die Arbeit enthält eine Beschreibung und einen auf meristischen Merkmalen basierenden Bestimmungsschlüssel von 4 Priacanthiden-Arten aus dem Westatlantik: *Pseudopriacanthus altus, Priacanthus cruentatus, Priacanthus arenatus* und *Cookeolus boops*. Einige ökologische und systematische Probleme sowie die geographische Verbreitung dieser 4 Arten werden erörtert. G. Seifert. 6100.

Behnke, R. J., Koh, Ting Pong und Needham, P. R.; Berkeley, Univ. of California, Dep. of Zool.; Taipei, Formosa, Taiwan Normal Univ., Dep. of Biol. Status of the landlocked salmonid fishes of Formosa with a review of Oncorhynchus masou (Brevoort). **(Die Zugehörigkeit der Süßwassersalmoniden Formosas mit einer Betrachtung von Oncorhynchus masou.)** Copeia [Philadelphia] **1962** Nr. 2. S. 400–407. — 2 Abb., 2 Tab., 25 Lit.

Vff. vergleichen 5 Salmonidenexemplare aus einem Gebirgsfluß Formosas mit *Oncorhynchus masou* und *Salmo formosanus*. *S. formosanus* besitzt Basibranchialzähne, die bei den 5 Exemplaren fehlen. Es wird deshalb angenommen, daß es sich um eine Subspecies von *O. masou* handelt. Eine Liste der taxonomischen Merkmale von *O. masou* wird gegeben. G. Seifert. 6100.

Springer, Victor G.; Washington, U. S. Nat. Museum, Div. of Fishes. A review of the blenniid fishes of the genus Ophioblennius gill. **(Eine Besprechung der Blenniiden aus der Gattung Ophioblennius.)** Copeia [Philadelphia] **1962** Nr. 2. S. 426–433. — 4 Abb., 2 Tab., 7 Lit.

Zur Gattung *Ophioblennius* s. str. gehören 2 Arten, von denen jede wieder in 2 Unterarten vorkommt. *O. s. steindachneri* kommt im Ostpazifik von Kalifornien bis Peru vor und fehlt bei der Clipperton-Insel, wo dafür *O. s. clippertonensis* vorkommt. *O. a. atlanticus* findet sich von der afrikanischen

Westküste bis zur Ostküste Brasiliens und *O. a. macclurei* ist im Karibischen Meer weit verbreitet. Die Merkmale dieser 4 Subspecies werden gegenübergestellt. G. Seifert. 6100.

Briggs, John C.; Port Aransas, Tex., Inst. of Marine Sci. Restoration of the frogfish, Antennatus reticularis (Gilbert). **(Wiederaufstellung des Froschfisches, Antennatus reticularis.)** Copeia [Philadelphia] **1962** Nr. 2. S. 440. — 2 Abb.
Antennatus reticularis unterscheidet sich von *A. strigatus* durch einen, im Verhältnis zum 2. Dorsalflossenstrahl kürzeren 1. Strahl, der bei beiden Arten zu einem Angelorgan umgebildet ist. Auch die Gestalt und Oberfläche des Angelorgans ist bei beiden Formen verschieden, so daß die Zusammenfassung beider Species unter dem Namen *A. strigatus* nicht mehr aufrechterhalten werden kann. G. Seifert. 6100.

Gery, Jacques; Banyuls sur Mer, France, Lab. Arago. **Copella vilmae n. sp. (Pisces, Characoidei).** Senckenbergiana [Frankfurt a. Main], biol. **44** (1963) Nr. 1. S. 25–31. — 3 Abb., 2 Tab., 3 Lit. 6100.

Bartholomew, Mark A., Vall, John di und Morrow, James E.; Univ. of Alaska, Dep. of Wildlife Management. Silver pike, an atypical Esox lucius, in Alaska, a first record. **(Der Silber-Hecht, ein atypischer Esox lucius in Alaska, ein erster Bericht.)** Copeia [Philadelphia] **1962** Nr. 2. S. 449–450.
3 an der Mündung des Kandik-Flusses in den Yukon gefangene ungewöhnlich gefärbte Hechte besaßen alle morphol. Merkmale von *Esox lucius*. Den Fischen fehlten die dunklen Flecke und die dunkle Grundfarbe. Nähere Untersuchungen ergaben, daß die schon oft in der Literatur beschriebenen „Silberhechte" nur Mutationen von *E. lucius* sind, die z. B. im Heming-See, Manitoba, mit 0,21% im gesamten Hechtbestand vertreten sind. Künstl. Kreuzungen zwischen Silberhechten und normal gefärbten Exemplaren ergeben eigenartig gesprenkelte, dunkle Fische. G. Seifert. 6100.

Abakumov, V. A. (Abakumow, W. A.); Moskau, Techn. Mikojan-Inst. für Fischind. und -wirtsch. O sistematike i ėkologii dal'nevostočnoj ruč'evoj minogi iz bassejna Amura. **(Über Systematik und Ökologie der fernöstlichen Bachlamprete im Amurgebiet.)** Voprosy ichtiologii, Moskva **1960** Nr. 15. S. 43–54. — 6 Tab., 33 Lit.
Die fernöstliche Bachlamprete (*Lampreta reissneri*) kommt in den Nebenflüssen des Amur vor, fehlt aber im Amur selbst. Vf. macht ausführliche Angaben über die Biologie dieses Fisches. Gegenüber anderen nichtwandernden Lampreten des Süßwassers zeichnet sich *L. reissneri* durch eine außergewöhnlich große Eizahl aus. Sie betrug im Mittel etwa 9000 Stück. Die hohe Eizahl ist eine bei Amurfischen weit verbreitete Erscheinung und als Anpassung an die hohe Sterblichkeit dieser Fische im Amur zu werten.
G. Predel. 6100.

Pfeiffer, W.; Vancouver, Canada, Univ. of Brit. Columbia, Dep. of Zool. **Schreckreaktion und Schreckstoffzellen der Fische.** Mikrokosmos **51** (1962) Nr. 12. S. 362–369. — 9 Abb., 1 Tab., 3 Lit. Vgl. LZ. Abt. III 6 (1961) Nr. 5. S. 914.; Nr. 10. S. 1820. 6105.

Pfeiffer, Wolfgang; Vancouver, Univ. of Brit. Columbia, Dep. of Zool. **Die Verbreitung der Schreckreaktion bei nordamerikanischen Fischen.** Naturwissenschaften **49** (1962) Nr. 6. S. 141. — 5 Lit. Vgl. vorst. Titel.
Die bisher von verschiedenen Cypriniden, Cobitiden und friedlichen Characiden bekannte Schreckreaktion konnte auch bei *Richardsonius balteatus*, *Ptychocheilus oregonense*, *Mylocheilus caurinum*, *Couesius plumbeus*, *Rhinichthys cataractae* und *Hybognathus hankinsoni* nachgewiesen werden. *Ptychocheilus* ist ein ausgesprochener Raubfisch, dennoch zeigten 7 cm lange Tiere

beim Raub ihrer 3 cm langen Artgenossen deutliche Schreckreaktionen. Auch bei *Catostomus catostomus* und *C. macrocheilus* ist die Reaktion zu beobachten, und in der Epidermis sind zahlreiche Schreckstoffzellen vorhanden. Sie ähneln denen anderer Ostariophysi. Jede Species reagierte auf die Schreckstoffe der anderen Species. G. Seifert. 6105.

Perkins, Frank E.; Boothbay Harbor, Me., Bureau of Commercial Fisheries, Biol. Lab. A gravity food dispenser for laboratory fish. **(Eine Futterverteilungs-Einrichtung für Fische im Laboratorium.)** U.S. Dep. Interior, Fish Wildlife Serv., progr. Fish-Culturist **25** (1963) Nr. 1. S. 56. – 2 Abb., 1 Lit.

Häufig sind größere Futtermengen pro Tag zu verfüttern, die nur im Wasser schwebend von den Fischen aufgenommen werden. Vf. benutzte eine größere Polyaethylen-Flasche (ca. 4 l) mit abgeschnittenem Boden als Futter-Vorratsbehälter. Die Flasche wurde mit dem Schraubverschluß nach unten in eine Holzhalterung am Rande des Fischbeckens eingesetzt. Durch eine Bohrungi im Schraubverschluß und einen mit Klemmschraube regulierbaren Gummischlauch konnte die Nahrungsemulsion in gewünschter Menge auf die Wasseroberfläche gelangen. Die kleine Einrichtung sorgt für eine gute Futteraufnahme und vermeidet Verschmutzungen des Fischbehälters durch Futterreste. G. Merla. 6110.

Lebedev, N. V. (Lebedew, N. W.); Moskau, Univ., Lehrstuhl für Darwinismus. Opyt učeta razmerov vyedanija rybami molljuskov i opredelenija čislennosti ryb v promyslovom skoplenii na mestach pitanija. **(Versuch einer Berechnung der Freßrate von Mollusken durch Fische und Bestimmung der Zahl der Fische in fangwürdigen Ansammlungen auf den Nahrungsplätzen.)** Voprosy ichtiologii, Moskva **1960** Nr. 16. S. 34–55. – 5 Abb., 8 Tab., 8 Lit.

Vf. beschreibt eine Methodik, die es gestattet, Wechselbeziehungen zwischen Fischbestand und Fischnährtieren zu erfassen und aus der Abnahme der Fischnährtiere durch Fischfraß auf die Größe des Fischbestandes zu schließen. Am konkreten Beispiel der Beziehungen zwischen Mollusken (*Adacna vitrea*) und Plötzen (*Rutilus rutilus*) aus dem NW-Teil der Kaspisee wird die Methode ausführlich erläutert. Sie stützt sich darauf, daß folgende Angaben bekannt sind: Größe des Molluskenbestandes und die Bestandsveränderungen durch natürliche Mortalität, Zuwachs usw. sowie auf die Kenntnis der Freßrate durch bestimmte Fische. Die angeführten Fakten gestatten die Annahme, daß die Methode genügend zuverlässige Resultate ergibt. G. Predel. 6110.

Gerking, Shelby D.; Indiana Univ., Dep. of Zool. Production and food utilization in a population of bluegill sunfish. **(Produktion und Nahrungsverwertung in einer Population von Lepomis macrochirus.)** Ecol. Monogr. **32** (1962) Nr. 1. S. 31–78. – 12 Abb., 30 Tab., 120 Lit.

Die übervölkerte und langsamwüchsige *Lepomis-macrochirus*-Population aus dem Wyland-See, Indiana, wurde hinsichtlich ihrer Beziehungen zur Nährtierproduktion dieses Sees eingehend untersucht. Der 3,18 ha große und max. 6 m tiefe See ist eutroph und weist im Sommer eine ausgeprägte Schichtung auf. Der starke Bestand an *L. macrochirus* zeigt im Vergleich zu anderen Seen eine hohe natürliche Sterblichkeit, insbesondere durch Krankheiten und Parasiten. Die Nutzung der maßigen Fische (über 122 mm) durch die Fischerei beträgt nur 13%. Das individuelle Wachstum war gering, die Population verbrauchte in einem Sommer das 6fache ihres Eigengewichtes an Nahrung, die aus Plankton-Entomostracen und Bodentieren bestand. Die Hauptnahrung bildeten Daphnien (26%) und Mückenlarven (45%). Die Minimum-Nährtierproduktion betrug das 4 – 5fache der Produktion von *L. macrochirus* während des Sommers und im Jahresdurchschnitt ca. das 10fache. G. Seifert. 6110.

Mann, Hans. **Mast- und Hungerformen bei Fischen.** Fisch u. Fang 4 (1963) Nr. 1. S. 14–15.

Typisch für Hungerformen bei Fischen sind ein großer Kopf, große Augen, Messerrücken und lange Flossen. Das auffälligste Merkmal der Hungerformen ist das Mißverhältnis zwischen Kopf und Körper. Als bekannteste Fischart für Hunger- und Mastformen wird der Karpfen (*Cyprinus carpio*) genannt. Das Kopfgewicht bei normal abgewachsenen zweijährigen Karpfen betrug nach Untersuchungen des Vf. 27%, bei Hungerformen 34% des Gesamtgewichtes. Bei dreijährigen Karpfen betrug das Kopfgewicht normal abgewachsener Karpfen 18,1% und bei Kümmerformen 19,4% des Gesamtgewichtes. Ähnliche Verhältnisse werden bei Regenbogenforellen (*Salmo gairdneri*) beobachtet. Der Kopfanteil betrug bei normalen Fischen 16,5%, bei Hungerformen 19,7% des Gesamtgewichtes. Unter den Wildfischen kommen Hungerformen am häufigsten bei Brassen (*Abramis brama*) vor. Vf. fand Hungerformen, deren Gewicht des Kopfes, der Flossen, Schuppen und Wirbelsäule 33,3% des Körpergewichtes betrug, bei normal abgewachsenen Brassen dagegen nur 24,9%. H. Jähnichen. 6110.

Amosov, V. A. (Amossow, W. A.); Staatl. Forsch.-Inst. für Binnenfischerei, Lab. für Ichthyol. Izmenenie vesa i razmerov ryby pri fiksacii formalinom i otmočke v vode. **(Veränderungen des Gewichtes und der Größe von Fischen bei Fixierung in Formalin und Wässerung.)** Voprosy ichtiologii, Moskva **1960** Nr. 16. S. 187–190. — 2 Tab., 2 Lit.

Karpfen und Amurkarpfen (*Cyprinus carpio*) wurden einmal in lebendem Zustand und zum anderen in wassertotem Zustand in Formalin fixiert und danach gewässert. Bei den lebend fixierten Fischen war eine Zunahme von Größe und Gewicht und der davon ableitbaren Körperproportionen zu verzeichnen. So erhöhte sich das Gewicht um 3,6—8,5%, wobei die höchsten Prozentwerte bei den kleinsten Fischen zu finden waren. Bei den in totem Zustand fixierten Fischen trat praktisch keine Veränderung der Ausgangsdaten ein. G. Predel. 6110.

Krogius, F. V. (Krogius, F. W.); Kamtschatker Abt. des Forsch.-Inst. für Fischwirtsch. und Ozeanogr. des Pazifiks. Temp rosta i vozrastnye gruppirovki krasnoj (Oncorhynchus nerka Walb.) v more. **(Wachstumstempo und Altersgruppierungen beim Rotlachs [Oncorhynchus nerka] im Meer.)** Voprosy ichtiologii, Moskva **1960** Nr. 16. S. 67–88. — 6 Abb., 8 Tab., 5 Lit.

Bei sich in Seen fortpflanzenden Rotlachsen erfolgt eine Aufspaltung in langsamwachsende und schnellwachsende Jungfische. Als Folge davon sind bei den ins Meer abwandernden Fischen immer zwei Wachstumsgruppen vorhanden. Im Meer erfolgt dann erneut eine Aufspaltung in zwei ihrer Intensität nach unterschiedliche Wachstumsgruppen. Beim Aufstieg der Laichfische sind jeweils mehrere Generationen vorhanden. Die Tatsache, daß gleiche Größengruppen aus verschiedenen Jahrgängen hervorgehen können, verleiht den Lachsbeständen eine große Stabilität und trägt auch dazu bei, die Fortpflanzung zu sichern. G. Predel. 6110.

Brjuzgin, V. L. (Brjusgin, W. L.); Cherson, Staatl. Pädagog. Krupskaja-Inst. O charakteristike rosta ryb. **(Über die Charakteristik des Fischwachstums.)** Voprosy ichtiologii, Moskva **1960** Nr. 15. S. 77–90. — 6 Abb., 7 Tab., 14 Lit.

Vf. weist nach, daß die Kennziffern „Spezifische Wachstumsgeschwindigkeit" und „Charakteristik des Fischwachstums", die beide nach der Formel der Zinseszinsrechnung bestimmt werden, das lineare Fischwachstum nicht genügend genau charakterisieren, weil die Gesetze des Fischwachstums und die mathematischen Gesetze des org. Wachstums nicht übereinstimmen. Er fordert, für wiss. Untersuchungen die Größe des „Relativen Zuwachses“ zu verwenden. Die Formel dafür lautet:

$$c = \frac{l_2 - l_1}{l_1} \text{ oder } c\% = \frac{l_2 - l_1}{l_1} \cdot 100 \,.$$

G. Predel. 6110.

Riedel, Dietmar; Wiesbaden. A giant Nile perch from Lake Margherita (Abaya) Ethiopia. **(Ein riesiger Nilbarsch aus dem Margheritensee [Abaya] Äthiopien.)** Arch. Hydrobiol. **58** (1962) Nr. 3. S. 339–342. – 1 Abb., 11 Lit.
Vf. beschreibt ein weiteres Riesenexemplar von *Lates niloticus*, dem afrikanischen Barsch. Normalerweise erreicht diese Species ein Gewicht von 5–10 kg, Einzelexemplare können jedoch wesentlich größer werden. Das schwerste bisher bekanntgewordene Tier wog 360 Pfund. Der vorliegende weibl. Nilbarsch hatte eine Totallänge von 175,5 cm und wog 80 kg bei einem Alter von 14 Jahren. G. Seifert. 6110.

Pounds, Sandra; Rockport, Texas Game and Fish Commiss. An unusually large lookdown, Selene vomer, from Texas. **(Ein ungewöhnlich großes Exemplar von Selene vomer aus Texas.)** Copeia [Philadelphia] **1962** Nr. 2. S. 444–445. – 1 Abb.
Der Fisch ging an der Mole von Port Aransas, Texas, an die Angel und war bei einer Totallänge von 48,3 cm 1474 g schwer. Seine Höhe betrug 26,0 cm. Er ist vermutlich das bisher größte Exemplar, das gefangen wurde.
G. Seifert. 6110.

Southward, G. Morris; Seattle, Wash., Int. Pacific Halibut Commiss. Photographing halibut otoliths for measuring growth zones. **(Die Photographie von Heilbutt-Otolithen zur Messung der Zuwachszonen.)** J. Fisheries Res. Board Canada **19** (1962) Nr. 2. S. 335–338. – 2 Abb.
Es wird eine Vorrichtung beschrieben, mit der Heilbutt-Otolithen (*Hippoglossus stenolepis*) zum Zwecke von Wachstumsuntersuchungen projiziert und photographiert werden können. Mit der Apparatur können bis zu 200 Otolithen am Tage photographiert werden. Max. wurden etwa 120 Messungen pro Tag ausgeführt. J. Waldmann. 6110.

Southward, G. Morris; Seattle, Wash., Int. Pacific Halibut Commiss. A method of calculating body lengths from otolith measurements for Pacific halibut and its application to Portlock-Albatross grounds data between 1935 and 1957. **(Eine Methode zur Errechnung der Körperlänge aus Otolithenmessungen beim Pazifischen Heilbutt und ihre Anwendung auf die Portlock-Albatross-Grounds-Daten zwischen 1935 und 1957.)** J. Fisheries Res. Board Canada **19** (1962) Nr. 2. S. 339–362. – 5 Abb., 11 Tab., 18 Lit.
Im Wachstum des Pazifischen Heilbutt (*Hippoglossus stenolepis*) von den Portlock-Albatross-Grounds ist seit etwa 1930 eine Änderung eingetreten. Es ist möglich, diese Änderung durch Otholithenmessungen festzustellen. Das Rückberechnen der Körperlänge aus den Otolithenmessungen gestattet es, die Wachstumsraten jedes Jahrgangs zu verfolgen. Das bessere Wachstum äußert sich nicht an jungen Fischen, es beginnt erst im Alter von 5 Jahren.
J. Waldmann. 6110.

Belyj, N. D. (Bely, N. D.); Moskau, Inst. für Hydrobiol. der Akad. der Wiss. der UdSSR. Skat sudaka na rannich stadijach razvitija v reke Ol'šanke. **(Das Abwandern der frühen Entwicklungsstadien des Zanders aus dem Olschanka-Feuß.)** Voprosy ichtiologii, Moskva **1960** Nr. 16. S. 164–174. – 1 Abb., 7 Tab., 7 Lit.
Entgegen anderen Meinungen kommt Vf. zu der Ansicht, daß das Abwandern der jungen Zander (*Lucioperca lucioperca*) im Larvenstadium von den Laichplätzen durch die Strömung bedingt ist und nicht zu den biologischen Eigen-

schaften des Fisches gehört. Die Besiedlung von durchströmten und nicht durchströmten Gewässern mit Zandern aus dem mittleren Dnjepr kann durchaus eine wirtschaftliche Bedeutung haben und erfolgreich sein. Das gilt auch für Stauseen. G. Predel. 6110.

Saila, Saul B.; Kingston, Univ. of Rhode Island, Narragansett Marine Lab. Proposed hurricane barriers related to winter flounder movements in Narragansett Bay. **(Der Einfluß der vorgeschlagenen Sturmsperren auf die Wanderungen von Pseudopleuronectes americanus in der Narragansett-Bucht.)** Trans. Amer. Fisheries Soc. **91** (1962) Nr. 2. S. 189–195. — 4 Abb., 3 Tab., 5 Lit.
Untersuchungen der Wiederfänge markierter und verpflanzter *Pseudopleuronectes americanus* in zwei, durch eine natürliche Verengung getrennten Gebieten der Narragansett-Bucht ergaben, daß die Fische durch diese Schwelle nicht in ihren Wanderungen gehindert werden. Die Ergebnisse lassen nach mathematischen Berechnungen und theoretischen Überlegungen den Schluß zu, daß *P. americanus* nach kurzer Zeit in der Lage ist, die Öffnungen in den geplanten Sturmschutzanlagen zu lokalisieren und ein physisches Hindernis für den Fisch nicht entsteht. G. Seifert. 6110.

Geiser, Albert E. und Kneubühler, Heinz; Burgdorf, Schweiz. **Das Markieren von Fischen.** Schweiz. Fischerei-Ztg. **71** (1963) Nr. 3. S. 88–89. — 3 Abb., 1 Tab.
Gruppen- und Einzelmarkierungen tragen dazu bei, Kenntnis über die Auswirkung bestimmter Wirtschaftsmaßnahmen, über Hochwässer, Fischwanderungen u. a. zu erhalten. In Abständen von 10 km wurden zu diesem Zweck in einen Fluß 4 Gruppen von je 300 Fischen ausgesetzt. Von mehreren Markierungsmethoden wurde die mit farbigen Kunststoffanhängern gewählt, welche mit Silberdraht (0,2 mm stark) hinter der Rückenflosse zu befestigen waren. Silberdraht ist hierbei dem quellenden Nylon vorzuziehen. Pro Markierung wurden 35 Sek. benötigt. G. Merla. 6115.

Fortunatova, K. R. und Čugunova, N. I. (Fortunatowa, K. R. und Tschugunowa, N. I.); Moskau, Sewerzow-Inst. für Tiermorphol. der Akad. der Wiss. der UdSSR, Lab. für Ichthyol. Zavisimost' sochrannosti metok ot povedenija i uslovij obitanija ryb. **(Die Abhängigkeit der Haltbarkeit von Markierungen von dem Verhalten und den Umweltbedingungen der Fische.)** Voprosy ichtiologii, Moskva **1960** Nr. 15. S. 91–105. — 2 Abb., 5 Tab., 23 Lit.
Versuche an Karauschen (*Carassius carassius*) und Karpfen (*Cyprinus carpio*), die zwischen der Unterwasservegetation leben, sollten Aufschluß über die Ursachen des Verlustes von Markierungszeichen in Abhängigkeit von verschiedenen Faktoren geben. Der Verlust der Marken hängt in starkem Maß von deren Art ab. Gilbert-Marken hielten sich besser als mit Fäden befestigte Scheiben. Wichtig für die Haltbarkeit der Marken ist auch die Jahreszeit, in der die Markierung erfolgt. Bei den Versuchen waren die Verluste im Sommer und bes. während der Laichzeit am größten. Die Markenverluste sind an den Fischen schon nach 2–3 Mon. nicht mehr zu erkennen. Vff. empfehlen, Fischmarkierungsmethoden auszuarbeiten, die die ökologischen Bedingungen der jeweiligen Fischart berücksichtigen. G. Predel. 6115.

Parker, Robert R.; Nanaimo, Brit. Columbia, Fisheries Res. Board of Canada, Biol. Stat. Tag failure associated with a net fishery as a source of experimental error. **(Markierungsfehlschlag bei einer Netzfischerei als Quelle experimentellen Irrtums.)** J. Fisheries Res. Board Canada **19** (1962) Nr. 2. S. 315–320. — 2 Tab., 4 Lit.
Markierungszeichen können durch Einwirkung von Fanggeräten gewaltsam von Fischen abgerissen werden. Dies Problem wurde sowohl durch Markierungen als auch durch Beschneiden der Fettflosse bei heranreifenden *Onco-*

rhynchus tshawytscha geprüft. Es wurde ein Korrekturfaktor von 1,196 gefunden, und es wird geschlossen, daß dieser Fehler ernste Folgen bei der Berechnung der Bestandsstatistik haben kann, da die fischereiliche Sterblichkeit unterschätzt wird. J. Waldmann. 6115.

Templeman, Wilfred und Fleming, A. M.; St. John's, Newfoundland, Fisheries Res. Board of Canada, Biol. Stat. Cod tagging in the Newfoundland area during 1947 and 1948. **(Kabeljau-Markierungen im Neufundland-Gebiet in den Jahren 1947 und 1948.)** J. Fisheries Res. Board Canada **19** (1962) Nr. 3. S. 445–487. — 15 Abb., 10 Tab., 22 Lit.

In den Binnengewässern von Neufundland und Labrador und auf der Grand Bank und St. Pierre Bank wurden etwa 4200 Kabeljaus (*Gadus morhua*) markiert. Die Wanderungen der markierten Fische werden beschrieben. Die meisten Fische wurden in den Binnengewässern wiedergefangen. In einigen Gebieten ist eine südlich gerichtete Winterwanderung und eine nordwärtsgerichtete Frühjahrs-Frühsommerwanderung festzustellen. Es wurden Fische markiert, die den gewerblichen Fängen entnommen worden waren. Verwendet wurde eine äußere Patent-Hosenknopf-Marke aus Aluminium und Zellulose-Nitrat, die durch das Operculum gedrückt wurde, außerdem fand eine innere Marke Verwendung, die in die Leibeshöhle eingeführt wurde. Die Methoden werden geschildert und die Erfahrungen mitgeteilt. Die inneren Marken wurden im Jahr der Markierung seltener zurückgemeldet, dagegen in den folgenden häufiger. J. Waldmann. 6115.

Gulland, J. A. und Williamson, G. R.; Lowestoft, Fisheries Lab.; St. Johns, Newfoundland, Fisheries Res. Board of Canada. Transatlantic journey of a tagged cod. **(Transatlantische Reise eines markierten Kabeljaus.)** Nature [London] **195** (1962) Nr. 4844. S. 921. — 3 Lit.

Seit 1956 wurden über 4000 Kabeljaus (*Gadus morhua*) in der mittleren Nordsee markiert, und bisher war keiner außerhalb der Nordsee wiedergefangen worden. Am 7. Dez. 1961 wurde auf den Grand Banks ein Kabeljau von 75 cm Länge gefangen, der am 9. Juni 1957 in der mittleren Nordsee markiert worden war. Der Fisch war bei der Markierung 57 cm lang gewesen. In der Nordsee hätte der Fisch 15 cm/Jahr wachsen können, auf den Nordostabhängen der Grand Banks jedoch nur 3 cm/Jahr. Die kürzeste mögliche Route des Fisches war über 2000 sm lang und wohl die weiteste Strecke, die ein markierter Kabeljau nachweislich zurücklegte. Wahrscheinlich schwamm der Fisch über Faroe, Island, Grönland oder noch weiter nördlich.
J. Waldmann. 6115.

Biologie der Meeressäuger

Utrecht, W. L. von und Spoel, S. van der; Amsterdam, Univ., Zool. Lab. Observations on a Minke Whale (Mammalia, Cetacea) from the Antarctic. **(Beobachtungen an einen Zwergwal [Mammalia, Cetacea] aus der Antarktis.)** Z. Säugetierkunde **27** (1962) Nr. 4. S. 217–221. — 1 Abb., 1 Tab., 9 Lit.

Vff. beschreiben einen kleinen Bartenwal, der sich nur in einzelnen Punkten von der Art *Balaenoptera acutorostrata* unterscheidet. Die weiße Binde an den Flossen fehlt, diese sind länger als bei *B. acutorostrata*. Alle Barten haben eine dunkle Seitenkante. Es wird angenommen, daß das beschriebene Exemplar zur Art *B. acutorostrata* gehört, aber als Varietät zu betrachten ist.
J. Waldmann. 6120.

Pedersen, Alwin; Holte, Dänemark. **Ein Unterscheidungsmerkmal zwischen dem pazifischen Walroß Odobaenus obesus Illiger und dem grönländischen Walroß O. rosmarus L.** Z. Säugetierkunde **27** (1962) Nr. 4. S. 237–239. — 3 Abb., 4 Lit.

Beim pazifischen Walroß *Odobaenus obesus* liegen die Nasenöffnungen an der Oberseite des Kopfes, während sie beim grönländischen Walroß *O. rosmarus* an der Vorderseite des Kopfes liegen. Beim pazifischen Walroßbullen fallen beulenartige Verdickungen an Hals und Brust auf, die für sekundäre Geschlechtsmerkmale gehalten werden. Sie fehlen beim grönländischen Walroß.
J. Waldmann. 6120.

Essapian, Frank S.; Miami, Fla., Communication Res. Inst. Courtship in captive saddle-backed porpoises, Delphinus delphis, L. 1758. **(Werbung bei Delphinus delphis in der Gefangenschaft.)** Z. Säugetierkunde **27** (1962) Nr. 4. S. 211–217. — 5 Abb., 15 Lit.

Werbung und Paarung gefangener *Delphinus delphis* werden beschrieben. Einige Photos sind beigefügt. Die zwischenartlichen Beziehungen zu *Tursiops truncatus* werden geschildert und diskutiert. J. Waldmann. 6120.

Biologie der sonstigen fischereilichen Nutztiere

Matheson, Colin; Cardiff, Nat. Museum of Wales, Dep. of Zool. Caretta kempi Garman on Welsh Coast. **(Caretta kempi an der walisischen Küste.)** Nature [London] **186** (1960) Nr. 4729. S. 989. — 5 Lit. 6125.

Butler, T. H. und Hart, Josephine F. L.; Nanaimo, Fisheries Res. Board of Canada, Biol. Stat.; Victoria, Brit. Columbia, Queen Anne Heights. The occurrence of the king crab, Paralithodes camtschatica (Tilesius), and of Lithodes aequispina Benedict in British Columbia. **(Das Vorkommen der Königskrabbe Paralithodes camtschatica und von Lithodes aequispina in Britisch-Kolumbien.)** J. Fisheries Res. Board Canada **19** (1962) Nr. 3. S. 401–408. — 6 Abb., 1 Tab., 7 Lit.

Im Jahre 1930 wurde erstmalig eine Königskrabbe *Paralithodes camtschatica* in Gewässern westl. der Queen Charlotte Islands gefangen. Über die seit dieser Erstmeldung bekannten Fänge wird berichtet. Das bisher bekannte Verbreitungsgebiet der Art *Lithodes aequispina* im südl. Britisch-Kolumbien wird ebenfalls beschrieben. Da beide Arten leicht verwechselt werden können, werden anatomische Vergleiche beigefügt. J. Waldmann. 6125.

Turnbull-Kemp, Peter St. J.; Rusape, Southern Rhodesia, Rhodes Inyanga Estate and Nat. Park. Quantitative estimations of populations of the river crab, Potamon (Potamonautes) perlatus (M. Edw.), in Rhodesian trout streams. **(Quantitative Schätzungen der Populationen der Flußkrabbe Potamon [Potamonautes] perlatus in rhodesischen Forellenflüssen.)** Nature [London] **185** (1960) Nr. 4711. S. 481. — 5 Lit. 6125.

Key, Denis; Burnham-on-Crouch, Essex, Min. of Agric., Fisheries and Food, Fisheries Lab. Abnormal breeding behaviour in the oyster. **(Abnormes Brutverhalten bei der Auster.)** Nature [London] **195** (1962) Nr. 4841. S. 620.

Normalerweise zeigen die Gonaden von *Ostrea edulis* vom zeitigen Frühjahr an Zeichen der Entwicklung. Fortgeschrittener Reifezustand wird erst bei Temperaturen über 16,0 °C gefunden. Das Ausschwärmen der Larven erfolgt bei Temperaturen über 18 °C. Im Nov.—Dez. 1961 wurden 2 Austern gefunden, die sich im Reifezustand kurz vor Freilassung der Larven befanden. Die Anzahl der Larven war für die betreffende Austerngröße normal. Zu dieser Jahreszeit beträgt die Wassertemperatur am Fundort gewöhnlich 9—12 °C. Im Sept. 1961 war sie bereits unter die normale Laichtemperatur abgesunken und betrug im Nov.—Dez. nur noch 5,5 °C. Aus diesem Grunde ist die lange Verzögerung möglich. J. Waldmann. 6125.

C. LEBENSRAUM DER FISCHE

(Hydrographie und Hydrobiologie)

Ziegler, I., Ziegler, H. und Schmidt, H.; Darmstadt, TH. **Über Pterine bei Algen.** Arch. Mikrobiol. **42** (1962) Nr. 1. S. 80–89. — 1 Abb., 4 Tab., 21 Lit.
Vff. prüften, ob neben konjugierten Pterinen unkonjugierte Pterine bei Algen allg. verbreitet sind. Untersucht wurden marine Braun-, Rot- und Grünalgen sowie die Süßwasseralgen *Spirogyra* cf. *majuscula*, *Chara* spec., *Chlorella vulgaris*, *Scenedesmus obliquus* und *Chlamydomonas eugametos*. Auf Grund der beschriebenen Untersuchungsmethodik kommen Vff. zu dem Ergebnis, daß in Algen offenbar allg. neben *Streptococcus-faecalis*-aktiven, konjugierten Pterinen (Folsäure-Gruppe) *Crithidia-fasciculata*-aktive, unkonjugierte Pterine vorhanden sind, die in ihrer Synthese miteinander verknüpft sind. Die Abgrenzung des unkonjugierten Pterins gegenüber Folsäure-Verbindungen konnte an teilweise gereinigten Extrakten und an einem weitgehend gereinigten Präparat aus *Spirogyra* gesichert werden. M. Schlüter. 6130.

Newell, B. S. The hydrology of Lake Victoria. **(Die Hydrologie des Viktoria-Sees.)** Hydrobiologia [Den Haag] **15** (1960) Nr. 4. S. 363–383. — 5 Abb., 10 Tab., 14 Lit. 6135.

Likens, Gene E. und Hasler, Arthur D.; Madison, Univ. of Wisconsin, Dep. of Zool. Movement of radiosodium in a chemically stratified lake. **(Bewegung von Radionatrium in einem chemisch geschichteten See.)** Science [Washington] **131** (1960) Nr. 3414. S. 1676–1677. — 1 Abb., 4 Lit. 6135.

Woodhead, N. und Tweed, R. D. Additions to the algal flora of Newfoundland. Part 1. New and interesting algae in the Avalon Peninsula and Central Newfoundland. **(Zur Algenflora von Neufundland. 1. Mitt. Neue und interessante Algen von der Halbinsel Avalon und aus Zentral-Neufundland.)** Hydrobiologia [Den Haag] **15** (1960) Nr. 4. S. 309–344. — 63 Abb. 6135.

Woodhead, N. und Tweed, R. D. Additions to the algal flora of Newfoundland. Part 2. A consideration of the taxonomy of some algae found in the Newfoundland collections. **(Zur Algenflora von Neufundland. 2. Mitt. Eine Betrachtung der Taxionomie einiger in Neufundland gesammelter Algen.)** Hydrobiologia [Den Haag] **15** (1960) Nr. 4. S. 345–362. — 19 Abb., 40 Lit. 1. Mitt. vgl. vorst. Ref. 6135.

Drawert, Horst und Mix, Marianne; Marburg, Univ., Bot. Inst. **Licht- und elektronenmikroskopische Untersuchungen an Desmidiaceen. 10. Mitt. Beiträge zur Kenntnis der „Häutung“ von Desmidiaceen.** Arch. Mikrobiol. **42** (1962) Nr. 1. S. 96–109. — 24 Abb., 23 Lit.
Vff. überprüften mit dem Phasenkontrastmikroskop den Häutungsvorgang bei verschiedenen, einzeln lebenden Desmidiaceen. Den streckungsfähigen Erstlingsmembranen der Tochterzellen wird durch Appositionswachstum innen je eine Folgemembran ohne Flächenwachstum angelagert. Nach Ausdifferenzierung der Folgemembran wird die Erstlingsmembran abgeworfen (Häutung). Dabei bilden die Erstlingsmembranen entweder Doppelhäute (*Pleurotaenium, Cosmarium*), oder die Erstlingsmembranen werden stückweise abgeworfen (*Micrasterias*); sie werden bei *Tetmemorus* als Ganzes, bei *Euastrum* stückweise abgestreift. Auch kann beim Abstreifen der Erstlingsmembran Bewegungsgallerte mitbeteiligt sein (*Pleurotaenium, Cosmarium, Tetmemorus*). Die Erstlingsmembran färbt sich mit Chlorzinkjod violett und zeigt im Polarisationsmikroskop Doppelbrechung. M. Schlüter. 6135.

Pfennig, Norbert; Göttingen, Univ., Inst. für Mikrobiol. **Beobachtungen über das Schwärmen von Chromatium okenii.** Arch. Mikrobiol. **42** (1962) Nr. 1. S. 90–95. — 7 Lit.
Vf. beschreibt das Bild des Schwärmens von *Chromatium okenii* unter verschiedenen Beleuchtungsverhältnissen. Nach Vorkultur im Licht-Dunkel-Wechsel und Übertragung in Dauerlicht wird tagelang der zuvor induzierte Schwärm-Absetz-Rhythmus beibehalten. Im Dauerlicht können Schädigungen der Kulturen durch örtlichen H_2S-Mangel zusammengeklumpter Zellen und auch durch zu starke Schwefelspeicherung der Organismen nach frischer H_2S-Versorgung auftreten. Für die Anzucht von *Chromatium okenii* ist Wechselbeleuchtung vorzuziehen; Kulturen höherer Populationsdichten können auch im Dauerlicht weitergezüchtet werden. M. Schlüter. 6135.

Schlegel, H. G.; Göttingen, Univ., Inst. für Mikrobiol. **Die Speicherstoffe von Chromatium okenii.** Arch. Mikrobiol. **42** (1962) Nr. 1. S. 110–116. — 4 Abb., 17 Lit.
Chromatium okenii speichert im Licht in H_2S- und acetathaltigem Mineralmedium bei Abwesenheit von CO_2 große Mengen von Poly-β-hydroxybuttersäure (PHBS) intracellulär. Dazu kommen ein mit Jod sich rotbraun färbendes Polysaccharid, das 5—10% des Trockengewichtes ausmacht, Schwefel und Polyphosphate. Während von den letzteren die Bildungsbedingungen noch nicht überprüft worden sind, wird Schwefel gespeichert, wenn den Zellen im Licht und bei Anwesenheit eines H-Acceptors H_2S zur Verfügung steht. Vf. faßt in einem Schema die an der Bildung von Speicherstoffen beteiligten Vorgänge und die notwendigen Voraussetzungen dafür zusammen. Den aerophilen Acetatflagellaten (Pringsheim 1935) werden die anaerophilen Purpurbakterien zur Seite gestellt. M. Schlüter. 6135.

Fuhs, G. Wolfgang; Bonn, Univ., Hyg.-Inst. **Cytochemisch-elektronenmikroskopische Lokalisierung der Ribonukleinsäure und des Assimilats in Cyanophyceen.** Protoplasma [Wien] **56** (1963) Nr. 1. S. 178–187. — 9 Abb., 17 Lit.
Auf Grund cytochemisch-elektronenmikroskopischer Untersuchungen an *Oscillatoria amoena* und *Pseudanabaena catenata* stellte Vf. fest, daß die Ribonukleinsäure in Granula lokalisiert ist, die im Cytoplasma gehäuft auftreten und den Paladeschen Granula oder Ribosomen gleichen. Das Assimilationsprodukt der Cyanophyceen verhält sich histochemisch wie Glykogen und liegt in Form größerer Granula zwischen den Lamellen des Chromatoplasmas. M. Schlüter 6135.

Oliver, D. R. The macroscopic bottom fauna of Lac La Ronge, Saskatchewan. **(Die makroskopische Bodenfauna des Sees La Ronge, Saskatchewan.)** J. Fisheries Res. Board Canada **17** (1960) Nr. 5. S. 607–624. — 7 Abb., 7 Tab., 4 Lit. 6135.

Thomas, M. Pugh; Lancashire, Univ., Dep. of Zool. Notes on the presence of Sida crystallina in the plankton and the origin of the freshwater plankton. **(Bemerkungen über die Anwesenheit von Sida crystallina im Plankton und den Ursprung des Süßwasserplanktons.)** Arch. Hydrobiol. **59** (1963) Nr. 1. S. 103–109. — 3 Abb., 1 Tab., 8 Lit.
Vf. beobachtete *S. crystallina* im Pelagial der Seen Llyn Tegid (Nord Wales) und d'Eguzon (Frankreich). Letzterer ist ein ca. 50 Jahre alter Stausee. Durch den Besitz des Nackenhaftorganes sind beide Funde einwandfrei als *S. crystallina* gekennzeichnet. Die pelagischen Populationen nehmen in beiden Fällen in den wichtigsten 8 Körpermaßen und -proportionen eine eindeutige Zwischenstellung zwischen der rein pelagischen *S. limnetica* und der rein litoralen *S. crystallina* ein, wobei als bes. auffälliges Merkmal das Auftreten doppelter Zähne am Postabdomen der pelagischen *S. crystallina*

hervorzuheben ist. Die pelagische Population von *S. crystallina* stellt also einen ausgesprochen intermediären Typ zwischen *S. crystallina s. str.* und *S. limnetica* dar, womit die Theorie Wesenberg-Lunds über die Entstehung von Zooplankton-Arten aus litoralen und benthischen Arten eine Stützung findet. W. v. Tümpling. 6135.

Triebel, Erich; Frankfurt/M., Forsch.-Inst. Senckenberg. **Die Schalenmerkmale der Ostracoden-Gattung Oncocypris G. W. Müller 1898.** Senckenbergiana [Frankfurt a. Main], biol. **44** (1963) Nr. 1. S. 33–43. — 15 Abb., 15 Lit. 6135.

Bușniță, Th. Studiul limnologic al Dunării, problema actuală de interes internațional. **(Die limnologische Untersuchung der Donau, ein aktuelles Problem von internationalem Interesse.)** Hidrobiologia [București] **2** (1961) S. 7–28. — 1 Tab., 220 Lit. Zus. in Russ., Franz. 6145.

Zottl, A.; Wien. **Geschiebeführung natürlicher Flußläufe unter Berücksichtigung von Regulierungsmaßnahmen.** Österr. Wasserwirtsch. **14** (1962) Nr. 6. S. 109–117. — 8 Abb., 14 Lit.
Die Geschiebetheorie von Meyer-Peter besagt, daß Längenprofil und Querprofil zusammenpassen müssen, um eine stabile Sohlenlage zu erzielen. Mit Hilfe der Geschiebetriebformeln kann der gesamte Fragenkomplex der Geschiebeführung nur in seinen Gesamtauswirkungen erfaßt werden. Die moderne Physik müßte in der Lage sein, Beobachtungs- und Meßmethoden für den Vorgang der Geschiebeführung zu entwickeln, z. B. durch den Einsatz von Isotopen, mittels derer man geeignete Grundlagen zur Weiterentwicklung der Geschiebeforschung gewinnen könnte. M.-L. Albrecht. 6145.

Brehm, Vinzenz; Lunz, Niederösterreich, Biol. Stat. **Einige Bemerkungen zu vier indischen Entomostraken.** Int. Rev. ges. Hydrobiol. **48** (1963) Nr. 1. S. 159–172. — 25 Abb., 3 Lit. 6145.

Lepnewa, S. G.; Leningrad, Akad. der Wiss., Zool. Inst. **Larven der Rhyacophilidae (Trichoptera) in Fließgewässern der UdSSR.** Arch. Hydrobiol. **59** (1963) Nr. 1. S. 61–70. — 9 Abb., 16 Lit.
Keine der 28 Arten der Gattung *Rhyacophila* ist im gesamten Gebiet der UdSSR verbreitet. Im europäischen Teil sind *R. nubila* und *R. septentrionis* über das gesamte Gebiet verbreitet ,*R. obliterata* ist auf den Norden beschränkt. Im Kaukasus finden sich 12 weitgehend endemische Arten aus 4 Gruppen der Gattung *Rhyacophila*, wobei die Gruppen *Pararhyacophila* und *Hyperrhyacophila* innerhalb der UdSSR nur im Kaukasus vorkommen. Die mittelasiatische Fauna ist durch 2 Arten der Gattung *Himalopsyche* gekennzeichnet. Auf dem Altai und den Sajanen finden sich außerdem 3 Arten der neuen *Mesorhyacophila*-Gruppe, einer Gruppe von bes. systematischer und phylogenetischer Stellung. Für die Larven der beiden Arten der *Pararhyacophila*-Gruppe wird ein Bestimmungsschlüssel angegeben. W. v. Tümpling. 6145.

Băcescu, M. Cercetări fizico-chimice și biologice romînești la Marea Neagră, efectuate în perioada 1954–1959. **(Rumänische physiko-chemische und biologische Forschungen am Schwarzen Meer in der Periode von 1954–1959.)** Hidrobiologia [București] **3** (1961) S. 17–46. — 7 Abb., 86 Lit. Zus. in Russ., Franz. 6150.

Rao, D. V. Subba und Ganapati, P. N.; Waltair, Andhra Univ., Dep.of Zool. Primary organic production off Waltair Coast. **(Primärproduktion vor der Waltair-Küste.)** Current Sci. [Bangalore] **31** (1962) Nr. 6. S. 242–243. — 1 Abb., 1 Tab., 7 Lit.
Im Golf von Bengalen wurden Produktionsuntersuchungen mit der O_2-Methode und der ^{14}C-Methode durchgeführt. Das Maximum der org. Produk-

tion liegt von der Oberfläche bis in etwa 20 m Tiefe. Zwischen beiden angewendeten Methoden wurde gute Übereinstimmung erzielt. Die Ergebnisse sind in einer Tab. zusammengestellt. J. Waldmann. 6150.

Sorokin, Ju. I.; Borok, Inst. für Biol. der Stauseen der Akad. der Wiss. der UdSSR. Mikroflora gruntov Černogo morja. **(Die Mikroflora des Bodens des Schwarzen Meeres.)** Mikrobiologija, Moskva **31** (1962) Nr. 5. S. 899–903. – 2 Abb., 1 Tab., 6 Lit. 6150.

Poljakova, I. N. (Poljakowa, I. N.); Leningrad, Zool. Inst. der Akad. der Wiss. der UdSSR. Raspredelenie mikroorganizmov, okisljajuščich uglevodorody v vode Nevskoj guby. **(Verteilung von Mikroorganismen, die Kohlenwasserstoffe oxydieren, im Wasser des Newa-Meerbusens.)** Mikrobiologija, Moskva **31** (1962) Nr. 6. S. 1076–1081. – 3 Tab., 10 Lit. Zus. in Engl. 6150.

Printz, Henrik; Oslo. **Phykochronologische Untersuchungen in Assoziationen von Laminaria digitata (L.) Lamour. f. stenophylla (Kütz.) Harv. an der norwegischen Westküste.** Arch. Mikrobiol. **42** (1962) Nr. 1. S. 64–73. – 5 Tab., 8 Lit.

Vf. untersuchte Repopulation, Bestockung und Wachstumsverhältnisse der wirtschaftlich wichtigen *Laminaria digitata* f. *stenophylla* an der norwegischen Westküste. Grundlegend dafür waren die den Jahresringen der Bäume entsprechenden konzentrischen Zuwachszonen in den Stipites der Laminarien. Die Repopulation der untersuchten Art kann in Abhängigkeit von Temperatur und Trockenheit stark variieren. Der Durchmesserzuwachs der Stipites nimmt im ersten Lebensjahr der Pflanze rasch zu und mit steigendem Alter der Pflanze ab. Die Bestände werden rasch erneuert; bereits 4- bis 5-jährige Pflanzen sind selten. M. Schlüter. 6150.

Zarenkov, N. A., Wu Wang Lieu und Nkueng Tieng K'an. (Sarenkow, N. A., Wu Wang Lieu und Nkueng Tieng K'an.); Moskau, Lomonossow-Univ. Obščaja charakteristika količestvennogo raspredelenija planktona i bentosa Tonkinskogo zaliva i prilegajuščej časti Južno-Kitajskogo morja. **(Gesamtcharakteristik der mengenmäßigen Verteilung des Planktons und des Benthos im Golf von Tongking und im angrenzenden Teil des Südchinesischen Meeres.)** Doklady Akademii nauk SSSR, Moskva **148(31)** (1963) Nr. 6. S. 1389–1391. – 2 Abb., 3 Lit. 6150.

Frolander, Herbert F.; Seattle, Wash., Univ., Dep. of Oceanography. Quantitative estimations of temporal variations of zooplankton off the coast of Washington and British Columbia. **(Quantitative Schätzungen der zeitlichen Variationen des Zooplanktons vor der Küste von Washington und Britisch-Kolumbien.)** J. Fisheries Res. Board Canada **19** (1962) Nr. 4. S. 657–675. – 2 Abb., 1 Tab., 58 Lit.

Quantitative Proben vor den Küsten Washingtons und Britisch-Kolumbiens zeigen eine regelmäßige Variation der Zooplanktonmengen. Das Durchschnittsvolumen für die oberen 200 m in diesem Gebiet schwankt zwischen 0,035 cc/m³ im Winter und 0,139 cc/m³ im Frühsommer. *Pseudocalanus minutus* und *Oithona similis* sind die zahlreichsten Arten. *Acartia danae* war Leitform für Einstrom von Oberflächenwasser aus dem Süden. In den Küstengewässern von Washington ist die Zooplanktonmenge 4–5mal so groß wie im äquatorialen Pazifik, sie gleicht der des Golfs von Alaska, ist aber geringer als im nordwestlichen Pazifik. Weitere Untersuchungen sind notwendig, um langfristige Mittelwerte festzustellen. J. Waldmann. 6150.

Grainger, E. H.; Montreal, Fisheries Res. Board of Canada, Arctic Unit. Zooplankton of Foxe Basin in the Canadian arctic. **(Zooplankton des Foxe-Basin in der kanadischen Arktis.)** J. Fisheries Res. Board Canada **19** (1962) Nr. 3. S. 377–400. – 9 Abb., 2 Tab., 30 Lit.

Zooplanktonfänge von 100 Stationen im Foxe-Basin und angrenzenden Gewässern in der östl. kanadischen Arktis aus den Jahren 1955–57 werden betrachtet. Die verfügbaren ozeanographischen Angaben aus dem Gebiet werden diskutiert, bes. solche, die Einfluß auf die Planktonverbreitung haben. Die Zooplanktonbiomasse in den oberen 50 m wird auf 50 mg/m³ geschätzt. 48 Zooplanktonarten kommen vor, Amphipoden überwiegen (25% der Arten). In der Biomasse überwiegen die Copepoden, ihre Hauptvertreter sind *Pseudocalanus minutus, Calanus glacialis* und *C. hyperboreus*. Auf Grund der Planktonzusammensetzung und der Wasserbewegungen wird geschlossen, daß das Foxe-Basin ein Gebiet ist, in dem arktisches und subarktisches Wasser unterschiedlichen Einfluß ausüben. Unterschiede im Zooplankton der einzelnen Jahre werden auf die Dauer der Eisdecke zurückgeführt.

J. Waldmann. 6150.

Heinrich, A. K. On the production of copepods in the Bering Sea. **(Über die Produktion von Copepoden in der Bering-See.)** Int. Rev. ges. Hydrobiol. **47** (1962) Nr. 3. S. 465–469. — 2 Tab., 12 Lit.

In den Jahren 1950–1953 wurden 1010 Planktonproben gesammelt, die mit einem Schließnetz gefangen worden waren. Die hauptsächlichen herbivoren Copepodenarten waren *Calanus cristatus, C. plumchrus, Eucalanus bungii* und *Metridia pacifica*. Im Sommer machten diese Arten 70–80% der Zooplankton-Biomasse aus. Zusammen mit der Lebensgeschichte der Copepodenarten wird die Phytoplanktonentwicklung verfolgt. Die jährliche Produktion der Copepoden in der westlichen Region übertrifft die der nördlichen Region der Bering-See um mehr als das 10-fache. Die Gründe für diesen Unterschied liegen im jeweiligen Nahrungsangebot während der Entwicklungszeiten der Copepoden. J. Waldmann. 6150.

Squires, H. J.; St. John's, Newfoundland, Fisheries Res. Board of Canada, Biol. Stat. Decapod crustacea of the Calanus expeditions in Frobisher Bay, Baffin Island, 1951. **(Decapoden der Calanus-Expeditionen in die Frobisher Bay, Baffin Island, 1951.)** J. Fisheries Res. Board Canada **19** (1962) Nr. 4. S. 677–686. — 3 Abb., 3 Tab., 9 Lit.

Auf den Calanus-Expeditionen wurden im Jahre 1951 etwa 600 Decapoden (11 Arten) gesammelt. Die Stationen der flacheren Teile des Schelfs erbrachten eine größere Zahl, diejenigen an der Schelfkante brachten statt der Decapoden mehr Echinodermen. Die Exemplare gehörten meist zu der Familie Hippolytidae, die häufigste Art war *Lebbeus groenlandicus*. Die Decapodenfauna ähnelte derjenigen der flachen Gebiete der Ungava-Bucht. Durch Magenuntersuchungen wurden Benthos und Phytobenthos als Nahrung der Decapoden festgestellt. J. Waldmann. 6150.

McCrimmon, Hugh und Bray, Joseph; Guelph, Ontario, Agric. Coll., Dep. of Zool. Observations on the isopod Mesidotea entomon in the Western Canadian Arctic Ocean. **(Beobachtungen über die Isopodenart Mesidotea entomon im westlichen kanadischen arktischen Ozean.)** J. Fisheries Res. Board Canada **19** (1962) Nr. 3. S. 489–496. — 5 Abb., 2 Tab., 3 Lit.

Durch die auf einer Untersuchungsfahrt in die westl. kanadische Arktis im Jahre 1960 gesammelten Exemplare von *Mesidotea entomon* hat sich das bisher bekannte Verbreitungsareal der Art wesentlich vergrößert. Die Populationsdichte war in schlammigen Gebieten am höchsten, in denen die Bodentemperaturen zwischen $-1{,}3$ °C und $+10{,}0$ °C lagen. In größeren Tiefen als 44 m wurde die Art nicht mehr angetroffen. Der Sexualdimorphismus von *M. entomon* wurde bei einer Länge von 25 mm ausgebildet. Männchen waren beim Eintritt der Reife im 2. Lebensjahr größer als Weibchen. Die Mehrzahl der Population schien nach einmaligem Laichen zu sterben.

J. Waldmann. 6150.

Menzies, Robert J.; Los Angeles, Univ. of Southern California, Biol. Dep. On the food and feeding habits of abyssal organisms as exemplified by the isopoda. **(Über Nahrung und Freßgewohnheiten von Tiefseeorganismen, dargestellt am Beispiel der Isopoden.)** Int. Rev. ges. Hydrobiol. **47** (1962) Nr. 3. S. 339–358. — 8 Abb., 16 Lit.
Anhand von Darmuntersuchungen an 32 Isopoden wird versucht, ein Bild über die Ernährung von Tiefsee-Isopoden zu entwerfen. In der offenen See scheinen der Planktonregen und die Strömungswirbel die dominanten Vorgänge zu sein. Bei über 90% der Tiefsee-Isopoden wurden nur oder vorwiegend Bodenablagerungen als Darminhalt festgestellt. Es scheint eine Auswahl in der Teilchengröße stattzufinden, und es wird angenommen, daß diese ein Grund zur Verminderung der Nahrungskonkurrenz unter den Tiefseearten ist.
J. Waldmann. 6150.

Rzepishevsky, I. K. Conditions of the mass liberation of the nauplii of the common barnacle, Balanus balanoides (L.), in the Eastern Murman. **(Bedingungen für das Massenschlüpfen der Nauplien von Balanus balanoides an der östlichen Murman-Küste.)** Int. Rev. ges. Hydrobiol. **47** (1962) Nr. 3. S. 471–479. — 3 Abb., 1 Tab., 11 Lit.
Die Seepocken *Balanus balanoides* entlassen ihre Nauplien spontan, und weder die Wassertemperatur noch deren tägl. Schwankungen können der Grund für diese Massenfreilassung sein. Das Licht kann entweder direkt Einfluß nehmen oder über das Phytoplankton wirken. Vf. stellt fest, daß die Massenentwicklung von Phytoplanktonflagellaten und der Übergang der Seepocken von Diatomeen- auf Flagellatennahrung den Reiz für das Nauplien-Ausschwärmen darstellen. J. Waldmann. 6150.

Barnes, H. und Barnes, Margaret; Millport, Scotland, Marine Stat. The growth rate of Elminius modestus (Crust., Cirripedia) in Scotland. **(Das Wachstum von Elminius modestus [Crust., Cirripedia] in Schottland.)** Int. Rev. ges. Hydrobiol. **47** (1962) Nr. 3. S. 481–486. 3 Abb., 9 Tab.
Die Wachstumsrate von *Elminius modestus* an 3 verschiedenen Orten Schottlands mit kontrastierenden Bedingungen wird untersucht. Das Wachstum setzt im Sommer und Herbst nach dem Festsetzen ein, im Winter ist es gering. Das Wachstum ist bei ständig untergetaucht lebenden Exemplaren schneller als in der oberen Intertidenregion. Der Unterschied ist jedoch geringer als bei *Balanus balanoides. E. modestus* ist nicht auf Detritusnahrung spezialisiert. Im Norden ist die Nachwuchszahl bei niedrigen Winter- und mäßigen Sommertemperaturen gering. Hier ist *B. balanoides* gegenüber dem Einwanderer im Vorteil. Die Nordausdehnung von *E. modestus* wird wahrscheinlich eher durch Konkurrenz als durch ökologische Faktoren begrenzt.
J. Waldmann. 6150.

Berkeley, E. und Berkeley, C.; Nanaimo, Brit. Columbia, Fisheries Res. Board of Canada, Biol. Stat. Polychaeta from British Columbia; with a note on some Western Canadian Arctic forms. **(Polychaeten aus Britisch-Kolumbien; mit einer Bemerkung über einige westkanadische arktische Formen.)** Canad. J. Zool. **40** (1962) Nr. 4. S. 571–577. — 2 Abb., 36 Lit.
Es wird über 9 Polychaeten-Arten berichtet, die vor der Küste von Britisch-Kolumbien gesammelt wurden. Die Arten *Micromaldane ornithochaeta* und *Notomastus lineatus var. balanoglossi* wurden bisher noch nicht außerhalb von Europa gefangen, *Asychis biceps* ist neu für die Westküste Nordamerikas, 4 Arten sind neu für Britisch-Kolumbien. 6 der gefundenen Arten waren aus der Nachbarschaft bekannt. J. Waldmann. 6150.

Gerlach, Sebastian A.; Hamburg, Zool. Staatsinst. **Robbea tenax sp. n., ein merkwürdiger mariner Nematode von den Malediven.** Int. Rev. ges. Hydrobiol. **48** (1963) Nr. 1. S. 153–158. — 4 Abb., 4 Lit. 6150.

Morris, Percy A. Some New York sea shells. **(Einige New Yorker Meeresmuscheln.)** Conservationist **17** (1963) Nr. 4. S. 20–27. 37. 6150.

Aron, William. The distribution of animals in the Eastern North Pacific and its relationship to physical and chemical conditions. **(Die Verbreitung von Tieren im östlichen Nordpazifik und ihre Beziehungen zu physikalischen und chemischen Bedingungen.)** J. Fisheries Res. Board Canada **19** (1962) Nr. 2. S. 271–314. — 18 Abb., 9 Tab., 42 Lit.

In Gebieten neutraler Stabilität oder hoher Turbulenz ist die Biomasse gering, ein Zeichen für die geringe Produktionsrate, die durch das Unterschreiten der Kompensationstiefe durch das Phytoplankton entsteht. Die tägl. Wanderungen von Wirbellosen und Fischen werden durch phys. und chem. Umweltfaktoren verursacht. Eine Reihe von Indikator-Organismen ermöglicht es, die Herkunft von Wasserkörpern im Nordostpazifik zu identifizieren. Besonders nützlich sind die Fischarten *Lampanyctus leucopsarus, Diaphus theta* und andere, die Pteropoden *Limacina helicina, Carolina globulosa* und *Euclio pyramidata*. Die küstennahen Fänge vor Süd-Britisch-Kolumbien und Washington betrugen 1958 nur etwa 10% der von 1957. Dieser Rückgang wurde durch größeren Einstrom von „intermediate" Wasser im Jahre 1958 verursacht. J. Waldmann. 6150.

Carufel, Louis H.; Devils Lake, N. Dak., Game and Fish Dep. An ice-penetration bucket. **(Ein Gerät zum Durchdringen des Eises.)** U. S. Dep. Interior, Fish Wildlife Serv., progr. Fish-Culturist **25** (1963) Nr. 1. S. 14. — 1 Abb.

Im Winter bei stärkerer Eisbedeckung ist die Entnahme von Proben für biol. und chem. Untersuchungen schwierig. Vf. beschreibt deshalb eine Anordnung, die es ermöglicht, auch bei stärkerer Eisdecke Proben zu entnehmen. Hierbei wird ein unten verschlossenes, konisches Gefäß entsprechenden Ausmaßes in das Eis eingefroren und zur Isolation mit einem Sack und zerknülltem Papier gefüllt. Um ein Aufschwimmen zu verhindern, wird das Gefäß über einen Sicherungsstift oder Draht an 2 im Eis verankerte Haken befestigt. Durch Entzünden von Alkohol auf einem Schöpflöffel kann das Gefäß in kurzer Zeit ausgeschmolzen werden. Genaue Konstruktionsangaben für die Herstellung der Anordnung werden mitgeteilt.
D. Nehring. 6200.

Hester, Frank J., Aasted, Donald C. und Gilkey, Robert W.; San Diego, Calif., Bureau of Commercial Fisheries, Biol. Lab.; La Yolla, Calif., Univ., Scripps Instn. of Oceanography. The bathykymograph, a depthtime recorder. **(Der Tauchkymograph, ein Gerät zum Registrieren der Wassertiefe in Abhängigkeit von der Zeit.)** U. S. Dep. Interior, Fish Wildlife Serv., spec. sci. Rep. **1963** Nr. 441. S. 1–5. — 4 Abb., 2 Lit.

Vff. beschreiben ein Gerät, das Druck (Wassertiefe) auf einer Zeitskala registriert. Dieser Tauchkymograph setzt sich im wesentlichen aus 4 Bauelementen zusammen: Es sind dies der druckempfindliche Kolben, die Kolbenführung mit -dichtung und das Gehäuse. Auf der Kolbenführung ist als 4. Bauelement die Registriereinrichtung montiert. Das Gerät ist billig in der Herstellung, stabil und leicht zu eichen. Durch seine Kleinheit wirkt es sehr handlich und kann mittels einer Öse an der Führungsleine beispielsweise eines Fischnetzes befestigt werden, um nachträglich den Weg des Netzes verfolgen zu können. Arbeitsweise, Konstruktion und Grenzen der Genauigkeit werden diskutiert. D. Nehring. 6200.

Kriss, A. E. (Kriss, A. Je.); Mikrobiol. Inst. der Akad. der Wiss. der UdSSR. O prigodnosti batometra Nansena dlja otbora prob vody iz morej i okeanov dlja mikrobiologičeskich issledovanij. **(Eignung des Nansen-Bathometers**

für die Wasserentnahme aus Meeren und Ozeanen für mikrobiologische Untersuchungen.) Mikrobiologija, Moskva **31** (1962) Nr. 6. S. 1067–1075. – 2 Abb., 5 Tab., 12 Lit. Zus. in Engl. 6200.

Frey, Paul J.; Marion, Ala., Bureau of Sport Fisheries and Wildlife. A plane-type soil sampler. **(Ein planförmiger Bodenprobenehmer.)** U. S. Dep. Interior, Fish Wildlife Serv., progr. Fish-Culturist **25** (1963) Nr. 1. S. 46–49. – 5 Abb., 1 Lit.
Vf. behandelt zunächst die z. Z. gebräuchlichsten Geräte zur Entnahme von Boden- und Schlammproben aus Gewässern und beschreibt dann den von ihm entwickelten planförmigen Probenehmer. Dieses Gerät besteht aus einem flachen Kasten, in dessen Bodenmitte sich ein schräg gestelltes Messer mit schmaler Öffnung befindet. Durch dieses Messer wird nur die oberste Bodenschicht abgeschnitten und in dem Kasten gesammelt. Das Gerät wird an einer Halterung über den Boden gezogen. An der hinteren Seitenwand befindet sich ein Sieb zum Abfließen des Wassers. Genaue Konstruktionsangaben für die Herstellung des Probenehmers werden mitgeteilt. Das Gerät hat sich bes. bewährt bei Untersuchungen über den Einfluß von Pflanzenschutzmitteln auf die obersten Schichten der Sedimente von Teichen und Flüssen. D. Nehring. 6200.

Elliott, Joseph W.; Longview, Wash., Salmon Cult. Lab. A sensitive photometric procedure for dissolved oxygen with potential field applicability. **(Eine empfindliche photometrische Bestimmungsmethode für gelösten Sauerstoff mit möglicher Anwendbarkeit als Feldmethode.)** U. S. Dep. Interior, Fish Wildlife Serv., progr. Fish-Culturist **25** (1963) Nr. 1. S. 42–45. – 1 Abb., 5 Lit.
Bei dieser Methode wird die dem Sauerstoff äquivalente Jodmenge auf kolorimetrischem Wege bestimmt. Der wichtigste Unterschied zwischen diesem Verfahren und der üblichen Winklermethode beruht darauf, daß das Jod mittels Chloroform aus dem Wasser extrahiert und seine Konzentration statt auf titrimetrischem auf photometrischem Wege unter Verwendung von Farbfiltern ermittelt wird. Bis zu dieser Stufe sind alle Reagenzien identisch mit denen des Winklerverfahrens. Das Beersche Gesetz besitzt Gültigkeit zwischen 0–13 mg O_2/l. Die Genauigkeit ist beim kolorimetrischen Verfahren etwas geringer als bei der Titration, es ist jedoch schneller durchführbar und hat außerdem den Vorteil, daß es auch bei getrübten oder gefärbten Wasserproben anwendbar ist, da das Jod extrahiert wird.
D. Nehring. 6200.

Pervičnaja produkcija morej i vnutrennich vod. (Primärproduktion der Meere und Binnengewässer.) Minsk: Izd. Minist. vysšego, srednego special'nogo i professional'nogo obrazovanija BSSR. 1961. (407 S.) 4°. Rbl. 2,55. (1962 B 100)

D. FISCHEREIWIRTSCHAFT

Binnenfischerei

Barthelmes, Detlev; Berlin-Friedrichshagen, Inst. für Fischerei der Dtsch. Akad. der Landwirtsch.-Wiss. zu Berlin. **Über die Notwendigkeit einer weiteren guten Zusammenarbeit zwischen Fischerei und Wasserwirtschaft bei wasserwirtschaftlichen Projekten.** Dtsch. Fischerei-Ztg. **9** (1962) Nr. 10. S. 297–302.
Die immer umfangreicher werdenden wasserbaulichen Maßnahmen sollten außer ihrem Hauptzweck auch der Erweiterung der fischereilichen Produktion dienen. Um die sich bietenden Möglichkeiten zu nutzen und aus den wasserbaulichen Neuanlagen den größten volkswirtschaftlichen Gewinn zu ziehen, ist eine enge Zusammenarbeit zwischen Fischerei und Wasserwirtschaft notwendig. Bes. Aufmerksamkeit verdienen aus fischereilicher Sicht die neuen Staubecken und Talsperren, die in bestimmten Abständen abgelassen

werden können und die sich deshalb wie Teiche bewirtschaften lassen. Sie ermöglichen gegenüber Objekten, die sich nur seenfischereilich nutzen lassen, wesentlich größere Produktionssteigerungen. D. Barthelmes. 6225.

Price, Robert W. und Haus, Joseph B.; Jersey City, N. J., S. B. Penick and Co., Res. Div. Aids for stream reclamation. **(Hilfsmittel zur Verbesserung der Fließgewässer.)** U. S. Dep. Interior, Fish Wildlife Serv., progr. Fish-Culturist **25** (1963) Nr. 1. S. 37–39. — 4 Abb.

Zur Verbesserung des Fischbestandes in Fließgewässern ist es oftmals erforderlich, die bisherige Fischfauna durch Vergiften vollständig zu vernichten. Die zu diesem Zweck erforderliche gleichmäßige Zugabe der Gift-Stammlösung bereitete bisher Schwierigkeiten. Das Problem ist durch ein Gerät, welches nach dem Prinzip der Mariotteschen Flasche arbeitet, gelöst worden. Die ausfließende Flüssigkeit erzeugt in dem luftdichten Behälter ein geringes Vakuum. Die Luftzufuhr kann nur über eine bis zum Boden des Gefäßes reichende Röhre stattfinden, so daß der Unterdruck mit dem Spiegel der Flüssigkeit im Gleichgewicht steht. Die auf diese Weise erzielten Abflußmengen zeigen in der Zeiteinheit nur unwesentliche, durch Temperatur- und Viskositätsänderungen hervorgerufene Schwankungen.
G. Seifert. 6240.

Francuzov, N. I. (Franzusow, N. I.); Wolgograd, Abt. des Unions-Forsch.-Inst. für Binnenfischerei der Akad. der Wiss. der UdSSR. K voprosu o peresadkach osetrovych v Stalingradskoe vodochranilišče. **(Zur Frage der Umsetzung von Acipenseriden in das Wolgograder Staubecken.)** Trudy soveščanij. Ichtiologičeskaja komissija. Akademija nauk SSSR, Moskva-Leningrad **10** (1961) S. 265–267. — 8 Lit. 6240.

Schmidt; Potsdam, VEB Binnenfischerei, Beratungsstelle für PwF. **Intensivgewässer.** Dtsch. Fischerei-Ztg. **9** (1962) Nr. 6. S. 173–174.

Vf. erörtert die für den Bezirk Potsdam erarbeiteten Richtlinien über die Anerkennung überdurchschnittl. ertragreicher Gewässer als „Intensivgewässer". Ein Intensivgewässer soll folgende Mindesterträge bringen: 1. Karpfenintensivgewässer 50 kg/ha Karpfen (*Cyprinus carpio*) und 100 DM/ha; 2. Aalintensivgewässer 8 kg/ha Aal (*Anguilla anguilla*) und 75 DM/ha bei Fangverbot für Aal III; 3. Zanderintensivgewässer 10 kg/ha Zander (*Lucioperca lucioperca*) und 75 DM/ha bei Fangverbot für Zander unter 50 cm Lt oder 1250 g; 4. Hechtintensivgewässer 10 kg/ha Hecht (*Esox lucius*) und 75 DM/ha bei Fangverbot für Hechte unter 40 cm Lt; 5. Feinfischintensivgewässer 30 kg/ha Aal, Hecht, Zander, Schlei, Karpfen oder Maräne und 100 DM/ha. G. Seifert. 6255.

Johnson, Merle W. und Wroblewski, Leonard; St. Paul, Minn., Dep. of Conserv. Errors associated with a systematic sampling creel census. **(Die mit systematischen Fangkontrollen verbundenen Fehlermöglichkeiten.)** Trans. Amer. Fisheries Soc. **91** (1962) Nr. 2. S. 201–207. — 2 Abb., 5 Tab., 4 Lit.

Die Arbeit enthält eine Analyse der verschiedenen Fehlerarten, wie sie bei systematischen Fangkontrollen für statistische Zwecke auftreten können. Die einzelnen Fehlerquellen und -komponenten bei verschiedenen Formen der Berichterstattung werden untersucht und Methoden zur Berechnung der Fehlergrößen angegeben und diskutiert. Die größten Fehlerkomponenten treten bei der Berechnung der Fangstunden pro Boot und der Fangmenge pro Bootsreise auf. Die gleichmäßige Verteilung der Kontrolltage über die ganze Woche und die Trennung der Fangmeldungen von Wochentagen und Wochenendtagen hat sich als günstig erwiesen. G. Seifert. 6255.

Hewson, L. C. A history of the Lake Winnipeg fishery for whitefish, Coregonus clupeaformis, with some reference to its economics. **(Geschichte der**

Fischerei auf Coregonus clupeaformis im Winnipeg-See unter Berücksichtigung ihrer volkswirtschaftlichen Bedeutung.) J. Fisheries Res. Board Canada 17 (1960) Nr. 5. S. 625–639. — 5 Abb., 8 Tab., 13 Lit. 6255.

Budd, John C. und Cucin, D.; South Bay Mouth, Ontario Dep. of Lands and Forests, Res. Branch. Exploitation of Canadian Lake Huron whitefish. **(Die Nutzung von Coregonus clupeaformis im kanadischen Huron-See.)** Trans Amer. Fisheries Soc. **91** (1962) Nr. 2. S. 223–224. — 1 Abb., 1 Tab., 1 Lit.

Seit dem Verschwinden von *Salvelinus namaycush* durch das massenhafte Auftreten von *Petromyzon marinus* nimmt *Coregonus clupeaformis* einen größeren Anteil an den Fängen ein. Die Erträge schwanken aber in weiten Grenzen (1945 66100 Pfund, 1948 539700 Pfund). 1960 war mit 826700 Pfund ein neues Rekordjahr. Untersuchungen der Alterszusammensetzung einiger Probefänge zeigten, daß an diesem Rekordertrag 2 Jahrgänge beteiligt waren: Im Apr. bildete die Altersgruppe III mit 93,5% den Hauptanteil, im Aug. und Okt. war es die Altersgruppe II mit 80,8% bzw. 95,6%. Die beiden Jahrgänge 1957 und 1958 waren ziemlich stark, die Möglichkeit jedoch, daß ein starker Jahrgang in 2 aufeinanderfolgenden Jahren hohe Erträge bringt, ist gering. G. Seifert. 6255.

Stockinger, Niles F. und Hays, Horace A. Plankton, benthos and fish in three strip-mine lakes with varying pH values. **(Plankton, Benthos und Fische in 3 Grubenseen mit verschiedenen pH-Werten.)** Trans. Kansas Acad. Sci. **63** (1960) Nr. 1. S. 1–11. — 3 Abb., 2 Tab., 18 Lit. 6255.

Srivastava, C. M. und Sinha, A. A. N.; Ranchi Univ., Zool. Dep. Fish and fisheries of Ranchi Lake, Ranchi (Bihar). **(Fische und Fischerei im Ranchi-See, Ranchi [Bihar].)** Proc. nat. Acad. Sci., India, Sect. B **31** (1962) Nr. 2. S. 126–132. — 3 Abb., 10 Lit.

Zur Einschätzung des wirtsch. Wertes wurden die fischereilichen Verhältnisse dieses 22 ha großen und je nach Jahreszeit durchschnittlich 5,5–7,6 m tiefen Sees studiert. Der Fang wird vom Okt.–Mai von den Angehörigen dreier Kasten durchgeführt, die Hauptgeräte sind Wurf- und Zugnetze. Stechende Geräte und Gift sind verboten. Von den 22 vorkommenden Fischarten sind 11 wirtsch. wertvoll. Der See befindet sich in Privatbesitz und wird nicht optimal ausgenutzt. Die Erträge dieses Sees werden zum Vergleich mit den aus Calcutta eingeführten Fischmengen graphisch dargestellt. Außerdem wird ein Überblick über die Marktverhältnisse und Preise sowie über das Einkommen der Fischer gegeben. G. Seifert. 6255.

Popescu-Gorj, Aurelian und Costea, Elena. Cercetări hidrobiologice și piscicole în bălțile Oltinei [lunca inundabilă a Dunării]. **(Hydrobiologische und fischereiliche Forschungen in den Balten der Oltina [Donau-Überschwemmungsgebiet].)** Hidrobiologia [București] 2 (1961) S. 29–125. — 20 Abb., 30 Lit. Zus. in Russ., Franz. 6255.

Azizova, N. A. (Asisowa, N. A.); Dagestan. Zweigstelle der Akad. der Wiss. der UdSSR. Vozmožnosti promysla kaspijskich byčkov. **(Möglichkeiten des Fanges von Kaspigrundeln.)** Rybnoe chozjajstvo, Moskva **38** (1962) Nr. 3. S. 14-20. — 3 Abb., 2 Tab.

Untersuchungen der Fauna der Westküste des nördl. Kaspisees ergaben, daß eine Reihe von Grundelarten (Gobiidae) dieses Gebiet besiedeln. Es werden Angaben über die Verteilung und die Fangmöglichkeiten im Gebiet gemacht. Die Verteilung ist in der Hauptsache vom Charakter des Meeresbodens und der Nährtierzusammensetzung an den jeweiligen Stellen abhängig. Es wird die Notwendigkeit der Aufnahme eines spez. Fanges von Grundeln an der Westküste des nördl. Kaspisees betont und mit einem jährl. Fangertrag von etwa 4000-5000 t gerechnet. G. Predel. 6255.

Eipper, Alfred W. Conservationists study trout production in New York farm ponds. **(Untersuchungen der Salmonidenproduktion in Farmteichen New Yorks.)** Farm Res. **26** (1960) Nr. 2. S. 3. 6255.

Warner, Kendall; Ashland, Me., Dep. of Inland Fisheries and Game. Contribution of hatchery-reared salmon to the fishery of the Fish River Lakes, Maine. **(Der Anteil künstlich erbrüteter Lachse an der Fischerei der Fish-River-Seen, Maine.)** Trans. Amer. Fisheries Soc. **91** (1962) Nr. 1. S. 99–102. – 2 Tab., 4 Lit.
Vf. weist anhand von Fangberichten nach, daß der Besatz mit künstlich erbrüteten Lachsen (*Salmo salar*) in Seen mit einer reichlichen natürlichen Vermehrung und einem ansehnlichen Lachsbestand von begrenztem Wert ist. Der Wiederfang der künstlich aufgezogenen und markierten Lachse durch Angler betrug mit Ausnahme eines Sees nur wenige Prozent. Wie Ringwadenfänge zeigten, war der Anteil dieser Lachse auch an den Laichzügen sehr gering. Es wird angenommen, daß die geringeren Wiederfänge der künstlich erbrüteten Lachse weniger auf unzureichende Besatzmaßnahmen als auf hohe Stückverluste zurückzuführen sind; von weiteren Besatzmaßnahmen in diesen Gewässern wird daher abgeraten. G. Seifert. 6255.

Anonym. Discouraging year for Great Lakes. **(Ein entmutigendes Jahr für die Großen Seen.)** Canad. Fisherman **47** (1960) Nr. 6. S. 28. 6255.

Natarajan, M. V. und Ranganathan, V. A note on the possibilities of utilising quinaldine in transporting live fish. **(Eine Bemerkung über die Möglichkeiten der Verwendung von Quinaldin [2-Methyl-Quinolin] beim Lebendfischtransport.)** Current Sci. [Bangalore] **29** (1960) Nr. 10. S. 393. – 17 Lit. 6255.

Woynarovich, Elek; Debrecen, Univ., Zool. Inst. Hatching of carp-eggs in „Zuger" glasses and breeding of carp larvae until an age of 10 days. **(Erbrütung von Karpfeneiern in „Zuger" Gläsern und Aufzucht von Karpfenlarven bis zum Alter von 10 Tagen.)** Bamidgeh, Bull. Fish Cult. Israel **14** (1962) Nr. 2. S. 38–46. – 7 Abb., 2 Lit.
Die früher vom Vf. empfohlene Methode der künstl. Befruchtung und Erbrütung von Karpfeneiern im Sprühraum wird mit guten Ergebnissen in mehreren Zuchtstationen Ungarns praktiziert. Die bes. Klebrigkeit der Eier wird hervorgerufen durch eine Albumin-Substanz mit kolloidalen Eigenschaften. Durch geeignete Lösungen kann man die Klebrigkeit reversibel (Na Cl) oder irreversibel (Harnstoff) beseitigen, doch dürfen dadurch die Spermatozoen nicht geschädigt werden, weil gleichzeitig die Befruchtung stattfinden muß. In verschiedenen Lösungen wird die Lebensfähigkeit der Spermien sogar erheblich verlängert. Für die Erbrütung in Gläsern werden die Eier in 3 Phasen vorbereitet: 1) Sperma-Eigemisch 60-120 Min. in „Befruchtungslösung" (0,4% NaCl und 0,3% Harnstoff); 2) Eier 1–2 Min. waschen; 3) 150–160 Min. in 0,85% Harnstoff-Lösung zur Ablösung der Klebsubstanz. In den Gläsern wird optimal bei 20–24 °C und nötigenfalls mit 0,01% Malachitgrün-Zusatz gegen Verpilzung erbrütet. Die Anfütterung mit geeignetem Plankton erfolgt in Kästen mit Siebboden, die in größeren Untersätzen stehen. Von der Klebsubstanz befreite Eier (2,1–2,2 mm) sind etwas größer als normale (1,8–1,9 mm). Wolfgang Müller. 6315.

Poljakov, G. D. (Poljakow, G. D.); Moskau, Sewerzow-Inst. für Tiermorphol. der Akad. der Wiss. der UdSSR, Lab. für Ichthyol. Prisposobitel'nye izmenenija razmerno-vesovoj struktury odnovozrastnoj populjacii ryb v svjazi s uslovijami pitanija. **(Anpassungsveränderungen der Größen-Gewichts-Strukturen bei gleichaltrigen Fischpopulationen im Zusammenhang mit den Ernährungsbedingungen.)** Voprosy ichtiologii, Moskva **1960** Nr. 16. S. 11–33. – 6 Abb., 5 Tab., 8 Lit.

Auf Grund umfangreicher Untersuchungen an jungen Karpfen (*Cyprinus carpio*) wird nachgewiesen, daß bei schlechten Ernährungsbedingungen ein kleiner Teil der Population im Herbst Größen und Gewichte erreicht, die biol. Vollwertigkeit und Lebensfähigkeit sichern. Durch diese Anpassungserscheinung wird die Erhaltung der jeweiligen Population auch unter schlechten Ernährungsbedingungen gewährleistet, so daß bei Verbesserung der Nahrungsgrundlage der Fischbestand sich wieder vergrößern kann. Diese Feststellung dürfte auch für Jungfische anderer Arten zutreffen.

G. Predel. 6315.

Wunder, Wilhelm; Erlangen-Nürnberg, Univ., Zool. Inst., Untersuchungsstelle für Teichwirtsch. **Beobachtungen und Betrachtungen über die Überwinterung des Karpfens.** Allg. Fischerei-Ztg. 88 (1963) Nr. 6. S. 151–154. Vgl. LZ. Abt. III 8 (1963) Nr. 7. S. 1564. 6315.

Assman, A. V. (Assman, A. W.); Moskau, Sewerzow-Inst. für Tiermorphol. der Akad. der Wiss. der UdSSR, Lab. für Ichthyol. Nekotorye dannye o vlijanii različnych uslovij pitanija na morfologičeskij sostav krovi sazana. **(Einige Angaben über den Einfluß verschiedener Ernährungsbedingungen auf die morphologische Zusammensetzung des Karpfenblutes.)** Voprosy ichtiologii, Moskva **1960** Nr. 15. S. 148–165. — 10 Tab., 30 Lit.

Bei Versuchen unter Laborbedingungen wurde festgestellt, daß bei geschlechtsreifen Karpfen (*Cyprinus carpio*), die mehr als 3 Mon. mit künstlicher, nicht vollwertiger Nahrung gefüttert wurden, eine Verminderung der Erythrozytenzahl und des Hb-Gehaltes eintrat. Waren die Fütterungszeiten kürzer, erfolgte keine Veränderung des Blutes. Bei einjährigen Karpfen veränderte sich die Zusammensetzung des Blutes nicht nur in Abhängigkeit von der qualitativen Zusammensetzung der Nahrung, sondern auch von der Nahrungsmenge. Der Gehalt an Erythrozyten und Hämoglobin verminderte sich, während die Monozyten und Neutrophilen zunahmen, und zwar in weniger als einem Monat. Auch Sauerstoffdefizit veränderte die Blutzusammensetzung. Die gleiche Erscheinung wurde bei der Bauchwassersucht beobachtet. Erythrozytenzahl und Hb-Gehalt im Blut waren um so geringer, je stärker die Krankheit in Erscheinung trat. G. Predel. 6320.

Hepher, B.; Dor, Israel, Fish Cult. Res. Stat. Ten years of research in fish ponds fertilization in Israel. I. The effect of fertilization on fish yields. **(Zehn Jahre Untersuchungen über Teichdüngung in Israel. 1. Mitt. Die Wirkung der Düngung auf den Fischertrag.)** Bamidgeh, Bull. Fish Cult. Israel **14** (1962) Nr. 2. S. 29–38. — 6 Abb., 3 Tab., 9 Lit.

Seit 1950 werden in Israel in 2 Versuchsstationen Teichdüngungsversuche durchgeführt. In Sdeh-Nahum wurden im Mittel von 1950–1954 74%, in Dor von 1953–1957 732% (!) Mehrertrag ohne Fütterung erzielt (Zuwachs in kg/ha · Tag). Die unterschiedliche Wirkung beruht auf verschiedener Qualität des Zuflußwassers. Bei gleicher zusätzlicher Fischfütterung übertraf der mittlere Mehrertrag durch Düngung die Kontrollteiche um 88%; außerdem war durch Düngung die Futterwirkung verbessert. Weil fast überall rel. hohe Kalimengen vorkommen, wurden Versuche nur mit P- und N-Düngung durchgeführt. P + N übertraf in allen Fällen (ohne Fütterung) die Wirkung von P allein, doch war die P-Wirkung stärker als die Wirkung einer zusätzlichen N-Düngung, die in der Frühlings-Saison am erfolgreichsten war. Im Sommer dagegen war die N-Wirkung gering wegen starker Nachfüllung der Teiche mit N-haltigem Wasser und wegen starker Entwicklung von Cyanophyceen, die z. T. N binden. Bei Fütterung können deren unverwertbare Reste den N-Haushalt beeinflussen. Wolfgang Müller. 6325

Snow, J. R.; Marion, Ala., Bureau of Sport Fisheries and Wildlife. Simazine as an algicide for bass ponds. **(Simazin als Algizid in Barschteichen.)**

U. S. Dep. Interior, Fish Wildlife Serv., progr. Fish-Culturist **25** (1963) Nr. 1. S. 34–36. — 1 Tab., 5 Lit.

Vf. führte zunächst Versuche im Laboratorium mit Zooplankton und *Micropterus salmoides* bei Simazinkonzentrationen von 2–4 mg/l durch. Die beobachteten Schäden waren nur geringfügig. In weiteren Versuchen wurden verschieden besetzte Teiche mit Simazin in Konzentrationen von 0,5, 1,0, 1,5 und 2,0 mg Wirkstoff/l behandelt. Obgleich die Anzahl der herangezogenen Teiche nur verhältnismäßig klein war, deuten die übereinstimmenden Ergebnisse darauf hin, daß das verwendete Herbizid für die Vernichtung von *Hydrodictyon reticulatum* und *Zygnema* in Laich- und Abwachsteichen gut geeignet ist. Die Wirkung des Algizids war sehr stark. Eine Wasserblüte von grünen Planktonalgen starb in 24 h ab, während Fadenalgen sich in 72 h verfärbten und nach 7–14 Tagen eingingen. Die Fische wurden nicht beeinträchtigt. D. Nehring. 6335.

Severson, B. I.; Lake View, Iowa, Conserv. Commiss., Biol. Aid. A fish catching box. **(Ein Fangkasten für Fische.)** U. S. Dep. Interior, Fish Wildlife Serv., progr. Fish-Culturist **25** (1963) Nr. 1. S. 39. — 5 Abb.

Mit dem Gerät ist eine arbeitssparende Abfischung von Teichen hinter dem Damm möglich, wobei am Teichablauf eine ca. 180 cm lange Rinne zu befestigen ist. Sie besteht teilweise aus Drahtgeflecht und mündet in einen hölzernen Kasten von ca. 180 cm Länge und 90 cm Tiefe. Hier sammeln sich die Fische. Noch vorhandenes Wasser kann durch den Boden des Kastens abfließen. Die Abfischungszeit wurde mit dieser Methode um die Hälfte verkürzt und statt 5 wurden nur noch 3 Arbeitskräfte benötigt. G. Merla. 6405.

Iwaszkiewicz, Michał; Poznań, Katedra Rybactwa. Sztuczne tarło i rozwój postembrionalny certy. **(Künstliche Befruchtung des Zährtenlaiches [Abramis vimba] und seine postembryonale Entwicklung.)** Roczniki wyższej Szkoły rolniczej Poznaniu **1959** Nr. 5. S. 99–109. — 3 Abb., 8 Tab., 2 Lit. Zus. in Russ., Engl.

Die Zährte wird mit 3–4 Jahren geschlechtsreif. Ihre abs. Fruchtbarkeit beträgt ca. 80 000 und umgerechnet auf 1 kg Körpergewicht ca 160000 Eier. Die künstliche Befruchtung kann auf trockene oder nasse Weise vorgenommen werden. Die Erbrütung erfolgt ausschließlich in Selbstauslesern. Zuvor ist der Laich sorfältig zu spülen. Die Erbrütungsdauer beträgt 105 Tagesgrade, die Entwicklung der Larven beansprucht 40 bis 50 Tage. Sobald die Larven im Apparat frei umherschwimmen. können sie in Teiche umgesetzt werden. P. Poczopko. 6450.

Snow, J. R.; Marion, Ala., Bureau of Sport Fisheries and Wildlife. A method of distinguishing male bass at spawning time. **(Eine Methode zum Erkennen von Micropterus-salmoides-♂♂ zur Laichzeit.)** U. S. Dep. Interior, Fish Wildlife Serv., progr. Fish-Culturist **25** (1963) Nr. 1. S. 49.

Seit Jahren ist es üblich, vor dem Aussetzen der Fische in die Laichteiche die Rogener von *M. salmoides* gut auszusuchen. Bisher wurde jedoch noch keine Methode beschrieben, reife Milchner von unreifen oder sterilen rein äußerlich zu unterscheiden. Als bestes Kennzeichen für reife Milchner gibt Vf. den Milchfluß an, der durch leichtes Abstreifen mit Daumen und Zeigefinger zu erreichen ist. Fische, die trotz mehrerer Versuche nicht zeichnen, sind als Laichfische zu verwerfen. G. Merla. 6450.

Purkett jun., Charles A.; Jefferson City, Mo., Conserv. Commiss. Artificial propagation of paddlefish. **(Künstliche Vermehrung von Polyodon spathula.)** U. S. Dep. Interior, Fish Wildlife Serv., progr. Fish-Culturist **25** (1963) Nr. 1. S. 31–33. — 1 Abb., 1 Tab., 2 Lit.

Bei Ende Apr. gefangenen laichreifen Fischen dieser Art wurde die nasse Befruchtungsmethode benutzt. Die Erbrütung erfolgte in der für Forellen vorgesehenen Einrichtung bei tägl. Malachitgrün-Behandlung und Temperaturen von ca. 13–14 °C. 12 Tage nach der Befruchtung begannen die Fische zu schlüpfen. Günstige Aufzuchtergebnisse mit Fütterung der Brut wurden im belüfteten Aquarium ohne Durchstrom und in einem gedüngten Teich (ca. 20 a) erzielt. Leider überlebte ein großer Teil der Jungfische den folgenden Winter nicht. Noch verbliebene, 17 Mon. alte Exemplare waren ca. 90 cm lang und etwa 2,7 kg schwer. Das Hauptproblem der Zucht des Fisches liegt darin, mit Sicherheit größere Eimengen zu erhalten. Den Versuchen zufolge dürfte die Aufzucht selbst wirtschaftl. rentabel sein.

G. Merla. 6450.

Mišarin, K. I. (Mischarin, K. I.); Irkutsk, Shdanow-Univ., Lehrstuhl für Zool. der Wirbeltiere. Iskusstvennoe razvedenie bajkal'skogo omulja. **(Die künstliche Zucht des Baikal-Omul.)** Voprosy ichtiologii, Moskva **1960** Nr. 15. S. 111–117. — 5 Tab., 5 Lit.

Der Baikal-Omul (*Coregonus autumnalis migratorius*) ist ein Fisch, der sich gut für den Besatz von Seen und Stauseen zur Steigerung ihrer fischereilichen Produktivität eignet. Vf. berichtet über die Möglichkeiten der künstlichen Aufzucht von Satzfischen und stützt sich dabei auf langjährige Erfahrungen und beschreibt die für die Zucht am besten geeigneten Methoden. Der Erfolg der Aufzucht hängt u. a. ab von der Art des Fanges der Laichfische, den Bedingungen ihrer Hälterung bis zur Reifung und den Bedingungen der Erbrütung der Eier. Unter natürl. Bedingungen kommen ca. 7 bis 8% der Eier auf, während es unter künstlichen Bedingungen 20 bis 21% sind.

G. Predel. 6450.

Derwalker, John G. van und Chin, Edward; Galveston, Tex., Bureau of Commercial Fisheries, Biol. Lab. A device for feeding brine shrimp to fishes. **(Ein Gerät zur Fütterung von Artemia salina an Fische.)** Trans. Amer. Fisheries Soc. **91** (1962) Nr. 2. S. 230–231. — 1 Abb.

Bei dem beschriebenen Apparat wird die positive Phototaxis frisch geschlüpfter Nauplien von *Artemia salina* zur gleichmäßigen Fütterung von Aquarien- oder Versuchsfischen ausgenutzt. Das Gerät besitzt die Form eines Hohlzylinders, der an einem Ende trichterförmig verengt ist. Die geschlüpften Nauplien streben aus dem dunklen Gefäß zur einzigen hellen Stelle, die sich am Trichterausgang befindet, der über ein gebogenes Glasrohr mit dem Wasserspiegel des Aquariums verbunden ist. Auf diese Weise wurden die Fische 5 Tage lang gefüttert, danach mußten frische Eier angesetzt werden.

G. Seifert. 6450.

Hickling, C. F. **Fish culture.** London: Faber & Faber. 1962. (295 S. m. 76 Abb., Tab., 184 Lit. u. Sachreg.) 14,5 × 22 cm. 45 s. In diesem Buch geht der Autor, der früher Direktor des Tropical Fish Culture Res. Inst. Malacca (Malaya) war, auf die Fischzucht zum Zwecke der unmittelbaren Produktion menschlicher Nahrung ein, so daß z. B. die Heranzucht von Besatzmaterial für natürliche Gewässer keine Berücksichtigung findet. Stets werden die engen Beziehungen zur allg. Viehzucht in den Vordergrund gestellt. Breiten Raum nehmen die Betrachtungen über die tropische Fischzucht ein, die eine bes. intensive Wirtschaftsweise gestattet und bei der sich der Vf. auf persönliche Erfahrungen stützen kann. Nach der Einleitung folgen im 2. Abschnitt historische Bemerkungen. Die verschiedenen Arten der Fischzucht werden im 3. Kapitel erläutert. Die folgenden Abschnitte behandeln das Wasser, den Boden und die Trockenlegung der Teiche. Dem Bau der Teiche und ihrer Bewirtschaftung (Bekämpfung unerwünschter Wasserpflanzen, Abfischung) sind die folgenden Ausführungen gewidmet. Daran anschließend wird in den Kapiteln 9–11 auf Düngung, Fütterung und Futtermittel eingegangen. Die Fischzucht im Brackwasser, in fließendem Wasser und auf Reisfeldern schildert Vf. im 12., 13. und 14. Abschnitt. Das 15. Kapitel unterrichtet über Fragen des Besatzes und des Ertrages. Die letzten 3 Abschnitte des Buches haben Fischgenetik und Hybridisation, Fischkrankheiten sowie Fischteiche und allg. Gesundheit zum Inhalt. Das Werk ist mit einer großen Anzahl von Fotografien ausgestattet, am Schluß finden sich ein Literaturverzeichnis (184 Nummern) und ein Sachregister.

W. Steffens.

Küsten- und Hochseefischerei

Pillay, T. V. R. The collection of estuarine capture fisheries statistics. **(Fischereistatistik des Ästuar-Fanges.)** Sci. and Cult. [Calcutta] **26** (1960) Nr. 1. S. 6–10. — 1 Abb., 4 Lit. 6480.

Anonym. Fishing effort, the effect of fishing on resource sand the selectivity of fishing gear. **(Fischereiaufwand, Wirkung der Fischerei auf die Rohstoffbasis und Selektivität der Fischereigeräte.)** Proc. Joint sci. Meeting ICNAF, ICES FAO, Rep. **1** (1960) S. 1–45.
Dieser Bericht der gemeinsamen Tagung der Internationalen Kommission für die Nordwestatlantischen Fischereien (ICNAF), des Internationalen Rates für Meeresforschung (ICES) und der FAO in Lissabon 1957 enthält einen ausführlichen zusammenfassenden Tagungsbericht über Fischereiaufwand und die Wirkung der Fischerei auf die Rohstoffbasis von *M. B. Schaefer* und einen ausführlichen Bericht über die Selektivität der Fischereigeräte von R. J. H. Beverton; ferner im Anhang Teilnehmerliste, Liste der Beiträge (die in einem 2. Bd. veröffentlicht werden), eine Terminologie für Untersuchungen über Fischerei-Dynamik mit Formelzeichen, sowie Zusammenfassungen zweier Arbeiten: J. E. Paloheimo: Eine Schätz-Methode für die natürliche und die Fischerei-Sterblichkeit, und Y. M. M. Bishop: Irrtümer bei der Schätzung der Sterblichkeit umfangreicher Populationen.
D. Scheer. 6565.

Petrenko, A. I.; Anapa, Region Krasnodar, RSFSR, Fischerei-Kolchose „Drushba“. Iz opyta promyslovogo lova del'finov. **(Erfahrungen beim Delphinfang.)** Rybnoe chozjajstvo, Moskva **38** (1962) Nr. 3. S. 44–48. — 2 Abb., 1 Lit.
Von der Fischereikolchose in Anapa wurden in den letzten Jahren mit Erfolg Ringwaden für den Delphinfang im Schwarzen Meer angewandt. Diese Methode führte zu einer bedeutenden Fangsteigerung. Voraussetzung für einen erfolgreichen Fang ist eine genügend große Zahl von Fangschiffen. Es kommen 6–8 Seiner mit 10–12 Schaluppen zum Einsatz. Die Methodik wird im einzelnen beschrieben. U. a. nutzt man beim Fang auch die negative Reaktion der Delphine auf Unterwassergeräusche aus.
G. Predel. 6610.

E. BEEINFLUSSUNG DER FISCHEREI DURCH DIE UMWELT

Witzel, Gustav; Bonn. **Schutz der oberirdischen Gewässer und des Grundwassers vor den Folgen der Lagerung von Müll, Schutt und sonstigen Abfällen.** Wasserwirtschaft **53** (1963) Nr. 2. S. 35–37.
Mit zunehmender Industrialisierung und Steigerung des Lebensstandards ist die Menge der festen Abfallstoffe stark angestiegen. Sofern keine Beseitigungsanlagen für diesen Müll bestehen, z. B. in größeren Gemeinden oder Industriewerken, wird dieser irgendwo abgelagert und bildet eine Gefahr für die oberirdischen Gewässer oder das Grundwasser. Das Wasserhaushaltsgesetz (WHG) des Bundes vom 1. März 1960 und die Landeswassergesetze schützen die Gewässer vor der Beeinträchtigung ihrer Brauchbarkeit. Die hierauf Bezug nehmenden Paragraphen werden behandelt. Dem Schutze der Gewässer vor den Folgen der Lagerung und Ablagerung von Abfallstoffen dienen neben der Anzeigepflicht oder der behördlichen Erlaubnis auch die Vorschriften des WHG über die Schadenshaftung und die Straf- und Bußgeldbestimmungen. Es wird ferner die Rechtslage bei Abfallstoffen behandelt, die vor Inkrafttreten des WHG bestand. D. Nehring. 6655.

Mann. **Silowasser — eine Gefahr für Fischgewässer.** Fischwirt **13** (1963) Nr. 2. S. 50–51.
Silowasser entsteht bei der Vergärung von Grünfutter. Wegen seines Gehalts an freien org. Säuren reagiert es sauer, die Färbung ist gelb bis braungrün,

der Geruch säuerlich. Da es sich um ein mit org. Stoffen stark angereichertes Wasser handelt, ist der $KMnO_4$-Verbrauch sehr hoch, er betrug in einem Beispiel 6320 mg/l. In der gleichen Probe wurden ferner 35 mg/l Ammoniak festgestellt. Gelangt ein derartig belastetes Siloabwasser unverdünnt in einen Fischteich, so genügt bereits der hohe Ammoniakgehalt, um Fischsterben zu verursachen. Die org. Stoffe können außerdem unter Sauerstoffzehrung in Fäulnis übergehen, so daß nach einiger Zeit Sauerstoffmangelsterben eintreten. Derartige Abwässer dürfen daher keinesfalls in Fischgewässer gelangen. Das gilt auch für die Spülwässer bei der Reinigung von Siloanlagen, die ebenfalls noch viele für Fische giftige Stoffe enthalten. D. Nehring. 6665.

Workman, G. W. und Neuhold, J. M.; Logan, Utah State Univ. Lethal concentrations of toxaphene for goldfish, mosquitofish, and rainbow trout, with notes on detoxification. **(Letale Toxaphenkonzentrationen für Goldfisch, Mosquitofisch und Regenbogenforelle mit Bemerkungen über die Detoxifikation.)** U. S. Dep. Interior, Fish Wildlife Serv., progr. Fish-Culturist **25** (1963) Nr. 1. S. 23–30. – 1 Tab., 19 Lit.

Vff. ermittelten die letalen Toxaphenkonzentrationen (LC_{100} und LC_{50}) für *Salmo gairdneri*, *Carassius auratus* und *Gambusia affinis* bei verschiedenen Temperaturen und in Wasser von unterschiedlicher Herkunft. Bei den Versuchen wurde der absinkende und der schwebende Toxaphentyp verwendet. Die bei den einzelnen Fischarten unter verschiedenen Giftkonzentrationen auftretenden Symptome werden beschrieben. Alle Fische, die bereits Vergiftungssymptome zeigten, gingen trotz sofortigen Umsetzens in günstige Verhältnisse nach 2–3 Tagen zugrunde. Die Detoxifikation dauerte bei einer Giftkonzentration von 0,1 mg/l im Laborversuch 23 Tage und in Teichen etwas weniger als 30 Tage. Der absinkende Toxaphentyp behielt seine Giftwirkung länger als der schwebende Typ. Die Vergiftung unerwünschter Fischbestände geht mit Toxaphen im Vergleich zu Rotenon-Erzeugnissen wesentlich radikaler und unter geringeren Kosten vor sich. G. Seifert. 6665.

Fedorova, G. V. (Fjodorowa, G. W.) O radioaktivnom zagrjaznenii ryb. **(Über die radioaktive Verseuchung der Fische.)** Rybnoe chozjajstvo, Moskva **38** (1962) Nr. 3. S. 25–28. – 1 Tab.

Die Aufnahme radioaktiver Stoffe durch Fische erfolgt: 1. Durch unmittelbare Absorption mit Hilfe der Körperoberfläche, 2. Durch die Nahrung und andere Austauschprozesse. Die Akkumulation in den Fischorganen und -geweben hängt u. a. ab von der chem. Natur der Isotope, der Halbwertszeit, der Konzentration im Wasser, der Art, dem Wachstum und dem physiol. Zustand der Fische sowie den ökol. Bedingungen. Vf. schildert kurz die Ergebnisse sowjet. und ausländischer Untersuchungen über die Beeinflussung der Fische durch radioaktive Stoffe und weist nach, daß diese in vielen Fällen zur Zerstörung des Fischorganismus führen. G. Predel. 6665.

Lubjanov, I. P. (Lubjanow, I. P.); Dnepropetrowsk, Univ., Inst. für Hydrobiol. Vlijanie promyslennych stočnych vod na donnuju faunu Dneprovskogo vodochranilišča. **(Der Einfluß von Industrieabwässern auf die Bodenfauna des Stausees von Dnjeprowsk.)** Voprosy ichtiologii, Moskva **1960** Nr. 15. S. 173–182. – 6 Tab., 3 Lit.

Ca. 2000 ha des oberen Teiles des Dnjeprowsker Stausees werden durch Abwässer negativ beeinflußt. Verarmung der Bodenfauna und Fischsterben sind Folgen dieser Erscheinung. Im einzelnen wird die Zusammensetzung der Abwässer und ihre Wirkung auf die Bodenfauna beschrieben. Oligo- und mesosaprobe Organismen herrschen vor. Neben der Verarmung der Bodenfauna tritt auch eine Geschmacksbeeinflussung bei den Fischen auf. Es werden radikale Maßnahmen gegen den Abwassereinfluß gefordert. G. Predel. 6665.

Konstantinov, A. S. (Konstantinow, A. S.); Saratower Abt. des Staatl. Forsch.-Inst. für Binnenfischerei. Jadovitoe dejstvie nekotorych neorganičeskich kislot, solej i osnovanij na ličinok chironomid. **(Die Giftwirkung einiger anorganischer Säuren, Salze und Basen auf Chironomidenlarven.)** Voprosy ichtiologii, Moskva **1960** Nr. 16. S. 183–186. — 1 Tab., 9 Lit.

Es wurde die Giftwirkung von H_2SO_4, HCl, NaOH, $CaSO_4$, $ZnSO_4$ und $FeSO_4$ in unterschiedlichen Konzentrationen auf die Larven von *Chironomus dorsalis* und *Ch. annularis* untersucht. Dabei wurden die Zeiten festgehalten, nach denen die ersten Individuen, die Hälfte der Tiere und alle Chironomiden gestorben waren. In einer Tab. sind die einzelnen Werte angeführt. Die Ergebnisse sollen der Präzisierung der gutachterlichen Tätigkeit bei Abwässerschäden dienen. G. Predel. 6665.

Hofmann. **Über die Schätzung von Fischereischäden.** Allg. Fischerei-Ztg. **88** (1963) Nr. 4. S. 94–98.

Zur Einschätzung von Fischereischäden in Forellengewässern — diese Gewässer werden am häufigsten von Fischsterben durch Abwässereinwirkung betroffen — schlägt Vf. vor, vom 3fachen Fischrohertrag = Fischertrag in 3 Jahren auszugehen. Ein längerer Zeitraum erscheint nicht erforderlich, wenn der alte Fischbestand durch den Ankauf jüngerer und älterer Fische wieder hergestellt werden soll. Wesentlich einfacher liegen die Verhältnisse in der Teichwirtschaft. Hier kann der eingetretene Schaden genau ermittelt werden, wobei nur vom Ertrag und nicht von den sonstigen Unkosten des Bewirtschafters ausgegangen werden muß. Bei der Schätzung des Ertrages gehen die Ansichten der Gutachter häufig stark auseinander. Es wäre deshalb zu begrüßen, wenn die Schätzung von Fischereischäden nur von Sachverständigen mit entsprechenden Erfahrungen vorgenommen würde und eigene finanzielle Interessen bei der Erstellung des Gutachtens ausgeschaltet werden. D. Nehring. 6665.

Navarre, Richard J.; Santa Fe, N. Mex., Dep. of Game and Fisheries. A new stream habitat improvement structure in New Mexico. **(Eine neue Anlage zur Verbesserung der Gestalt von Fließgewässern in New Mexico.)** Trans. Amer. Fisheries Soc. **91** (1962) Nr. 2. S. 228–229. — 1 Abb.

Vf. beschreibt ein aus Draht und T-Schienen bestehendes Gerät, das in einfacher Weise in Fließgewässern befestigt werden kann. Durch angetriebene Blätter und Zweige verstopfen sich die Drahtmaschen, so daß allmählich eine Staustufe entsteht. Der Damm erhält nach weiterer Befestigung mit etwas Schotter ein natürliches Aussehen. Die Anlagen haben sich seit 1958 in Flüssen mit einer Wasserführung von etwa 2–4 m^3/s gut bewährt. G. Seifert. 6685.

Vladimirov, V. I. (Wladimirow, W. I.); Moskau, Inst. für Hydrobiol. der Akad. der Wiss. der UdSSR. O roli chiščnych bespozvonočnych v dinamike čislennosti prochodnych ryb. **(Über die Bedeutung der räuberischen Wirbellosen bei der zahlenmäßigen Dynamik der Wanderfische.)** Voprosy ichtiologii, Moskva **1960** Nr. 16. S. 56–66. — 4 Abb., 21 Lit.

Vf. beschreibt Ergebnisse von Beobachtungen über die Vernichtung von Eiern und Larven des Herings und von Larven des Störs durch Cyclopiden und Hydren im Unterlauf des Dneprs aus den Jahren 1956–1959. Infolge des Baus des Kachowsker Stausees sind die Fische gezwungen, unterhalb des Stausees abzulaichen. Die Beobachtungsergebnisse sprechen dafür, daß durch die Regulierung des Flußlaufes die räuberischen Cyclopiden zu einer ernsten Gefahr für die Jungheringe werden und die räuberischen Hydren den Jungstörbeständen erheblichen Schaden zufügen können. G. Predel. 6695.

F. FISCHKRANKHEITEN

Spasskij, A. A. und Rojtman, V. A. (Spasski, A. A. und Roitman, W. A.); Moskau, Akad. der Wiss. der UdSSR, Lab. für Helminthol. Fauna trematod, cestod i skrebnej ryb verchovev Eniseja. **(Trematoden, Cestoden und Acanthocephalen der Fische des oberen Jenissei.)** Voprosy ichtiologii, Moskva **1960** Nr. 15. S. 183–192. — 2 Tab., 6 Lit.

Im Oberlauf des Jenissei wurden 13 Fischarten untersucht. Bei 11 Arten fanden sich digene Trematoden, bei 9 Arten Cestoden und bei 11 Arten Acanthocephalen. Die einzelnen Arten sind angeführt. Gegenüber dem mittleren und unteren Jenissei war im Oberlauf eine Verarmung der Helminthenfauna zu beobachten. Diese Tatsache ist aber im Zusammenhang mit der Verarmung der Fischfauna und der Zwischenwirte im oberen Jenissei zu sehen. G. Predel. 6750.

Velasquez, Carmen C.; Univ. of the Philippines, Zool. Discipline. Some hemiurid trematodes from Philippine fishes. **(Einige Trematoden aus der Familie Hemiuridae von Fischen der Philippinen.)** J. Parasitol. [Lancaster] **48** (1962) Nr. 4. S. 539–544. — 6 Abb., 11 Lit.

5 wirtspezifische Trematoden-Arten werden eingehend beschrieben unter Angabe des Verbreitungsgebietes und der zahlenmäßigen Stärke des Auftretens. Es handelt sich um: *Lecithochirium neopacificum* sp. n. von *Lates calcarifer*, *Erilepturus lemeriensis* von *Scomberoides lysan*, *Lecithocladium angustiovum* von *Rastrelliger chrysozonus*, *L. megalaspis* von *Megalaspis cordyla* und *L. apolecti* sp. n. von *Apolectus niger*. G. Merla. 6750.

Pachul'skij, A. I. (Pachulski, A. I.) O rastprostranenii liguleza pticami. **(Über die Verbreitung von Ligula durch Vögel.)** Voprosy ichtiologii, Moskva **1960** Nr. 15. S. 203-208. — 1 Tab., 11 Lit.

Es werden verschiedene Beispiele für die Übertragung von *Ligula* durch Vögel in Fischereigewässer angeführt. Vf. verweist auf die ernsten Gefahren, die sich aus der Übertragung dieser Parasiten für die Fischwirtschaft in Stauseen und Fischzuchtanstalten ergeben. Die für die Übertragung am meisten in Frage kommenden Vogelarten werden angeführt. Vf. fordert die Bekämpfung der in Nähe der Fischereigewässer lebenden Überträger. U. a. sollten ihre Nester in den Kolonien zerstört werden. Als bes. schädliche Vögel werden die Möven bezeichnet. G. Predel. 6750.

Guseva, N. V. (Gussewa, N. W.); Leningrad, Veterinärmed. Inst. K voprosu o veterinarno-sanitarnoj ocenke ryby, zaražennoj ličinkami širokogo lenteca. **(Zur Frage der veterinär-sanitären Beurteilung von Fischen, die von Larven des Grubenkopfbandwurms befallen sind.)** Trudy. Vsesojuznyj naučno-issledovatel'skij institut veterinarnoj sanitarii, Moskva **17** (1960). A. 243–247. — 4 Tab.

Vf. hebt hervor, daß in den letzten Jahren mit steigendem Fischverbrauch die Verbreitung von *Diphyllobothrium latum* in weiten Teilen der UdSSR zugenommen hat. Diese Tatsache wird durch das Fehlen einer Überwachung der für den Verbrauch bestimmten Fische wesentlich begünstigt. Gefordert wird die Überwachung der Fische durch Veterinärmediziner. Orientierende Untersuchungen an Hechten (*Esox lucius*), Quappen (*Lota lota*), Barschen (*Perca fluviatilis*) und Kaulbarschen (*Acerina cernua*) ergaben eine Befallsrate zwischen 38,2 und 99,1%. G. Predel. 6750.

Bullock, Wilbur L.; Durham, N. Hants., Univ., Zool. Dep. A new species of Acanthocephalus from New England fishes with observations on variability. **(Eine neue Acanthocephalus-Art in Fischen aus Neu-England, mit Beobachtungen über ihre Variabilität.)** J. Parasitol. [Lancaster] **48** (1962) Nr. 3. S. 442–451. — 2 Abb., 25 Lit.

In vielen Süßwasser-Fischarten in Massachusetts und New Hampshire kommt *Acanthocephalus jacksoni* n. sp. vor. Obwohl die Art sehr variabel ist, unterscheidet sie sich von *A. dirus*, der bisher einzigen *Acanthocephalus*-Art in nordamerikanischen Fischen, durch geringere Hakenzahl je Längsreihe, größere Haken und kleinere Embryonen. Es ist wahrscheinlich, daß alle gefundenen Arten einer einzigen stark variablen Art angehören.
J. Waldmann. 6750.

Bell, Gordon; Nanaimo, Brit. Columbia, Fisheries Res. Board of Canada, Biol. Stat. Trichodinids from the gills of a new host, the lingcod Ophiodon elongatus. **(Trichodiniden von den Kiemen eines neuen Wirtes, Ophiodon elongatus.)** J. Fisheries Res. Board Canada **19** (1962) Nr. 3. S. 515–516. — 4 Abb., 5 Lit.
Im Okt. 1960 wurde ein Massensterben von *Ophiodon elongatus* beobachtet, der im Porlierpass-Gebiet (Vancouver) gehältert wurde. Die Kiemen der Fische hatten ausgebleichte und gelb-grüne Teile. Mikroskopische Untersuchung zeigte, daß Trichodiniden auf dem Kiemenepithel parasitierten. Es wird geschlossen, daß die Trichodiniden ein Teil der natürlichen Kiemenfauna sind, da sie auch auf frischgefangenen Exemplaren gefunden wurden. Es konnte nicht entschieden werden, ob die Protozoen das Fischsterben verursacht haben, es ist jedoch anzunehmen, da die Gefangenschaft die Tiere schwächte und die Intensität des Befalls begünstigte. J. Waldmann. 6760.

Chejsin, E. M. und Zaika, V. E. (Cheissin, Je. M. und Saika, W. Je.); Leningrad, Univ., Lehrstuhl für Zool. der Wirbellosen. O vidovom sostavei kokcidij karpa. **(Über die artenmäßige Zusammensetzung der Coccidien bei Karpfen.)** Voprosy ichtiologii, Moskva **1960** Nr. 15. S. 193–202. — 6 Abb., 1 Tab., 22 Lit.
Vff. untersuchten die artenmäßige Zusammensetzung der Coccidien bei Karpfen (*Cyprinus carpio*) in einer Teichwirtschaft im nordwestl. Teil der UdSSR. Im Frühjahr waren 70% aller einjährigen Karpfen mit Oocysten befallen, jedoch konnten nur in seltenen Fällen einige hundert nachgewiesen werden; meist fand man nur vereinzelte Oocysten. Dabei wurde nur *Eimeria carpelli* festgestellt, während *E. subepithelialis* nicht gefunden werden konnte.
G. Predel. 6760.

Lange, J. und Ljungberg, O.; Stockholm, Statens Veterinärmed. Anst. Utbredningen av furunkulos hos fisk i Sverige under åren 1951–1960. **(Das Vorkommen von Furunkulose bei Salmoniden in Schweden von 1951–1960.)** Nord. Veterinärmed. **14** (1962) Nr. 3. S. 177–191. — 1 Tab., 8 Lit.
Erstmalig wurde eine Furunkulose-Erkrankung bei Salmoniden (Infektion mit *Aeromonas salmonicida*) 1951 in Schweden nachgewiesen. Bis 1960 ist die Furunkulose in 10 Zuchtanstalten, die an 4 Flüssen liegen, aufgetreten. Hinzu kommen Fälle bei Zuchtfischen, die in Bassins neben 3 der 4 Flüsse gehältert werden. Mehrfach ist Furunkulose mit größter Wahrscheinlichkeit beim Transport lebender Fische von einer Anstalt zur anderen verschleppt worden. In wilden Populationen konnte Furunkulose nicht festgestellt werden. Ob *A. salmonicida* in schwedischen Gewässern ubiquitär vorkommt, kann auf Grund der in den Jahren 1951 bis 1960 gemachten Beobachtungen noch nicht entschieden werden. Th. Mattheis. 6790.

Hewetson, Ann; Dublin, Dep. of Lands, Fisheries Div. Furunculosis in salmon kelts. **(Furunkulose bei laichreifen Lachsen.)** Nature [London] **194** (1962) Nr. 4825. S. 312. — 1 Lit.
Zwischen Dez. 1960 und Mai 1961 wurden aus 4 irischen Flüssen insgesamt 159 tote oder sterbende laichreife Lachse (*Salmo salar*) gesammelt und bakteriologisch untersucht. Nur bei einem Fisch ließ sich Furunkulose nachweisen. Im Vergleich zu ähnlichen Untersuchungen in Schottland, Wales und England ist das ein außerordentlich geringer Prozentsatz. Th. Mattheis. 6790.

Parisot, Thomas J. und Pelnar, John; Seattle, Wash., Bureau of Sport Fisheries and Wildlife, Western Fish Disease Lab.; Anderson, Calif., Bureau of Sport Fisheries and Wildlife, Coleman Nat. Fish Hatchery. An interim report on Sacramento River chinook disease: a viruslike disease of chinook salmon. **(Ein vorläufiger Bericht über die Chinook-Krankheit im Sacramento-Fluß. Eine virusverdächtige Erkrankung bei Oncorhynchus tshawytscha.)** U. S. Dep. Interior, Fish Wildlife Serv., progr. Fish-Culturist **24** (1962) Nr. 2. S. 51–55. – 7 Abb., 3 Lit.

Die Krankheit tritt alljährlich in der staatlichen Fischzucht in Coleman/Kalifornien bei der freßfähigen Brut von *O. tshawytscha* auf, während *O. kisutch*, *Salmo gairdneri* und *S. g. kamloops* in derselben Anstalt davon nicht befallen werden. Die Mortalität erreicht 60–80% in einer Population. Bei 10 °C werden die Verluste erheblich geringer, und oberhalb von 13 °C scheint die Krankheit spontan zu erlöschen. Etwa 1 Woche nach Beginn der Epizootie haben die Fische kirschrote Läsionen auf dem Rücken zwischen Kopf und Rückenflosse. Die meisten Fische haben Exophthalmus und einen aufgetriebenen Bauch. Kranke Fische sondern sich ab und stehen am Rand der Teiche oder Tröge. Histopathologisch stellt sich die Krankheit dar als völlige Zerstörung des Nierenparenchyms, spez. der blutbildenden Zellen. Im Pankreas konnten sowohl intranuklear als auch intracytoplasmatisch Einschlußkörper beobachtet werden, die in Nekrosen konzentriert sein können. Das filtrierbare Agens wird von den in der Teichwirtschaft üblichen Desinfektionsmitteln nicht angegriffen und spricht auf eine Behandlung mit Chemotherapeutika nicht an.

Th. Mattheis. 6790.

Fotiev, A. V. (Fotijew, A. W.) Vlijanie zamornoj gruntovoj vody na ryb. **(Der Einfluß schädlichen Grundwassers auf die Fische.)** Bjulleteń Instituta biologii vodochranilišč, Moskva **1959** Nr. 4. S. 44–45. – 3 Lit. 6805.

Poddubnyj, A. G. (Poddubny, A. G.) O gibeli molodi ryb v ostatočnych vodoemach osušnoj zony Rybinskogo vodochranilišča. **(Über das Sterben der Jungfische in den Restgewässern der Austrocknungszone der Rybinsker Talsperre.)** Bjulleteń Instituta biologii vodochranilišč, Moskva **1960** Nr. 6. S. 40–42. – 1 Tab., 9 Lit. 6805.

Sommani, Ernesto; Roma, Stabilimento Ittiogenico. Interessante caso di mostruosità in esemplare di tinca (Tinca tinca L.). **(Interessanter Fall einer Mißbildung bei einer Schleie [Tinca tinca].)** Boll. Pesca, Piscicolt. Idrobiol. [N. S.] **15(36)** (1960) Nr. 2. S. 190–193. – 3 Abb.

Es wird eine seltene Kopfmißbildung beschrieben, bei der der Schädel durch einen bis hinter das Auge reichenden waagerechten Einschnitt in 2 Teile getrennt war. Die Maulöffnung war vollständig in der unteren Hälfte ausgebildet. Der übrige Körper war normal gestaltet. Die Schleie hatte eine Gesamtlänge von 32 cm und ein Alter von ca. 7 Jahren. W. Steffens. 6805.

Ol'šanskaja, O. L. (Olschanskaja, O. L.); Staatl. Forsch.-Inst. für Binnenfischerei. Urodstva u enisejskoj sterljadi. **(Mißbildungen beim Jenissei-Sterlet.)** Voprosy ichtiologii, Moskva **1960** Nr. 16. S. 191–195. – 2 Abb., 1 Tab., 2 Lit.

Bei Untersuchungen von 3500 Sterlets (*Acipenser ruthenus*) aus dem Jenissei wurden bei 10 Fischen Mißbildungen am Schädel und den Augen gefunden. In der Mehrzahl der Fälle dürften diese mechanische Ursachen haben. Ein Einfluß auf das Wachstum der Fische konnte nicht festgestellt werden. Die mißgestalteten Fische unterschieden sich in ihrem Wachstum nicht von dem der normal gestalteten Fische. G. Predel. 6805.

Stolk, A. Tumours in whales. III. Granuloma malignum (Hodgkin's disease) in the fin whale Balaenoptera physalus. **(Geschwülste bei Walen. 3. Mitt. Granuloma malignum [Hodgkinsche Krankheit] beim Finnwal Balaenoptera**

physalus.) Proc., Kon. nederl. Akad. Wetensch., Ser. C **65** (1962) Nr. 3. S. 250–268. — 15 Abb., 1 Tab., 61 Lit.
Vf. beschreibt zum ersten Mal die Hodgkinsche Krankheit von einem Wal. Es handelt sich um einen ausgewachsenen, männl. Finnwal. Krankes Gewebe wurde in der Milz, in den para-aortalen. paratrachealen und retroperitonealen Lymphdrüsen sowie in den Lymphdrüsen der Beckenregion, dem Knochenmark und der Leber nachgewiesen. D. Barthelmes. 6821.

G. FISCHVERARBEITUNG

Goregljad, Ch. S.; Witebsk, Veterinärmed. Inst. Veterinarno-sanitarnaja ėkspertiza i ocenka ryb i ryboproduktov. **(Die veterinär-sanitäre Überwachung und Beurteilung von Fischen und Fischprodukten.)** Trudy. Vsesojuznyj naučno-issledovatel'skij institut veterinarnoj sanitarii, Moskva **17** (1960) S. 236–238.
Vf. verweist darauf, daß durch den Genuß von Fischfleisch und Fischprodukten Krankheitserreger und schädliche Stoffe auf den Menschen übertragen werden können. Es wird bedauert, daß z. Z. noch keine veterinärärztliche Überwachung der Fische und Fischprodukte gibt. Vf. hebt die Notwendigkeit einer solchen Einrichtung hervor und legt seine Gedanken über die erforderlichen Maßnahmen dar. G. Predel. 6830.

Tschek, G.; Rostock-Marienehe, Inst. für Hochseefischerei und Fischverarb., Abt. Verfahrenstechnol. **Untersuchungen zur Verlängerung der Lagerzeit von Fischfilet.** Fischereiforschung **5** (1962) Nr. 4. S. 7–13. — 2 Abb., 3 Tab., 28 Lit.
Durch Tauchversuche wurde festgestellt, daß Fischfilets aus der laufenden Produktion durch Behandlung mit dem Konservierungsmittel „Sorbinsäure" (800 γ/ml) keine nennenswerte Verlängerung der Lagerzeit aufwiesen. Durch Behandlung mit der Lösung des Antibiotikums „Oxytetracyclin" (OTC) (10 γ/ml) konnte eine Verlängerung der Lagerzeit um 3–5 Tage erreicht werden. Bessere Erfolge erzielte man mit kombinierten Tauchlösungen (400 γ Sorbinsäure und 4 γ OTC/ml), wenn auch keine wesentliche Verbesserung gegenüber der Lagerzeit von mit OTC-Lösung behandelten Filets erreicht wurde. Die Kombination Antibiotikum-Konservierungsmittel hat den Vorteil, daß man den Antibiotikum-Anteil so stark vermindern kann, daß im behandelten Filet nur noch Spuren zurückbleiben, die bei der Weiterbehandlung im Haushalt verschwinden. F.-K. Löwe. 6830.

Gončarov, V. N., Pateev, A. Ch., und Rogova, I. K. (Gontscharow, W. N., Patejew, A. Ch. und Rogowa, I. K.); Astrachan, Forsch.-Inst. für Hochseefischerei und Ozeanogr. des Kasp. Meeres. Defrostacija kil'ki tokom promyšlennoj častoty. **(Auftauen von Sprotten mittels Wechselstrom von üblicher Frequenz.)** Rybnoe chozjajstvo, Moskva **38** (1962) Nr. 3. S. 62–63.
In Blöcken gefrostete Sprotten (*Sprattus sprattus*) wurden mit Hilfe von Wechselstrom entfrostet. Dabei werden die Blöcke in Wasser gelegt und darin zwei Elektroden eingeführt. Durch Anlagen einer Spannung von 220 V erfolgt die Entfrostung eines Blocks von 10–12 kg in 9 bis 10 Min. Mit Erhöhung der Spannung steigt die Entfrostungsgeschwindigkeit. Der Leistungsverbrauch für die Entfrostung eines Blocks beträgt etwa 1–1,5 kW in 30–70 l Kontaktwasser. G. Predel. 6830.

Anonym. Novoe oborudovanie dlja proizvodstva koncervov. **(Neue Einrichtungen für die Konservenproduktion.)** Rybnoe chozjajstvo, Moskva **38** (1962) Nr. 3. S. 75-81. - 6 Abb.
Im Zuge der weiteren Mechanisierung der Fischindustrie spielt die Produktion leistungsfähiger Fischverarbeitsungmaschinen eine wichtige Rolle. In dem Artikel werden 7 neue Verarbeitungsmaschinen beschrieben, die sich z. T. bereits in Serienproduktion befinden. Es handelt sich um: Waschmaschine,

Aufzugsvorrichtung, Entschuppungstrommel., Köpfmaschine, Portionsmaschine, Flossenschneidemaschine und Autoklavenwanne. Die Leistungen der einzelnen Maschinen sowie einige techn. Daten werden angeführt.
G. Predel. 6850.

Schober, B.; Rostock-Marienehe, Inst. für Hochseefischerei und Fischverarb., Abt. Verfahrenstechnol. **Rauchextrakt zur Geschmacksgebung für Sprotten und Heringskonserven sowie Seelachspräserven in Öl. 1. Mitt.** Fischereiforschung **5** (1962) Nr. 4. S. 13–15. — 4 Abb., 6 Lit.
Vf. beschreibt ein Verfahren, bei dem man Fischkonserven und -präserven ohne Räuchern des Frischfisches allein durch Zusatz eines Rauchextraktes in guter Qualität herstellen kann. Dieser Extrakt, der leicht herstellbar ist, alle rauchgeruch- und -geschmackverleihenden Verbindungen aufweist und dabei keinerlei cancerogene Bestandteile besitzt, wird durch Kondensation von Buchenholzrauch und Wasserdampfdestillation der anfallenden Rauchlösung gewonnen. Das so erhaltene Destillat wird im Verhältnis 1:1 und 1:2 mit Speiseöl extrahiert und das hierbei angereicherte Öl als Aufguß für die betreffenden Konserven und Präserven verwendet.
F.-K. Löwe. 6850.

Geiger, Shirley E., Roberts, Eve und Tomlinson, N.; Vancouver, Brit. Columbia, Fisheries Res. Board of Canada, Technol. Stat. Dogfish gelatin. **(Hornhai-Gelatine.)** J. Fisheries Res. Board Canada **19** (1962) Nr. 2. S. 321 bis 326. — 1 Tab., 24 Lit.
Aus Haut und Skelett des Hornhaies *Squalus suckleyi* wurde Gelatine produziert. Gelier- und Schmelzpunkte einer 10%igen Lösung waren 15 ° und 22 °C für die Gelatine aus Haut und 14 ° und 23 °C für die aus Skelett. Die Haut-Gelatine enthielt 16,3% Gesamtstickstoff, 6,4% Hydroxyprolin und 0,28% Tyrosin. Die entsprechenden Werte der Skelett-Gelatine waren 15,7, 8,8 und 0,29%. Die Ausbeute an Gelatine war gering, sie betrug 7% vom Naßgewicht der Haut und 2% vom Skelett. J. Waldmann. 6850.

Egorova, L. N., Treščeva, V. I. und Kabozov, S. M. (Jegorowa, L. N., Trestschewa, W. I. und Kabosow, S. M.); Moskau, Unions-Forsch.-Inst. für Hochseefischerei und Ozeanogr. Kormovaja muka iz krilja. **(Futtermehl aus dem Mageninhalt von Walen.)** Rybnoe chozjajstvo, Moskva **38** (1962) Nr. 3. S. 70–72. — 4 Tab.
Krill aus den Mägen von Bartenwalen wurde auf dem sowjet. Walfangmutterschiff „Sowjetskaja Ukraina" zu Futtermehl verarbeitet. Als Rohstoff diente einmal Krill in rel. frischem und zum anderen in teilweise bereits verdautem Zustand. Letzteres hatte zwar einen etwas geringeren Eiweißgehalt, erfüllte aber nahezu die für Futtermehle übliche Norm. Beide Mehle wurden in Tierversuchen erprobt und ergaben gute Resultate. Futtermehle aus Krill können in direkter Trocknung hergestellt werden. G. Predel. 6850.

Dussault, H. P.; Grande-Rivière, Quebec, Fisheries Res. Board of Canada, Technol. Stat. Enumeration of coliform bacteria in light salted fish brines. **(Die Zählung coliformer Bakterien in schwachgesalzenen Fischlaken.)** J. Fisheries Res. Board Canada **19** (1962) Nr. 3. S. 437–444. — 2 Abb., 3 Tab., 18 Lit.
Für die Zählung der coliformen Bakterien in schwachgesalzenen Fischlaken wird i. allg. das Verfahren der wahrscheinlichen Anzahl angewendet. Vf. zeigt, daß die Laktose-Fermentation unter gewissen Bedingungen gehemmt wird und daß so irrtümlicherweise niedrige Zahlen resultieren. Es wurde festgestellt, daß der Hemm-Effekt vermieden werden kann, wenn die Lake mit dem gleichen Volumen sterilen destillierten Wassers verdünnt wird. Die Gesamtzahl coliformer Bakterien wurde in einer Anzahl Lakenproben bestimmt, die aus 3 verschiedenen Verarbeitungsbetrieben stammten. Durch die

angewendete Verdünnung wurde jetzt der 40fache Wert der früheren Untersuchungen erhalten. Alle gesammelten Proben enthielten signifikante Zahlen coliformer Bakterien, die für fäkale Contamination charakteristisch sind.
J. Waldmann. 6850.

Vorotnikov, Ju. A. (Worotnikow, Ju. A.); Kaliningrad, Techn. Inst. für Fisch-Ind. und -wirtsch. Chromatografičeskoe opredelenie aminokislot v rybnych bul'onach. **(Chromatographische Bestimmung von Aminosäuren in Fischbrühe.)** Rybnoe chozjajstvo, Moskva **38** (1962) Nr. 3. S. 64–67. – 2 Abb., 1 Tab.
Das bei der Fischmehlherstellung anfallende Preßwasser enthält eine Menge wertvoller Stoffe, zu denen auch Aminosäuren gehören. Fischbrühe von verschiedenen Fischarten wurde auf ihren Gehalt an Aminosäuren untersucht. Die Menge der freien Aminosäuren befindet sich in direkter Abhängigkeit von der Art und der Qualität des Rohstoffes sowie von der Verarbeitungsmethode bei der Herstellung des Fischmehls. Die Methodik der chromatographischen Untersuchung und die erzielten Ergebnisse werden ausführlich beschrieben.
G. Predel. 6850.

Morštyn, M. I. (Morschtyn, M. I.); Forsch.-Inst. der Ind. der Nordgebiete. Bystroe opredelenie vlažnosti rybnoj kormovoj muki. **(Schnellbestimmung der Feuchtigkeit von Fischmehl.)** Rybnoe chozjajstvo, Moskva **38** (1962) Nr. 3. S. 67–70. – 2 Abb., 1 Tab.
Die Bestimmung des Feuchtigkeitsgehaltes in getrockneten Fischprodukten erfordert nach der bisherigen Standardmethode einen Zeitaufwand von mindestens 2 Std. Es ergibt sich daher die Notwendigkeit, die Bestimmungsmethoden zu verbessern. Einen Schritt in dieser Richtung stellt der Expreß-Feuchtigkeitsmesser ÉM-1 dar. Überprüfungen dieses Gerätes ergaben, daß die Feuchtigkeitsbestimmung in einer Zeit von 1–10 Min. vorgenommen werden kann. Die Abweichung von der Standardmethode betrug in den meisten Fällen nicht mehr als 2%. G. Predel. 6850.

Golovin, A. N. (Golowin, A. N.); Kertsch, Forsch.-Inst. für Hochseefischerei und Ozeanogr. des Asow-Schwarzmeergebietes, Lab. für Walfang und Ichthyol. Refraktometričeskij sposob opredelenija žira v kitovoj muke. **(Refraktometrische Bestimmung des Fettgehalts im Walmehl.)** Rybnoe chozjajstvo, Moskva **38** (1962) Nr. 3. S. 72–73. – 2 Tab.
Versuche zur Fettbestimmung von Walmehlen mit Hilfe der refraktometrischen Methode ergaben günstige Resultate. Gegenüber der bisherigen Standardmethode verkürzte sich die Analysendauer erheblich. Ferner wird die Bestimmung genauer und dadurch eine bessere technol. Kontrolle der Produktion ermöglicht. G. Predel. 6850.

Krohn, M. und *Krohn, K.-H.* **Markt und Absatz von Fischen und Fischwaren.** Berlin: Westliche Berliner Verlagsgesellschaft Heenemann KG. 1963. (XI, 224 S. m. 27 Abb., 74 Tab. u. 40 Lit.) DIN A 5. DM 32,80 = Schriften der Bundesforschungsanst. für Fischerei/Hamburg. Bd. 5. Das umfangreiche Werk ist die Neufassung einer Untersuchung über den Markt für Seefische in der BRD, die 1957 als FAO Fisheries Study, Nr. 6, erschien. Es unterrichtet in allgemeinverständlicher Form über die Marktprobleme der Fischwirtschaft, ohne dabei allzusehr in Einzelheiten zu gehen. Der Stoff ist in folgende Kapitel gegliedert: A. Die Belieferung der Märkte durch Eigenanlandungen und Einfuhren; B. Die Märkte (I. Die Art der Märkte, II. Der Umschlag an den 4 Seefischmärkten, III. Der Absatz im Binnenland, IV. Organisation und Technik im Warenablauf von den Märkten bis zum Verbraucher, V. Marktreform); C. Versorgung und Verbrauch (I. Versorgungsbilanz, II. Ausfuhr, Anlandungen in ausländischen Häfen, innerdeutscher Handel, III. Verbrauch, IV. Maßnahmen zur Förderung des Fischverbrauchs); D. Ernährungswirtschaftliche Bedeutung der deutschen Fischwirtschaft (I. Fisch als Nahrungsmittel, II. Fisch im Preiswettbewerb mit anderen Nahrungsmitteln, III. Überblick über die Erzeugnisse der deutschen Fischwirtschaft); E. Stellung der Fischwirtschaft in der Gesamtwirtschaft (I. Volkswirtschaftliche Bedeutung und Umsatz, II. Organisation der Fischwirtschaft, III. Fischwirtschaftspolitik, IV. Wissenschaftliche Forschung und Beratung, V. Lebensmittelgesetzgebung, VI. Berufsausbildung, VII. Interessenvertretung und Beratung durch die Fachverbände der Fischwirtschaft, VIII. Finanzielle Aufwendungen für die Fischwirtschaft);

F. Stellung der Fischwirtschaft der Bundesrepublik im internationalen Bereich. Das Buch wird abgeschlossen durch ein Literaturverzeichnis, das 40 Angaben enthält. Im Anhang finden sich ergänzende Tabellen über die im „Jahresbericht über die Deutsche Fischwirtschaft" veröffent lichten Zahlen von 1961. W. Steffens.

H. FANGGERÄTE

Judanov, K. I. (Judanow, K. I.); Lett. Abt. des Unions-Forsch.-Inst. für Meeresfischerei und Ozeanogr. O razrabotke sposoba opredelenija količestva ryby v skoplenii. **(Über die Ausarbeitung von Methoden zur Bestimmung der Fischmenge im Schwarm.)** Voprosy ichtiologii, Moskva **1960** Nr. 15. S. 71 bis 76. – 5 Abb.

Vf. berichtet über Untersuchungen zur Bestimmung der Fischmenge in einem Schwarm mit Hilfe von Echographen und Schleppnetzen. Bei Echographen wurde mit künstlichen Fischschwärmen gearbeitet, deren Dichte vom ankernden Schiff aus auf Grund der Intensität der Reflexion festgestellt wurde. Betont wird dabei, daß es sich um erste Versuche handelt, die noch der Präzisierung bedürfen. Bei Schleppnetzen lassen Fangmenge pro Zeiteinheit und Größe des Trawls Rückschlüsse auf die Fischdichte zu. G. Predel. 6862.

Lieder, Ulrich; Berlin-Friedrichshagen, Inst. für Fischereiwes. der Humboldt-Univ. Berlin. **Ergebnisse und Perspektiven der Fischortung in der Binnenfischerei. 1. Mitt. Die Echo-Ortung von Kleinmaränenschwärmen im Schweriner Außensee kurz vor dem Beginn der Laichzeit.** Dtsch. Fischerei-Ztg. **9** (1962) Nr. 1. S. 8–17. – 10 Abb., 2 Lit.

Die Echolotungen wurden mit einem Atlas-Monograph 58 kurz vor Beginn der Maränenlaichzeit durchgeführt. Sie ließen eine unterschiedliche Anordnung der Maränen (*Coregonus albula*) bei Tage und in der Nacht erkennen. Nach vorliegenden Erfahrungen dürfte die Anschaffung eines Echographen zur „gezielten" Stellnetzfischerei zu empfehlen sein. E. Schlieker. 6862.

Lieder, U. und Barthelmes, D.; Berlin-Friedrichshagen, Inst. für Fischereiwes. der Humboldt-Univ. Berlin. **Ergebnisse und Perspektiven der Fischortung in der Binnenfischerei. 2. Mitt. Beschreibung und Arbeitsweise des Atlas-Echolotes „Monograph 658 M" und des Klein-Echolotes „ELAC-Miniskop" sowie die Perspektiven des Echoloteinsatzes in der Binnenfischerei in der Deutschen Demokratischen Republik.** Dtsch. Fischerei-Ztg. **9** (1962) Nr. 5. S. 141–150. – 8 Abb., 6 Lit. 1. Mitt. vgl. vorst. Ref.

Die Schreibanzeigen des Monographen sind leicht auswertbar, während die Sichtanzeigen des Miniskops oft verwirrend wirken. Auf Grund seiner techn. Daten ist der Monograph zur Fischortung nur verwendbar, wenn das Gewässer genügend tief ist, die Fische mehr als ½ m vom Boden entfernt stehen und gleichzeitig eine gewisse Mindestgröße überschreiten oder Schwärme bilden. Nach den bisherigen Erfahrungen verspricht der Einsatz des Monographen bei der Maränenfischerei Erfolg, nicht dagegen bei der Karpfenfischerei in Flachseen. Die Auslotung von Reusenplätzen, Zügen der Zugnetzfischerei und dgl. ist ohne Schwierigkeiten möglich. D. Barthelmes. 6862.

Barthelmes, D. und Lieder, U.; Berlin-Friedrichshagen, Inst. für Fischereiwes. der Humboldt-Univ. Berlin. **Ergebnisse und Perspektiven der Fischortung in der Binnenfischerei. 3. Mitt. Versuche zur Echoortung von Karpfenbeständen in Flachseen.** Dtsch. Fischerei-Ztg. **9** (1962) Nr. 5. S. 150–154. – 1 Abb., 6 Lit. 2. Mitt. vgl. vorst. Ref.

Ortungsversuche in 2 intensiv mit Karpfen (*Cyprinus carpio*) bewirtschafteten Seen zur Zeit der herbstlichen Großgarnfischerei brachten unklare Ergebnisse oder verliefen vollkommen negativ. Als Ursache kommen vor allem das in Flachseen sehr kleine „Gesichtsfeld" und der vermutlich geringe Abstand der Fische vom Gewässerboden in Frage. D. Barthelmes. 6862.

Anwand, Karl und Lieder, Ulrich; Berlin-Friedrichshagen, Inst. für Fischereiwes. der Humboldt-Univ. Berlin. **Ergebnisse und Perspektiven der Fischortung in der Binnenfischerei. 4. Mitt. Echographenbeobachtung eines Kleinmaränenbestandes während der Tageszugnetzfischerei.** Dtsch. Fischerei-Ztg. **9** (1962) Nr. 8. S. 233–239. — 9 Abb. 3. Mitt. vgl. vorst. Ref.
Im April 1962 wurde in einem etwas isolierten Becken des Ober-Uecker-Sees das Verhalten eines Kleinmaränenbestandes (*Coregonus albula*) während der Tageszugnetzfischerei mittels eines Echographen beobachtet. Der Bestand, der sich vorwiegend oder nahezu ausschließlich aus ein- bis zweisömmrigen Kleinmaränen zusammensetzte, neigte trotz der einsetzenden Zugnetzfischerei zunächst nicht zur Flucht und ließ sich von der Netzwand gut in flachere Gebiete führen. Über das Verhalten der Fische in der letzten Phase des Zuges können allerdings keine Angaben gemacht werden. Es wird vermutet, daß die Maränen die Netzwand passierten, ohne das Gerät überschwimmen zu müssen. Die vor dem Zug maränenreichen Gebiete waren nach der Fischerei annähernd entvölkert. Dafür traten kleinere Schwärme in benachbarten Seeteilen auf. Für die zweckmäßige Befischung von Maränenbeständen können die gewonnenen Erkenntnisse von Bedeutung sein. K. Anwand. 6862.

Klust, G.; Hamburg. **Polypropylenfasern als Netzmaterial.** Bundesforsch.-Anst. Fischerei Hamburg, Inform. Fischwirtsch. **8** (1961) Nr. 5/6. S. 138–139. — 2 Tab., 1 Lit.
Polypropylenfasern zeichnen sich durch eine sehr niedrige Wetterbeständigkeit aus, die weit unter der von Nylon und Baumwolle liegt. Ein Einsatz von Polypropylenzwirnen für Schleppnetze wiederum scheint deshalb nicht ratsam zu sein, weil diese Zwirne bei gleicher Festigkeit — verglichen mit Nylonzwirnen — einen ungleich höheren Durchmesser aufweisen. Bei beiden Materialien liegt bei gleicher Lauflänge auch die Naßknotenbruchlast etwa in gleicher Höhe (niedrigeres spez. Gewicht des Polypropylens).
E. Schlieker. 6864.

Reichel, H.; Rostock-Marienehe, Inst. für Hochseefischerei und Fischverarb. Abt. Fischreitechn. **Tauwerk aus LANON-Polyesterfasern.** Fischreiforschung **4** (1961) Nr. 8/9. S. 8–13. — 6 Abb., 8 Tab., 5 Lit.
Lanon-Seile sind für Fischerei und Schiffahrt gut geeignet. Vf. ermittelt die Gewichts-, Festigkeits- und Elastizitätseigenschaften von Lanonseilen und stellt Vergleiche mit Manila-, Sisal und Dederonseilen an. Lanonseile sind weniger fest als Dederonseile, dehnen sich weniger und sind rel. teuer. Ihre Lichtbeständigkeit ist jedoch besser als die der Dederonseile. Als Flechtleinen in spez. harter Verarbeitung sind sie gut für den Einsatz anstelle üblicher Herkulesseile geeignet. E. Schlieker. 6864.

Mohr, H.; Hamburg. **Färbung von Kiemennetzen aus transparenten Drähten und aus undurchsichtigen Zwirnen.** Bundesforsch.-Anst. Fischerei Hamburg, Inform. Fischwirtsch. **8** (1961) Nr. 5/6. S. 137–138.
Geeignete Einfärbungen können auch durchsichtige Fäden (transparente Drähte) besser an die Umgebung anpassen. Literatur und eigene Versuche ergaben, daß seegrün und hellblau gefärbte Drähte die beste Eignung zeigten, während undurchsichtige Zwirne dunkelbraun die beste und hellgrün die geringste Eignung aufweisen. Außer der abs. Sichtbarkeit spielt, bes. in bewachsenen Seen und am Meeresgrund, die biol. Anpassung der Farbe an die Umgebung eine Rolle. E. Schlieker. 6866.

Steinberg, Rolf; Hamburg. **Die Fängigkeit von Kiemennetzen für Barsch, Perca fluviatilis (L.) und Plötze, Rutilus rulilus (L.) in Abhängigkeit von den Eigenschaften des Netzmaterials, der Netzkonstruktion und der Reaktion der Fische.** Kurze Mitt. Inst. Fischereibiol. Univ. Hamburg **1961** Nr. 11. S. 47–64. — 1 Abb., 2 Tab., 4 Lit.

Nach umfangreichen Freiwasser- und Laborversuchen konnte festgestellt werden, daß die Sichtbarkeit des Netzmaterials den weitaus größten Einfluß auf die Fängigkeit der Kiemennetze hat. Ein direkter Einfluß der Weichheit konnte nicht ermittelt werden, der Durchmesser ist nur indirekt über die Sichtbarkeit von Bedeutung. Das mittlere Gewicht gefangener Fische ist ebenfalls von der Sichtbarkeit abhängig. Mit steigender Sichtbarkeit sinkt der Anteil älterer Fische. E. Schlicker. 6866.

Smith jun., Emil J. A mechanical net-puller for skiff fishing with gill nets. **(Eine mechanische Einholvorrichtung für die Bootsnetzfischerei.)** Calif. Fish and Game **47** (1961) Nr. 4. S. 327–333. — 5 Abb.
Das Einholen der langen Bootsnetze erfordert einen erheblichen Arbeitsaufwand in der Barracuda- und Seebarschfischerei (4–6 Mann je Boot). Eine vom Antriebsmotor (auch Außenborder) bewegte Rolle läuft mit 28 Umdrehungen/Min. und holt die Netze über eine seitlich am Fahrzeug angebrachte Rolle ein. Auch das Ausgeben der Netze erfolgt nicht von Hand, sondern nach der Methode des Ausfahrens mit Motorkraft. E. Schlicker. 6866.

Baldwin, Wayne J.; Los Angeles, Calif., Univ. Construction and operation of a small boat trawling apparatus. **(Konstruktion und Funktion einer Klein-Schleppnetzanlage.)** Calif. Fish and Game **47** (1961) Nr. 1. S. 87–95. — 5 Abb.
Die Notwendigkeit der Konstruktion neuer und rentabler als bisher arbeitender Fangvorrichtungen führte zu Erprobungen eines Schleppnetzes, dessen geringe Abmessungen (16-Fuß-Netz) eine ungewöhnlich leichte Hantierung gestatten. Das Gerät ähnelt im Prinzip seines Aufbaues einem üblichen Grundschleppnetz mit Scherbrettern. Als Fahrzeug genügt ein offenes Boot mit Heckmotor. Der Motor treibt auch die Winde an. E. Schlicker. 6866.

Johnston, J. A. A.; London, Min. of Agric., Fisheries and Food, Freshwater Fisheries Lab. A simple boat brake for use with electric fishing techniques. **(Eine einfache Bootsbremse zum Gebrauch bei der Elektrofischerei.)** U.S. Dep. Interior, Fish Wildlife Serv., progr. Fish-Culturist **25** (1963) Nr. 1. S. 45.
Bei der Elektrofischerei in Fließgewässern wird so verfahren, daß man ein Boot an dem Zuleitungskabel flußabwärts treiben läßt. Durch Nachlassen bzw. festhalten des Kabels kann die Fahrt flußabwärts ermöglicht bzw. gestoppt werden. Zur Regulierung der Fahrtgeschwindigkeit war bisher eine bes. Bedienungsperson notwendig. Vf. beschreibt eine einfache Fahrradfelgenbremse mit Bowdenzug, welche zum Festhalten des Kabels dient. Mit Hilfe dieser Bremse kann das Boot von der Fangmannschaft aus allein flußabwärts dirigiert werden, ohne daß eine bes. Bedienungsperson notwendig wird. H.-W. Hattop. 6868.

Borisov, Nikolaj Ivanovič. **Mechanizacija rečnogo, ozernogo i morskogo rybolovstva.** (Mechanisierung der Fluß-, Seen- und Meeresfischerei.) Moskva: Piščepromizdat. 1961. (426 S.) 8°. (1962 A 834)
Sara, Raimondo. **Light fishing.** Rome: FAO. 1962. (III, 33 S.) 4°. = General fisheries council for the mediterranean. Studies and reviews. Nr. 19. (SR 2751, 19)

K. FISCHEREIRECHT

Hoffmeister; Kiel. **Neue Jagdrechtsvorschriften für Möweninseln und Fischgewässer in Schleswig-Holstein.** Fischwirt **13** (1963) Nr. 1. S. 18–20.
Die schleswig-holsteinische Verordnung über befriedete Bezirke vom 22. 6. 54 ist mit dem 12. 9. 62 geändert worden. Die Änderung betrifft vor allem Möveninseln und die sie umgebenden Gewässer, die neuerdings auf Antrag des Eigentümers oder Nutzungsberechtigten ebenfalls zu befriedeten Bezirken erklärt werden können. Nutzung, Hege und Pflege werden dadurch zur

Sache des Eigentümers oder Pächters. Die Bestimmung bezweckt, Störungen der Brutplätze zu verhindern, bestehende Lachmöven-Kolonien (*Larus ridibundus*) zu erhalten und neue zu gewinnen. G. Merla. 6880.

Muir, Allan T. Six mile territorial sea plus exclusive fishing zone urged by fisheries council. **(Fischereirat dringt auf 6-Meilen-Hoheitsgewässer plus 6-Meilen-Fischereizone.)** Canad. Fisherman **50** (1963) Nr. 2. S. 5–6. – 2 Abb.
In einer Stellungnahme des Fischereirates von Kanada an das Fischereiministerium wird vorgeschlagen, Kanada sollte ein Hoheitsgewässer von 6 Seemeilen fordern und im Anschluß an diese 6-Meilenzone eine 6-Meilen-Fischereizone, die der kanadischen Fischerei vorbehalten sein sollte. Durch diese Maßnahme würden die Hecate Strait auf der Pazifikseite und der Gulf of St. Lawrence und die Bay of Fundy im Atlantik kanadische Hoheitsgewässer werden. Mit den USA und Frankreich, die historische Fischereirechte in diesen Gebieten haben, sollten Verhandlungen über die Anerkennung der neuen kanadischen Hoheitsgewässer geführt werden. Die Durchsetzung der vorgeschlagenen Grenzen wird für notwendig angesehen, wenn Kanada seine gegenwärtige Stellung in der Weltfischerei behaupten will.
J. Waldmann. 6880.

Redaktionsschluß: 17. 6. 1963

Herausgeber: Deutsche Demokratische Republik · Deutsche Akademie der Landwirtschaftswissenschaften zu Berlin, Institut für Landwirtschaftliche Information und Dokumentation, Berlin W 8, Krausenstraße 38/39; Fernsprecher: 22 51 61. Chefredakteur: Dr. Ursula Wittbrodt, stellvertretender Chefredakteur: Dr. Werner Kleeberg, Berlin W 8, Krausenstraße 38/39; Fernsprecher: 22 51 61. Redaktion der Abteilung III – Tierzucht · Tierernährung · Fischerei: Dr. Hans Dieter Hennig, Dr. habil. Bernhard Piatkowski und Dr. Werner Steffens, Berlin W 8, Krausenstraße 38/39; Fernsprecher: 22 51 61. Verlag: Akademie-Verlag GmbH, Berlin W 8, Leipziger Straße 3–4; Fernsprecher: 22 04 41, Telex-Nr. 011773, Postscheckkonto: Berlin 350 21. Bestellnummer dieses Heftes: 1030 III – VIII/9. Das Landwirtschaftliche Zentralblatt, Abt. Tierzucht · Tierernährung · Fischerei, erscheint monatlich. Einzelheft DM 20,–; einseitig bedruckte Ausgabe DM 24,–. Jahresbezugspreis DM 240,–; einseitig bedruckte Ausgabe DM 288,– einschl. Register, zuzüglich Porto- und Versandkosten. Gesamtherstellung: VEB Druckerei „Thomas Müntzer" Bad Langensalza. Veröffentlicht unter der Lizenznummer 1290 des Presseamtes beim Vorsitzenden des Ministerrates der Deutschen Demokratischen Republik.

32404

Bei Fragen zur Produktsicherheit wenden Sie sich bitte an:
If you have any questions regarding product safety,
please contact:

Walter de Gruyter GmbH
Genthiner Straße 13
10785 Berlin
productsafety@degruyterbrill.com